我们的故事

——国家气象信息中心 15 周年纪念

国家气象信息中心 ◎ 编著

图书在版编目（CIP）数据

我们的故事：国家气象信息中心15周年纪念 / 国家气象信息中心编著. -- 北京：气象出版社，2021.4
ISBN 978-7-5029-7405-3

Ⅰ.①我… Ⅱ.①国… Ⅲ.①气象—工作概况—中国 Ⅳ.①P468.2

中国版本图书馆CIP数据核字(2021)第050558号

我们的故事——国家气象信息中心15周年纪念
Women de Gushi—Guojia Qixiang Xinxi Zhongxin 15 Zhounian Jinian

国家气象信息中心　编著

出版发行：气象出版社
地　　址：北京市海淀区中关村南大街46号　　邮政编码：100081
电　　话：010-68407112（总编室）　010-68408042（发行部）
网　　址：http://www.qxcbs.com　　E-mail：qxcbs@cma.gov.cn
责任编辑：邵　华　刘天泽　　　　　终　　审：吴晓鹏
责任校对：张硕杰　　　　　　　　　责任技编：赵相宁
封面设计：地大彩印设计中心
印　　刷：北京地大彩印有限公司
开　　本：710mm×1000mm 1/16　　印　　张：29
字　　数：399千字
版　　次：2021年4月第1版　　　　　印　　次：2021年4月第1次印刷
定　　价：98.00元

本书如存在文字不清、漏印以及缺页、倒页、脱页等，请与本社发行部联系调换

《我们的故事
——国家气象信息中心15周年纪念》
编委会

主　编：赵立成
副主编：费文革　沈文海
编　委：孟晋宝　鄢薇　周新颖　黄珣　董峰　刘立明
　　　　聂瑞英　孙海燕　张志富　陈欣　关枬桐　余期江

序一

回忆录文集《我们的故事——国家气象信息中心15周年纪念》收录了50余篇老中青三代气象信息人撰写的回忆文章，横跨新中国气象事业发展70年历史，亲历者的视角，质朴的语言，生动的故事，从一个个具体的历史瞬间，真实地呈现了气象信息事业发展的光辉历程。

国家气象信息中心是个年轻的单位，但气象信息业务是个老业务，与新中国气象事业同龄，发展走过70个春夏秋冬。1949年，中国气象局前身的中央军委气象局成立时，中央气象台通信队就已存在了。1950年3月1日，新中国第一组气象广播，利用莫尔斯电码，播发了国内100多个观测台站和亚洲邻近国家的气象情报。

此后五十多年，气象信息技术不断升级，业务不断完善，有力地支撑了气象事业稳步前进。从无线电广播到气象传真，从北京气象通信枢纽工程（BQS工程）到具有划时代意义的气象卫星综合应用业务系统工程（9210工程），很长一段时间内，气象部门的通信和计算能力均走在国内前列，这是值得气象信息人自豪的光荣历史。

2004年，中国气象局组建国家气象信息中心，气象信息工作者从四面八方汇聚。我亲眼目睹了国家气象信息中心先后经历了成长、发展、转型不同阶段的十余年艰辛探索，逐渐走出了以数据为核心，集约化重构气象信息业务，以气象信息化全面支撑气象现代化发展的坚实道路，取得了一系列瞩目成果，如"天镜"气象综合业务监控系统、"派-曙光"超算、中国气象数据网、大气再分析科技攻关、多源融合实况业务等，为气象事业高质量发展提供了强有力的保障。

《我们的故事——国家气象信息中心 15 周年纪念》，从不同时期、不同工作、不同角度回忆了气象信息事业发展的点点滴滴，这些故事不仅会融入国家气象信息中心发展的历史长河，在厚重的历史当中，成为国家气象信息中心宝贵的精神财富，更会激励当代气象信息人承前启后、继往开来。

　　追忆历史，更要面向未来，新时代赋予了气象信息人更高的使命和责任。在新一轮气象现代化建设中，将集中体现以数据为中心的集约化发展理念，国家气象信息中心将肩负信息技术驱动的主力军重任。在组建和完善国家气象大数据中心，构建数据集中、算法集中、算力集中的气象大数据云平台，重建"云+端"气象业务体制的发展进程中，国家气象信息中心要有更大的责任担当。未来的任务更加艰巨，但使命光荣，前进的道路也一定会越走越宽。希望气象信息人不忘初心，秉承光荣传统，在新时代再攀高峰，再立新功。

　　借此机会，谨向所有曾经和正奋战在气象信息岗位的同志们表达最真诚的敬意，祝福国家气象信息中心的明天更加美好。

中国气象局副局长：**宇如聪**

2019 年 11 月 27 日

序二

数据久远　信息流长

　　国家气象信息中心正式成立15周年了，应开展一些活动，纪念这一艰苦创业、探索积累、创新发展的历程，将许多有价值的往事、有创新的成果如实记录下来，对那些亲历者、创业者、奉献者表达尊重和敬意，使先进的气象科技与精神文化延续传承，以泽后人。回望的目光可看得更远一些，毕竟气象信息业务的发展有着久远的历史，远不止于这15年。

　　对气象信息业务的内涵，可以从不同的角度去认识和理解，仅从其重要性而言，可以说现代气象业务是与气象信息传输技术的出现相伴而生、无法分割的。回望历史，15世纪西方文艺复兴时期，人们就开始探索通过获取定量化信息来分析研究气象演变的规律。随之，逐步研发、创造了大量现代气象观测仪器，一些气象学家开始建设跨国界的气象观测网，获取区域性实测资料。这是定量化气象信息业务的初始阶段，但与实时气象业务尚有距离。那时虽有了观测资料，但由于不能及时获取同一时刻的气象信息，只能开展资料的非实时分析和研究。直到19世纪莫尔斯电报的发明，使实时获取气象信息成为可能，现代天气预报业务也应运而生，延续至今。

　　信息网络和数据处理、计算技术的快速发展，对天气、气候业务的持续进步不断起着助推作用，支撑着从信息获取到服务产品分发的每个环节。如1950年首次通过数值天气预报方法成功计算出24小时500百帕高度场，这一方面得益于美国气象学家查尼与计算机专家冯·诺伊曼等人的成功合作研发，另一方面也与1946年美国研制出了大型电子计算机密切相关。计算机技术与气象科技的完美结合，促成了对气象科技发展具有划时代意义的数值天气预报方法的成功。

1949年12月中央军委气象局成立后，提出要尽快收拾烂摊子，建立新业务，最先启动见效的是1950年3月1日中央气象台的成立，同时组建了通信组，开始播发国内100多个台站和亚洲邻近国家的气象信息。"文革"时期，气象科技与业务发展遇到困难，但并没有停顿，当时的国务院领导抓住有利时机，于1973年7月批准了《关于中国参加世界天气监视网全球通信系统的请示报告》，使北京气象中心最终发展成为世界气象组织亚洲通信枢纽。改革开放后，1984年初在北京召开的全国气象局长会议上通过了《气象现代化建设发展纲要》，提出了气象现代化建设规划，包括探测系统、气象电信系统、资料处理与信息检索系统、天气预报业务系统和气象服务系统等5大系统，从中可以清晰看出，气象信息系统在现代化建设、发展中的分量和重要性。

记得一位中国气象局老领导曾讲过这样的话，加快气象业务现代化的发展需要重视通信网络的建设，但也要特别关注网络系统的稳定运行，如果气象业务出现大的问题，很可能会发生在通信网络上。这一判断和提醒切中了现代气象业务体系的关键，信息网络是一个集先进性与脆弱性于一体的系统，对其稳定性、安全性有必要保持高度警惕，任何时刻都不可掉以轻心。

信息技术在快速发展，不断改变着人们的生活、工作方式，气象信息业务也随之不断发生新的变化和进步，为整个气象科研、业务、服务提供着更坚实的支撑。2016年12月全国综合气象信息共享平台（CIMISS）正式业务化运行，标志着国省统一数据环境正式建立，支撑气象核心业务系统的数

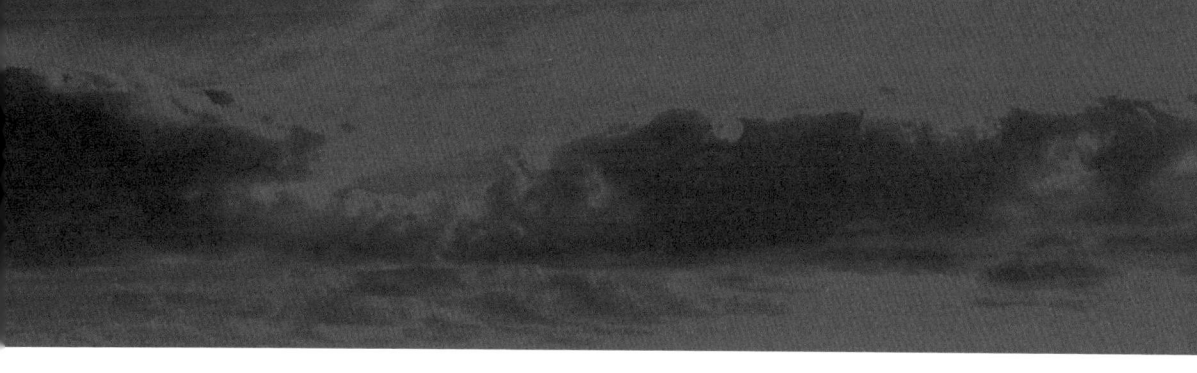

据生态初步形成；中国气象数据网 2015 年 9 月正式上线，在科技部认定的国家科技资源平台综合排名中位列榜首，已成为国家气象数据服务的重要平台和窗口，受到社会各界的认可和好评；多源气象数据融合与全球再分析资料的研发成功，大幅缩短了中国在气象数据分析处理领域与国际先进水平的差距，填补了中国在这一气象科技核心领域的空白；气象综合业务实时监控系统"天镜"构建了全国气象业务监控运维"一张图"，实现了横向到边、纵向到底的业务监控，全面提升了业务运行管理水平。相信随着大数据云平台业务建设的推进与应用，气象信息业务能力的提升空间将进一步拓展，也必将为气象业务科技发展和稳定运行提供更坚实的保障，为与气象信息需求相关的社会各界提供更广泛的服务。

  科技进步和创新发展的关键在人，随着气象信息业务的稳步发展，国家气象信息中心的年轻科技人员也快速成长起来，担当起了各关键岗位的重要责任，通过开放合作、钻研学习，在不断进步中清除一个个障碍，解决一个个难题，一步步收获着创新成果，气象信息科技业务未来的发展将更加坚实，希望寄托在他们身上。

原中国气象局副局长：许小峰

2019 年 11 月 27 日

目录

序一

序二

1 第一卷 诞生（1949—2004年）
——信息中心前世今生，2004年前的故事

2　20世纪70年代的"国家气象信息中心"——中央气象台通信队 / 李春来

6　9210，一个时代的记忆 / 周林 姚奇文 陈宏尧

13　攻坚克难 砥砺前行——忆9210工程 / 陈宏尧

24　北京气象通信枢纽系统（BQS系统）建设 / 王春虎

28　CYBER大型机及LCN高速网络系统建设 / 赵西峰

36　堪称"小马拉大车"的M-360计算机 / 高相炳

38　见证我国气象超算的快速发展 / 洪文董

56　我的"资料"人生 / 高华云

61　追寻历史基础气象资料信息化的足迹 / 郭发辉

68　国家气象局档案馆挂牌的前前后后 / 吴增祥

71　我所知道的国家气象档案资料后库建设的曲折历程 / 吴增祥

79　在四川江油二郎庙的日子里 / 吴增祥

84　气象资料数据库研究和开发 / 应显勋

91　数据库技术在气象部门应用的回顾和展望 / 应显勋

94　从机房到数据中心——国家气象信息中心基础设施发展历程和我们的奉献 / 陈德全

99　国产150大型计算机的故事 / 赵西峰

107　回忆20世纪90年代的高性能计算机系统建设 / 赵西峰

117　高性能计算机与存储系统 / 余永泉

132　我记忆里的中国气象局电话总机 / 刘越

135　为技术的发展与进步欢呼——记新中国第一个气象传真广播台 / 孙修贵

141　建设我国卫星气象数据广播系统的回忆 / 孙修贵

154	国家气象信息中心的组建	/ 王春虎
160	忆岁月	/ 孟宪英
161	追忆与未来	/ 孟宪英

163　第二卷　成长（2004—2010年）
——信息中心成立后的技术探索应用阶段

164	关于引进 IBM Cluster 1600 的回忆	/ 田浩
168	关于气象科学数据共享系统建设的回忆	/ 李集明
173	偶翻陈札忆旧事——国家级存储检索系统追叙	/ 沈文海
197	"网"事知多少——记我与宽带网的十年之缘	/ 郭利
206	浅谈全国天气预报电视会商及电视会议系统建设与发展	/ 陈永涛、刘然、贺俊彦
216	"全国气象业务服务信息系统"实现气象决策服务信息全国共享	/ 张小缨

221　第三卷　发展（2010—2014年）
——业务集约整合、改革促发展阶段

222	国家气象信息中心机构改革情况（2010—2014年）	/ 杨根录
226	北京 GISC 建设回忆录	/ 王甫棣
237	我们的再分析，我们的科技攻关历程	/ 周自江、姜立鹏
249	多源数据融合实况分析业务	/ 师春香、潘旸、徐宾、谷军霞
257	数据的质量，时代的强音	/ 高峰、任芝花、刘一鸣
278	气象数据卫星广播的昨天、今天与明天	/ 刘然、贺俊彦、李小汝
295	山重水复疑无路　柳暗花明又一村——IBM P460 HPC 配套冷机平台桩基础实施纪实	/ 孔令军
297	气候变化研究的数据基础——资料均一化	/ 曹丽娟
303	自主研发的产品进入了中央气象台核心业务平台——记多源降水融合产品的发展历程	/ 沈艳

310	中心文秘:大事业的小轴承	/ 刘钊、关枴桐
315	CIMISS 建设拾零	/ 熊安元等
327	国家气象业务内网:以集约化迈向高质量发展	/ 张强、张志强、杨和平、陈东辉

333　第四卷　转型（2014—2019 年）
——数据为核心、加快推进信息化、转型发展阶段

334	中国气象数据网:打造权威开放共赢的数据服务品牌	/ 张强、张志强、杨和平、陈东辉、姜筱玮
349	气象信息业务统一运维体系的建立与发展	/ 邓鑫、刘然、陈永涛、贺俊彦
358	基础设施云平台建设历程回顾	/ 韩同欣
361	新一代国产超算系统"派–曙光"建设纪实	/ 孙婧等
367	从"信息安全"到"网络安全"	/ 何恒宏
370	统筹规划，逐步实施 气象政务管理信息化迈出坚实一步	/ 孟晋宝
379	守初心、担使命，携手向未来	/ 聂瑞英
387	砥砺前行 岁月如歌——信息中心成立十五周年以来人事人才工作回眸	/ 余期江
392	对外宣传:让有心的人与有用的数据相逢	/ 关枴桐
402	我们是相亲相爱的一家人	/ 王玲

409　附录　国家气象信息中心成立 15 周年大事记
（2004—2019 年）

第一卷　诞生（1949—2004 年）
——信息中心前世今生，2004 年前的故事

李春来（右）

1971年12月参加工作，2015年3月退休，在工作岗位44年，先后在中央气象台通信队、北京气象中心（现国家气象中心）电信台、通信台、国家气象信息中心工程部、视频与卫星室等单位工作，曾经从事无线莫尔斯电报抄收、国外无线移频、传真接收以及有线电传等工作，1986年以后，从事管理工作，先后担任通信台业务秘书、通信台副台长、工程部经理、视频与卫星室副主任等职。

工作期间，主持开发了9210工程通信软件"数据收集与分发子系统"部分；完成"计算机广域网综合信息传输与地面气象信息化资料自动处理"项目；主持建立了中国气象局卫星广播系统（CMACast）；建设完成了全国视频会商系统。

20世纪70年代的"国家气象信息中心"
——中央气象台通信队

现在的国家气象信息中心，严格来讲，是由20世纪70年代的中央气象台通信队和填图组以及资料室，加上后期成立的工程部，经多次演变、重组而成的。现在信息中心承担的全球气象信息收集、加工处理、分发业务，当时主要由中央气象台通信队承担。

20世纪70年代初期，中国气象局还处于和总参气象局合署办公状态，属于部队和地方双重领导。通信队的领导亦是由部队和地方干部共同组成，指导员和队长由部队干部担任，副队长由地方干部担任，原气象中心办公室主任田厚吉同志就是当时通信队的副队长，主管业务工作，当时的报务班，也是部队战士和地方的报务员共同值班。

当时的通信队由队部、资料组、报务班、收讯组、机务组组成，队部主要承担管理工作；资料组负责质量管理、气象资料归档工作；报务班负责通过有线电路收集、处理、分发国内外气象资料；收讯组负责接收国外传真图，接收国外的无线移频广播以及收听国外新的无线气象广播台；机务组负责无线收讯设备、电传机、发报机、发电油机的维护和管理。

在这一时期，"文化大革命"还在进行中，气象数据资料的收集相当困难。国外资料的收集主要通过与周边的朝鲜平壤、蒙古乌兰巴托、苏联（现俄罗斯）莫斯科、越南河内（通过湖北汉口）的有线50波特电路以及接收关岛、澳大利亚、东京的无线移频广播获取，通过接收国外的无线传真图，获取国外的预报产品和台风路径图。

国内资料的收集，主要是由几个区域中心集中到北京。气象台站观测编报后，发到当地电信局，由当地电信局发到气象区域中心所在省的电信局，省电信局通过有线电路传到当地的气象局，气象局集中后，传给北京进行全国和全球气象资料交换。当时在电信系统，气象资料占有相当大的比重，并且传输等级也是相当高的，仅排在军事电报之后。气象电报到了电信局之后，全部要贴上红色标签，属最高优先级电报。当时全国有六大区域中心，华北区域中心在北京的中央气象局，负责北京、天津、河北、河南、山东、山西以及内蒙古自治区的气象资料收集；东北区域中心在辽宁省沈阳市，负责黑龙江、吉林、辽宁的气象资料收集；华东区域中心在上海市，负责江苏、上海、浙江、福建气象资料收集工作；华中、华南区域中心在湖北省武汉市，负责湖北、湖南、广东、广西、安徽、江西的气象资料收集工作；西南区域中心在四川省成都市，负责四川、云南、贵州、西藏的气象资料收集工作；西北区域中心在甘肃省兰州市，负责陕西、甘肃、青海、宁夏四省的气象资料收集工作；新疆区域中心比较特殊，只负责新疆维吾尔自治区气象资料的收集工作，不负责其他省气象资料，但是要负责收集原苏联塔什干等地区气象资料（注：当时全国除台湾省外，只有29个省（市、区）区域中心的划分也只是气象通信区域的划分方法，与国家的大区划分不一致，后来，气象部门区域划分也有所调整）。

当时的气象资料极端贫乏，国外气象资料主要通过莫斯科有线电路收集欧洲和中西亚资料，通过东京两组无线移频广播收集东南亚、南北美洲和非洲资料，通过澳大利亚无线移频广播收集南半球资料。

20世纪70年代的通信队，不算管理人员和机务人员，仅有线、无线报务员大约有90多名，其中，从事有线传输的报务员有80多名，无线报务员有近10名，全部分成四个班，24小时值班，四班倒。由于从事报务工作需要反应快，相关工作人员全都不超过25岁，大部分都是十七八岁的年轻人，在全局是最年轻、最有朝气的一个单位。这些同志虽然年轻，但是他们对工作极为负责任，对技术精益求精，提出的口号是"组码必争、分秒必争"。从事有线报务工作的同志，每天工作6个小时，最少要在电传机前目不转睛地工作4个小时以上，要以每分钟敲打键盘300多个阿拉伯数字或100多个英文字符的速度，制作出五单位电传广播的纸带，供资料分发使用，并且出错率要降到1/10000以下，才能正式承担值班工作。大家想象一下，现在我们坐在计算机前，看着屏幕上的底稿，每分钟正确击打出300多个阿拉伯数字或100多个英文字符，那是何等强度的工作节奏？作为收发报人员，技术要求也是比较高的，每分钟要能够读两单位或五单位的纸带300个字符以上。大家要知道，识别纸带完全是根据纸带上每个圆眼的不同位置，关键还有速度要求，难度可想而知。而无线报务员，必须能够在一分钟之内抄收130个阿拉伯数字或100个英文字母的莫尔斯电码（莫尔斯电码每个阿拉伯数字由5个点划组成，每个英文字母由2到4个点划组成）。无线报务员工作时，精神需要高度集中，耳机中传出的点划信号，完全要靠音调分辨出来，精神稍有走神，就有可能掉码，使得气象资料不完整。那个年代的通信人员，需要有极强的时间观念，报务员如果不能准时发送气象资料，就会造成全国所有接收资料的人员在规定的时间收不到资料，并且造成资料的延误；而负责接收资料的人员如果不能准时到岗，就会造成资料的缺失。

特殊的工作要求，特定的工作环境，造就了一批特别能吃苦，特别守纪律，对工作极负责任，对技术精益求精的气象通信人。

20世纪80年代末期,随着BQS通信系统(北京气象通信枢纽系统)建成并投入使用,计算机通信替代了人工通信,极大地改变了我国气象通信的落后面貌,并且使广大气象通信人员从繁重的手工操作中解放了出来。

由于气象通信计算机的应用,节省了大量的气象通信人员,他们或经过单位组织的培训,或经过入学进修,又走向了新的工作岗位。一部分人仍然战斗在气象通信岗位上,一部分人走上了管理岗位,还有一部分人转去从事气象服务工作。在新的岗位上,他们继续发挥着老气象通信人员的光荣传统,有的成为了气象通信岗位上的技术骨干;有的成为管理岗位上不同部门的处长、司长;有的成为了服务部门的经理、负责人。

时代前进了,技术进步了,岗位变化了,但是,气象通信人员吃苦耐劳的精神没有变,对工作极端负责任的态度没有变,他们继续在为我国的气象事业发挥着光和热!

周林

1984年毕业于南京气象学院，先后在北京气象学院、中国气象局监测网络司、国家气象信息中心和中国气象局预报与网络司，从事教学与培训、业务运行管理和全国气象信息网络业务管理等工作。1996年至2000年负责设计并组织实施了9210工程计算机系统与网络、SYBASE数据库系统、9210工程业务应用软件和业务管理等方面的全国培训；负责组织完成9210工程的竣工验收。

9210，一个时代的记忆

9210工程——气象卫星综合应用业务系统工程——是气象部门20世纪第一个气象现代化建设的重点工程。

从1992年由国家计划委员会批复启动，到1999年全系统投入业务化运行，8年时间，我国气象通信能力显著提高，解决了长期以来困扰气象现代化发展的通信瓶颈问题，全国气象部门实现资源共享，为提高天气预报准确率和水平的提高打下了坚实基础。

通过9210工程，我国气象事业缩小与发达国家的差距，培养了一批掌握现代化知识的气象人，有力地促进了气象部门科技产业的发展，为国民经济的发展提供了更好的更优质的服务。

毫不夸张地说，9210工程，是气象现代化业务体系的发端，是一个时代的记忆。

一、地上不行，那就天上

当莫尔斯电码问世，世界一下子变小了。"和它相比，火车头就像爬行的蜗牛一样慢。"

随即就有人构想出"当风暴尚在墨西哥湾,信息就能传至密西西比"这样的应用情景。这是在 1846 年 9 月,是公认的第一个将电报机用于气象学的建议。

在漫长的现代气象业务体系建立过程中,电磁波和电报一直是气象业务的基石。

回顾我国气象发展史,在模拟信号传输时代,从莫尔斯电码到电传机,再到"三报一话",从戴着耳机抄录数据,到能看完整的天气图,人们突然发现,信息能力的提升对业务发展具有极强的支撑能力。

20 世纪 80 年代,气象部门"勒紧裤腰带也要搞现代化",气象卫星、天气雷达、中期数值预报业务系统品等都得到了前所未有的发展。

此时,通信技术也正在从模拟通信向数字通信转变,短短几年,长途的通信传输速度从 300 bps 提升至 2400 bps。到 20 世纪 80 年代末,我国启动了中国公共分组交换网(ChinaPAC)建设,开启了数字通信的新时代,建成后的 ChinaPAC 可为用户提供 600 bps ~ 64 Kbps 的数据通信服务。(注:bps 为比特率,Kbps 为千比特率)

即便如此,此时的公共通信能力的发展仍然赶不上气象业务现代化发展对通信传输能力的新要求,尤其是在国家级,迫切需要将收集到观测和预报产品快速下发传递给省、地、县各级气象部门,以发挥气象现代化的总体效益,推动全国气象事业整体发展。

20 世纪 80 年代末,国家级每天有超过 400 MB 的数据需要下发,如果将这些数据都放到平均速率为 64 Kbps 的公网干线上,就像大卡车跑在乡间小路上,跑不快,无法满足业务对时效的要求。

20 世纪 90 年代初,我国开始计划建设光纤通信骨干网,开启了"八横八纵"计划。"八横八纵"能不能快速覆盖全国?气象业务发展能不能等得起?一系列问题摆在了气象人面前。

国家防灾减灾的急迫需求,气象业务的发展要求,等不及国家公共通信网的建设。通过国内外广泛调研,科学论证,大胆提出了采用卫星通信、计算机网络等技术建设气象通信网络系统的技术方案。

卫星通信覆盖范围大，只要在卫星发射的电波所覆盖的范围内，从任何两点之间都可进行通信，并且不易受陆地灾害的影响。根据气象业务的特点，各级气象台站都需要国家级的数据和产品，简单来说，全国 2000 多台站，如果使用地面通信，通信是点对点，需要传输 2000 多次，但使用卫星广播技术，只需传输一次，2000 多台站能够同时收到，效率和时效将得到很大提高。

二、在"战争"中学习"战争"

1991 年，这一构想被命名为气象卫星综合应用业务系统。同年 3 月，它在第七届全国人民代表大会第四次会议上明确列为《国民经济和社会发展十年规划和第八个五年计划纲要》中气象部门的发展任务之一。国家计划委员会 1992 年 10 月批准了该项工程的项目建议书。"9210"的工程编号由此而来。

事非经过不知难。那个年代，建设这样一个高科技通信系统，没有一条可以照搬的道路，国内没有一个民用行业有过成功经验。

当时卫星通信技术不算成熟，工程专家组起初担心不稳定，决定先做科学试验，通过试验系统建设，确定了稳定性，明确了流程，再确定总方案。试验系统选在武汉和山西，分别代表国字级区域中心和省级气象部门，顺便摸索出如何通过工程带动气象业务的现代化。

很多细节都是前所未有的挑战。

比如卫星通信到底使用 C 波段还是 Ku 波段，专家组掀起了一轮又一轮的讨论——地面无线通信使用微波，和卫星 C 波段频率重叠会对卫星通信小站造成干扰，但 C 波段技术相对成熟；Ku 波段能够解决干扰问题，天线尺寸更小，但遇到恶劣天气，会出现雨衰现象。为此专家组做了大量试验，测试何种情况下会出现信号中断以及如何应对。

国家气象信息中心（以下简称信息中心）退休职工陈宏尧当时任华信公司副总经理，研究雷达的他感觉心里没底。9210 工程的专家组涉及卫星、通信、计算机等各种领域，大家对整编都没有经验，"只能边做边学，在'战争'

中学习'战争',一点点'啃'文献,向外国专家请教。"陈宏尧说。

1995年,技术路线基本确认——由一个设在中国气象局院内的主站、30个区域及省级站、近300个地市级站和相当数量的数据接收站组成。卫星通信部分采用的是VSAT（Very Small Aperture Terminal,微型地球站）技术,使用亚卫-2号通信卫星Ku波段1/4个转发器。

1995年底,亚卫-2号通信卫星正式发射。哪知其南北的覆盖范围进行了压缩,而方案是根据发射之前的技术参数所确定的,黑龙江漠河、新疆喀什等地信号变得很弱。专家组又去实测,重新确认天线尺寸。

正是这样,克服了一个又一个难题,9210工程开启了一个为期8年轰轰烈烈的工程建设时代。如今回忆起来,陈宏尧开玩笑说,"想不通当年怎么敢接任务。"

三、一个大胆尝试

9210工程前期批复的投资规模4.3亿元,其中中央投资2.3亿元,地方集资2亿元,后来中央又追加0.6亿元。但对于全国性的大工程来说,每一分钱都要花在刀刃上。

中国气象局党组有了一个大胆的决定——工程实施引进市场机制。

这是气象部门第一次采取大型工程市场化尝试,专门成立国有企业华信公司作为总承包,同时要求各省局也成立相应的公司参加本工程的建设。

时任国家气象中心副主任姚奇文至今仍然记得,1995年9月,时任中国气象局副局长李黄找他谈话,让他任华信公司总经理。姚奇文脑袋"嗡"一声就大了,"如果是征求意见,我不愿意,但若是组织决定,我硬着头皮上。"

让姚奇文犯难主要有两点,一是从1992年开始的工程,时过3年,仍然在试验阶段,没有看得见的成果,有一些地方气象部门甚至对工程失去希望;二是公司机制,对过去传统的管理模式是一个挑战,由此产生各种管理关系需要重新建立和协调。

上任以来,为了推进工程建设,见到效果,姚奇文开始抓卫星广播,利用卫星气象数据广播网的建立,形成以北京主站为中心覆盖全国县级以上气象台站的星型结构卫星单向广播通信系统,主站每天将通过卫星广播方式向各小站发送大量的、实时气象信息。

上级要求1995年11月就要见效果。到1995年10月20日左右,卫星广播正式启动。"'粮食'有了,各级气象部门感受到9210工程有希望。"姚奇文克服了第一个难关。这个广播系统,几次更新换代,最终演变成今天的中国气象局数据卫星广播系统(CMACast)。

第二个难关也颇为头疼。当时进行软件开发布点试验的业务人员,没有白天黑夜地干,但一个月只有10元劳务费。姚奇文摸着石头过河,处理各方关系。他还记得在南昌召开的单收站布点会议,两天的小组讨论会上,一天半的时间都在讨论一个站要多少钱。

9210工程就是在边建设边探索的情况下完成的,公司机制的优势和劣势都被体现出来。2000年,在9210工程竣工验收大会上,李黄说,9210工程在气象现代化建设的总体协调管理上实现了突破,在大规模现代化重点工程建设的组织实施、资金筹措、机制转换等方面,都为气象部门积累了宝贵经验。

四、全国有了一盘棋

当通信系统搭建起来后,各级气象部门怎样用,怎样带动业务发展,问题随之而来:

哪些产品传,哪些不传;传输量上去了,海量数据如何可视化;原来各个省局之间格式不同的产品,如何在一个平台上显示;数据用什么方式建档存储……更重要的是,业务监控怎么做?毕竟20多年前,稍微不注意,一块零件坏了,业务就会中断,业务人员需要花大量时间维修。

其实,在头三年的系统试验中,这些问题的技术路线就基本明晰——地市以上各级气象部门要建立分布式数据库和天气预报人机交互处理系统。

到了工程建设中期,调集全国多家单位的科技人员,搞业务软件开发。逐步建设了网络管理和业务监控子系统、数据收集与分发子系统、数据库子系统。数据库利用分布式数据库技术和 Sybase 商用数据库管理系统，这也是气象部门第一次尝试利用数据库而非之前常用的文档库进行数据管理。

同时，还建立了人机交互处理子系统，即"气象信息综合分析处理系统（MICAPS）"。它能够集成 9210 工程通信系统获取的所有与业务预报有关的数据，用字符或图形图像显示数据，帮助业务预报员制作预报并自动生成最终预报产品。也就在此时，更多的人开始了解数值预报，推动了预报准确率的高速发展。

为了保证工程建设和尽早投入业务化，培训伴随着工程建设的全过程展开。截至 2000 年底，实施了 VSAT 系统、计算机网络、数据库、MICAPS 系统等的硬件和软件系统以及业务管理的培训。其中国外培训 49 人次，国内培训 7809 人次，包括国家级组织培训 2523 人次，省级组织培训 5286 人次。

自此，全国气象部门实现了资料应用系统的整体布局，从数据分发、管理，到气象预报业务，一条现代化的气象业务生产线正式建立，全国有了完整的业务体系。

最令人印象深刻的例子就是 1998 年我国发生了长江和松花江、嫩江流域的大洪水。当时 9210 工程还未投入业务试运行，但广播软件已开始工作，MICAPS 系统已布局。湖北、江西、江苏、黑龙江等地充分利用 9210 工程加强会商，在决定荆江是否分洪等关键时刻做出了准确预报。地市气象部门现代化水平实现飞跃，宜昌市气象局成功预报了导致长江第三次洪峰的致洪暴雨过程，无锡市气象局、苏州市气象局在预报太湖地区大洪水，保护太湖大堤的安全方面提供了科学的决策依据。

五、回望来时路

放眼我国通信信息业务的发展，特别是 20 世纪 90 年代后期，光通信、移动通信、计算机技术快速发展，技术不断迭代，应用向大众普及，深刻影响甚至开始改变社会形态。由于卫星通信受到传统卫星平台和技术的限制，能力提高有限，我国气象部门从 2004 年开始采用光纤通信技术，利用公共电信基础设施建设地面气象宽带广域网，也就是今天的CMAnet。

时至今日，很多年轻人已搞不清楚9210工程的名字"气象卫星综合应用业务系统"的涵义，以为是气象卫星的业务平台，还有很多人问为什么当年要选择卫星通信。在对需求、发展、技术和财力等因素进行综合分析后，可以看出，9210工程的技术选择是艰难的，也是可行正确的。正像姚奇文所说："9210工程使得气象部门的信息化和现代化走在了全国前列。"

9210工程的技术框架一直沿用至今，随着技术的提升，现在的单向广播CMAcast比当时提升了35倍；气象信息综合分析处理系统（MICAPS）升级至第四代版本，支撑了全国气象业务体系。

9210工程至今仍是气象重大工程的典范，工程验收档案多达六十多卷，所有软件的源代码都进行了归档，这是前所未有的。

对比今天的信息通信技术，9210工程技术有些已经过时，但工程项目的思路仍然值得学习。比如如何通过工程建设，搭建试验平台，验证技术、培养人才，集全国力量；如何更好地平衡市场和行政命令，完成重大工程建设；大型业务软件在上业务之前，要经历怎样的功能测试和业务稳定性测试了，等等。

回望来时路，9210工程经得起时光检验，也无愧于时任中国气象局局长温克刚评价的三个第一：气象系统第一个全国大型工程、第一次由中央和地方匹配资金、第一次引进了公司机制。

周林　姚奇文　陈宏尧

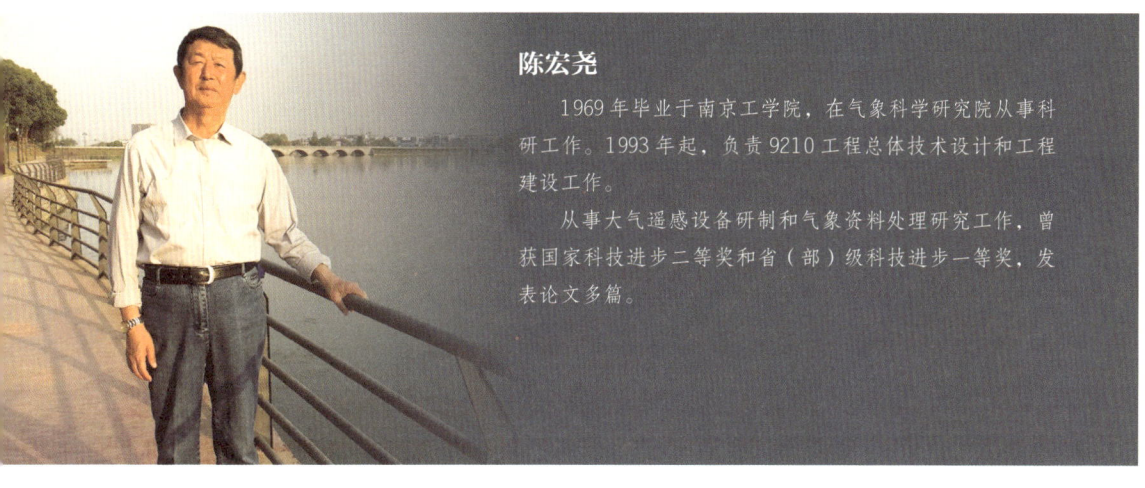

陈宏尧

1969年毕业于南京工学院，在气象科学研究院从事科研工作。1993年起，负责9210工程总体技术设计和工程建设工作。

从事大气遥感设备研制和气象资料处理研究工作，曾获国家科技进步二等奖和省（部）级科技进步一等奖，发表论文多篇。

攻坚克难 砥砺前行
——忆9210工程

气象卫星综合应用业务系统（9210工程）是经国家计划委员会批准的国家大中型工程项目，是气象部门20世纪90年代的骨干工程。该工程于1992年10月立项，1993年初开始实施，1999年底完成。

9210工程是当时在中国气象局历史上规模最大、投资最多、参加人员最广的一项大型工程。由中国气象局信息网络部（国家气象信息中心前身）等单位完成，获2001年度国家科技进步二等奖。我有幸代表9210工程项目组出席了2002年1月在北京召开的国家科学技术奖励大会，受到了党和国家领导人的亲切接见，感到无上荣光。这荣光属于全体参加9210工程建设的各级领导和工程技术人员，是激励和鞭策大家继续为气象现代化努力奋斗的巨大动力！

如今回忆起来，我所了解和经历的9210工程大致分为以下四个阶段。

一、项目的策划和预研阶段

国民经济的不断发展，对气象部门提出了越来越高的需求，建立在原有国家邮电部门通信系统上的气象通信系统已经远远不能满足气象业务的需求，成了气象现代化发展的瓶颈。所以项目的策划和预研早在1992年之前就着手进行了。国家气象局组织了国家气象中心、卫星气象中心和气象科学研究院等有关单位的专家，进行了广泛深入的调查研究和分析，制定了项目的需求和可行性报告，为9210工程的立项打下了扎实的基础。

二、系统设计阶段

9210工程立项后，为了保障工程的顺利实施，国家气象局成立了由两位副局长负责的工程领导小组，下设办公室，并以公司机制具体负责工程的实施工作；各省（市）气象局也成立相应的机构与之呼应。

1993年初，国家气象局从有关单位抽调专家，组成总体设计组。总体设计组不辱使命、高效地开展工作，在充分调研、分析和反复论证后，于1993年8月完成了9210工程的初步设计工作。

总体设计组根据初步设计的要求进行系统设计，确定9210工程系统应以气象信息的收集、分发和管理为主，兼顾话音和批量数据业务。工程建设的目的是在全国地（市）级以上气象部门建成一个以VSAT（Very Small Aperture Terminal）卫星通信为主、地面通信为辅的计算机局域网互联的广域网、卫星单向数据广播系统（PCVSAT）和话音系统。

9210工程由卫星通信网和计算机网络两部分组成。

卫星通信网是由中国气象局院内的1个通信主站、6个区域气象中心站及25个省级站（北京市气象局经光缆与主站连接）、296个地（市）级站和大部分县级站组成的覆盖全国的数据/话音卫星通信专用网。

卫星通信网采用VSAT通信系统，它由通信卫星转发器、主站和众多甚小口径天线终端站组成，是一个卫星通信终端站群的、特殊的卫星通信系统。有卫星广域网（SWAN）、卫星话音网（SVTN）和PCVSAT系统，具有通信覆盖面广、在通信范围内不受地理条件限制、可以进行点对点数据传输、多址通信及广播等优点。

VSAT 通信的特点是宽覆盖、稀路由、低成本、易架设、易维护，而且误码率低、可靠性好；当通信卫星系统发生故障时，系统的主要业务将转到邮电部门的中国公用分组交换数据网（ChinaPAC）上降级运行。

计算机网络是通过卫星通信网把全国地（市）级以上各级气象部门原有的局域网连成一个集中控制、分级管理的计算机广域网，实现数据的收集、处理、分发和监控；同时，还要建立分级分布式数据库和天气预报人机交互式处理等系统，以满足气象业务应用的需要。

9210 工程在地理上覆盖了全国地（市）级以上各级气象部门，由国家级信息控制中心（NICC）、区域级信息控制中心（RICC）、省级信息控制中心（PICC）、地（市）级信息管理系统（CIMS）和县级信息接收系统（CIRS）五级组成。

由此可见，9210 工程涉及卫星通信、计算机和网络系统、数据库、计算机图形图像学等先进技术，加之该工程建成后需要面对气象业务的种种复杂需求，使得工程设计和建设的难度在国内同类项目中是少有的，对所有参加9210 工程建设的人员而言，都是极大的考验。

三、系统技术设计和试验阶段

根据系统设计和当时信息技术的现状，一方面需要确定工程建设的具体技术路线；另一方面还要根据气象业务新的需求以及在初步设计中未详细设计的一些复杂技术问题等，进行 9210 工程的技术设计，重点是 VSAT 通信系统（包括卫星单向数据广播系统）、计算机和网络系统及气象业务应用软件系统的设计。

在 9210 工程初步设计和技术设计基础上，还需要完成施工图设计，负责组织、指导全国 RICC、PICC 和 CIMS 的施工图设计和施工图终审工作。

9210 工程建设难度在国内同类项目中是少有的，也是当时气象现代化建设中前所未有的。参加工程建设的技术人员从未遇到过如此复杂、涉及知识面如此广的技术难题，所以设立试验系统阶段是十分必要的。

建立试验系统的目的是：为9210工程建立一个硬件、软件及业务应用的系统试验环境，为工程建设的全面实施做好技术准备；对系统的网络结构、主要关键设备性能进行测试和试验，并根据试验结果修改和完善总体技术设计、功能规格书；在试验系统环境下开展业务试验，为应用软件的开发积累经验；通过试验系统的建设，培养和锻炼9210工程所需要的各类技术和管理人才，探索新系统的运行和调度模式。

试验系统包括9210工程连通性、功能性试验和第一阶段业务试验若干环节，有试验系统方案设计、设备安装调试，以及有关应用软件的开发、安装调试和试验系统的运行等。

试验系统布局的站点有：

NICC 1个：北京；

RICC 1个：武汉区域气象中心（武汉）；

PICC 1个：山西省气象局（太原）；

CIMS 7个：湖北宜昌、十堰、山西大同、阳泉、临汾、晋城、晋中。

上述范围内开展的设备安装调试、系统连通、功能试验和业务试验，为工程的全面实施奠定了扎实的基础。

9210工程试验系统建设从1994年11月开始，到1996年4月工程全面实施阶段的设备到货为止。

四、系统全面实施阶段

试验系统的建设规模虽不大，但是它全面地验证了9210工程总体设计方案的可行性，为进一步修改和完善全面实施阶段的技术方案提供了宝贵的实践经验和科学依据，从而使我们对完成工程全面实施阶段的任务充满了信心。

工程全面实施阶段是从1996年4月正式开始，但是全面实施阶段的技术方案设计和修改工作在试验系统的建设阶段就已经开始了。

系统全面实施主要有以下几个方面。

1. VSAT 系统

工程全面实施阶段的 VSAT 系统建设是在亚卫 –2 号 Ku 波段第六转发器上进行的。由于亚卫 –2 号升空后转发器参数达不到原设计指标,工程的实施出现了困难,尤其是对我国的黑龙江、新疆、内蒙古北部、西藏、海南、云南南部等地区产生不利的影响。为了搞清楚这一变化的实际影响,我们选择哈尔滨、黑河、乌鲁木齐、喀什、海口等五个地方进行现场测试,通过对测试数据的分析,采用新的应对方案,从而有效地解决了因为亚卫 –2 号参数变化给 9210 工程实施带来的困难。

2. 计算机和网络系统

由于工程所设计的计算机和网络系统技术和实施方案在试验系统阶段建设中已经得到了验证,证明我们的设计思路是切实可行的,能够实现既定目标,所以在工程全面实施阶段我们仍然坚持这一技术方案,只是做一些局部的调整和修改,这主要表现在以下几个方面:与试验系统相比,计算机硬件系统和网络设备的性能更好;计算机操作系统和网络管理系统软件也升了级;为 RICC 和 PICC(含武汉、山西试验站点在内)安装 HACMP 和 DECSave 双机高可用性系统;Sybase 数据库安装调试。9210 工程中多种计算机操作系统和网络规程之间的互联与互操作、9210 工程新建系统与各地原有系统的互联与互操作。

五、升级完善

9210 工程从初步设计到全面施工,已经历了六年多的时间。其间,计算机和网络系统技术又有了新的发展,出现了一批具有更好性能价格比的计算机和网络产品;同时由于当时国民经济的发展对气象工作提出了较之六年前新的、更高的要求。因此,在总结工程建设经验的基础上,及时进行工程计算机和网络系统的完善,以满足未来若干年气象业务增长的需要,是十分必要的。

1. VSAT 卫星通信系统的升级完善

主站是卫星通信系统的关键。为了保证主站的可靠运行，对其进行了进一步的升级和完善，主要是：主站天馈系统的完善。原来只有一副天线系统，再增加一副天线系统可以相互备份。提升高功放的功率。原来高功放的功率低，没有足够的抗雨衰余量储备，在主站出现较强降水时就会使整个系统的通信中断。提升功放的功率后，主站的抗雨衰能力大大加强。

2. 计算机系统的升级完善

在对当时的计算机和网络市场产品做了认真地对比分析后，结合对未来发展趋势的展望，在保护现有投资的基础上，提出了各级计算机和网络系统完善的设计方案，并组织专家对方案进行了论证、修改、补充和核定，最终形成9210工程计算机和网络系统完善方案。

3. 卫星气象数据广播系统

随着当时VSAT通信技术的发展和单向广播接收系统成本的降低，以及工程效益日益显著，要求在县级站配备单向广播接收系统的呼声不断增高。鉴于这种需要，在工程建设中建立卫星气象数据广播接收系统的任务被提到了议事日程上，为将工程建设效益进一步向县一级延伸和拓展创造条件。这也是气象事业服务于部门内外的重要渠道，至今仍然发挥着重要作用。

六、应用软件开发

应用软件开发的编程和调试工作量巨大，而且时间紧、任务重。这是9210工程全面实施阶段中一项十分重要而又艰巨的任务，它涉及各相关领域的先进技术，工程建成后还需要面对气象业务的种种复杂需求，是关系到能否发挥工程效益的关键；同时，应用软件开发也是中国气象局推动气象现代化建设朝着规范化、标准化方向前进的有利时机。

应用软件开发分为气象业务应用软件和系统应用软件两部分，四个功能子系统是：网络管理和业务监控子系统、数据收集与分发子系统、数据库子系统、人机交互子系统。

9210工程各子系统之间有着密切的相互关系。

网络管理与业务监控子系统是整个系统的网络管理与业务监控中心，它负责卫星通信、计算机系统和网络运行环境的管理与监控，以及气象业务运行各子系统的管理与业务监控。

数据收集与分发子系统除独立进行数据的收集和分发外，还为数据库子系统提供实时接收的数据；它把本子系统的运行状态及有关信息送至网络管理与业务监控子系统，以便监视和控制该子系统的运行。

数据库子系统从数据收集与分发子系统获得各种气象观测资料和产品数据，并按气象业务的需求对这些数据进行组织和管理，为其他子系统提供各种数据服务；它也把本子系统的运行状态及有关信息送至网络管理和业务监控子系统，以便监视和控制该子系统的运行。

人机交互子系统从数据库子系统获取要显示的数据，以图形图像的形式显示出来，供预报和研究人员分析、应用。

9210工程本着边建设、边发挥效益的精神，在试验系统（湖北、山西两省的九个站）建成后，主站从1995年11月1日起就以数据文件的方式向下传送资料。全面布点工作从1996开始，并于当年年底改用广播和调用相结合的方式向下传送资料，在1998年汛期预报中发挥了较好的作用。

1999年初，PCVSAT数据广播接收系统在全国大规模布点，而且计算机和网络系统升级完善的安装工作与VSAT单双向站系统综合集成应用软件安装工作基本完成后，随即投入了业务试运行，也在当年的汛期预报中发挥了较好的作用。

工程建设的几年间，通过9210工程所建系统向各级气象台站传递了大量的气象信息，比当时从地面网传输的信息量增加了很多倍，对提高全国各级气象台站的气象服务与决策水平，起到了重要作用。

回顾9210工程建设的全过程，它具有以下特点：

1. 解决气象通信瓶颈的正确方式——VSAT

2. 大型工程建设的成功模式——"总体设计—系统试验—全面实施—系统完善"

9210工程建设过程为气象部门组织大型工程建设提供了可供借鉴的经验。大型工程建设按照这样的模式做，可以综观全局、循序渐进、稳扎稳打、精益求精。

3. 正确的技术路线——开放式系统

4. 系统的安全性和可靠性设计

气象服务关系到国民经济建设和人民的日常生活，为了确保系统不间断地运行，必须注重计算机和网络系统的安全性和可靠性。在应用软件开发中，也采取了相应措施，以便及早发现故障苗头，确保系统安全可靠。

5. 多种系统互联与互操作

9210工程中涉及的计算机小型机、工作站和微机，操作系统有IBM AIX、Digital UNIX、SCO UNIX、SGI IRIX、Windows95和Windows98等；涉及的网络设备有IBM、DEC、3COM等公司的网络设备，网络规程有TCP/IP、NOVELL、DECNET、Windows NT等，整个系统的互联与互操作非常复杂。工程建设中为RICC、PICC级局域网的新老系统互联设计了一整套解决方案，将气象系统的各级局域网有机地联系在一起，为气象信息的传递和共享创造了良好的网络环境。

6. 应用软件开发

9210工程的应用软件开发要面对气象业务的种种复杂需求，是一个包括网络管理和业务监控子系统、数据收集与分发子系统、数据库子系统、MICAPS系统、广播接收与分发等系统的相互关联的软件工程，因此它的开发工作量和难度很大。尤其是分组广播软件能否开发成功，是工程建设能不能充分发挥效益的关键。

9210工程应用软件系统完全是由气象部门自己开发的，是气象部门上下很多同志和软件开发人员智慧的结晶。它的成功开发和业务试运行，不仅为国家节约了大量的资金，也培养和锻炼了一支软件开发队伍，是9210工程建设的一项重要技术成果。

7. 工程建设规范与约定

9210工程的建设推动气象部门信息网络的规范化、标准化建设，改变部门长期以来各自为战、信息不能互通、应用软件互不兼容、低水平重复劳动等普遍存在的不正常现象。

工程应用软件编程按中国气象局1995年12月颁发的《气象软件工程规范（试行）》执行，并作了如下规定和约定：

（1）9210工程应用软件开发的命名规定参照中国气象局气业发〔1995〕29号《关于下发〈气象信息网络系统资料传输业务规程〉的通知》进行。

（2）为了兼顾小型机、工作站、微机等各种硬件平台和UNIX、Windows95、DOS等各种软件平台，命名规定采用英文字母打头，后跟英文字母、阿拉伯数字，或英文字母与阿拉伯数字的组合。

（3）无论是程序名、模块名、文件系统名、路径名，还是数据文件名、系统名和子系统名等，名字长度一律在12个字母之内。命名应当尽量避免系统与子系统内的各系统之间重名，命名力求有一定的意义和便于记忆，尤其是气象数据文件命名，更应能够多表明一些诸如资料种类、时间等的信息，以方便使用。

（4）TCP/IP地址是统一设计的，各类数据文件的格式也是统一的。

9210工程的建设解决了一个长期想解决而又难以解决的问题，为气象业务和科研管理、信息和科研成果共享创造了条件。

七、推广应用

1. 9210工程推广应用范围

工程建成后，在当时获得了广泛地应用。

气象部门：遍及国家、省、地、县气象局，成为中国气象局通信骨干网；

非气象部门：已布设多个单收站，涉及民航、葛洲坝工程、白山电站、建设兵团、盐场、南海西部石油等部门。

国外气象局：在朝鲜安装了单收站。

2. 9210工程推广应用效果

（1）提高了通信能力。解决了长期以来困扰气象现代化建设的通信瓶颈问题。

（2）统一天气预报平台。减少了重复劳动，为预报准确率和时效的提高打下了基础。

（3）在气象服务中，特别是汛期的气象服务中发挥了重要作用。

（4）为增强气象行业的凝聚力，达到数据共享，迈出了重要一步。

（5）为国际气象部门的合作和气象科技产品增添了新的内容。

八、结语

经过气象部门全国上下近七年的努力，9210工程的建设圆满结题。中国气象局党组规划的蓝图和气象部门多年来渴望改变气象通信落后状况的愿望变成了现实。工程所建系统大大地改善了气象信息通信环境，使长期困扰气象现代化建设的通信瓶颈问题得到缓解。

虽然9210工程作为一个工程阶段已经结束了，但它所建立的系统只是为气象信息网络现代化建设向更高水平发展打下了一个坚实的基础。应当按照长远规划、分步实施、合理衔接、平稳过渡的方针，继续搞好我国气象信息网络系统的现代化建设，为气象防灾减灾和为人民群众的生产生活服务。

9210工程所建系统在当时我国气象科学现代化中发挥了重要作用，使我们为部门内外的服务提高到一个新的水平。但是系统本身也需要随着科学技术的进步和经济发展对气象服务需求的提高而不断完善，这个过程是无止境的，也是一次又一次总体技术思路与实施方案的全面审视和新的提高，是一种螺旋上升的发展趋势，这种规律在工程结束后的今天也应当是适用的。工程建设各个阶段的实践证明，每个阶段的建设都会遇到难以预料的难题，但是，只要全体参与工程建设人员发扬积极进取、兢兢业业、顽强拼搏的精神，最终一定会成功。

9210工程建设培养和锻炼了一批活跃在气象部门各级信息网络系统第一线的技术人员，他们是维修、维护工程所建系统的骨干，也是解决工程深层次技术问题及研究开发的中坚力量，他们中的不少人至今仍然活跃在气象系统的不同岗位上。我和所有有幸参加这项工程建设的工程技术人员一样感到十分欣慰，并以能为工程建设贡献我们的智慧与力量而自豪。

在纪念国家气象信息中心成立15周年之际，回忆9210工程建设的那段岁月，我深切体会到，工程建设取得圆满成功真是来之不易。这是中国气象局的各级领导和各相关单位大力支持与协同作战的结果，也是大家具有难能可贵的攻坚克难、砥砺前行的精神，才圆满地完成了工程建设任务。希望这种精神能在国家气象信息中心继续发扬光大，大家共同努力、再接再厉，继续为气象现代化建设上新的台阶立新功！

王春虎

1948年2月出生，中共党员，先后毕业于北京气象专科学校和西安交通大学。曾担任中国气象局总体规划研究设计室副主任、国家气象中心副总工程师、国家气象信息中心副主任兼党委副书记等职务。技术职务为正研级高级工程师。长期从事气象现代化系统工程的设计、建设和管理，以及气象事业发展的战略研究和总体规划等工作；曾组织和参与完成了多项气象现代化重点工程项目的建设，组织和参与完成了多项气象事业发展纲要规划的编制和总体设计。曾获得国务院颁发的政府特殊津贴、国家科技进步奖等奖项。

北京气象通信枢纽系统（BQS系统）建设

一、BQS系统建设的背景与基本概况

1972年世界气象组织（WMO）恢复了我国的合法席位。1973年WMO第25届执行委员会又通过了将北京列为全球电信系统（GTS）亚洲区域通信枢纽。为此，周恩来总理于1973年7月亲自批准建设现代化的北京气象通信枢纽系统（BQS系统），国家计划委员会1974年将此项工程正式列入国家重点建设项目。BQS系统从1975年开始建设，1980年1月正式建成，1991年终止业务运行，累计服役12年。BQS系统是我国气象部门发展史上第一个大型现代化建设项目，开创了气象通信现代化建设的新局面。

BQS系统工程建成了北京气象中心业务大楼，建成了各种有线和无线通信机房；引进了日本日立公司2台M-160Ⅱ和1台M-170计算机及其配套设备；建成了以计算机为主要工具的自动化气象通信系统。经过近6年的艰苦努力，BQS系统于1980年1月正式投入业务运行。

二、BQS系统工程建设的组织管理

为了完成BQS系统工程建设任务，中央气象局成立了北京气象中心工程

处,专门负责 BQS 系统工程的组织管理和建设工作。工程处下设 3 个组:基建组、通信组、计算机组。基建组负责工程的业务大楼等土建工作;通信组负责常规气象通信设施的设计和建设工作;计算机组负责计算机通信系统的调研、考察、选型、设计和建设工作。

随着系统建设的不断深入,计算机组又划分为系统组、硬件组和软件组。系统组负责系统设计、系统硬软件协调、应用软件开发协调、工程进度管理、系统测试等工作。硬件组负责所有计算机硬件的培训、安装、调试和运行维护;软件组负责系统软件和应用软件的培训、软件开发和运行维护。

为了顺利完成 BQS 系统工程建设,日本日立公司也成立了相应的组织管理班子,包括组织管理、系统设计、硬件系统、系统软件、应用软件等小组。

三、BQS 系统工程的设计与开发

BQS 系统是一个实时通信业务系统,要求系统实现从人工通信向自动化通信的全部功能,还要满足 24 小时不间断运行要求。因此,该工程对系统的技术要求很高。面对这一要求,无论是我方技术人员,还是承揽此工程的日立公司,都缺乏实践经验,也没有现成的系统和软件直接套用,BQS 系统面临着大量而又艰巨的技术开发工作。

为了使系统的设计更好地满足我方的业务要求,BQS 系统功能规格书和数据规格书的设计以日方为主,由中日双方技术人员参加。系统软件需要定制开发,由日立公司负责在 IBM-360 操作系统的基础上分别定制开发三个专用系统软件:专用通信控制程序(SCP)、资源管理系统程序(RMS)、系统运行管理程序(SOP)。应用软件的开发工作量很大,参加的技术人员也很多,开发以我方为主,日方负责技术指导。

为了有效组织应用软件的开发,我方成立了 4 个小组:ESP1 软件组(通信收发软件部分)、ESP2 软件组(通信处理软件部分)、BUP 软件组(批处理软件部分)和填图软件组。从 1977 年开始进行应用软件的开发,1979 年完成应用软件的单调、组调和系统联调,1980 年 1 月 1 日,投入使用。

四、BQS 系统的主要功能与构成

BQS 系统主要功能有：国际、国内气象通信的自动接收、自动转发和编辑发送；国内外气象传输资料的收集、识别、编辑处理和存储管理；气象资料的填图与绘图处理；为我国开展数值预报业务提供计算机资源与环境。

BQS 系统的主要构成包括硬件和软件。

硬件构成： 日本日立公司 2 台 M–160 Ⅱ 和 1 台 M–170 计算机，2 台通信控制处理机，20 台磁盘存储器（每台 100 兆字节容量），16 台柜式磁带，2 台行式打印机、3 台卡片阅读机、6 台大型平面绘图机等设备共 108 项，591 台（件）。2 台 M–160 Ⅱ 构成了双机热备用自动化通信系统，1 台 M–170 计算机用于数值预报业务和批量处理，2 台通信控制处理机互为备份，用于连接 128 条国际、国内气象电路，通信速率为 50、75、100 波特。

软件构成： 由系统软件和通信应用软件两部分构成。系统软件负责系统管理、通信管理、资源管理、运行控制等任务。系统软件包括：操作系统 vos2，专用通信控制程序（SCP）、资源管理程序（RMS）、系统运行管理程序（SOP）。通信应用软件负责气象通信的接收、识别、转发、编辑处理、数据存储、填图绘图等任务。通信应用软件包括：编辑转发程序 1（ESP1）、编辑转发程序 2（ESP2）、后备编辑程序（BEP）、批量用户程序（BUP）、数据获取程序（DGP）、自动填图程序（PLP）等。

五、BQS 系统建设的意义与效益

BQS 系统是中国气象局历史上的第一个现代化工程项目。BQS 系统的建成，使我国气象通信在 20 世纪 80 年代初从国家一级开始告别了手工作业和半自动化的通信方式，在全国通信行业中率先实现了计算机自动化通信，是我国第一代自动化气象通信系统。百万次大型计算机的引进及成功应用在我国也尚属首次。

BQS 系统的建成，使我国气象通信能力从以前的 42 条通信线路增加到 128 条；气象电报的传输时效提高了 1～3 小时；通信传输和处理能力每天从以前的 3 兆字节增加到 15 兆字节。

BQS 系统的建成，使气象填绘图业务从人工作业方式，迈向自动化填绘图，填图的速度和时效大幅度提高，自动化填图比人工填图的效率提高了 5 倍。

BQS 系统的建成，为我国数值预报的发展提供了良好的计算机条件，使数值预报业务得以从 A 模式、B 模式不断向前发展。

BQS 系统的建成与投入运行，不仅提高了我国气象现代化的水平，而且也使北京成为名副其实的世界气象组织亚洲区域气象通信枢纽，从而使我国在世界气象组织的作用得到充分发挥，提高了我国在国际气象领域中的地位。

六、BQS 系统建设的主要成功经验

BQS 系统既是一个引进项目，同时又是一个合作项目。我们不仅仅是引进了日本的先进技术装备，而且也是首次引进了国外先进的计算机技术、工程化的系统设计技术、工程化的软件开发技术、规范化的工程与系统管理技术。

BQS 系统工程建设严格遵循了系统工程规范的如下阶段：系统调研与分析—系统功能规格书设计—系统数据规格书和接口规格书设计—计算机系统硬件制造—硬件安装与测试—系统软件设计—应用软件设计—软件测试—系统综合测试—系统综合验收等。它为我国的后续气象工程建设提供了宝贵的经验。

BQS 系统应用软件的开发也采用了日立公司的软件工程技术和软件设计规范，先后经历了如下阶段：软件功能规格书设计—软件结构规格书设计—软件模块设计—程序编码—程序单调—程序联调—综合联调等。它为我国以后的软件开发提供了宝贵的软件工程化经验。

由于采用中日双方合作的方式进行系统总体功能规格设计、通信应用软件设计和工程管理，我们不但成功地完成了系统建设任务，更重要的是培养了一大批有经验的系统设计人才、计算机硬件人才、计算机软件人才和系统运行管理人才，学到了一整套进行自动化系统建设、自动化系统运行的经验和方法。以上经验和人才，在以后的气象现代化建设中均发挥了重要作用。

赵西峰

山东临沂人，1952年正月出生，1969年12月参加工作，中共党员，毕业于北京邮电大学载波通信专业。原国家气象中心计算机室主任。1987—1993年，从事我国中期数值天气预报业务系统的计算机系统建设，参加了"873"工程工艺设计，1989年赴美国CDC培训中心接受CYBER大型计算机维护培训。1993—1999年，参与中国气象局引进美国CRAY C92、IBM SP等高性能计算机系统的工作，并组织全室技术人员参与9210工程建设，1995年，赴美国夏威夷、达拉斯的IBM培训中心接受IBM计算机系统维护培训。

CYBER 大型机及 LCN 高速网络系统建设

一、前言

CYBER 大型机和 LCN 网络系统是1988年9月27日签合同从美国CDC公司引进的，合同总额约为1200万美元，主要用作"七五"期间国家重点建设工程——中期数值天气预报业务系统的计算系统。引进的设备主要有CYBER992大型机、具有向量运算功能的CYBER992大型机、LCN高速局域网系统以及大量的输入输出设备、图形图像设备、终端设备等。

中期数值天气预报业务系统建设对于当时的国家气象局来说，是一项重大工程，国家计划委员会批准的总投资概算为18202.8万元。建设时间从国家建设"七五"规划持续到"八五"规划，历时近10年。涉及很多气象科研人员，计算机、通信工程以及土建工程建设人员。主要气象类专家有颜宏、皇甫雪官、屠伟名、杨学盛、郭肖蓉、陈卫红等，主要计算机硬软件与通信类工程技术人员有姚奇文、蔡道法、赵振纪、徐家启、应显勋、王春虎、赵西峰、荣维枝、陈建军、张里曼等人。

从工程建设角度看，要建一座8000余平方米的业务楼，一套由大型计算机、巨型计算机组成的计算系统，要更新现有气象通信数据处理系统。还要建一套局域高速网络系统,把国家气象局大院内的主要计算机系统互联起来,实现数据交换高速传输,比如:用新的高速网络把新建的数据处理系统与气象通信系统连起来,把卫星气象中心的气象卫星数据处理系统与国家气象中心的通信系统连起来。在当时来说,这在技术上是很难的事情,因为各个主机系统的操作系统都是不一样的,没有互通性,国内没有这种技术。

为了圆满完成这项大工程,国家气象局成立了工程指挥部,取名873工程指挥部,因为是1987年3月成立的,故取此名以便记忆。873工程指挥部的总指挥是时任北京气象中心主任李泽椿,副总指挥是卫星气象中心的汪祖林。管理机构有指挥部办公室、工艺设备处和土建部门(由国家气象局的行政管理局出人),办公室主任是梁立明,副主任是马念一;工艺设备处处长是王春虎,副处长是郑宗友;办公室及工艺设备处都有办事人员。凡涉及工程协调、工程费用的支出管理,都由工程指挥部负责。

在北京气象中心内部,对各个分系统的建设都指定了负责人,比如:大型计算机、巨型计算机及网络系统的建设由姚奇文负责,通信系统的更新建设由蔡道法负责,软件工程部分由赵振纪负责,数值预报部分由数控室的人员负责,既要负责系统设计,还要负责设备选型、安装、上业务。李泽椿是总负责人。

工程实施前,李泽椿主任主持的"七五"国家重点科技攻关课题(编号75-09-01)——中期数值天气预报研究——顺利完成,为工程建设圆满完成打下了基础。"八五"期间,李泽椿主任又申请到了国家重点科技攻关项目(85-906)——台风、暴雨灾害性天气监测、预报技术。计算机室主任姚奇文主持了其中的(85-906-02-05)专题研究,该专题的名字是"台风、暴雨灾害性天气预报、警报用计算机和网络系统环境及安全告警技术的研究",计算机室一大批技术骨干参与其中,得到了培养和锻炼。

参与大型机及网络系统建设的主要是计算机室计算机一科、动力科和系统科的技术人员。我当时是计算机一科的科长,自始至终参加了中期数值天气预报计算系统的建设。

二、建设背景

20世纪70年代后期，西方发达国家开始建设中期天气预报业务系统，1979年8月，欧洲中期天气预报中心的业务系统正式运行，中期数值天气预报业务的开展受到国际上的重视。为了延长天气预报时效，使中国气象事业跻身世界先进列，20世纪80年代初期，国家气象局筹划建设该类系统，国家气象局局长邹竞蒙和中国科学院院士叶笃正、陶诗言认为应从高起点引进国外先进技术，建立中期数值天气预报系统。1983年1月，国家气象局党组决定进行中期数值天气预报业务系统建设立项，同年9月，国家气象局派出考察团赴欧洲中期天气预报中心考察。1984年1月，在全国气象工作会议上，李鹏副总理提出建立中期数值预报业务系统，以后又多次作过指示。于是，国家气象局很快向有关职能部门进行了项目申报，1985年5月，国家计划委员会计委正式批准"北京气象中心扩建工程（增建中期数值天气预报业务系统）"为国家大中型建设项目，以后统称中期数值天气预报业务系统。

三、建设目标

中期数值天气预报业务系统的建设目标是：建立以巨型计算机、大型计算机、高速局域网、新的气象通信系统为平台的资料加工、图形图像输入输出、专用数据库系统，制作10天数值天气预报，可用预报达到5～7天，开展5天的天气预报业务，从资料收集、分析、模式计算、预报结果后处理、产品分发，全部实现自动化。

作为中期数值天气预报业务系统的计算机系统，则由一台巨型机、两台大型机和一套高速局域网络系统组成。当时设想巨型机采用美国CDC公司的CYBER205巨型机，主要承担T63中期数值天气预报模式的计算工作，后来由于进口许可证等问题，改成了用国产的银河–II巨型机。而大型机和高速局域网络系统还是从美国CDC公司引进，两台大型机中一台是CYBER962（1500万次／秒），另一台是CYBER992（3500万次／秒），它们既做巨型机的前端机，又可独立承担数值预报计算和气象图形图像处理任务。

利用高速局域网——LCN 松散耦合网络，将国家气象局内 8 台不同类型的计算机主机连接起来，实现资源共享。

四、系统设备简介

两台 CYBER 大型机（CYBER962、CYBER992）、和 LCN 松散耦合网络系统设备主要性能如下：

CYBER962 为标量计算机，双 CPU 结构，峰值计算速度 14.8 MIPS，内存容量 64 MB，磁盘容量 27.6 GB，采用 NOS/VE 虚拟网络操作系统，配接了 8 台 6250 BPI 磁带机。

CYBER992 为带有向量部件的大型机，双 CPU 结构，峰值计算速度 34.6 MIPS（57MFLOPS），内存容量 64 MB，磁盘容量 36.4 GB，采用 NOS/VE 虚拟网络操作系统，配接了 8 台 6250 BPI 磁带机。

两台大型机通过以太网（CDCNET）共享 6 台宽行打印机、40 台终端、10 台 SGI 工作站、彩色静电绘图机等设备。

连接国家气象局大院内 8 台主机系统的 LCN 松散耦合网络为双网结构，是当时世界上最快的局域网，采用了中同轴铝质电缆。

回忆起当时的磁盘存储设备，今天颇有感慨。当时系统配的磁盘机在世界上还是很先进的，型号为 9853-3，磁盘机柜的宽、长、高尺寸为 762 毫米×1016 毫米×1524 毫米，重量 657 千克。一台磁盘机柜装 4 个盘组，每个盘组的存储容量为 1 GB，即每台磁盘机柜的存储容量为 4 GB。两台 CYBER 大型机共配了 16 台磁盘机柜，占的机房面积很大，与今天的磁盘存储设备一比，真是不可思议，今天的一块巴掌大的移动硬盘，存储容量达到了 5000 GB，这在当时，做梦也不会想到。

五、工程实施过程

中期数值天气预报业务系统工程建设，由 873 工程指挥部统一指挥。指挥部的办公室负责对外联络、内部沟通、财务管理、公文起草及流转、日常事务管理等工作。工艺设备处负责设备场地建设及设备安装工艺设计。8000多平方米的业务楼建设则由局基建处负责。

往常，工程的工艺设计由建筑设计院做，费用占总工程费用的2%，用户方要配合提供技术支持，提供大量的人力物力。为了节省资金，锻炼自己的队伍，工程指挥部决定自己组织技术人员设计。因此，1988年8月成立了工艺设计组，负责做工程的全部工艺设计，人员主要来自气象中心计算机室，他们是：刘斯顺、张里曼、胡光华、赵西峰、田志纯、王国良、刘春彦、尹忠秀、甄宝成等人。工程指挥部还聘请了姚奇文、蔡道法、张福孙等人做技术顾问。

1988年9月12日，工程指挥部组织召开全体设计人员会议，启动工艺设计工作，出席会议的有工程指挥部人员、工艺设计人员及技术顾问。会上工程总指挥李泽椿作了工作安排，并提出了明确要求。他说，土建设计请的是北京设计院，工艺设计我们自己做。上报国家计划委员会时既要有总体设计，也要有工艺设计，争取11月报上去，大家要在3个月的时间内完成任务。

873工程工艺设计共分九个部分，分成初步设计、扩初设计、施工设计和竣工设计四个阶段实施，每个实施阶段都要花较长时间。整个过程从1988年持续到1993年出竣工图。此次工艺设计完全满足了用户需求，给下一步设备安装打下了良好基础。我负责了"大型计算机系统"和"网络系统"两个分册的工艺设计。工艺设计中后期，设计人员有所变化，增加了沈洸、荣维枝等人。

1989年1月初—7月初，为搞好接机培训，北京气象中心派出了从事大型机系统、网络系统维护的硬软件人员及应用开发人员43人，到美国明尼苏达州明尼阿波利斯市CDC培训中心进行了技术培训。李泽椿主任亲自带队，学习了CYBER180-900系列计算机结构及维护、LCN和CDCnet网络设备结构及维护、语言和开发工具以及外部设备（绘图机、硬拷贝、磁盘机、磁带机、工作站）维护等技术。

考虑到 CYBER 计算机设备到货时新业务楼正在建设中，不能按时在新机房安装，气象中心制定了改造旧机房（原 150 机、320 机的机房）临时安装主要设备供用户使用的计划。CYBER962 计算机设备和 LCN 网络设备（37 个包装箱）于 1989 年 9 月 17 日运抵首都机场，因旧机房改造还未完工，只好于 9 月 20 日将设备由首都机场运到国家气象局的仓库保存。3 个月后旧机房改造完成，CYBER962 计算机和 LCN 网络设备于 12 月 27 日起拆箱、安装、调试，1990 年 3 月 7 日 CYBER962 系统设备验收签字，3 月 28 日，LCN 网络系统安装完成，交付使用。

因美国政府迟迟不签发出口许可证，CYBER992 计算机系统比 CYBER962 晚到货半年多。由于 CYBER992 计算机是水冷结构，主机重量约 5 吨，占地面积约 4～5 平方米，计划安装在旧机房，对楼的承重有没有问题，在讨论选择设备安装场地时有争论。如果有问题，新业务楼正在建设，新机房不能使用，另找安装场地很困难，很可能设备到货后，只能像 CYBER962 一样暂时放在仓库里。这样就耽误了使用，而数值预报研究人员使用 CYBER992 计算机调试数值预报模式的愿望很迫切。为了解决这一问题，工程指挥部派人找北京设计院的原设计师王铁夫做论证，得出了若采取局部加固是可行的结论。于是此问题得到了解决。

1991 年 3 月，计算机一科的技术人员忙于做 CYBER962 计算机系统的测试验收，以及 LCN 网络系统的安装工作，同时也在做 CYBER992 的场地准备。4 月 1 日，CYBER992 系统设备到货运抵国家气象中心，第二天就进行设备拆箱和电缆连接。由于 Liebert 公司提供的配电柜、水冷机等设备到货晚，直到 6 月中旬才加电调试、安装系统软件。7 月 1 日，系统验收测试工作完成，系统验收签字，交付用户使用。

1993 年 3 月中旬，新楼机房装修完成，开始实施设备搬迁工作，即把在旧楼机房安装的所有计算机设备、网络设备搬迁到新楼机房。在气象中心领导的关怀指导和工程指挥部协助组织下，计算机室分两个阶段组织实施搬迁工作。第一阶段，搬迁CYBER992系统设备，从3月25日开始到5月24日完成了全部设备的搬迁及系统恢复工作，用了56个工作日，比原计划节省了19个工作日，比CDC公司制定的计划节省了44个工作日；搬迁的设备103件，总重量约22吨。第二阶段，搬迁CYBER962系统设备，从6月15日—6月29日完成了全部设备的搬迁及系统恢复工作，用了14个工作日，比原计划节省了38个工作日，比CDC公司制定的计划节省了50个工作日；搬迁的设备99件，总重量约18吨。

设备搬迁到新机房后，曾有一段时间工作不稳定，经计算机一科、系统网络科、动力科的同志们细心调试，解决了设备工作稳定性问题。CYBER992系统自1993年6月10日起趋于稳定，CYBER962系统自1993年8月8日起趋于稳定。

系统设备搬迁，在当时是气象中心的头等大事，气象中心领导亲临现场指挥，有关职能部门的领导也都到现场协助指挥，工程指挥部的同志也始终在现场，计算机室的领导以及相关科的技术人员都在现场奋发工作，动用了吊车、运输车，场面轰轰烈烈。整个搬迁过程未发生设备损坏和人身伤害事故，且已运行了3年的大量设备，搬迁到新地方后能重新稳定运行，不能不说是奇迹。

两台CYBER大型机搬迁到新楼恢复运行以后，计算机一科和系统网络科的技术人员积极配合国防科技大学的同志做两台CYBER大型机与银河－Ⅱ巨型机的连接工作，至1993年9月14日完成。至此，中期数值天气预报计算机系统建设全部完成。

六、业务应用情况

CYBER962、CYBER992是我国20世纪80年代末从国外引进的最先进的大型计算机系统，硬件工艺先进，软件产品丰富，功能强。两台主机系统不但计算速度快，适合运行中期数值天气预报模式，而且有很强的联网功能，既能接中速网，又能同时接高速网。自安装以来，昼夜开机，保障了T42、

T63、LAFS、大小 B 模式和 AMIGAS 等气象业务运行，并满足了"八五"科研攻关课题的用机需要。

LCN 高速局域网络系统，是我国首次建成的高速、高性能的大型计算机局域网络系统。实现了网中各计算机系统之间的资源共享、气象信息共享、文件传输、作业提交和返回计算结果、相互启动、指定文件输出打印等功能。为在我国利用多台异种计算机系统构成实时性要求高的大型分布应用系统开创了先例。该系统的功能已达到当时发达国家气象部门的应用水平。系统自安装以来，在为中期数值预报业务提供服务和为气象数据实现高速传递方面，取得了令人刮目相看的成绩。

一段时期内，以上系统设备为我国开展 5 天的天气预报业务，发挥了重要作用。

以上系统设备约在 2001 年停止了使用。

高相炳

1969年参加工作，高级工程师，先后在国家气象中心、国家气象信息中心工作。曾从事数台国产计算机硬件维护工作；1980年后参与了M—360计算机的引进立项、技术调研、国外培训；以及业务运行后的系统功能改进和组织管理工作。

堪称"小马拉大车"的 M-360 计算机

进入改革开放后，国家利用世界银行贷款引进、建立了大批项目，北京气象中心的 M-360 计算机也属其中之一。在完成调研、立项、申报、招标等大量工作后，该系统在 1985 年初从日本富士通公司引进安装。

该系统引进的最初主要目标是完成气候资料的处理、建立气候分析模式等内容。为了处理大量长期积累的各种原始资料，该系统配有名目繁多的各类输入输出专用外围设备，用于完成如自记纸、纸带、软盘、磁带等介质资料的处理，这也是该系统配制的独到之处。但系统在运算能力、内外存贮容量方面的要求并非首选，所以引进时选用了该计算机的低端序列"M-360R"。

周密的计划常常跟不上形势发展的变化，该系统投入运行后不久，正值国家"七五计划"实施，面临诸多科技攻关课题，很多新的攻关业务在 M-360 机上逐渐展开，当面对庞大的中期数值天气预报项目时，系统更凸显不堪重负、力不从心等一系列问题。为适应新形势科技攻关和业务所需，该系统先后两次进行扩充升级改造，升级后的新系统内外存贮空间成倍提高、运算处理能力由"360R"单 CPU 提升为"360AP"双 CPU，使得该系统的综合处理能力成倍提高。与此同时，供电、空调等辅助设施也完成了相应改造，将初建的非实时系统改造成为也能承担实时运行的系统。

M-360 计算机引进后，经过多方努力，不仅圆满完成了最初项目要求的各项目标，更为添彩的是系统通过扩充升级改造、实施一系列相应配套措施后，为北京气象中心"七五"科技攻关和业务建设发挥了重大作用。当时有众多科技人员日以继夜工作在该系统上，系统配有 18 台用户终端，面对众多的用机者，管理人员常常为终端不够分配犯难，可见当年该系统的繁忙程度。各方面辛勤的耕耘终有回报，系统承担的各项任务硕果累累，其中最为突出的是：中期数值天气预报业务的攻关试验，完成过程中各方通力协作确保重点，在系统资源分配、CPU 占有保障、作业优先级别、运行监控等方面无一例外绿灯运行，有了这些条件保障，T42/L9 数值天气预报模式在 M-360 机上攻关成功，为该业务的提前建立赢得了宝贵的时间，并在 1989 年为准业务实时运行一年有余，随后移至其他系统运行。该系统完成的多项任务也获得了各种荣誉。

M-360 计算机 1985 年引进，直到在跨世纪的 2000 年退出，它在北京气象中心业务建设中的作为，李泽椿院士总结描绘的"小马拉大车"尤为精辟，且恰如其分。但"小马拉大车"的内涵，只有当年为之奋斗拼搏的科技人员才能真正领悟。

虽然 M-360 计算机已远离我们成为历史，但这匹似小非小的骏马驾控大车的艰辛和风采，将永远伴随那段历史的参与者，成为他们心中美好的记忆！

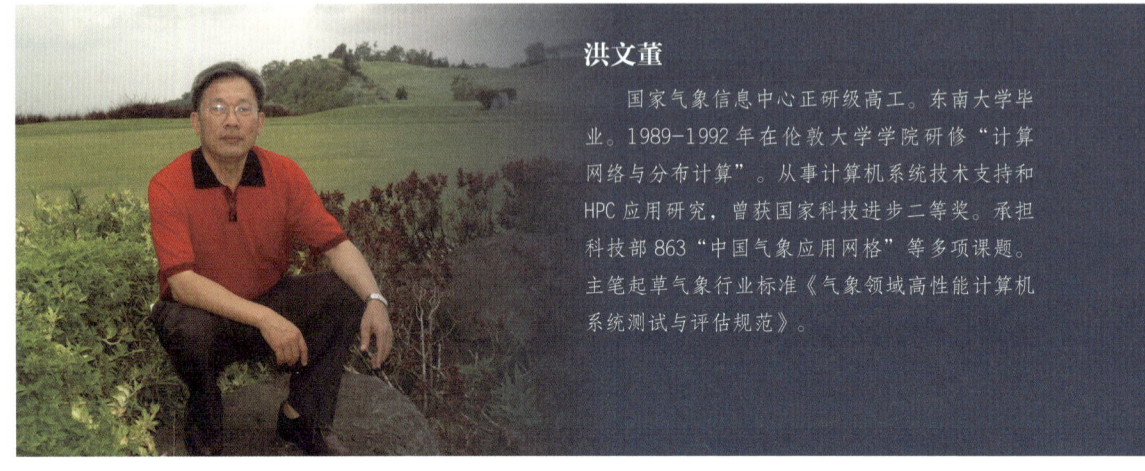

洪文董

国家气象信息中心正研级高工。东南大学毕业。1989-1992年在伦敦大学学院研修"计算网络与分布计算"。从事计算机系统技术支持和HPC应用研究，曾获国家科技进步二等奖。承担科技部863"中国气象应用网格"等多项课题。主笔起草气象行业标准《气象领域高性能计算机系统测试与评估规范》。

见证我国气象超算的快速发展

当我们随手在百度上键入"天气"一词，手机屏幕就把你所处位置的实况天气、24小时预报和一周的天气预报呈现在面前。这里有国家气象信息中心（简称信息中心）的幕后工作：通过通信系统获取全球观测资料，在高性能计算机上进行数据处理、数值模式运算，滚动产出逐时逐地的天气预报信息，供播报和检索之用。这就是信息系统的力量。但信息中心不仅仅是运维机器，更多的是投入人的力量，挖掘机器能力极限，让它产出更智慧的信息产品，提升人们生活的幸福指数。

回顾信息系统的发展历史，读者会找到自己的印迹。丘吉尔曾经说过："回顾历史越久远，展望未来越深远。"我们知道信息中心从何处来，我们做些什么，我们将向何处去。

一、我心中的国家气象信息中心是国家气象数据中心和国家气象超算中心

我对国家气象信息中心的印象，就是一部超级计算机，日夜吞嚼着气象

大数据，产出天气预报信息。现状是，中国的气象超算已经进入千万亿次浮点运算的应用时代。高性能计算（HPC）在气象和气候领域的应用进入世界先进行列。从历史看，信息中心从20世纪70年代起，就在计算机的王国里徜徉，国产机、进口机的体验，教会我们许多。世界计算技术的飞速进展，推动着国家气象信息中心快速发展，现在我们已经懂得"玩超算"。气象超算的发展是国家气象信息中心发展的重要组成部分。超级计算机产品研发水平代表国家的水平，超算行业应用水平代表单位的水平。

国家气象信息中心的"信息"，在中文中是"消息"的意思。在数千年历史中，在人们的印象里，信息还指有内容、新知识，有新意的消息。在英文中"信息"（information）是名词，来源于动词"通知"（inform），名词表示的是从消息发出者到消息接受者之间传递的消息，动词表示的是传递消息这个过程。词源inform源于名词"形式"（form）。而数据就是信息的表现形式和载体。气象的源数据是一些物理性的气象要素，按照世界气象组织（WMO）规定的气象观测规范观测的气象"资料"（data）、形成全球统一的标准的报文格式（form）在国内国际传递交换。WMO的统一基本观测时间的规定，确定了气象观测资料传递的定时性。定时的天气播报需求，确定了各种预报产品传递的实时性。得益于WMO气象资料的标准化，我们建立起的是世界上互通性、实时性最高的国家级气象信息中心。

国家气象信息中心的业务，包括数据通信、资料处理和模式计算三大部分。数据通信是通过连接国内外的通信线路，获取全球气象观测数据和发布预报产品；资料处理是对数据进行统计、整编、挖掘和归档存储的过程；模式计算则包括前处理的资料入库、资料同化，气象预报模式和气候预测模式的高性能计算、后处理并生成预报产品。不管是叫气象信息中心还是称气象数据中心，最基本的任务不变，就是日复一日地用计算机系统把输入的数据加工生成有决策意义的资料、可发布的预报信息。随着数值预报业务和气候预测业务需求的增加，计算能力需要不断提升，高性能计算机系统也就要不断升级。

超算系统时不时进入每年两次更新的世界超级计算机 Top500 的榜单排名，气象超算成为信息中心的核心业务。国家气象信息中心本质上就是国家气象超级计算中心。

国家气象信息中心的建设，是每隔十多年就经历一次"窝、机、模"的升级周期。即建造一个更大的机窝、装进更大的机器、运行更大模式。1978 年 7 月，北京气象中心（国家气象信息中心一些处室由此派生）大楼启用，在二层配有几百平方米的两个主机房：进口机房和国产机房。1993 年，国家气象中心的东楼——信息中心楼启用，配有一千多平方米分布于二层和三层的两个机房，供系统升级交替安装。2015 年，国家气象信息中心大楼启用，配有两个各三千平方米的机房。在这三座大楼的机房里，各种计算机机型各展风采，一个新系统的启用，标志着项目的成功；一个旧系统行将淘汰，孕育着迎接新项目新技术的挑战。一代又一代的计算机技术演进带来信息中心的蜕变。

二、资料处理系统，是信息中心应用计算机系统的先驱

气象资料处理，中央气象局从 20 世纪 50 年代就很重视，先后为此成立了气候资料研究室和气候资料室，直属中央气象局。气象资料也曾被作为"战备资料"。在没有应用计算机系统之前，气象观测资料都是以纸质报文格式保存，气象资料的整编，主要编制各种气象记录的月报和年报，报表也是以纸质形式存档。中央气象局很早就盖起资料楼，建有大面积的库房供资料存档。早期资料整编是靠人工翻阅纸质报文，使用算盘为计算工具。气象资料的处理，就是要对气象资料统计、分析。这需要借助有计算能力的机器，但先要把纸质上记录数字化，让机器可读。人工打卡，就是把印刷的记录变成有格式的 80 列穿孔卡片的记录。1957 年从苏联进口和随后从法国进口 10 进制分类制表机，这机器就是使用 80 行卡片输入系统。分类制表机和 111 机度过了共存服役时代。

纵观气象资料处理演变历程，按处理方式来分代：

手工方式时代： 全人工，算盘是计算工具。

半手工方式时代： 把纸质记录用人工打卡变成卡片记录后，输入到制表机或计算机上处理，耗费了大量的人力和物力。到20世纪80年代初就积累了几千万张卡片，占据了大量库房。选用80列卡片，当时看来，是IBM的标准，似乎是合潮流，生存期有相当长一段时间。但技术更替无情，计算机的输入介质改用穿孔卡，不久有了智能终端（PC机）后又换成软盘，软盘淘汰后用光盘，之后光盘也淡出。还有胶片阅读机，1/2寸标准磁带机可供输入或输出，也随着市场出现用其一时。这些输入介质和存储介质，在资料的处理过程中全都尝试过。这些堆积于库房的卡片、磁性介质随技术弃用而将全然失去价值。老一辈气象资料人在追寻介质的存放方式上走过的艰难历程，记录着他们付出的心血和汗水。

全自动方式时代： 观测资料通过通信系统自动获取送入到计算机系统处理和存储。只有进入实时观测资料全部信息化、网络流通自动化，并在计算机中计算和存储的时代，才算全自动方式。111机开启了信息中心应用计算机的先河，但当时还没网络，还是要人工卡片输入，很多人在打卡"喂"机。111机和320机的内存只有几十KB到几百KB，处理能力有限，属于使用计算机的启蒙时代。M-360处理能力大大改善，改变了用字符终端上机的方式，但还没有进入全自动方式。这三台机都超期服役了14年。到了SUN670时，大致在20世纪90年代初，有了网络，改变了用智能终端上机的方式。当有了全国计算机广域网和卫星通信网，可以实时传输气象观测数据入信息中心，结束了纸质记录，才步入全自动方式时代。

现在解放了人工，把纸质变电子，不增加物理库房，气象资料尽在系统中，进入大数据时代。大数据处理需要特殊的技术，包括大规模并行处理、大的内存、数据库和文件系统的条件，中心全部具备。现在我们要做的是用算法，用人工智能（AI）对这些含有意义的庞大数据信息进行专业化的处理，实现数据的增值。投入人力，气象大数据的前景将催生无限的可能。

三、通信系统，传统通信方式的革命性变革

气象通信是专业通信，承担国内外气象观测资料，卫星、雷达探测数据和数值预报产品的收集、分发和处理。气象通信具有实时性、准确性和完整性的特点。实时性是在规定时间将数据传到信息中心，准确性是确保质量，完整性是不得缺漏。气象通信的传输方式，可以是无线的，例如新中国成立初期的莫尔斯通信，手工发报，能覆盖高山、海岛区域；可以是有线的，例如1956年10月始用邮电线路的电传通信，向机械化方式转变，连接陆地站点，速度更快，不受天气影响，可靠性更高。"无线+有线"的通信方式可以达到地域全覆盖。之后发展到计算机通信，转向全电子化通信。

BQS系统。随着我国加入联合国后国际地位的提高，与WMO会员国间的联系和气象数据交换的迫切需要，1973年周恩来总理批准成立北京气象中心，1974年国家计划委员会批准建立北京气象通信枢纽系统（BQS系统），1978年7月从日本日立公司引进两台40万次/秒（0.4 MIPS）的M-160 II 计算机（内存2 MB，硬盘1.2 GB），安装在北京气象中心二楼，1981年1月投入业务运行。当时BQS系统成为世界天气监视网最先进的气象通信枢纽之一。BQS通信系统采用了X.25规程，先开通国际线路，后开通国内线路。它采用计算机建立全球通信系统，完全由软件自动控制收发报过程，可以说是革命性的。它在业务上结束了几十年来靠使用电传机、5孔纸带输入输出的历史，使得几十位收发报务员转岗。

VAX机群通信系统。新一代数据通信系统于1991年6月15日替换旧系统投入业务，它使用4台国产MIRA通信前置机、3台国产NCI-2780通信处理机、1台美国DEC公司VAX6320实时资料库预处理机一起共同构成VAX机群Cluster通信系统。VAX机群通信系统，适应多种通信规程，处理能力更强，存储容量增加了十几倍。1997年，NCI-2780被DEC公司的ALPHA1000替代，速度150 MIPS×2（两套）。内存128 MB，磁盘20.7 GB。它改变了原始资料的存档方式，将记带方式改为记盘方式。

计算机广域网。1992年开始实施计算机广域网络建设，通信协议采用DECnet的DDCMP规程，网络节点使用VAX11小型机，通信接口用调制解调器。1994年6月配备VAX4200机及路由器等设备，1995年系统建成。计算机广域网解决了国内各省气象局互联问题，替代传统的报文交换，改用文件传输，增加数据传输量。但由于使用调制解调器，传输速率不可能有大的突破。

9210工程。为满足数值预报产品，雷达图像产品等增大传输量需要，1992年10月国家计划委员会批准了"气象卫星综合应用业务系统"，简称9210工程。由卫星通信主站、30个省级次站和300多个地（市）小站组成卫星专网。它是卫星通信为主，地面通信为辅的综合网。由卫星广域网和卫星话音网组成。在地（市）级以上建立小型机、工作站PC机的局域网络，具有本地数据收发、处理能力的计算机信息系统，并通过卫星通信网连成集中控制、分级管理的计算机广域网。VSAT地球站采用休斯网络公司产品。省级网的节点服务器由IBM公司、DEC公司和SGI公司共同提供。

9210工程的实施，国家气象中心有广泛的参与度。国家气象中心多个台室承担了全部软件的设计和开发。国家气象中心承担大部分硬件和省级计算机系统安装，在1996年下半年，抽调国家气象中心的技术人员和中国气象局之外承担9210工程的公司组成6个安装组，分赴各省安装。我当时被分配到西北组，并任西北组组长，负责宁夏银川、青海西宁、甘肃兰州、新疆乌鲁木齐四省会的IBM RS600系统安装。问及领导为何把我分到最遥远的边疆，领导回答："西北的系统问题较多，你对IBM RS600操作系统最熟，你可以帮他们把问题解决得更彻底，以后少些往返维护差旅费。"果不其然，有的省份原有的IBM系统管理混乱，太多的人拥有系统管理员口令，缺乏必须的操作系统培训。每到一地，首先要给系统做一两天的"健康检查"，清理垃圾，整理文件系统，多费时日。在西宁，青海省气象局局长极为重视，亲自接待。我们还专门为当地技术人员办了培训班。四省间距离甚远，还不允许乘飞机，要比其他组有更多的路途耗时，常常安排系统安装白昼连轴，以压缩各地停留时间，因此，尽管西北四省离京遥远，本组却基本和其他内地组同时回归。虽有度过宾馆无热水的夜晚，却也看过"大漠孤烟直"的胜景。

　　上述这些系统构成通信发展的关键节点。BQS 系统是国家计划委员会批准的项目，开启了通信双机热备份的运行方式，并在日本专家的帮助下开发了通信软件，系统运行可靠，项目执行得很成功。它和后继 VAX 群机通信系统稳定运行近 20 年。计算机广域网络，采用 DECnet 网络，是不错的网络，DECnet 是 DEC 公司私有协议，最终没能生存下来。广域网协议主流协议是 TCP/IP。9210 工程也是国家计划委员会的项目，是气象系统自建的由"广域卫星通信 + 局域计算机网"构建的全国范围的广域网，已经采用流行的事实标准 TCP/IP 协议了。工程动用国家气象中心的技术力量参与实施安装和完成全部软件开发，是一个人员成长和项目成功的案例。

四、数值计算系统，对计算机能力的需求是无止境的

　　数值计算系统指的是承担数值天气预报和气候预测的计算系统。数值天气预报是根据大气实况，在一定的初值和边界条件下，通过计算求解描写天气演变过程的流体力学和热力学方程，预报未来天气。与传统的天气学的天气图结合经验做出预报不同，数值天气预报是定量和客观的，俗称计算机预报。把这些求解方程算法写成的程序，称为模式，提交到计算机中运算。当我们求解算法的精细度越高，即分辨率越高，计算量越大，机器规模越大。一般来说，模式分辨率每提高 1 倍，模式的三维空间计算决定了系统规模增加 $2^3=8$ 倍，考虑系统开销，则系统规模增加 10 倍。模式研发的分辨率按倍数增大，所需计算机系统却按指数增大。预报的时效分 0—3 小时临近预报、0—6 小时的短时预报、1—3 天的短期预报、10 天的中期预报。当预报尺度延伸到月、季、年时，称为短期气候预测。预报时效越长，计算量越大，机器规模越大。可见，气候预测计算量比数值预报的计算量大，所需的计算资源越多，所需机器规模更大。模式规模越大，预报尺度越长，机器规模越大。

1. 定点系统向浮点/向量系统发展

定点系统是面向定点运算的计算机系统。是以每秒执行的指令条数来计量其峰值运算速度的。常用的计量单位每秒百万条指令 MIPS。适合于数据处理和事务应用。归属于气象信息中心的三大业务系统中，以 MIPS 标注性能的都是定点计算机系统。

计算机互连。20 世纪 70—80 年代，无网络时代，仅有计算机机间互连。M–160 与 M–170 通过通道互连数据传输；M–160 与 M–360 用 X.25 互连。20 世纪 90 年代初，CDC 的 50 Mbit/s 的专有技术 LCN 高速局域网络随 CYBER992 一起引进后，连通了 CYBER、M–360、VAX6320 和国家卫星气象中心 IBM4381 主机，进行文件传输、作业互相启动。LCN 是国内最高速的专有局域网。CDCnet 和 DECnet 通过链路级以太网联入局域网。

M–170 与 150 机之间通过磁带交换数据。M–170 和国产 150 机承担数值预报计算任务，但 150 机没有通信或网络接口，未能与 M–170 互连。实现途径是通过 M–170 多订 2 台标准 1/2 寸 9 轨 5 米高速磁带机，配成 150 机的外设。M–170 和 150 机均可同格式记带，搬动磁带交换数据。当时 150 机属于电信台，组成三人设计组，承担了 150 机配接磁带机的任务，我是主要设计人员。技术方案是设计一个类似于 IBM–360 系列机的选择通道或在 150 机上称为交换机，和日立磁带机连接。技术准备是需要完全理解选择通道技术原理，突击现学日语，读懂日立磁带机工作机理，计算每一个接口信号的时钟拍数。在 150 机方面，要弄懂 150 机主机启动交换机的控制时序及接口，熟悉将选用的 150 机的各种 TTL 电路板能实现的逻辑功能。技术技能中逻辑电路设计、工程制图是基本技能，碰巧也是我这工科生的强项。技术路线采用自行设计，选择 150 机标准 TTL 逻辑电路板，外协机柜和电路板加工。经过历时 2 年多的全身心投入，研读资料，数月逻辑设计和制图，半年多的逻辑电路调试，共用了 108 块逻辑电路板，完成 20 多张的 0 号和 1 号图纸的绘制、机柜的设计和技术说明书的编写。最终把一个新的 H 通道的逻辑电路机柜接入 150 机上，控制 2 台新接入的日立磁带机，从而开启了 M–170

和150机记带交换数据途径，陪伴150机完成它的历史使命。此项工作获得气象中心开设的技术奖项的第一个科技进步奖，奖金200元。150机在当时的地位并不被重视，但设计任务却练就了我的真本事，让我对从机械制造专业向计算机专业华丽转身信心满满，进入计算机行业从偶然变成了坦然，走上了"不归路"。回想当年项目做成后也有后怕，要是万一不成呢？几十万的成本就打水漂了。完全也是初生牛犊不怕虎，这是我大学毕业后的第一个真刀真枪设计项目，接下了也干成了，不做就没有成功，还是要多做事练本事。最大的收获是：书本读过了，实际干过了，回头看书就太简单了。如不是心无旁骛，项目也做不出来。记得调试阶段，整个机柜，几万个逻辑门吧，日也逻辑夜也逻辑，满脑子逻辑门。有一个信号一周多调试不出来，突然天亮醒来，是不是搞错观察孔了？上班后复查被证实，柳暗花明。警示是，沉浸于项目久了，忽视本专业领域的其他技术进展就会落伍。记得当时20世纪70年代国内一套计算机教材，是北京大学编写，科学出版社出版的《电子数字计算机原理》，1975年出第1册，花了多年时间才陆续出齐4册。这也是开启我早期计算机知识积累的"圣经"，熟读于心。可当有关磁芯存储器的第3册出版时，磁芯存储器已被半导体存储器所取代。你满脑子磁芯存储结构、海明码方程全然需清零更新了。从事计算机行业，你的知识随时可能被清零，终生学习是你的命，不学就没路，边干活边抬头看路，这是一段插曲，是领悟。

在改革开放的元年引进国内外速度最快的双百万次计算机，起点是很高的。我们开始了数值预报模式的研发征程，用于数值预报业务，预报时效从M-170报短期（1—3天），M-360报4天，到CYBER报5天。我国加入WMO后与国外交流增加，拓宽了国际视野，也给了我们机会同场比较这些早期的国产机与进口机的生态环境。

（1）机房环境。冷却方式上，都是风冷，下送风。通过中央空调的风道，把压缩机的冷气送到机房的地板下，从地板的风口出风。国内地板高度一般都是40厘米。压缩机安装在气象中心老楼北侧辅楼的一层地面，用几十米长的风道与各机房风道连通。风道使用前都经过人工清理，我和同事都多次爬进风道进行清洁。后来安装的 CYBER992 主机板，通过水冷管道进行水冷。供配电上，差别很大。首先，都是双路供电，接入机器前，M-170 和 M-160 采用 UPS+ 蓄电池的电源保障系统，确保供电安全。相比之下，150 机使用普通电源，每个机柜下的电源抽屉常有报警，惊醒在机房边上值班的人员，快速跑去处置。

（2）系统环境。硬件上，采用小规模集成电路焊接在印刷电路板上，插入机柜插槽，板间焊线连接，机柜间电缆连接。板上有检测点和观察孔，硬件维护人员要把逻辑电路烂熟于心，用示波器从观察孔观测逻辑电路的运行状态，迅速通过波形排查。控制台上和部件机柜上方有对应字长位数的闪烁指示灯供查阅执行指令的状态。硬件维护人员上岗前都要接受原厂培训，方可专业化上岗。跟随一台机器十多年，几乎熟悉到元器件，但一旦机器退役，如不与时俱进，事先有知识储备，接受再培训，就会犯"转岗障碍症"。软件上，基本各机有自己的封闭操作系统，几乎没有配程序调试工具和作业调度系统。作业由简单队列排队执行。

（3）上机环境。20 世纪 70 年代，主机无外连网络，上机在主机房，在控制机台上键入操作命令，启动卡片和纸带机输入记录的程序。上机分配机时，先业务后科研，排队上机。上机者常披星戴月赶场。调试程序，每次带回几十到数百页宽行打印结果，查错后改动输入卡片再来上机。20 世纪 80 年代后，M-360 和 CYBER992 有直连主机的字符终端，M-360 上配有大型程序开发软件，但必须到机房周边的终端室上机。当时信息中心的东楼的设计就是楼中心机房，周边终端房。当时我参加了东楼建设的多次论证，考虑了机房的承重，终端房配备，楼房双正立面，东立面将面对东侧规划马路的外观朝向。20 世纪 90 年代，有了网络和 PC 智能终端，有了以鼠标为标志的图形用户界面 GUI，终端房改用办公室，在办公室使用 GUI 和机器交互上机。GUI 这人机信息交互界面沿用至今。

通过这些国产和进口机的同台竞技，进口机在可靠性上经受住考验，更适合实时业务用机。配备进口机用作业务，国产机用作科研成了共识。

浮点系统是面向浮点运算的计算机系统。是以每秒计算得到的浮点结果数来计量其峰值运算速度。适合于科学计算如数值天气预报的模式计算。常用的计量单位每秒百万（10^6）次浮点运算（MFLOPS）、十亿（10^9）次浮点运算（GFLOPS）、万亿（10^{12}）次浮点运算（TFLOPS）和千万亿（10^{15}）次浮点运算（PFLOPS）。进入浮点系统时代，计算机用于科学计算才真正进入蓝海。

引入浮点计算机系统完全是基于模式计算业务的需求。国际上，1976年CRAY公司的向量结构的超级计算机CRAY 1交付使用，世上始有超级计算机术语。国内，1983年2月国防科技大学研制了YH1向量巨型机。为了寻找适合的运行T63L16的目标机，经测试，T63L16在YH1上要50小时，满足不了业务要求。国防科技大学决定研制YH2。YH2的安装，结束了我国气象部门没有超级计算机的历史。

而引进CRAY C92是要运行T63L16的升级版T106L19模式。CRAY C92引进的成功，一方面是因为有了YH2，西方解除了封锁；另一方面，当时美国等西方国家对出口到我国的计算机系统不再使用巴黎统筹委员会（即输出管制统筹委员会，Co-Ordinating Committee for Export Control）的最高性能限制条款，而是改用以不用于军事等承诺为条件。其实，引进CRAY向量机，国内经历了漫长的立项，专家对引进与不引进反复论证，终成正果。"八年抗战"实属不易。CRAY向量机是至今我国唯一成功引进的案例。

不负所盼，我们建立了以CRAY C92为数值预报的计算系统：用户通过前置机EL98提交作业，资料从卫星主站或从以太网上的计算机通过FDDI网送到J90预处理后经HiPPi送到C92数值计算，构成完整的计算机自动信息处理系统。当时C92的CPU几乎满负荷运行，98%～99%是常态。配以机器间HiPPi高速互联和外围FDDI及以太网的开放互联，方便访问主机。可以说，以CRAY系统构建的数值预报业务系统，是信息中心史上效率最高、效能最好的系统。

2. 向量机向大规模并行机战略转移

向量机再好，主频的提升也将达物理极限，共享内存结构的 CPU 数量限制了系统的可扩展性。CPU 芯片的出现恰逢其时。用 CPU 芯片构造大规模并行机 MPP 成了高性能计算机的新趋势。信息中心进入应用大规模并行机初始年代。

关于 MPP，想起一段相关的记忆。1990 年我在伦敦大学学院（UCL）研修网络与分布系统时，看过文献报道，《量化体系结构》（计算机专业经典教材）的作者 David A.Patterson（2017 年图灵奖获得者）访问 Thinking Machine 公司，了解他们用造大型机的方法通过堆芯片去搭并行机，萌生用成熟的网络技术 + 技术更新跨工作站去造并行机。他就和工作站公司联系合作。当时 Thinking Machine 并行机在学术界声誉极高，就是没见过。1992 年我回国回到单位，国家气象中心主任让我去做并行。在前期调研时，Thinking Machine 也在调研之列。跳过 SP2 之前的 SP1 过渡机型，选 SP2。打开机柜，每个大抽屉里就是一台用 Power2 的 RS6000 工作站，很不紧凑。巧合的是，完全印证了 Patterson 当年的构想，SP2 用专有高性能开关节点互联，用于并行计算时节点间通讯。但系统管理用以太网，例如用它安装系统，由于以太总线式竞争协议，有拥塞，安装系统 8 个 CPU 一组进行，还丢包。五年后的 IBM SP 结构更紧凑，是 SP2 的 8 倍性能，只用一个机柜。曙光 1000A 和神威 I 的引入都是为补充 C92 的资源并作备份。曙光 1000A 空闲较多，了解到的是系统用总线互连，通信速度慢，性能上不去，估计曙光当时没有高速网，用户上机兴趣就不大。神威 I 用平面 mesh 网构建 384 节点互联，非均等节点间时延，连接节点多了会阻塞，并行程序是跑不出好性能的。这两台机器属于初试牛刀作品。显然，造并行机需要支撑 MPI 通讯的高速网络关键部件。

下面专门探讨 SP2 在系统升级中扮演的角色。

战略转移。构造将遗传程序向大规模并行编程战略转移的开发试验平台。向量机在 SMP 共享内存并行速度是很快的，一般程序自动向量化后效率就很高。MPP 把计算分配到节点，数据是分布在分布式内存中，要靠 MPI 库来调度。就是所有遗传程序都要用 MPI 库来改写。学习改写和移植改写代码需要平台，需要时间过渡。

并行程序试验。包括移植和运行。SP2 上的资源不多，大致平均分配给数控室和气候中心。连邹竞蒙局长都亲自过问资源和开发情况，我曾参加邹竞蒙局长召集的协调会，中午边吃盒饭边开会。先把 CYBER 版本 T63L16 移植到 SP2。1996 年 9 月进行集合预报业务试验，1997 年 4 月 11 日准业务运行，每隔 5 天做一次 10 天预报。数控室专门小组负责把真正的大规模并行程序 MM5（MPI 代码）中尺度数值预报模式移植到 SP2，并投入运行。1998 年 4 月，美国阿贡（Argonne）国家实验室并行专家 John.Michalahes 到数控室工作一周，帮助 MM5 在 SP2 上优化。有一次，MM5 出错运行不能推进，误以为系统问题，经查，系统参数无改动。后来按我建议，改用以前的数据集再运行就通过，说明 MM5 模式有对数据敏感的特例。我们也邀请过欧洲中气天气预报中心的模式专家来指导 T213L31 向 SP2 上移植。中国气象局等多单位协作的"数值气象预报的并行计算技术"获得 2000 年度国家科技进步二等奖。其中许多工作就是在 SP2 平台上完成的，我是参加该项工作的获奖人之一。

机器运行体验。SP2 系统运行表现出很高的可靠性。常有气候中心的科研模式投入后台连续运行数月，展示系统不宕机的可靠特性。根据运行体验，AIX 是业界最好的 UNIX 操作系统，例如，文件系统动态扩大功能，在系统业务运行中可以随时改配置扩大文件系统，后来又增加动态缩小功能，这是当时其他 UNIX 不具备的。IBM 的并行文件系统 GPFS（General Parallel File System）可以同时多路 I/O 操作，并行 I/O 来匹配并行计算结果输出，作业调度具有作业回填等功能，都是 MPP 环境最需要的。

中国吃螃蟹第一人。技术上，IBM RS6000 工作站技术成熟，配的

Power 芯片主频最高、性能最好，AIX 的功能完备，GPFS 的高性能开关 HPS（High Performance Switch）速度最快，这些综合优势，在纷争的大规模并行机市场中，凸显头筹。在全球气象界，中国成了最先向 MPP 转型，最先购买 IBM MPP 系列并行机用作数值预报的国家，是"吃螃蟹第一人"。这归功于当时主管项目的中国气象局领导颜宏的果断拍板。在我们之后，欧洲中气天气预报中心也选用了 IBM 并行机。实践证明，从 IBM SP2，SP，Cluster 1600 这时段是 IBM Power 系列技术的领先期。后来被 CRAY 的技术超越了。经费上，SP2 和 C92 同属一个项目，使用总理资金。这是特批项目，格外被各级领导重视。江泽民、李鹏、乔石等国家领导人先后到机房现场视察了国家气象中心。我有幸参加机房现场接待、演示和问题解答。

多名国家领导人视察同一单位，在中国历史上还是首次，可见项目的权重，它关乎一个单位的未来，肩担重任。国内外，我们也成了最先选用 MPP 的典范，相当长的一段时间里，它引来一批批国内外来参观和取经的同行以及 WMO 来访的代表团，我常常担负接待和讲解任务。

HPC 队伍成长。SP2 配套的培训包括国外在夏威夷茂宜 Maui 超算中心 MHPCC 和 IBM 达拉斯实验室的为期一个月并行机系统培训和国内 AIX 系统培训。国外并行机培训在 1995 年 7—8 月间由国家气象中心主任带队。国内 AIX 系统培训采用 IBM 全球统一英文版教材，由初、中、高级课程组成。我参加了国外和国内的全程培训。随后我成了国内 AIX 操作系统的 IBM 特聘讲师，相当长一段时间内为 IBM 举办的培训班授课。为多期气象局培训班授课，结合六大区域中心使用 IBM 系统，由此辐射开去，壮大了全国的 HPC 队伍。当时邹竞蒙局长提出局里培养 50 位 HPC 人才的要求，包括系统和应用。最早在国家气象中心从事 HPC 的同志不少都读博或受聘海外，坚持留在中国气象局在 HPC 路上走到退休是少数，我可计入这少数者之一。

IBM SP2 引进和试验的成功，为气象应用向大规模并行计算转型点亮了灯塔，照亮了前进之路。IBM SP2 并行开发平台——大规模并行计算在气象领域的应用在此启航。

3. 关注计算机的峰值性能转向关注计算机的实测性能

高性能计算机常有几种度量计算速度的性能指标。(1)理论速度，是计算出来的峰值速度。(2) Linpack 速度，是求解线性代数方程组的实测速度，是理论速度的 60%～93%。TOP500 榜单按此结果排名。(3)持续速度，真实应用程序的实测速度。一般是理论速度的 1.3%～5%，较好的为 10%。效率＝实测速度／理论速度。实测性能（持续速度）反应系统的真实性能，实测的效率越高，越能接近系统极限性能。

进入 21 世纪，国家气象中心装机峰值性能从 1994 年每秒十亿次浮点运算，到 2005 年每秒万亿次浮点运算，再到 2013 年每秒千万亿次浮点运算，正好与世界高性能计算机每十年性能提高千倍的发展速度同步。高性能计算机的首位刚性需求是气候模拟。Cluster 1600 属于"短期气候预测业务系统工程"。神威 4000A 是过渡期补充 Cluster 1600 资源不足。Flex System P460 是"气候变化应对决策支撑系统工程"一期配套中标的进口系统；派－曙光是"气候变化"二期配套中标的国产系统。

Cluster 1600 是经应用测试和按实测评估竞标的首单。我们在采购 SP2 时，已尝试让厂商做部分应用程序的测试。在"短期气候预测业务系统工程"招标时作测试要求，在 2003 年秋天进行，13 道测试题，要求 40 天完成，参加测试的有 5 家国外厂商、4 家国内厂商。国外和国内均有全部题目做完的厂商，但有的题优化深度不够，也有厂家做题不全。通过测试，了解到厂商的机器性能和技术实力。招投标时，公布标的 2000 万美元，在满足计算机系统的技术条件要求下，提供按实测性能评估的资源，多者胜出。各厂商把每一道优化后测试题花费的时间和资源（如节点数）填入时间资源图中。时间资源图要求包含全部业务需求资源并有剩余空间资源，各家的时间资源图在开标环节公开唱标。IBM 公司的时间资源图，剩余的空间资源与总时间资源图的比例最高，远远多于业务题目占用资源而中标。IBM 提供优质资源，各项技术指标均属领先，还针对业务运行的冗余，做出设计：双系统分区互为备份，分区内双套节点交换机，双登陆节点等。运行中曾出现交换机的接口适配器故障频发，但因为有冗余，节点通讯可绕开故障而自选另一条路由保证业务运行。可以说，在信息中心，Cluster 1600 是继 C92 之后，从国外引进，用于数值计算业务的第二个最好的计算机系统，是中心系统建设的里程碑。我们用规范化的真实程序测试，用测试结果来评估系统性能，以满足技术指标为前提，以资源规模来竞标，用有限资金采购到更大系统，在国内领先于其他行业。

《气象领域高性能计算机系统测试与评估规范》2012 年 1 月 1 日实施。经历 SP2 选型时测试的初步尝试，经过"短期气候预测业务系统工程"的高性能计算机系统全球招标中的非常规范的测试与评估环节，这些测试与评估环节证明对于保证采购到合适的更高性能的系统非常有效。把这些测试与评估工作规范提炼，写成气象行业标准的设想，在 2007 年获得立项，按照国标《标准化工作导则》规范，编写起草了中华人民共和国气象行业标准《气象领域高性能计算机系统测试与评估规范》，历经五载四次易稿，报批稿经全国气象行业标准化技术委员会批准，于 2011 年 12 月 21 日由中国气象局发布，2012 年 1 月 1 日实施。它是气象的行业标准，也是国内首部高性能计算机测评规范。在标准已经成稿的 2011 年，正好是"气候变化应对决策支撑系统工程"第一期配套进口系统的招标采购年，便参考该规范进行测试，增加了气候模式。规范是三次边测试边总结的结晶，具有很好的操作性。规范发布已过七载，高性能计算机越造越快，实际性能却越来越低，越令人想揭晓其真实性能之谜。审视这开放式框架规范，还适用于当今的测试。美国 DOE 造每秒百亿亿（10^{18}）次浮点运算 EFLOPS 的计算机，想用 25 个应用测试的几何平均评价其性能；中国准备用 15 个软件应用来考量。气象领域呢，需要开发出规模更大、可扩展性更好的程序，构造程序组合，开放框架规范依然适用做测试。

依托计算资源优势,国家气象中心完成科技部多项科研课题。2000年后,恰逢全球网格研究热潮,科技部下达了863计划的国家网格研究项目,旨在通过聚合跨地域的计算资源和存储资源,建成可共享的网格应用平台。当时,信息中心计算资源量无疑在全国排名前列,担当重任承担课题义不容辞,拿出部分资源参与建设国家网格成为重要节点成必然。国家气象中心先后承担和完成了科技部863项目的"中国气象应用网格"课题的网格平台专题研究(2002年10月—2005年12月),科技部"国家气象网络计算应用节点建设"项目(2004年12月—2005年12月)和科技部863项目的"气象集合预报应用网格"课题的网络环境建设的专题研究(2009年1月—2011年12月)。我是这三个专题/课题的主要完成者,同时也是第三个专题的负责人。研究和试验表明:(1)可以实现对跨地域网格节点上的计算资源/作业状态监控、远程作业提交;远程网格节点上资源可作为本地资源的备份,但效率很低,因为远距离网络速度太慢,很难满足每个作业大数据量的传输。(2)可以对跨地域网格节点上的计算资源实现分布式处理。(3)不可能在跨地域的多个网格节点上将计算资源聚合起来协同运行一道并行作业,例如MPI作业,还是因为网格节点间低速的网络联接满足不了任意CPU间消息传递所需的速度。结论:更大作业运行需要更大的计算机时,就要相应采购一台更大的系统,不能靠聚合多台计算机资源来完成。

面向未来的系统。需求推动着高性能计算的发展。预计1000千万亿(EFLOPS)次浮点计算机即将出现,首要应用还是气候模拟。我们有几年一遇的系统采购。面临一个未知的系统,我们应该牢记:(1)气象用机需要一个CPU、I/O和网络三高性能的平衡系统。(2)测试和应用性能评估双坚持。坚持用本行业的应用程序综合测试,坚持用测得的持续性能来评估,不能被其高峰值性能所迷惑。同时考量每瓦特能耗的浮点计算能力。我们不能买一台高耗电、低产出的系统。(3)业务系统和科研系统双运行。我们已经积累了双机房交替使用安装、双系统或双分区互为备份运行、业务用进口机而科研用国产机的运行模式,以保业务万无一失,这必须坚持。但随着国产机可靠性提升,更大系统的进口可能会受封锁,国产机将出现高占比。相当长的时间内,机房是够用了,但耗电会不断攀升。系统造大了,可靠性也下降。MPI编程是以进程为单位并行,一个节点宕了,进程死了,作业就没法推进,要重新执行。业务系统的可靠性永远在首位。

五、致谢

有幸为气象信息事业工作40年。遇见许多有智慧、有远见、关怀下属的上级领导,让我受益良多。他们给予我早期选派上大学、多次派送大学进修、出国考试到英国研修和工作压担子的机会,才让我在高性能计算专业心生兴趣,知识更新,初心不忘。在专业上获得国家科技进步二等奖。感谢领导对我直言冒失的包容和工作上的指点。身边同事的聪明才智让我终生受用。感谢同事给予我率直性格的宽容和一路的帮助。

我们的故事——国家气象信息中心15周年纪念

高华云

1948年10月出生，湖北鄂西土家族。1975年毕业于南京气象学院气象专业，1975—1984年在国家气象局从事国产大型计算机硬件维护工作，1984年起先后在国家气象中心和国家气象信息中心从事计算机软件开发工作，专业领域为气象数据处理与数据库管理，2001年获得国家科学技术进步二等奖，2006年被聘为正研级高级工程师，2008年10月退休。

我的"资料"人生

气象资料是天气预报及各项气象业务的基础，为了获取可靠的气象资料，成千上万的气象人坚守在观测岗位一线，不分昼夜，甚至风餐露宿。同样，为了将原始气象资料进行加工处理，使之变成气象业务可用的气象数据，也有成千上万的气象人坚守了一生，我——就是千万中之一！我工作的第一天接触的是气象资料，工作的最后一天也是从管理气象资料的岗位上退下来。

1970年初，那是一个战备的年代，中央气象局资料室从北京搬迁到祖国大三线的后方——四川江油的一个山沟里，单位代号为"315"，我们从三个学校汇集来的150名青春斗士来到这里，为将来可能发生的战争整编历史气象资料。我的工作就是整天翻报底抄资料。原始的气象资料都是通过人工观测获取，然后通过电传机向外发送出去，接收端收报机将一份份观测数据打印在电传纸上，留下了堆积如山的纸质气象报底。我们要将厚厚的报底上的每一条原始信息准确抄写到一本本整编文本上，以方便后续的机械穿孔卡片或纸带，再送入计算机做信息化处理。气象数据容不得半点马虎，手工抄写的数据要一条条的校对，一个人读原始报底，另一个人校对手抄本，读报底是要用专门的气象数据术语的，只听满屋子的朗朗声："洞拐洞洞么""五洞三拐洞"等，翻译过来就是"07001""50370"等等。

那个时候由于是战备阶段，我们也是按照部队编制管理，现役军人做我们的政委、连长、指导员等，每天要出早操，经常外出军事拉练、种地、挑肥、砍树等样样都干，驻地附近不远就有一个麻风村，我们亲眼见到过许多病人。

我们虽不是军人，却胜似军人，军号声就是命令，除了各种操练外，还规定不准随意外出，不准在外面买东西吃，不准谈恋爱等。曾经有人在外面买了个包子吃，后来还挨了批评写了检查，这样的生活持续了两年多，直到我进入南京气象学院。

历史在发展，技术在进步，数十年后的今天，气象资料已经多样化，数据处理技术也已经多样化，气象数据的管理更是步入现代化，然而，在三线大后方的那几年着实让人记忆深刻，今生难忘。那是我们人生的开始，那是我们的青春年华，没有那时，也就没有今天！

大学毕业后我还是回归原单位，先是做了近十年的计算机硬件维护工作，说是硬件维护，但也并没有脱离资料与数据。那是我国第一台百万次级的国产计算机，叫作"DJS150"，我除了承担计算机的维护外，一个重要的任务是帮助用户将卡片上或纸带上的气象数据正确输入计算机中，并能够进行下一步的气象模式运行或其他气象科研计算。无论白天还是晚上，无论什么时间必须是随叫随到，在这段时间的工作中，我开始接触到气象数据信息化的初始阶段。

20世纪80年代中后期，我又开始从事气象资料的处理与数据管理工作。那个时期，我国的气象资料刚刚起步于现代信息化管理，国家气象信息中心使用汇编语言在中型计算机上开发气象数据库，以期将收集到的全球气象资料进行初步加工与管理，并提供给数值预报系统使用。20世纪80年代后期，我承担了微机气象数据系统的设计与开发工作，那个时候，国家气象局立了一个项目,叫作"微机转报系统",并且要在全国气象部门推广使用,数据库是其中的一部分,此外还有一个微机图形系统,整个系统建成后,要推广到全国地市级气象部门,以实现对气象报文的收集、转发,进行数据库管理和图形图像处理。微机数据库使用的是商业数据库管理系统Sybase,主要用其进行数据表格管理和检索服务。为了使该系统更具开放性和推广性,当时有多个省级气象部门派人参加了这项工作。系统建成后在全国各省地市气象部门进行了推广应用,还编写了《微机实时气象资料库》一书,该系统最终获得国家气象局科技进步一等奖。

《微机实时气象资料库》

微机气象数据库的建设,使气象资料的加工处理和数据管理的信息化前进了一步,为之后使用商业数据库系统建立国家级的大型气象数据库系统做出了探索。

进入20世纪90年代,信息技术更上一层楼,国家气象局正在酝酿一个大型项目——9210工程,直到20世纪90年代后期该项目终于启动,我负责了其中的数据库系统开发工作。该系统依然沿用了商业数据库Sybase,在许多省级气象部门的配合与支持下,历时数年,该系统建成并逐步在全国气象部门推广应用。推广应用工作异常艰辛,每到一地都是日以继夜地工作。记得到西藏拉萨那一次,我刚下飞机就感到不适,上宾馆的台阶每一步都很艰难,头上好似戴紧箍咒一般,不能入睡,不思饮食,一见饭菜就恶心,只好去医院输氧,几天下来脸肿得像包子,但我们仍然坚持工作,直到顺利完成任务。在9210工程数据库系统建设经验的基础上,编写出版了《实时气象资料数据库系统》和《气象观测报告的解码规则与算法》。

《实时气象资料数据库系统》书影

《气象观测报告的解码规则与算法》书影

9210项目也受到了全国气象行业的关注，当时的总参气象局建立数值预报系统，我们中标参与开发了其中的数据库系统，该系统顺利建成并投入业务运行，还获得了国家级奖励，2000年，我也有幸成为国家科技进步二等奖的获得者之一。2006年，获得正研技术职称也算是对我工作生涯的肯定。

在我工作的最后几年里，我先后参与了国家级存储检索系统和CIMMIS系统两个大型数据库系统的建设，数据库管理系统也由Sybase过渡到了Oracle，数据管理的一些新概念和新技

国家级科技进步二等奖证书

术逐步应用起来，这使我国的气象数据管理水平达到一个更新的高度。这个时期，也是我国气象观测技术飞速发展的时期，自动化观测方法和新的观测手段不断涌现，各种新的气象资料也不断产生，而我则要去研究这些新的资料，了解它们的记录格式和编码方法，从而进行解码处理，将它们纳入数据库管理系统，以最便利的方式提供给用户使用。

如今的气象数据已经是海量级的，因为无论是陆域、空域还是海域，现代观测技术飞速发展，每分每秒源源不断的观测数据涌向我们，管理好这些数据，应用好这些宝贵的气象资料，是气象人的责任，是技术领域无尽的期待！

问我这辈子干的是什么？两个字：资料；问我这一生打交道最多的是什么？两个字：数据！资料和数据是我工作的全部！

未来是后人的，未来不可估量，让我们期待伟大的进步，期待美好的未来！

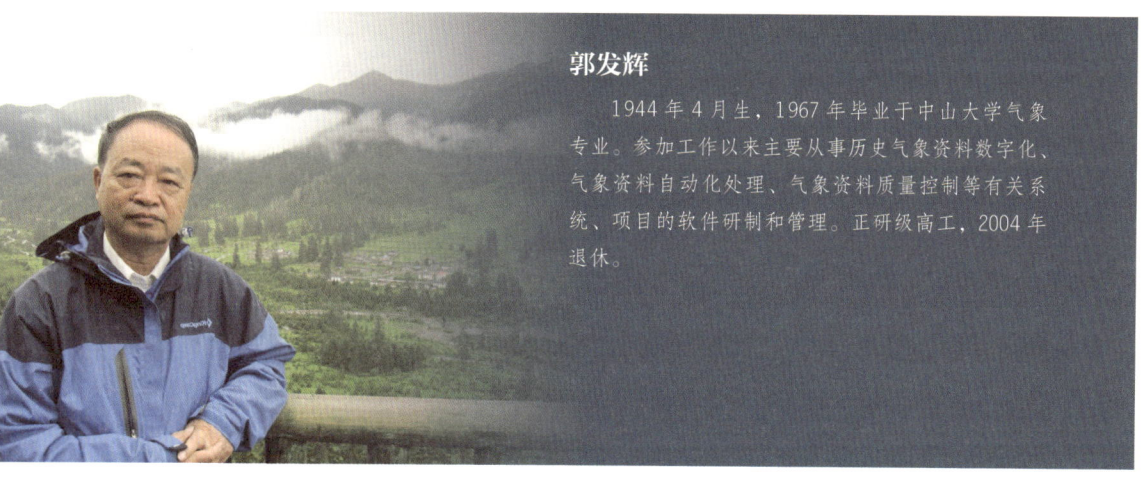

郭发辉

1944年4月生,1967年毕业于中山大学气象专业。参加工作以来主要从事历史气象资料数字化、气象资料自动化处理、气象资料质量控制等有关系统、项目的软件研制和管理。正研级高工,2004年退休。

追寻历史基础气象资料信息化的足迹

气象资料信息自动化处理的首要条件是气象资料的数字化(以下称"信息化"),也就是要把气象记录变成计算机能接收的、可用计算机进行自动快速加工处理的信息。因此,为使历史基础气象资料在气象预报、气候预测、公共气象服务以及科学研究中发挥更大作用,首先要将纸质气象资料信息化。

一、建站——2000年历史基础气象资料状况

气象资料是气象业务的基础,而在我国各类基础气象资料中,台站气象观测资料,尤其是新中国成立后建站的地面、高空、辐射观测资料,是我国最基础、最完整、最重要的气象资料组成部分,是我国几代气象工作者辛勤劳动的结晶。

但是直到在20世纪80年代,我国大部分历史基础资料只是以观测记录报表的形式进行归档和服务,只有极其少量的资料信息化,严重制约了气象资料应用与服务的效益。

1951—2000年,我国气象台站观测的地面、高空、辐射等历史基础气象资料大多数记录在纸质报表上,通过邮寄的方式报送到"气候资料室"(前

身为 1955 年 5 月成立的"联合资料室",1963 年 8 月启用"气候资料室"名称,后单位几经易名,本文均用该名称)归档,其中主要有全国 2400 多个地面站的基准、基本站月报表;120 多个高空站的高空风记录月报表(高表 –1)、高空压、温、湿记录月报表(高表 –2)和 98 个辐射站的记录月报表。

在全球气象资料收集上,与国内地面、高空、辐射资料的收集方式不同。1956 年以前,我国获取全球天气报告资料主要通过气象通信部门抄收各国莫尔斯气象广播的方法,国内外的地面、高空、船舶天气报告均以手抄报的形式归档保存。1956 年,中央气象局建立了气象通信专用有线电传电路,以有线电传通信方式取代手抄天气报告,电传打印的各种天气报告的报底,按报类、时间装订成册,定期归档保存。

1980 年,北京气象通信枢纽建成后,全球各种天气报告、数值预报产品、气象卫星资料均通过全球气象通信网获得,逐月按原始报文、各报类集中记录到磁带上,定期由气候资料室归档。

由于我国大部分历史基础资料长期使用纸质介质,严重制约了气候资料的应用与服务,气象档案服务方式,除了气象资料整编和分析服务外,基本上是门市服务,每年都有数百上千个用户从全国各地来查阅、抄录气象档案资料。

二、信息化起步

1956 年,气候资料室从苏联、民主德国及意大利等国家购置了卡片作孔机、卡片分类机、卡片制表机等手工卡片作孔分析计算机系统设备,由人工配电盘控制,对卡片信息以机械统计方式进行加工统计和整编工作。可以说,手工卡片作孔分析计算机系统设备见证了我国气候资料信息化从零起步的艰辛历程,80 行穿孔卡片成为气候资料室最早使用的资料信息化载体。从那时起,气候资料室按卡片模式规定,以人工作孔方式把气象观测记录信息存储在卡片上。

数据卡片的建立和使用是气候资料室资料信息化业务的开始,截止到 20

世纪 80 年代初，入库的卡片资料达到 2400 万张，其中主要是国内地面、高空和全球船舶气象资料。

三、突击战备资料

1969 年，中苏边界发生武装冲突，形势紧张。为执行中央的战备疏散指示精神，气候资料室在京的大部分科室人员、气象档案资料和设备于当年 10 月紧急内迁到四川省江油县二郎庙镇原西南气象学校校址，对外称为"315 筹备处"，按部队编制管理。为了突击准备战备资料，"315 筹备处"召集了北京、成都、湛江三个气象学校的 1969 届毕业生 150 人和 1970 年年初结束部队农场锻炼的 30 名大学生，组建了军事化管理的"统计连"。

"统计连"的主要任务之一是按划定的地理范围，将存档的全球高空、船舶天气报告手抄或电传的原始打印记录进行挑选，将所需天气报告转为卡片资料，提供统计、分析、整编服务。

1971 年，气象资料室配置了南京有线电厂生产的 DJS-C2（111）计算机，该机专门配备了卡片输入/输出部件，对已有的全国高空记录卡片进行加工统计，从而提高对记录档案的加工处理能力，首次实现了对大量气象资料的自动化加工处理。

1973 年，气候资料室又增添了功能较强的北京有线电厂生产的 DJS-8（320）计算机，该机专门配备了纸带输入和磁带机设备，主要承担 20 世纪 70 年代全球地面、高空、船舶气象资料天气报告的原始穿孔纸带资料的处理，以及进行全国地面基本站信息化纸带资料的处理和整编工作。

四、信息化步入迅速发展阶段

改革开放以来，气象历史基础资料自动化建设迅速发展。全国气象资料部门从 1979 年开始，用十几年时间大规模地开展建站以来地面、高空、辐射气象观测月报表以及台站元数据的信息化工作，观测记录通过手工凿孔转换成纸带资料。按照任务分工，各省级资料部门负责各自存档的地面基准、基本站和一般站的月报表的信息化，国家级资料部门负责西藏自治区地面基准、基本站月报表以及全国辐射观测月报表的信息化，全国地面基准、基本站月报表信息化纸带资料报送气候资料室。

基于以纸带为数据载体和地面气象观测月报表的特点，设计了《全国地面气象资料信息化模式规定》，即一个站月地面资料信息化格式标准。该格式标准涵盖了地面基准、基本站月报表中的站点标识、19个观测要素逐日定时的全部记录。基本站一个站月一万字符左右，基准站数据量约为基本站的3～4倍。由于数据量大，规定繁杂，地面资料信息化格式标准被大家戏称为"史上最复杂的信息化格式"。

20世纪80年代初期，通过国际资料交换、学术交流和直接购买，增加了相当数量的来自美国、英国、澳大利亚等国家的全球地面、高空、海洋、大气科学试验、数值预报格点场等磁带资料。

20世纪80年代中期，国家级开展《气象辐射观测月报表》数字化工作，利用M-360计算机的数据站设备，以软盘为数据存储载体进行了数据录入，完成太阳辐射站等历史基础资料信息化，其后1993—2004年辐射基础资料为全要素资料，由国家级逐年手工录入后，生成辐射月报文件。

20世纪80年代后期，资料积累数量巨大，加上1980年以后实时气象数据库包括公报、报告、要素、格点等的大量的资料磁带集中存档，气候资料室已经拥有8000盘（含副本）的相当规模的气候资料磁带库并研制了磁带库检索系统。1994年和2000年，我们分别引进了SUN670和HPL1000服务器，建立了大型数据库检索系统。

1990年，对卡片资料、键入资料、实时资料以及美国和香港磁带资料进行收集、合并成统一格式，形成一套我国自己的统一的基础历史高空信息化资料数据产品。

五、信息化资料的载体转换

我国气象信息存储载体先后有过卡片、纸带、软盘、磁带、光盘和存储系统。

载体转换是指存储气象资料的载体变更时，将气象资料从旧的载体转换到新的载体上，使原来载体上的资料得以保存下来。20世纪80年代以来，气候资料室陆续进行了大量的资料载体转换工作。

1985年，气候资料室利用世界银行贷款引进日本富士通的M-360-R计算机。该机速度300万次每秒，同时配备了纸带输入机、磁带机、数据站等成套设备。利用M-360机的纸带输入设备，可将全国的地面信息化资料转换成磁带资料，并对这些资料进行格式检查和质量检查。

1986年，气候资料室与四川省气象局合作，四川省气象局将存放在湖北后库的全国建站至1979年的高空历史卡片资料运到成都，利用配备读卡机、磁带机的CCS-400微机，把每张卡片资料按卡片的原格式转储到1/2英寸磁带上，然后在M-360机上进行分类、合并，最后转换成标准格式的磁带资料。至此，高空历史卡片资料终于结束其长达30年的从北京、四川江油、湖北六四二基地、四川成都的迁徙。

1989年，M-360-R扩体升级为M-360-AP，实现了M-360与通信计算机联接，建立了全国地面、高空、辐射等气候资料预处理业务流程，完成了各个时期国内地面、高空不同载体信息化资料的统一转换，形成中国地面气候资料数据集（1961—1990年）、中国高空气候资料数据集（1961—1990年）、中国太阳辐射资料数据集（1961—1990年）和全球高空地面、海洋气候资料数据集，建立了包括全球实时气象资料和国内非实时气象资料的磁带库管理和检索系统。

"八五"（1991—1995年）期间，气候资料室完成了"国家级气象资料处理及应用服务系统"项目建设，配置SUN670服务器，与微机、工作站连接，组成开放型的计算机网络体系，实现了气象资料的分布式处理、数据库管理应用服务。通过标准话路传输，每月定时收集国内地面气象观测数据，并在服务器上完成了资料处理业务和数据生成。

六、信息化业务进入发展新阶段

进入21世纪以来，我国气象资料信息化业务进入发展新阶段，尤其是我国自动站业务运行以来，地面、辐射观测数据由台站测报软件自动形成电子化文件上传归档。2010年，高空观测数据也开始尝试由台站测报软件直接形成电子化数据上传归档。至此，气候资料的收集、加工处理完全实现了自动化。

2004年7月2日，国家气象信息中心成立。当时我刚退休。但退休后我仍做一些与气象信息业务有关的工作，并关注中心业务规划发展的一些情况。

2008年6月，国家气象信息中心利用各省（直辖市、自治区）汇交的2400多站的地面整编统计数据，初步集成"中国地面基本气象要素数据集（1951—2007年）"，并提供业务和科研单位试用，收集各单位反馈的资料质量问题。为此，2010年专门开展了对1951—2009年地面月报数据文件中气温、气压、相对湿度、风和降水量等常用要素的质量进行的梳理工作。

2011年11月，中国气象局发布气象资料共享管理办法，信息中心很快落实了气象资料共享，用户可以在网站上免费检索和下载基本的气候数据及产品，也可以通过互联网向资料服务室提出所需要的气象资料。资料服务室通过数据库连接检索或计算机加工处理后，再通过互联网发给用户。

现在，国家气象信息中心保存的数据每年达数百TB，其中地面气象站观测所获取的数据是需要永久保存的。除了常规天气预报业务需要用到之外，诸如气候预测、农业气象、环境气象、交通气象以及科研等领域，都需要用到这些数据。国家气象信息中心资料服务室作为中国气象数据网的建设和服务单位，随时面向本部门、社会和公众提供地面、高空、气象卫星、天气雷达、数值天气预报等基本气象资料产品和服务。

2011年，国家气象信息中心启动基础气象资料业务能力建设，开展基础气象资料发展与改革专项工作，将不同时期信息化的高空月报表资料进行补充、梳理和整合，形成一套系统的基于高空观测报表的较高质量的中国历史高空基础资料集，更好地满足现代气象业务的发展需求。

七、感言

时光倏忽而逝，我国历史基础气象资料信息化自起步至今已六十多年，这中间经历了不少的坎坷和艰辛。幸运的是，我们赶上了改革开放的时代，四十年来，我国社会主义建设取得了历史性成就，气象事业突飞猛进，气候资料自动化处理得以飞速的发展。历史基础气象资料信息化之所以能较快实现，得益于科学技术的进步，得益于气象部门良好的国际交流与合作环境，但最主要的是得益于改革开放以来我国国力的日益增强。

历史基础气象资料信息化在我国气象事业建设中只是一个小项目，但其取得的成果来之不易。值此国家气象信息中心成立15周年之际，让我们向长期默默无闻、甘于奉献的全国气象观测、收报、信息化工作人员致敬，正是他们让历史基础气象资料得以完好保存，并将资料信息化构想变为现实。

传承过去是为了创造未来。国家气象信息中心全体人员的努力进取永不停息。相信只要坚持与世界各国数据中心建立良好的合作关系与互动，继续开展气象资料拯救和分析工作，信息中心在全球资料收集、信息加工和服务等方面将取得更辉煌的成就！

祝国家气象信息中心明天更强更好！

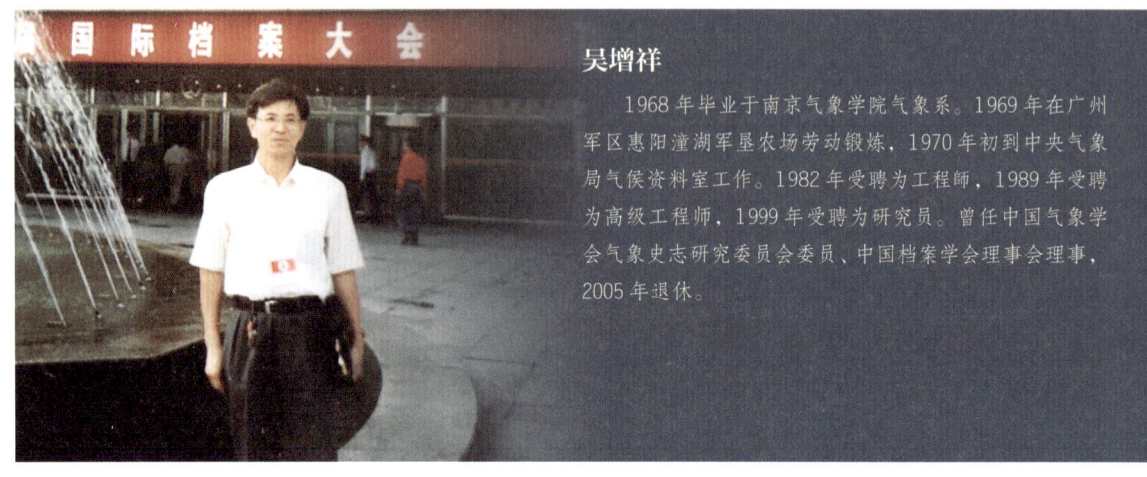

吴增祥

1968年毕业于南京气象学院气象系。1969年在广州军区惠阳潼湖军垦农场劳动锻炼，1970年初到中央气象局气候资料室工作。1982年受聘为工程师，1989年受聘为高级工程师，1999年受聘为研究员。曾任中国气象学会气象史志研究委员会委员、中国档案学理事会理事，2005年退休。

国家气象局气象档案馆挂牌的前前后后

气象档案是国家重要的科技档案，新中国成立初期为做好气象档案资料的搜集、归档和管理，中央军委办公厅于1950年4月批准中央军委气象局、中国科学院地球物理研究所合作组建联合资料室，1952年1月正式成立，并建立了气象档案资料库，将散落存在全国各地的历史气象观测资料收集存档，从此气象档案工作随着气象事业的发展逐步健全和发展，然而气象档案工作的发展道路是曲折的。三年困难时期，气候资料室机构、人员被精简，气象档案工作处于"守摊"的局面。1964年，在第三届全国人民代表大会的气象科学界的代表联名提案要求下，恢复了气候资料室的建制，气象档案工作也开始得到重视和加强。可是十年动乱，又使气象档案工作受到严重破坏，1969年10月为了"战备"，气候资料室和馆藏气象档案资料迁至四川江油县的一个小山沟里。因受气候和管理条件影响，一些重要气象档案资料受潮、发霉，甚至损坏，其档案资料的开发应用工作更是难以开展。为此，档案科的同志曾于1972年给周总理写信汇报，并建议将气候资料室迁回北京。1975年，经国务院批准，气候资料室于年底迁回北京。1978年，中央气象局调整机构，气候资料室隶属北京气象中心（即国家气象中心），1979年，在全国气象局长会议上，提出了《关于加强气候资料工作的意见》。1980年，国务院召开了《全国科学技术档案工作会议》，会议指出："科学技术档案工作必须按专业实行统一管理""为了妥善地保存各专业的科技档案，便于按专业集中使用，中央各专业主管机关可根据需要设立专业档案馆，保管本系统需要永久、长期保存的档案"。

为贯彻国务院〔1980〕246号文件关于《批转全国科学技术档案工作会议的报告》精神，加快气象科技档案工作的建设，国家气象局于1982年7月在北京召开了全国气象科技档案工作座谈会。邹竞蒙局长和国家档案局李凤楼副局长到会并作了讲话。这次座谈会着重研究了气象系统科技档案管理体制和实现气象科技档案集中统一管理等问题。会议要求各级气象部门"提高认识，把气象科技档案工作列入领导的议事日程，帮助解决档案工作中的实际问题，加快气象科技档案工作的建设"。代表们在会上也讨论了建立气象档案馆的有关问题，指出："建立健全科技档案工作体制，是加强气象科技档案工作的重要措施"，并建议"分别建立国家气象局和省、市、自治区气象局气象档案馆"。

由于国家档案事业和气象事业发展的需要，在国家档案局的指导下，1984年6月，国家气象局办公室向局领导提交了《关于建立国家气象档案馆工作的报告》。报告提出三种建馆方案：一是独立建立国家气象档案馆；二是把气候资料室改为气候资料中心，承担国家气象档案馆的任务，一个机构两块牌子；三是仍然是保持资料室的建制，给其增加气象档案馆的部分任务。报告中强调"建立国家气象档案馆，收集隶属全国范围的气象科技档案工作已迫在眉睫"。鉴此建议，①从工作的重要性、迫切性考虑，暂时采取过渡的办法，即按上述第三种意见，给资料室增加必要的编制，把气象记录档案之外的气象科技档案资料的收集整理、保管和提供利用等项工作承担起来，并积极创造条件，尽快地向国家气象档案馆（气候资料中心）过渡。②请计财司落实"六五"期间内气象档案馆建设投资425万（土建5000 m^2，170万，设备投资255万）的计划……该报告经国家气象局有关职能司和北京气象中心会签、国家气象局党组讨论确定采取"气候资料室承担国家气象档案馆任务，执行一套人马两块牌子"的方案，但气象档案馆建设投资计划至今仍没有实现。

1985年8月，国家气象局《关于下发〈气象科技档案汇交规定〉的通知》（国气办字〔1985〕第024号文件）正式宣布："国家气象局气象档案馆的任务由北京气象中心资料室承担，并负责搜集和管理国家气象局机关及各直属单位永久保存的科技档案，以及由国家气象局统一组织的重大专项气象科技活动中所产生的科技档案的任务。"同年11月，国家气象局办公室下发《关于启用"国家气象局气象档案馆"印章的通知》，并附气象档案馆的工作职责范围。此后，各省、自治区、直辖市气象局也相继挂牌成立省、直辖市、自治区气象档案馆，从而气象档案资料工作从国家到省、直辖市、自治区基本确立了集中统一管理和气候资料室、气象档案馆，"一个机构、一套人马、两块牌子"的气象档案管理体制，气象档案工作开始步入新的发展时期。

国家气象局气象档案馆的成立，对气象档案工作的开展有着积极的促进作用，根据国气办字〔1985〕第024号文件精神，国家气象局气象档案馆加强了气象科技档案的收集归档工作，除了气象记录档案继续按建馆前有关规定进行收集归档之外，气象业务、气象科研成果及国家重点基建工程等科技档案也陆续按规定接收进馆。作为提高气象档案管理技术水平的措施之一，国家气象局气象档案馆加强了档案管理技术和学术的学习和研究，同时也加强了与全国档案学术界的联系和交流。在京的气象档案工作人员作为个人会员积极参加了中国档案学会的活动，王伯民和吴增祥先后当选中国档案学会第三届、第四届理事会理事。

我所知道的国家气象档案资料后库建设的曲折历程

（吴增祥）

根据中国气象局1997年第六次局长办公会议精神，9月15日，在气候司的组织下，对坐落在北京市延庆县城的中国气象局档案资料后库建设工程进行了检查和验收。在此期间，山西昔阳710后库的气象档案资料正在抓紧打包，并于9月18日、23日分两批用集装箱汽车运抵北京延庆。1969年11月从北京战备转移出去的气象档案资料，二十多年来辗转于四川江油、湖北宜城、山西昔阳，终于在北京延庆找到了归宿。经过多次搬运装卸的档案柜、档案架，也留下了斑斑的历史痕迹。

气象观测资料是气象工作为经济和国防服务的基础，是国家重要的科技档案，具有极高的价值。为保障它的安全，气象部门曾前后投入巨资建设了多个气象档案资料战备基地和后库。至今，延庆已是第六个后库。回顾气象档案资料后库建设和变迁，可以看到我国气象工作，特别是气象档案资料工作发展的一个侧面和它的历史背景。

1964年，毛泽东主席根据国内外形势，提出了"和战结合、两手准备、三线安排"的战略部署。为了作好气象战备保障工作，中央气象局对气象工作也做出了三线安排，以充分做好准备，应付突发事变，保证在任何复杂困难的处境中，气象工作都可以正常进行。其中气象档案资料是气象战备工作的重点，按中央气象局领导的要求，历史气象资料、气象观测记录报表及重要技术档案应采取复制及"两库"存放的措施。据此，气候资料室一方面计划增添照相复制设备，对重要气象档案资料进行缩微复制，另一方面开始抓紧筹建气象资料工作战备基地和档案资料后库。

第一个建成的气象档案资料后库，位于北京市房山县山区。该档案资料库利用一个天然山洞改造而成，洞库面积约 80～90 平方米。建立该库的目的只作为临时战备档案资料库，以备突发事件发生时使用。1969 年，当时国内战备形势很紧张，中央气象局曾准备把部分重要档案存放在那里。经由总参的同志两次考察该战备洞库，认为该洞库不适于存放气象档案资料，只好放弃。

第二个气象档案资料后库，建设于宁夏银川新市区。1965 年，中央气象局根据中央战备的要求和指示，经国务院批准，决定在银川新市区建设气象资料工作战备基地。计划在"三五"期间建成可存放 10 万册气象档案资料、1000 万张卡片的气象资料工作战备基地。安装资料作孔及统计机器设备 26 台、复制照相设备 12 台和 99 名工作人员、建筑面积约 3000 平方米。该工程 1965 年开始施工，工程代号为"6601"，1966 年 9 月竣工。建成后的银川气象资料工作战备基地，总建筑面积达 4000 平方米，其中档案资料库房和办公楼 2337 平方米，集体宿舍 454 平方米，家属宿舍 854 平方米，还有食堂、车库、传达室等。银川气象档案资料后库，我没有去过，但我在四川"315 筹备处"时曾见过其建筑竣工图纸，其设备和施工质量都比较好，档案库房还设有电通风设备。银川后库竣工时，正是"文革"开始不久，原准备把气候资料室绝大部分气象档案资料迁移到那里的计划，也没有付诸实施。

1969 年，中央气象局和总参气象局合并，在中苏边境紧张、全国处于"准备打仗"的战备形势下，气象档案资料也要求迁离北京。可是这时的银川气象资料工作战备基地，却成了战备前线地区，失去了原先的作用，中央气象局不得不把它移交给兰州军区使用。

第三个气象档案资料后库是在四川江油县二郎庙镇。1969 年，中苏边境发生武装冲突，形势很紧张。为执行中央的战略疏散的指示精神，中央气象局军代表给国务院业务组上报了《关于档案处理的请示》，并于 10 月 16 日派人到四川联系存放房舍。10 月 18 日，军代表召集气候资料室全体人员进行紧急动员和部署，宣布将在京的大部分气象档案资料、设备及工作人员内迁四川。其实当时档案资料安置地方还没有落实，直到 10 月 23 日四川省有关方面才同意将位于江油县二郎庙镇的原西南气象学校校址用于储存气象档案资料。动员会后，气候资料室全体同志不分白天黑夜，对档案资料及设备进行打包装箱。10 月 23 日，档案资料全部装箱完毕，共 1400 余箱。10 月 25 日，开始装车，27 日第一批装载气象档案资料的 9 个车皮由武装战士押运离开北京前往四川。11 月 8 日，第二批装载机器设备的车皮起运，11 月 16 日，气候资料室及部队有关人员、家属 100 余人动身前往四川江油。

内迁江油的资料室对外称"315 筹备处"，属部队建制，主要任务是开展战备气象资料整编。参加整编的人员有从北京内迁来的气候资料室同志，1970 年初分配到中央气象局的 1966—1968 届大学生和 1969 届中专生，近 300 人。这是气候资料室有史以来人员最多的年代。但其中 1969 届 150 位中专生是临时编制人员。1973 年，这些中专生除了少数留下来外，大部分重新分配工作。

从北京内迁的气象档案资料，分别安置在原西南气象学校的办公楼和教学楼中，管理环境条件较差。二郎庙地区气候温暖、潮湿，由于工厂多，整天烟雾笼罩，空气污染严重，对档案资料管理十分不利。尽管经常通风、打扫，但毕竟不是专用库房，防湿、防尘能力差，档案资料受潮发霉时有发生。为了保管好这批气象档案资料，档案科的同志提出了不少意见和措施，付出了许多辛勤的劳动。1973 年，中央气象局与总参气象局分开，当时的中央气象局筹备小组经研究，同意气候资料室一分为二，其中一部分档案资料和人员迁至湖北"六四二"基地，另一部分留在"315 筹备处"待命。1974 年底，迁往湖北的气象档案资料分批运抵"六四二"基地，气象档案资料开始分存两地进行保管。为了便于开展工作，此后资料室的许多业务已转回北京进行，留守在"315 筹备处"的人员已不多。1975 年冬，气候资料室获准迁回北京，

11月，在北京出差的资料室人员大部分返回四川参加搬迁装箱工作。1976年11月，留在四川江油"315筹备处"的气象档案资料和人员全部撤回了北京。四川江油临时气象档案资料战备基地终于完成了它的历史使命。

第四个气象档案资料后库是湖北宜城国家战备气象中心基地，对外称"六四二"基地。1970年初，气象部门根据毛泽东主席"备战、备荒、为人民"的战略思想，按照"和战结合"的原则和业务长远发展的需要，决定建设一个既能适应平时需要又能适应战时需要的气象战备业务工作体系。包括建设国家和区域气象中心。并根据"靠山、分散、隐蔽"即所谓的"山、散、洞"的原则，提出了国家和区域战备气象中心的建设方案。其中，国家战备气象中心基地选择在湖北省宜城县西南山区，计划地面建筑面积5万平方米，坑道2条。工程由部队组织施工，于1971年全面展开。整个基地分散3个地点，地跨两个县。1号基地位于南漳县太平公社望长沟，2号基地位于宜城县刘猴集公社川子坑。3号基地位于南漳县新集公社方家岭。其中，国家气候资料战备中心建在2号基地。二幢带档案库的业务办公楼隐蔽在青翠的小山坡上。2号基地是国家战备气象中心的大本营，地面建筑规模比较大，各个建筑物分散在几个山坳里，周围青松绿树环抱，风景十分优美，与四川江油二郎庙的环境绝然不同。原计划战备基地建成后，整个国家气象中心，包括通讯、预报、资料全部由北京迁至这里。但计划赶不上变化，1971年9月后，一些部委的三线战备基地开始相继撤并或压缩、调整。中央气象局最终也只有部分气象档案资料迁移这里。1973年，两局分开后，"六四二"基地由部队移交中央气象局。此时气候资料楼已竣工，两幢楼建筑面积达5000余平方米，其中有档案资料库2500平方米，机房1366平方米，缩微专门用房176平方米，业务办公室1000平方米，总面积比在京的资料楼还要大。根据中央气象局领导小组的研究，决定把四川江油"315筹备处"的部分早期气象档案资料转迁到这里，使这里成为国家气象档案资料后库。1974年第四季度，四川江油"315筹备处"把1960年以前的档案资料近10万册迁至"六四二"基地。

当时资料室的王德寅、李世文等十几位同志也随档案资料来到"六四二"基地。部分气象档案资料迁到这里后，成立资料科，归"六四二"基地管理处领导。由于气候资料室在四川江油代号为"315"，故"六四二"基地资料科也被习惯称为"315"。

  1986年下半年，由于领导体制和国内外形势的变化，为了减少国家经费开支，便于对"六四二"基地的领导和管理，经国家气象局党组研究决定，将"六四二"基地进行缩编并移交给湖北省气象局管理。因"六四二"基地气候潮湿，库房条件较差，不具备永久存放档案资料的条件，加上人员缩编后，档案资料的安全管理是一大问题。于是国家气象局党组要求业务发展司和气候资料室尽快提出一个对气象档案资料处理的方案。9月初，业务司资料处王树庭、吴忠义，气候资料室吴增祥三人前往湖北"六四二"基地基地调查了解情况，提出"采取分批撤出气象档案资料"的初步方案，即把一些重要的气象档案资料先撤回北京，其余暂留守"六四二"基地，待选择合适的后库基地后再撤离和处理。在后库选点方案上曾提出过河北石家庄、山东济南和北京大兴的原北京市观象台。后经国家气象局党组研究，确定选址在山西华北区域战备气象中心（即山西昔阳710管理处），不再另建档案库。11月初，气候资料室具体提出了"六四二"基地气象档案资料的转移方案：(1)把新中国成立前历史气象档案资料及新中国成立后重要的气象管理、业务技术档案、气象报表约1万多册撤回北京；(2)把有使用价值的约1100万张高空信息化卡片，委托四川省气象局转换成记录磁带。记录磁带交北京存档，卡片就地销毁；(3)其他有保存价值的气象档案资料约2.8万册移交山西昔阳710管理处；(4)其余经鉴定可以销毁处理的5.8万多册天气报底及国内外资料卡片就地销毁或封存。这个方案得到业务发展司和国家气象局领导的认可。11月底，我参加温克刚副局长带队，由国家气象局办公室、人事司、财务司、器材司、业务发展司及气候资料室等单位组成的国家气象局"六四二"基地移交工作组一行19人前往湖北，在"六四二"基地附近的南漳县城与湖北省气象局、山西省气象局的代表具体商定了有关"六四二"基地财产、人员、档案资料等移交事宜。1987年元旦前后，撤回北京的1万余册重要气象档案资料分两批运抵京城。1987年10月，移交给山西昔阳710的气象档案资料也安全到达，顺利交接。

第五个气象档案资料后库是山西昔阳710管理处。1986年，国家气象局决定把"六四二"基地移交湖北省气象局后，选择山西昔阳原华北区域战备气象中心作为气象档案资料的后库。1986年11月中旬，温克刚副局长召集了业务发展司资料处王树庭、北京气象中心业务处秦祥士、气候资料室王伯民、吴增祥等同志介绍了山西昔阳710管理处的情况，并说明把华北区域中心现有条件利用起来作为后库，这是党组的意见，但这不是最后的决定。要求我们到实地调研一下，看看710基地是否具备后库的条件，如果不行，提出充分理由，以便国家气象局党组重新考虑。如果行，则把任务交给山西省气象局。遵照温克刚副局长的指示，11月14—19日，由王树庭处长带队，王伯民、吴增祥、侯永林4位同志组成调查组对华北区域战备气象中心进行调查。经过对710基地的实地考察，调查小组与山西省气象局领导研究后，认为山西昔阳710基地作为档案资料后库的基本条件是具备的，但需经过一定的改造。同时，从长远考虑也提出了一些问题，如710基地地处偏僻山沟，交通不便，现有摊子较大，每年的维持经费较多等。当时，山西省气象局领导及710管理处留守的同志希望能把气象档案资料转移到710基地，他们表示一定能把气象档案资料管理好。根据当时的综合条件，国家气象局党组最后确定了710基地作为国家气象档案资料后库，由山西省气象局领导和管理。

710位于山西昔阳县东冶头乡静阳村，距昔阳县城40公里，距阳泉市80公里，占地面积342亩，建筑面积13200平方米，周围依山傍水，院内绿树成荫环境还不错。1987年秋，"六四二"基地的气象档案资料转迁到这里，利用原有的金工车间和办公室改造成库房存放。原准备在"八五"前期把国家气象中心的存档记录磁带拷贝备份转710基地保存，由于经费问题，没能实现。

多年来，山西省气象局及710管理处为使保管的气象档案资料完好无损尽了很大努力，做了很多的工作。然而，由于710管理处的地理环境和维持经费的不足，使这里的人员、资金管理等方面存在不少问题和困难，山西省气象局在管理上也鞭长莫及。为了发挥710基地现有房地产等设施的作用，1994年初，山西省气象局向国家气象局提出把710基地建制转移昔阳县地方政府管理，对此国家气象局领导组织气候司和计财司对710基地的情况进行了实地调研后，同意山西省气象局的意见。鉴于新的气象档案资料库的建成需要一定的时间，国家气象局要求710基地现存气象档案资料的两栋库房在新库未建成之前继续使用，并确保气象档案资料万无一失。1994年7月，山西省气象局与山西省昔阳县人民政府正式签订协议，把710管理处管理体制（含全部房地产、设备及所属人员）正式转移昔阳县政府。1997年9月，北京延庆气象档案资料后库落成，存放在710基地的全部气象档案资料再一次转运延庆。

第六个气象档案资料后库是在北京延庆。1994年1月，山西省气象局向中国气象局呈报了《关于将山西省气象局710管理处转移地方管理的请示》后，中国气象局领导对此非常重视。6月，气候司会同计财司对710的情况进行了实地调研，提出了转移710管理处归地方所有及建立国家气象档案资料后库的意见。为了作好国家气象档案资料后库的选址工作，1994年8月，由气候司组织一个工作小组，沈国权司长亲自抓，小组成员有气候司气候应用处的吴忠义，气象档案馆的刘小宁、吴增祥，工作小组按要求分别考察了山西太原、阳泉、河北石家庄、保定及北京延庆5个点，调研结果认为，山西太原和河北石家庄由于省气象局面积有限，要增建后库有困难，而且基建经费也比较高，所以后库拟在山西阳泉、河北保定及北京延庆三个地方挑选，并把三个地点的优势、缺点一一做了详细汇报。在此同时，根据气候司的要求，气候应用室于1994年8月也向气候司提交了《关于气象档案资料后库建设的意见》。报告中提出了山西710管理处现存气象档案资料的处理及后库建设的意见，并指出：从长远来讲，中国气象局建立气象档案资料后库是十分必要的，但后库建设应与在京的国家气象档案馆建设综合考虑统一规划和安排。由于现代科学技术和气象事业发展很快，气象档案资料的种类和数量将迅速增长，其载体形态也将发生根本性变化。为吸取过去在气象档案资料后库建设的一些经验教训，避免盲目性，并考虑到气象档案馆现有档案库严重短缺需要改造和扩建的情况，建议先解决气象档案馆库房改造和扩建工程建设，这样既可解决北京现有库房紧张局面，又可把710基地存放的属于永久保存的档案资料迁回，解决710基地现存档案下一步的安置问题。至于后库建设，可暂缓到2000年后再考虑。但是中国气象局和气候司领导从我国气象事业发展的战略高度出发，认为建设国家气象档案馆后库是非常必要的，鉴于山西710管理处移交地方的情况，后库建设成为国家气象档案馆现代化改造的首要紧迫任务。1994年12月，李黄副局长主持局长协调会议，再次研究国家气象档案馆后库建设问题。会上对筛选集中的阳泉和延庆两个地点进行比较论证，会后根据协调会议精神，由气候司、国家气象中心、北京市气象局领导进一步协商，最后确定在北京延庆，从延庆人工影响天气基地土地范围内划出相对独立的地段建设后库。

延庆后库工程建设投资约500万元，于1996年9月破土动工，1997年8月竣工，9月15日通过验收，面积2000平方米，其中档案库房面积1200平方米，后库基本按国家标准《档案馆建筑设计规范（试行）》设计施工。档案库采取围廊形式，具有较好的六防措施。1997年国庆节前夕，山西710基地存放的所有气象档案资料运达这里，延庆国家气象档案馆后库正式开展工作。

国家气象档案资料后库建设经历了多次的反复和变迁，今天回顾起来，有许多经验和教训。我们期望延庆气象档案资料后库，能真正成为一个较为稳定的后库，并能很好地发挥它应有的作用。

在四川江油二郎庙的日子里

(吴增祥)

1970年初,我们30名1966—1968届大学生分别在湖北沉湖、广东潼湖部队农场锻炼后来到四川省江油县二郎庙镇,当时中央气象局气候资料室因战备从北京转移到这里。资料室所在地原是西南气象学校,"文革"开始后,学校不再招生,便借给气候资料室使用。当我们到达时,从北京内迁的原气候资料室40多位老同志和来自北京、成都、湛江3所气象学校的150多名1969届学生已先期到达,小小的院子里显得热闹和富有生机。

1969年10月18日,中央气象局军代表召集气候资料室全体人员动员会,宣布因战备需要,为保护气象档案资料的安全,气候资料室除了个别留守外,其余人员和所有气象档案资料立即转移到四川后方三线。军令如山倒,经过一个月的紧张打包装箱,1969年11月,气候资料室职工、家属100余人带着近10万册的气象档案资料,乘坐两列军用列车,浩浩荡荡来到二郎庙。

资料室内迁二郎庙后,属部队建制,代号为"315",领导干部也大部分是军人。原资料室人员按组编制,分4个组,一组为整编科,二组为统计科,三组为档案科,四组为分析科。我们这些新来的大学生和150名中专生则被组成一个连,号称"统计连",分5个排,大学生集中在第五排。连长、指导员都是军人,我们虽不穿军服,但统计连却按军队管理,纪律十分严明。

虽然四川是天府之国,但当时这里物资十分短缺,镇上小街商店货架空空，我们想要写信，连信封信纸都买不到。老百姓也十分清贫，吃的是玉米糊。"315筹备处"虽然享受部队待遇，是地方特供单位，但是食堂仍买不到什么菜，常常吃清汤面，或陈米饭、牛皮菜，难得吃上一次肉食。为了改善生活，我们不仅在学校院子里种菜、种水稻，还到几里外的山上开荒种玉米。当时我们正是风华正茂的年轻人，又经过部队农场劳动锻炼，无论是到深山老林砍竹子，或是开荒种地，干起活来生龙活虎，是"315筹备处"的主力军。

二郎庙地处山窝窝里，周围是山，中间一个小平坝，由于工厂多，污染十分严重，坝上一条小溪，溪水已变了颜色。我们生活在这里，最困难的是没有干净的饮用水，虽然有"自来水"，但水里含有不少有害物质。原先西南气象学校曾在校内挖井取水，但也没有挖到好水。为了解决饮水问题，"315筹备处"领导找到我们五排，我们这些大学生在部队农场时曾打过井，对挖井有一定的经验，于是打井找水的任务就交给了我们。我们费了九牛二虎之力，前后挖了两口井，只有一口井的水勉强能饮用。为了打井，我们十几个小伙子付出了许多汗水，而这些劳动大多是在业余时间干的。

我们在"315筹备处"的主要任务是整编战备资料，因为要完成任务重，所以临时集中了200多人在这里。当时科组的同志主要负责制定技术方案，指导资料处理和统计、分析。我们统计连的任务则是翻报底（气象电码报告）、抄报和作孔（打资料卡片）。当时有人编了一个顺口溜"一块橡皮二支笔，天天上班翻报底，一二三、三二一，平凡工作为战备"。这就是我们工作的生动写照。虽然在二郎庙生活很艰苦，但我们这些经过再教育的大学生们思想境界很高，对工作充满热情，白天干，晚上还加班，常常到夜里十二点，第二天还得早早起来上操，难得有清闲时间。

1970年冬天，我们连队进行野外拉练，历时一个多月，在川北山区一路上有军事演习、搞群众宣传、为老百姓演节目、走访老红军、参加公社劳动，搞得轰轰烈烈。有时晚上演节目，小小的打谷场，挤满了人，有的老百姓还从数十里地外赶来观看，使大家很受鼓舞。拉练是很辛苦的，特别是对那些刚从学校出来没有经过锻炼的中专生们,更是一次磨炼,有个别女同志走不动了,男同志用担架抬着走,就这样咬着牙挺了下来。

1971年五排解散,人员分到各个科组,我和付桂兰同志被安排到三组,即档案科,主要职责是气象档案资料的归档管理和提供利用。正是因为气象档案资料的重要,为了保障它的安全,气候资料室才从北京千里迢迢转移到二郎庙,因此,档案科被认为是一个很重要的岗位。"315筹备处"的贾左臣政委还特地找我谈话,一再教育我要热爱岗位,做好工作。当时三组的负责人是王德寅、李素文同志,内分4个业务组:国内资料组、国外资料组、照相缩微组、资料装订组。其中国内组4人:王德寅、李素文、王琼仍和吴增祥;国外组2人:耿素兰、付桂兰;缩微组2人:何卫生、郑声德;装订组3人:耿二茂、张书荣、程银,共11人。三组是一个团结的集体,大家对工作都兢兢业业。当时"315筹备处"的主要任务是整编战备资料,大量使用原始气象档案,特别是气象报底,每天进出数百本报底,服务工作量很大。三组管理的档案资料分散在两个楼,其中各种原始气象观测记录报表、天气图,国内外整编资料均存放在原气象学校教师办公楼的一层,因二郎庙地区气候温湿,特别是到了春夏季,湿度很大,一楼水泥地都要冒水。尽管经常通风、打扫,由于不是专用库房,防湿、防尘能力很差,加上这些档案不像报底,很少使用、搬动,容易发霉、粘结,尤其是一些早期的原始天气图,受危害较严重。

由于几乎全部存档的历史气象资料都从北京迁到二郎庙,致使在北京的气象台和研究所等气象业务科研单位没有资料可用,当他们急需资料时,只好长途跋涉,到二郎庙抄录,十分不便,工作也受到影响。至于社会上需要利用气象档案资料,更是为难,在四川的六七年,很少有外界人士来抄录资料。

气象档案资料当时号称国家八大档案之一,它对气象部门、对社会各行业都有重要使用价值。可是自从搬迁到二郎庙后,除了整编战备气象资料外,不能充分发挥它的作用,加上管理条件、气候条件不好,不仅不能维护档案资料的安全，反而不利它的保存，甚至造成受潮发霉，严重影响档案资料的寿命，三组的一些同志认为有必要给中央写信反映情况。于是，1971年由我和办公室秘书王梦同志起草了给周恩来总理的信。信中反映了1969年气象档案资料迁川后对气象档案资料的危害和对气象档案资料服务工作的影响，强调了气象通信、天气预报、气象资料工作的关系和三位一体的必要性，建议中央能早日将气候资料室迁回北京。据说，这封信受到总理办公室的重视，很快就批转给当时的中央气象局领导。

1969年，气候资料室是在紧急战备状态下迁离北京的，二郎庙只是作为临时安置的地方，并非久留之地。中央气象局与总参气象局合并后，根据"备战、备荒、为人民"的精神，1971年开始进行国家和区域气象战备中心建设。其中国家战备气象中心选址在湖北襄樊地区宜城和南漳县的交界处山区，并分散在3个点，分别称1号、2号、3号基地，各点相距十几里。2号基地是中心指挥部所在地（对外称"六四二"管理处），基建规模很大。在这里建有办公楼、宿舍楼、医院、学校、招待所、礼堂，还有为军委负责人盖的两幢将军楼。气象档案资料库也建在2号基地，有二幢楼房，建筑面积比北京的资料楼还大出1/3，仅档案库房就有2000多平方米。

原计划二号基地建成后，在四川江油二郎庙的全部人员和气象档案资料都要撤迁到这里。1971年"9·13"事件后，中央气象局和总参气象局分开，军人领导撤出中央气象局，四川江油"315筹备处"的"统计连"被解散，人员重新分配。我们给周恩来总理写信反映情况，是想争取气候资料室迁回北京，但当时回京条件还不成熟。为了气象档案资料的安全，中央气象局领导决定先抽调一些人员，把部分历史气象档案资料转移到湖北国家气象战备中心（即"六四二"基地），其余人员和档案资料暂留"315筹备处"待命。

气候档案资料、柜架等于1974年11月迁移到"六四二"基地的2号基地。2号基地位处山清水秀的一个小山沟里，周围老百姓很少，环境非常优美，房子也盖得很好，犹如山庄别墅，真是修身养性的好地方。可惜这里交通闭塞，进出很不方便,我们每次去那里,一般要先在雷河"六四二"基地接待站住一宿,第二天才能进山。这里气候冬寒夏热,湿度常年偏高,对档案资料保存十分不利。虽然这里的库房建筑质量很好,却无法控制库房内的温湿条件。为了减湿,档案库内安装了大型抽湿机,仍见效甚微。由于湿度大,致使卡片变形,资料发霉。"六四二"基地本来是国家气象战备基地,但只有气候资料室部分人员和档案资料迁到这里,好多建筑物和设施都闲置着,没有发挥作用,最后却成了一个沉重的包袱,1987年,国家气象局将"六四二"基地移交湖北省气象局管理,所存的气象档案资料,经过鉴定就地处理一部分外,其余再一次迁移,运往山西省昔阳县710管理处(原华北气象战备中心),这是后话。

  1975年,邓小平同志主持中央工作,这时的"315筹备处"领导班子已更换,钱纪良同志任资料室负责人,"文革"前气候资料室领导谢津梁和庄培久同志也从北京来到二郎庙。为了开展工作,资料室的许多业务已转回北京进行,不少人在京出差,留在二郎庙的人已不多,主要是档案科和一些后勤工作人员,因为大量重要的气象档案资料还在这里。经过中央气象局领导的多方努力,1975年冬,气候资料室终于获准迁回北京,我们终于盼来了这一天。1975年11月,在北京出差的资料室人员大部分返回"315筹备处"参加档案资料的搬迁工作。1976年元旦过后。全部气象档案资料、柜架、办公设备装上火车,浩浩荡荡驶向北京城,阔别六年多的北京,气候资料室又回来了!

  档案资料和人员撤离二郎庙后,为了做好善后工作,当时档案科科长黄锦同志及刘善成同志和我三人留守到最后。1976年春节刚过,我终于怀着留恋的心情,离开了生活、工作6年之久的二郎庙,登上了北上的列车。

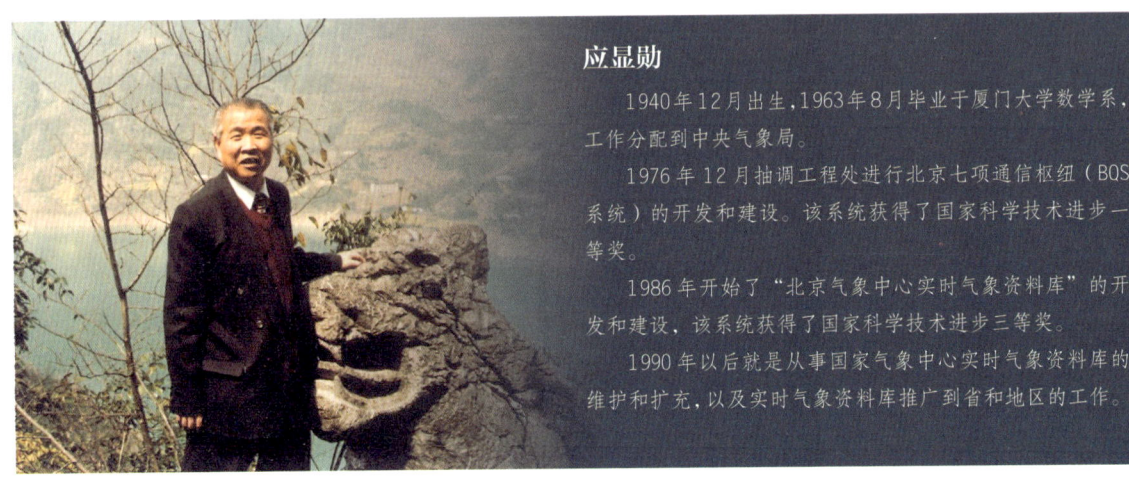

应显勋

1940年12月出生，1963年8月毕业于厦门大学数学系，工作分配到中央气象局。

1976年12月抽调工程处进行北京七项通信枢纽（BQS系统）的开发和建设。该系统获得了国家科学技术进步一等奖。

1986年开始了"北京气象中心实时气象资料库"的开发和建设，该系统获得了国家科学技术进步三等奖。

1990年以后就是从事国家气象中心实时气象资料库的维护和扩充，以及实时气象资料库推广到省和地区的工作。

气象资料数据库研究和开发

一、国家气象中心实时气象资料数据库的开发和建设

随着北京气象枢纽通信系统（BQS系统）正式运行，BQS系统每天将前一天收到的气象公报转存到磁带，在磁盘中也能保留当前6～7天的气象公报。这些气象资料正是短、中、长期天气预报、数值天气预报、数值气候模拟和气候监测的资料源。当年购置M-170计算机就是为数值天气预报的研究、开发和运行之用。因此在BQS系统运行不久，气象科学研究院的同志就问我："你们把气象资料都收到计算机内，我们该怎么用？以前我们还能从人工报房拿到报条。"我向领导汇报之后，就为他们编了一个FORTRAN接口的程序，该程序的功能是根据输入气象公报的报头关键字母＋日时，从磁盘或磁带中读出相应的气象电报。

当时计算机应用领域已经由文件系统转向数据库系统，所谓数据库系统就是由一个数据库管理系统将相互关联但不同类型的数据按统一的格式进行存储、管理，根据用户的需求提供灵活的检索服务。我于1982年向领导建议开发建设一个实时气象资料数据库，以便更好地发挥BQS系统中的气象资料的作用，领导于1984年决定成立"实时气象资料数据库系统"开发小组，小

组共四人，我任组长，其他三位是任满玲、葛兰和李文华。

首先，我们小组到气象科学研究院、卫星气象中心，以及国家气象中心的短、中、长期天气预报科和资料室这些需要使用气象资料的单位了解需求，最后确定库中存储的五天之内的各种形式的气象资料，具体如下：

1. 气象公报资料，以公报为单位提供服务。

2. 气象报告资料，以报告为单位提供服务。将气象公报分解为气象报告的气象资料有地面观测报告、高空探测报告、高空测风报告和国内气象旬月报告、地面月报和高空月报等。

3. 气象要素资料，以要素为单位提供服务。将气象报告分解为气象要素的气象资料有地面观测报告、高空探测报告、高空测风报告、国内气象旬月报告、雷达天气报告、浮标站观测报告、飞机高空探测报告、卫星遥感高空压、温、湿探测报告、卫星晴空辐射观测报告、卫星观测风、地面温度、云、湿度和辐射报告、地面月报和高空月报等。

4. 数值天气预报产品格点场资料，以场为单位提供服务。将数值天气预报产品的气象电报解码成一个场的资料，当时一个场是指一个特定的经纬度范围内格距为 5 度或 2.5 度的格点上某气象要素的未来 6、12、18、24、48……144 小时的预报值。

其次，我们小组到社会去了解数据库技术发展和应用的情况。当时第一代的层次结构和网状结构数据库管理系统比较成熟，但它们比较适合数据量不是很大的应用系统。第二代的关系商用数据库管理系统已开始发展，其代表产品有 ORACLE、INFORMIX、DB2、dBASE 系列，但看到的说明或介绍，其关系表中每个字段中不是整数就是浮点数，或者是不太长的字符串，然而气象资料中的一份高空探测报告就是 300 ～ 600 字符，一个格距 5 度的全球格点场要占 10804 个字节。我们又了解到国外气象部门，大多未采用商用数据库管理系统，因此提出采用自行开发的专用数据库管理系统的技术路线，并得到领导支持。

于是我们小组对需要分解成报告和解码成要素的十三种气象资料的编码格式、解码算法进行深入的研究，对不清楚的地方就向使用过该种资料的同志询问和探讨，在调查研究的基础上，我们分头将各种资料编码格式、每个编码的意义及取值原则编写成册，并确定每种报告解码的气象要素和排列次序。

接下来我们对系统实现和磁盘文件的组织存储的格式进行讨论，在有了大家认同的初步想法后就进行分工，当时确定系统实现分为三大部分：各种资料的格式检测，由李文华负责功能划分、模块组成和报告入库；各种资料的解码，由任满玲负责功能划分、模块组成和要素入库；各种资料的检索原则，由葛兰负责功能划分、模块组成、检索命令格式。各部分都要形成功能规格书。我负责各种资料的存储格式和文件的组成，形成磁盘文件数据规格书，最后由我将所有文档汇总成"实时气象资料数据库系统功能规格书"和"实时气象资料数据库系统数据规格书"。

我对各种资料的存储格式和文件的组成的设计采用了 BQS 系统的 LF 和 DF 的设计方法，磁盘文件是固定纪录长（2048 字节）的直接存取结构，这种文件结构也可采用顺序或直接读写方法进行读写。每种资料都是采用索引结构，按每天每个观测（探测）时间形成一个索引，根据统计为每一个索引分配固定的空间，整个索引文件还保留一定的空间，为某个索引空间不够用时提供使用，该部分空间为循环使用，数据文件也为循环使用，从而确定了空间管理算法。对于公报资料只在索引文件中形成索引，数据文件就利用 BQS 系统的公报文件。

1985 年 6 月，我们完成了"实时气象资料数据库系统功能规格书"和"实时气象资料数据库系统数据规格书"，电信台组织了有关专家进行评审，获得通过。

然后我们小组分头编制程序、制定测试项目，其分工为：我负责文件的初始格式写，编制空间管理程序，公报资料的索引形成和写入索引文件，制定测试项目；李文华负责需要分割为报告的资料的格式检测、报告分割和入库，以及其他需要分解成气象要素的资料的格式检测；任满玲负责将需要分解成气象要素的资料的要素解码和要素入库；葛兰负责库内所有资料的检索，并形成"实时气象资料数据库系统用户使用手册"，为用户提供服务。

程序开发的原则是首先开发公报资料，然后按资料种类逐类进行开发，开发完成就进行测试，测试无误后就请用户试用。

1985年底，我们完成了公报资料、地面观测报告、高空探测报告、高空测风报告入库工作，1986年完成其他10种资料的入库工作，1987年进行半年业务试运行，1987年7月正式投入业务使用。该系统是用汇编语言编写的。

该系统运行到1991年1月1日。

考虑到M-160和M-170计算机的硬件设备开始老化，特别是磁盘系统。国家气象中心决定新系统改为在将要购买的DEC公司的VAX6320计算机上开发，并要在引进的"欧洲中期天气预报中心的实时气象资料库"系统的基础上进行开发。因此要对"欧洲中期天气预报中心的实时气象资料库"系统进行分析和研读，并加以创新、完善和扩充。增加了由于通信系统能力增强而接收的新资料和气象业务科研需要的新资料的解码、入库、检索；增加了数值天气预报系统和图形系统的产品资料的解码、入库、检索。于1990年在国家气象中心新的计算机环境（即在DEC公司的VAX6320计算机上）开发建设了"国家气象中心实时气象资料库"，并于1991年7月正式投入业务运行。

二、国家、区域和省三级分布式实时气象资料数据库研究和实现

20世纪80年代后期，北京气象中心的实时气象资料库开发成功之时，其他区域中心和省气象局也在PDP计算机和微机上开发建立了实时气象资料数据库，但在实现方法、数据格式和用户接口等方面都不一致，从而导致用户界面不相容，影响到软件的交流和库中气象资料的交换、使用。

正巧在20世纪80年代后期，世界气象组织、基本系统委员会的数据管理工作组提出了分布式数据库（DDB）概念。所谓分布式数据库就是在不同级别不同地点的气象部门，采用统一数据库模型、统一数据格式、统一用户界面建立不同规模的数据库系统，为当地的用户提供服务，但也可利用网络实现相互调用。

我们以此为设想向"八五"国家科技攻关计划85-906项目组提出申请，

争取到一个专题,编号"85-906-02-06",专题名称《分布式台风、暴雨灾害性气象资料数据库技术研究》,研究内容为"国家、区域和省三级分布式实时气象资料数据库技术及有关气候资料检索技术的研究"。当时确定三级分布式实时气象资料数据库的试验地点是国家气象中心、武汉区域气象中心和江西省气象局。

当时全国气象部门的计算机环境是:国家气象中心为VAX6320计算机,区域气象中心为PDP计算机和DEC工作站,省级气象局基本上是微机。国家和区域中心使用的都是DEC公司的计算机,因此很容易组成DEC网,DEC公司也提供自己公司的计算机和微机的联网技术。1991年12月,为了给三级分布式数据库的研究做准备,和武汉区域气象中心利用DEC网络资源成功地试验异地调用北京实时气象资料库中的数据,和山西省气象局利用DEC公司提供的微机联网技术,在三报一话调制解调器中话路进行试验,也取得成功。但当时气象部门的通信系统都是计算机之间的通信。

在1992年5月召开的华北区域气象局长的会议上,山东省气象局的同志提出想和国家气象中心进行全话路通信(即在计算机广域网环境下开通标准话路通信)的试验。国家气象中心领导召集国家气象中心有关的技术人员对此问题展开讨论,我认为网络通信是发展方向,况且试验成功,在三报一话调制解调器中话路的传输速度为2400 bps,因此我表示赞同试验,但与会人员除了另一位同志同意试验外,其他同志都表示反对,当时领导也不好下决心,就说希望会后大家考虑考虑,下次会议再定。

但我知道,中国气象局职能部门天气司是支持搞试验的,事后我找国家气象中心主任李泽椿同志想再谈谈,当时他就说:"你不用多谈,马上搞一个试验方案,并写明所需设备,人员配置,工作进度(最好在两个月完成)。"我在第三天就将试验方案交给了李主任。于是国家气象中心领导召集有关的技术人员对此问题进行第二次讨论,当时李主任说:"今天不讨论要不要试验,而是讨论应显勋提出的试验方案是否可行?若有其他更好的方案也可提出讨论。"讨论结果是方案通过,当时李主任宣布:"试验小组由应显勋负责,试验人员由应显勋提名,各台室配合,所需设备通信台提供,业务处补办'中心短期科研项目'的立项,两个月后召开鉴定会。"

1992年7—8月,我四次出差到山东省气象局进行试验方案的说明、详细的实施方案的讨论和制定、山东省气象局的通信程序的现场开发和伴同测试组的测试。经过两个月的努力工作,顺利地完成试验任务,结果表明,在计算机广域网环境下利用标准话路进行气象电报、传真图、数值天气预报产品格点资料等综合气象信息传输是可行的,传输速率可达9600 bps。8月31日如期召开鉴定会。在鉴定会上,山东省气象局曹钢锋副局长发言,此次试验加快了气象资料的传输速度,平时00时探测的高空资料要到06时才能收全,现在至少提前三个小时,为预报分析争取了时间,况且试验只需每端增加一个标准话路调制解调器,祝贺试验成功。此次试验得到鉴定组人员一致认可,鉴定通过。

标准话路通信试验完毕,其业务化就由通信台负责。我就专心去搞三级分布式数据库的开发建设。根据1992年2—3月到上海、广州、武汉、成都区域气象中心和江西、河南省气象局调研的情况,确定了设计开发的思路:国家气象中心对国际交换和国内交换的气象资料进行开发,然后移植到区域气象中心和省气象局;区域气象中心对区域内交换的气象资料进行开发,省气象局对省内交换的气象资料进行开发;使程序能在不同的计算机中运行和加快处理速度,程序一律使用C语言编写;为了适应区域和省级计算机的处理能力,国家气象中心的数据库系统必须具备裁剪功能;三级数据库的网络检索只能逐级检索,对于本级数据库中没有的资料而上一级系统有则自动向上一级数据库系统检索,并将上一级数据库系统返回的检索结果返回用户。

根据确定的设计开发的思路,本专题需攻关内容是国家中心数据库系统的裁剪功能和网络检索,其他设计和开发中使用到的技术,在以前的工作中已经掌握,只是工作量的问题。通过走访和学习,对当时数据库技术的新进展进行研究和探讨,决定采用数据字典技术来实现表格选择功能、报类选择功能、要素字段选择功能、范围选择功能、区站号选择功能,以及网络检索,使得各级分布式数据库系统既能保证国家级数据库的资料完整,又能满足区域、省地数据库的业务需求。从而在国家气象中心、武汉区域气象中心和江西省气象局建立了国家、区域和省三级分布式实时气象资料数据库试验系统，实现了气象资料的国家、区域和省的三级用户共享、异地检索和联网调用。

该专题的研究成果使我国的实时气象资料数据库建库技术又上一个新台阶，为以后气象资料数据库建设和发展奠定了基础。

该专题研究的分布式实时气象资料数据库技术在 1992 年 10 月立项的国家大中型工程项目"气象卫星综合应用业务系统（9210 工程）"中得到应用。

从 1993 年开始，我就断断续续参与了该项目开发与建设。1996 年之前，参与了项目的设备选型、网络规程选择、是否采用商用数据库管理系统的论证，组织四家商用数据库管理系统厂商到气象局对地面观测资料的入库与检索进行测试。参与了项目应用业务软件的功能划分与确定，编写了数据收集与分发子系统、分布式数据库子系统的功能需求。

1996 年后，我参与了"国家、区域、省地四级分布式实时气象资料数据库系统"测试项目的编写和四个业务子系统测试项目的讨论。主持了国家级数据库系统的测试、省级应用业务软件的测试、9210 工程竣工验收测试。

9210 工程于 2000 年月 1 月投入业务使用。

数据库技术在气象部门应用的回顾和展望

(应显勋)

1980年，BQS系统建成并正式投入业务运行，国家气象中心实现了气象通信自动化。到1984年，随着高速线路通信的开通，BQS系统收到的气象资料越来越多，如何发挥这些资料的作用、为天气预报和气象科研提供服务就提上了日程。

当时数据库技术已有发展，它能对计算机系统所收集的数据进行有效存储和集中管理，通过标准接口同时为多个用户提供数据的查询，实现数据的共享。数据库之所以有这样的能力，归功于数据库中的核心软件数据库管理系统（DBMS），它统一管理和控制着数据库的建立、运行和维护，从而保证库中数据的安全性、完整性，使数据能为多个用户并发使用。DBMS可采用商用的DBMS，也可自行开发。

开发人员在对数据库技术研究和对国外气象部门数据库技术应用的了解的基础上，提出自行开发专用数据库管理系统的技术路线，并根据北京气象中心的业务需求，于1987年建成了"北京气象中心实时气象资料库系统"，实现了实时气象资料的共享和联机调用，提高了我国实时气象资料处理的自动化水平，也为气象资料的充分利用、天气预报的自动化和客规化起了重大的推动作用。自1990年以来，国家气象中心的主要业务（数值天气预报、短期、中期、长期天气预报、气候业务、导航服务、填图和科研）基本上都以数据库为基础了。

在此期间，一些区域气象中心和省气象台也相继根据本部门的业务需要，采用数据库技术，建立了各种基于自行开发专用数据库管理系统和实时气象资料数据库系统，部分省级系统是基于 DBASE 的微机数据库。但由于这些数据库是自行开发的，所以数据库的内部结构不一致，功能不相同，用户接口不统一，造成业务应用程序不能交流，各库之间资料不能交换。因此，在"八五"的国家科技攻关项目中设立了一个专题，研究如何采用分布式数据库技术，并在 WMO 的分布式数据库概念指导下，于国家、区域和省建立一个模型相同（即数据结构、建库方法、用户接口都相同）的三级分布式数据库试验系统。

随着商用 DBMS 的发展，其功能越来越完善，要开发一个大型的、灵活的可扩充的数据库系统还是采用商用的 DBMS 好是一个问题。在 20 世纪 90 年代末开发建设的"9210"数据库系统，就是在"八五"攻关的基础上建成的基于商用 DBMS（Sybase）的国家、区域、省和地四级的分布式数据库系统。该系统由一组有组织的、大小不等的、级别不同的独立的物理数据库组成，它们分布在国家、区域、省、地等气象部门的信息控制中心，并采用统一的数据模型、相同的数据格式和同一的用户界面，由 Sybase 分布式数据库管理系统进行管理的，在逻辑上是一个完整的数据库，换句话说，即每个物理数据库，是各自根据业务的需要分别收集存放各自所需的资料，为本地用户和远程用户服务。

"9210"数据库系统对 BQS 系统和国内通信系统收到的全球观测资料和产品进行组织和管理，对能进行解码的观测资料和产品资料，建立了以要素和文件为单位等形式的各种子库。为用户提供了本地字符终端查询、程序调用和客户端检索等三种方式的查询检索界面，从而实现了对实时气象资料的有效存储和快速检索，它还具有联网调用、高度共享的能力，可为各级实时气象业务与科研提供及时、方便、灵活的资料服务。

在实时气象资料数据库发展的同时，各气象部门根据本身的业务需求和掌握资料及计算机资源的情况，开发了各种不同规模、不同形式的历史气象资料数据库系统。为了将数据库系统向集中的、统一的、规范化的方向发展，走整合的道路，国家气象中心于2003年开始建设"国家级气象资料存储检索系统（MDSS）"，2006年已初具规模。该系统是基于RDBMS（ORACLE）的海量气象数据库系统，负责由实时数据库（MDSS-RDB）、综合数据库（MDSS-IDB）、对外共享数据库（MDSS-SDB）三个逻辑数据库构成，其在数据存储内容和时限、系统功能、系统复杂度和应用服务能力等方面远远超越以往任何国家级气象数据库系统，是国家级气象数据中心的核心支撑平台，其建设标志着国家级气象数据中心的建设拉开序幕。该系统的总体思路、设计原则、开发技巧已在省、地气象部门进行推广，或直接被某些部门移植。

至今为止，由于数据库技术的不断发展及其优势，特别是对前端应用的良好支持，基于气象资料数据库系统的各种气象网站系统和气象数据WEB服务系统有着蓬勃发展。数据库在气象部门的应用越来越广泛，也为越来越多的人们所认识。

展望未来，随着气象信息标准指引的完善，以数据仓库建设为依据，采用数据挖掘、深度加工，并和气象知识相结合等技术和理论，通过开发专题服务产品，开展增值型、知识型主动服务，数据库中的气象资料将会更好地发挥作用，为气象业务和科研的更好的地发展作出贡献。

陈德全

1950年出生，1977年毕业于南京工学院（现东南大学）无线电系无线电技术专业，同年分配到中央气象局工程处通信设计组，参加北京气象枢纽工程通信工程，1978年至2010退休历任北京气象中心电信台机务三科电源组长、动力科长，环境动力室副主任，国家气象信息中心计算机室副主任；1994年受聘为高工。主持、组织中国气象局多次国家重点项目机房场地环境方案设计、施工建设和运维管理。2010年退休后受聘于中金数据系统有限公司担任基础设施总工程师，承担公司十万平方米机房运维管理和四十万平方米机房建设的技术指导。

从机房到数据中心
——国家气象信息中心基础设施发展历程和我们的奉献

国家重点工程——北京气象枢纽通信工程，给中国气象事业带来了巨大的变化，引进了当时中国最先进的计算机M–160、M–170，虽然分别仅有40万次、100万次。而今天中国气象局已经用上了中国自己设计制造的8000万亿次的计算机，中国还设计制造了10亿亿次计算机。计算机的发展带动了对基础设施的需求，同时也引进了机房的概念。

一、机房是什么？我们做了什么？

能够保证计算机安全工作的环境：温度、湿度、洁净度、稳定的供电容量、保证计算机稳压稳频防供电瞬断系统（UPS）、防雷、接地、后备电源、动环监控等等，这个环境就叫机房。

用现在的眼光看，当时的设计非常先进，空调采用水冷系统，冬季利用全新风的自然冷源；配电采用CVCF（稳压稳频）电源系统，与UPS的设计思路略有差别；计算机房门口安装风淋室；通信系统；屏蔽机房。已经是一个数据中心了，不过当时叫机房。

1978 年，以北京气象枢纽通信工程为基础成立的北京气象中心在基础设施运维人员的配置上是比较重视的，电信台动力科新老大学生 6 人，部分技术工人、转业军人、应届高中毕业生，分为两个组，无论是当时还是现在，这都是高配置。两台 250kVA CVCF 安装调试的时间是 3—5 月，日本日立工厂检验课长马场先生指导安装，北京机电设备安装公司负责安装，七机部二院两位工程师配合，动力科电源组全程学习。

那个年月，我们做了很多事情值得回忆。

1. 精细美观的安装质量

机柜与机柜之间的控制线的施工全部是单根铜线连接，规范、漂亮，日方人员对我都竖大拇指表示佩服，认为比日本的安装工艺好。

2. 人与计算器的较量

蓄电池的安装是在现场灌装稀硫酸后加蒸馏水，把比重调到统一标准。比重计测完后要进行换算，马场先生拿计算器算，在他还没有算出来的时候，我已经报出了数据，马场先生很不高兴地说要慎重。在场的同事说，比赛吧，看谁又快又准确，最后，很高兴，我赢了。

3. 模拟故障引出图纸与实际的不符

CVCF 安装完调试时，马场先生模拟故障，让我们根据报警信号找出故障原因，前面我们的判断还可以，后面一个故障较困难。我们根据图纸分析，有可能是某种原因，而且动这个按键不会影响设备安全。谁知一动即引起设备停机，还坏了几个快速保险，马场先生责问我们为什么乱动。我们指出，按照图纸，我们动的位置不应该出问题。马场先生一看，图纸与实际不符，然后标了改动的地方。

4. 一句话当了组长

当时电源组有十多人，由一个从通信队调来的老同志负责，由于我在学校的时候毕业设计搞了数字电路，学习 CVCF 掌握较快，在蓄电池安装的时候，电信台梁孟铎副台长到现场了解情况，我提了一些意见，老梁说为什么不汇报，我说我又不是组长，不归我管。谁知第二天就任命我为组长。

5. 解决 CVCF 散热问题

当时设计对 CVCF 不了解，以为就是配电柜，没有配置空调，CVCF 一开机，马上温度升高到 30 ℃以上，导致设备无法长时间运行。我们想了个办法，利用设备包装箱板，在设备上方的出风口做一个风道，把热风通过风道排出室外，保证了 CVCF 正常运行。该方法使用了好几年，直到后来安装了空调，现在看来是不符合消防规范，当时却管用。

6. 我们最早的团队

动力科科长：刘长文

副科长：尤占圻

电源组：沈厚前、陈德全、孙正法、姜宪、张立方、陈江宁、赵砚新、姚景霞、李国强、姚步辉、刘新宁、陈加梅

空调组：田志纯、李健、肖东北、刘思顺、沈洸、刘伍、高大元、张军保、刘小卫、虞华、顾建国、赵京生、鲍敏、袁景深

有些人走了，有些人后来调离气象局，有些人调到气象局其他部门，现在都已经退休，真想他们，真怀恋那段青春岁月，北京气象中心的发展有他们的心血和奉献。

二、美国 CYBER 带来了基础设施配置的变化

北京气象中心中期数值预报工程的建设，张里曼、沈洸、田志纯、刘思顺等同志在机房设计方面做出了重大贡献。气象中心引进 1000 万次美国 CYBER962、992 计算机，空调系统变化较大，由集中水冷空调制冷系统改为分散独立的机房精密空调，冷凝器放在外沿廊上，设计院建筑设计与空调专业设计不沟通，沿廊围栏不通风，沈洸与设计协调改为柱式，北侧冷凝器进出风短路，在上层开洞，解决热风出口。

空调系统的变化各有利弊，没有冷冻水、冷却水管路，没有冷水机组和冷却塔，节省建筑面积，降低运维成本和难度；风冷空调能效比比水冷系统低一半，冬季也不能利用自然能源，运行成本高。了解了液冷系统，

CYBER992 采用了液冷，即风冷的冷水机组的氟利昂与计算机的冷却液进行热交换。

三、国产高性能计算机银河（10 亿次）基础设施配置的思考

1993 年，我们引进国防科技大学研制的第二代银河机（10 亿次），供电采用中频发电机，空调采用超大风量的德国思图斯空调，地板采用意大利海洛斯硫酸钙地板，承重 1500 千克。由于计算机与空调都直接采用市电，一旦市电停电，就会造成计算机与空调都停机。2000 年 12 月 31 日中午，由于空调意外停机，造成计算机烧毁。经检查，是因配电的保护系统没动作，温度升高烧毁了机器。后来的神威计算机吸取了这个教训，计算机与空调都采取不间断电源（UPS）供电，配电系统多重保护，空调系统的要求与银河相似，安全得到保证。

四、CRAY 计算机故障修复

美国生产的 CRAY 计算机故障停机，经检查是计算机内部的空调系统出了问题，这样的事情一般请美国人来检修，检修周期较长。李健、顾建国与负责空调的同志，认真仔细检查设备，其结构是机房的空调冷风去冷却计算机内部的冷却系统的冷凝器，检查发现冷凝器一处泄漏。汪敢豪通过焊接旁路掉漏液的管，然后抽真空，注氟，很快把机器修复，受到北京气象中心的表扬。

五、千万亿次计算机与数据中心

2003 年，国家气象中心准备引进高性能计算机，按照当时项目经费只能购买 IBM 5 万亿次计算机，通过招标最大可能到 10 万亿次。因此，前期机房改造从配电到空调基本按照 10 万亿次的规模考虑。2004 年 5 月，在香山饭店评标，IBM 以 21 万亿次计算机中标，会议结束，全体人员兴高采烈，唯有我忧愁满面。8 月计算机就要调试，翻了两番的供电、空调容量和机房面积要求，要在这么短的时间内解决，难度很大，但必须解决，没有退路。通过计算机室与机关服务中心保障部的共同努力，我们按期完成了任务。

高性能计算机房面积 400 多平方米，用电功率 700 千瓦，地板高度 600 毫米，地板承重 1500 kg/m^2，德国空调专家看了后认为保证不了计算机的运行环境，实际我们已经安全运行了一年多了。为了使机房气流组织更合理，2005 年沈洸同志做了封闭冷通道的试验，能使机柜出风温度降低 2 ~ 3 ℃，当时国内还没有出现封闭冷通道这项技术。

2004 年，国家气象信息中心成立，在国内高性能计算机和基础设施两个不同领域形成了较大的影响。2008 年，数据中心设计标准的发布，机房已经不能涵盖那么多专业了，数据中心除温度、湿度、洁净度、稳定的供电容量、保证计算机稳压稳频防供电瞬断系统、防雷、接地、后备电源、动环监控外，增加了网络、综合布线、视频监控、门禁和机房建筑，数据中心取代了机房，还把 IT 系统纳入了数据中心。

1993—2008 年，从事基础设施的技术人员引进的大学生有孙杨、刘建业、安俊新、孔令军、董峰、王晶、别毅。孙杨与刘建业后来调离气象局，董峰现在是信息中心退休办的领导，其余几位都是数据中心领域各专业的专家了，我们已经退出了工作岗位，信息中心的未来是他们的了。

国产 150 大型计算机的故事

（赵西峰）

一、前言

1978年5月，中央气象局将北京气象通信枢纽建设工程处和中央气象台的通信队合并，组建了电信台（刘泽任台长，梁孟铎、王清华任副台长），340多人，由刚成立的北京气象中心管辖。电信台下设机务一科、机务二科、动力科、通信一科、通信二科、填绘科、程序科、运行科、业务科等单位。机务一科37人，负责国产150大型计算机（简称150机，又称DJS-11计算机）的硬件、软件维护；1978年11月，320机（又称DJS-8计算机）和机组的15名同志从气候资料室合并到机务一科，科里一下子增加到50余人；科长是马占凯，副科长是王立荣和赵西峰。自1978年起，我在副科长的位置上工作了十多年，经历了150机的培训、接机、安装、运行管理、改造到停机淘汰的全过程。时光荏苒，转眼已过去四十余年，忘却的东西很多，但150机的故事依然印象深刻。

二、安装及运行

150机是1973年北京大学电子仪器厂研制成功的我国第一台平均每秒可执行100万条指令的大型通用数字计算机。当时的公开报道是：该机以晶体管—晶体管逻辑（TTL）小规模集成电路和厚膜电路为基本元件，与分离式元件的计算机相比，具有体积小、存储量大、计算速度快、性能稳定可靠以及耗电量少等优点。该机字长 48 位。内存储器容量为 13 万字。外存储器有磁盘机和磁带机，输入输出设备有纸带光电输入机、行式打印机、数字式曲线仪、快速纸带凿孔机、控制台打字机和专用输入输出设备等，共有外部设备 11 类 27 台。

中央气象局购买的是厂家生产的第三台，1975 年上半年订购，合同金额 640 万元人民币。除了没有配磁盘机外，其他设备与发布的第一台一样，全机规模共有机柜 25 个，通用外部设备 24 台，总直流功耗 15 千瓦，占用机房面积 200 余平方米。

24 台通用外部设备是 5-8 单位光电输入机（可输入每排 5 个孔或 8 个孔字符的纸带，走带 3 米 / 秒，纸带最长 200 米）4 台，快起停光电输入机 1 台，CY-160 宽行打印机（每行字符最多 156 个）4 台，CY-4C 窄行打印机（每行字符 12 个）1 台，6813B 快速凿孔机（制作数字纸带的设备）1 台，CDZ-2 快速凿孔机 1 台，DL-2 磁带机（使用宽 1 英寸、长 800 米的磁带，记录密度 800DPI，走带 2 米 / 秒）8 台，BD055 控制台打字机 2 台，XY 绘图仪 2 台。这些设备产自于南京、天津、呼和浩特、烟台、山西阳泉等地，是代表我国当时最高科技水平的设备。

150 机的软件系统主要是管理程序、语言程序和符号程序。

为了确保设备安装后能尽快投入使用，1975 年 8 月—1976 年 12 月，150 机组的 37 人（其中刚从各大学毕业来的二十余人）被派往位于北京昌平十三陵附近的北京大学分校从事实习和维护培训。

1976 年底，150 机生产完毕等待发货，由于北京气象中心大楼正在建设，设备没有地方安装，只好要求推迟发货。1977 年上半年北京展览馆举行电子设备展，150 机被送到那里展出，北京大学的老师负责安装维护。这时，150 机组的大部分同志去了河北固城中央气象局"五七"干校劳动。1977 年 11 月，展览结束，设备必须运回中央气象局，并且要有人看守，因此在干校的人员于 11 月 25 日返回单位，将设备从北京展览馆运到中央气象局机关的大会议厅暂存，150 机组的人员 24 小时轮班看守，一直到 1978 年的 3 月。

1978年5月，中央气象局宣布了电信台及其下属科的领导人员，150机组变成了机务一科，任命马占凯、赵西峰为科领导。机务一科下设四个组，即：运控组，荣维枝任组长；内存组，姚发祥任组长；外存组，刘平安任组长；外部组，龚汉秋任组长。设备安装工作全面展开。

安装设备必须要有木制底座，大家找来木头请北京气象中心的木匠加工，并进行涂漆处理。设备就位后，我们和北京大学电子仪器厂的技术人员一起进行加电调试。经过5个月的努力，机器调试圆满结束，并顺利通过了整机100小时不出错的验收考机。

150机于1979年7月正式投入运行，但设备运行极不稳定，平均3~4小时就会出现一次系统故障，往往使计算结果丢失，只好重新运算。150机组的人员实行四班三倒，每班6~7人，既当维护人员又当保洁员。在将近一年的时间里，机房温度降不下来，机器频繁出错，梁孟铎副台长要求150机值班人员，每隔1小时给动力科的空调运行值班人员打电话，报告150机机房的温湿度实况，以便随时加大风力，调整湿度，但收效甚微。这一问题直到动力科年度空调维护大检查时才解决，原来是空调送风风道内的消防门关闭造成的。

三、改造及完善

150机出厂时就存在许多先天不足，从磁带存储设备、内存储器，到交换器、外部设备，几乎天天出问题，影响了用户使用。自1979年起，电信台领导就考虑改造问题。1979年安排成立了配接日立磁带机小组，为150机配接2台日立磁带机，解决磁带资料对外交换和磁带存储设备工作不稳定问题，由洪文董、季京英、周福岭等人实施，电信台主任工程师王世昌负责技术指导、把关。1982年，安排成立了内存改造小组，实施内存改造，把内存由磁芯存储器改造成MOS存储器，由赵西峰、姚发祥、高华云、余永泉四人实施。经过近4年的努力，通过对磁带存储器、内存储器，到交换器、外部设备的技术改造，150机的性能大大提高，达到了可用状态。

1. 内存储器改造

150 机内存采用的是磁芯存储器，有 4 个机柜和 2 个电源柜，机器没有校错功能。从几年的运行情况看，稳定性差，维修工作量大，几乎每隔 4～5 个小时就出错。而且可靠性也存在问题，经常出现同一题目复算不等的问题（例如算 200 阶方程考机题时，一是很少顺利通过，二是算出的结果经常不相等），已到了必须解决的地步。1982 年 5 月实施 150 机内存技术改造，将磁芯体改换成 MOS 存储器，北京气象中心批款 20 万元。本着节省开支、锻炼人员的原则，采取了自己设计图纸，自己采购元器件，机柜及插件生产外包，自己进行调试的做法，同时聘请了北京大学的张兴华老师做技术顾问。张老师是 150 机内存储器的设计师，刚刚为地质部的 150 机完成了内存改造，效果很好，基本解决了内存频繁出错问题。改造从 1982 年 8 月开始，经过大家一年的努力，到 1983 年 8 月完成了磁芯存储器全部改成 MOS 存储器的工作。

该项改造工程开支为 6.7 万元。改造过程中没有全部停机，基本上保障两个存储体供用户使用。改造后的 MOS 存储器稳定性、可靠性大大提高，据 1984 年 3 月考机统计，连续运行 150 小时未出错。

内存改造彻底解决了复算不等的问题，以前一个要运算 4 小时的 200 阶方程考机题很难通过，后来变成要运算 17 小时 300 阶的，不但顺利通过，而且每次算出的结果均相等。改造后的内存，体积变小，机柜由 6 个减少到 1 个；耗电减少，400 赫兹电源由原来的 3.6 千瓦减少到 0.24 千瓦；故障减少且便于维护，平均无故障工作时间达到 150 小时以上。

2. 磁带存储器改造

此项改造的主要目的是为 150 机配接 2 台日立磁带机，解决存储资料对外交换和 150 机原配磁带机不能使用的问题。150 机原配的 8 台磁带机是呼和浩特电子仪器厂生产的，机械加工工艺粗糙，走带不稳，先天不足。错码率很高，8 台磁带机之间互换性差，记录的磁带对外不能交换使用。

为 150 机配接日立磁带机的改造工程是从 1979 年初实施的，采用自己设计、外包加工、自己调试的做法，经过两年半的努力，日立磁带机配接任务圆满完成，并于 1981 年 11 月投入使用。

配接日立磁带机的任务是设计、生产一个 150 机主机连接日本磁带机控制器的接口柜，取名 H 通道。H 通道接口柜设计的逻辑图纸 24 张，共用插件 119 块。工厂加工费 17.5 万元。

改造后的磁带存储器技术性能得到了极大提高，运行稳定、可靠，两年多时间里只出过 3 次故障。采用了半英寸磁带、两种记录密度（800BPI，1600BPI）。信息传输速率为 320 KB/s，比原来提高了 9 倍。有了互换性，在 150 机上记录的信息，拿到 M-170 机上可以使用，设备操作和维修都很方便。

3. 交换器改造

150 机交换器是主机连接各种外部设备的通道设备，由一个机柜构成，所使用的快存储体是磁芯结构的，配合磁芯体工作的插件达 170 块，并大都是由分立元件所构成，工作起来电流大，耗电多，易出故障，维修工作量大。改造工作于 1983 年 9 月实施，10 月就投入使用，连续半年未出过故障。改造工作主要是把磁芯体换成 MOS 存储器，使用了三菱 M5L2114 静态存储芯片。改造时未影响主机工作，用 11 块插件代替了一个由 107 块插件、一块分调面板和一个磁芯体组成的转动机架。整个改造只花了材料费 500 元。改造后的交换器存储器元件数量由原来的 8 种 3000 多个减少到 2 种 183 个，电源 6 种（±12V，+18V，+22V，+5V，+3V）变成了 1 种（+5V），耗电由 500 瓦减少到 50 瓦。

4. 外部设备改造

1982 年把宽行打印机的格式由 1 种增加到 4 种，以前只能每页打印 55 行，改造后可每页打印 44 行、60 行、110 行，任选。还请烟台无线电六厂对 4 台光电机进行了改装，更换了纸带导轮和光电桥，控制电路也进行了局部更新，使走带不稳、打纸带、出错率高的问题得到了解决。

四、使用及成果

150 机除了设备运行不稳定外，另外的问题是系统不通用，它的管理程序与现在的操作系统类似，但不可同日而语，功能简单。它的语言程序叫 BD-200 语言，类似于 FORTRAN、C 语言编译系统，语句及系统操作命令均是汉语拼音；BD-200 语言的语法结构类似于 FORTRAN 和 PASCAL 语言。符号程序是用汉语拼音编写的机器语言。使用人员上机时，要系统学习机器所配的语言和机器指令，到别的计算机上机，学会了的知识又用不上，致使用户上机没有积极性。

1979 年 7 月正式提供使用后，150 机主要用于计算台风路径客观预报、中、长期天气预报业务和科研。同时还向国家第二机械工业部九所、空军十所、水利电力部研究所、四川绵阳 029 基地、北京阜外医院和总参气象局等单位提供服务。

1981 年，曾为中国农业机械化服务总公司做农机市场预测的项目，提供了近半年的计算服务，从 2000 多份报表数据录入、编制预测程序做起，受到了好评。

1982 年 5 月，我国要用上海、福州、广州、汕头、海口、西沙、厦门、射阳、青岛、旅顺、杭州 11 个气象站 1961 年至 1977 年的探空和测风资料与美国进行资料交换，有 858 盘纸带资料需要转存到标准磁带上，150 机提供了优质服务，按时完成了转存任务。

五、完成使命

北京大学电子仪器厂生产的 150 计算机一共 4 台，到 1981 年就不再生产了，全部生产技术转移给哈尔滨电子仪器厂，计划由哈尔滨电子仪器厂继续生产，黑龙江省电子研究所负责软件再开发。1981—1983 年，黑龙江省电子研究所的刘伯文同志曾带领 4~5 名同志，在中央气象局常驻，使用我们的 150 机调试为 150 机配的 FORTRAN 编译程序，目的是想扩大 150 机的用户群。双方商定，我们提供调试机时，版权归他们，程序调好后我们可以使用，不付费用。1983年，FORTRAN编译程序基本编写、调试完成，经测试，技术性能介于FORTRAN-2和FORTRAN-4之间，兼容320计算机FORTRAN语言，运算速度比BD-200语言提高了2倍。但投入业务使用，还有一些问题需要解决。后来，国内没有用户订购150机，FORTRAN编译程序的事情也就不了了之。

1984年6月26日，北京气象中心副主任王世平主持的年度科技评奖活动结束，公布评奖结果并发奖金。机务一科的"150机与日立磁带系统接口设备H通道的研制"和"150机32K字×56位动态MOS存储器及128字×54位静态MOS存储器"项目，分别获得北京气象中心1983年度科技进步二等奖。两个项目共发奖金600元，经北京气象中心提取管理费4%、台部与业务科提取管理费4%、三个值班科提取6%后，剩下的516元发给了大家，最高得奖者50元，其他得奖者40元、35元、25元、15元、8元、5元不等。钱虽不多，大家还是很高兴的，重要的是有成就感。

1980年以来，M-170计算机一直运行得红红火火，这套1979年从日本日立公司引进安装的计算机设备，由于运算速度快（运算速度为100万次/秒），稳定性、可靠性、可用性好而受到用户欢迎，150机的一些用户也到M-170机那里抢机使用，致使150机的利用率越来越低。为了使150机能更好地发挥作用，1984年7月31日，国家气象局技术发展司司长吴贤纬主持召开了150机移交给北京市气象局的协商会。一时间给150机找到了一条出路。1984年10月16日，北京市气象局计算站的站长杨宝忠，带领6名年轻同志到机务一科进行接机培训，150机组的技术人员轮流讲授维护技术。培训工作临近结束时，得到了北京市气象局放弃接收150机的信息。

1985年7月17日，在150机已没有用户使用的情况下，经上级领导批准，暂时关机。

1986年12月25日，国家计划委员会以计农〔1986〕2589号文批复同意在北京气象中心扩建中期数值天气预报业务系统工程。北京气象中心指示进行150机处理工作，经国家气象局批准，1987年2月9日，150机的全部设备运走，赠送给中国少年儿童活动中心作展示之用。至此，150机完成了它的历史使命。

记得150机组成立不久，上级领导曾经讲过，150机组是培养人才的好地方。事实证明的确如此，几十年后，当初150机组的30多人中，出了2名司局级干部、2名正研级高工、近10名处级干部，多数人都获得了高级职称。在后来不同的岗位上，150机组的同志们为我国的气象事业做出了重大贡献。另外，当时西方国家对中国的高技术出口是严格控制的，没有150机，西方的巴黎统筹委员会绝对不会同意M-170机进入中国。因此，当我们想起M-170机的时候，切莫忘记国产的150机。

回忆 20 世纪 90 年代的高性能计算机系统建设

(赵西峰)

一、CRAY C92 巨型机的引进

1. 引进背景

20 世纪 80 年代前期,我国中期数值天气预报业务系统建设的目标是:建立以巨型计算机、大型计算机、高速局域网、新的气象通信系统为平台的资料加工、图形图像输入输出、专用数据库系统,制作 5～7 天的中期数值天气预报产品,开展 5 天的天气预报业务,从资料收集、分析、模式计算、预报结果后处理、产品分发,全部实现自动化。其中,巨型计算机是整个系统的计算核心,大型计算机是巨型计算机的前端机,大型机除了为巨型机作输入输出工作外也可独立做计算工作。起初,巨型计算机部分曾计划引进美国的 CRAY 机,但由于美国政府的出口限制,短时间内难以实现,加上国内已研制出每秒运算 1 亿次的银河 – Ⅰ 巨型机,国家因此决定巨型机立足国内解决。

银河 – Ⅰ 巨型机能否满足计算需求,大家心里无底。依照上级指示,国家气象中心从事系统设计和建设的姚奇文、皇甫雪官、杨学盛等人进行了可行性研究和测试,并在 M–170 计算机上进行了比较测试,认为银河 – Ⅰ 巨型机的标量计算能力仅是 M–170 计算机的 3 倍,不满足数值预报模式标量运算的需求。因此,国家气象局建议国防科技大学重新研制满足中期数值天气预报计算需求的银河 – Ⅱ 型计算机,其中标量计算能力至少是 M–170 计

算机的10倍，经双方密切协商，国防科大采纳了国家气象局的建议，重新研制银河－Ⅱ巨型机，设计方案通过了1987年7月23日在北京远望楼召开的大型论证会的论证。论证会由国防科工委组织，国防科工委聂力副主任，国家气象局邹竞蒙局长，国防科技大学校长、著名计算机专家慈永贵，以及石油部、航天部、中科院、核工业部的专家，共计80多人出席；北京气象中心参会的有李泽椿主任、梁孟铎副主任，以及裘国庆、姚奇文、赵振纪、皇甫雪官、梁立明、赵西峰、洪文董等人。此后国防科技大学全力忙于银河－Ⅱ巨型机的研制，1992年11月19日，具有4个CPU的银河－Ⅱ巨型计算机系统研制完成，通过了国家鉴定，计算能力达到了每秒10亿次。

1993年上半年2个CPU的银河－Ⅱ巨型机安装完成，同年9月，完成了4个CPU的系统升级，T63数值预报模式在4个CPU系统上调试，取得了令人满意的效果，实现了运行T63L16模式制作5天的天气预报目标。同年10月14日，举行了"中国首台银河－Ⅱ巨型机中期数值天气预报新业务系统运行庆典"，至此中期数值预报系统投入业务运行。

但此时，能制作5天的天气预报已经落后于国外，像欧洲中期天气预报中心、美国的国家天气预报中心等都已制作10天的天气预报。我国也想制作10天的天气预报，然而银河－Ⅱ巨型机的计算能力远不能满足需求。因此，国家气象中心和中国气象局都寄希望于引进CRAY巨型机系统，把T63L16模式升级到T106L19模式，制作出10天的天气预报结果。

事实上，从1985年开始，北京气象中心就探讨CRAY巨型机引进问题，并与美国CRAY公司接触。因为当时欧洲中期天气预报中心和美国的国家天气预报中心采用的都是CRAY巨型机系统，我们的数值预报研究人员研究的数值预报模式也是在CRAY巨型机上运行的，若能引进CRAY巨型机，业务模式移植会很快，能很快上业务，设备也可很快发挥作用。

1992年10月，经国务院批准，国家气象局邹竞蒙局长率团访美，敦促美国政府各有关部门放松对中国气象局的高性能计算机出口，取得了积极的成果。老布什总统卸任前原则批准了此项出口，后来由于美国总统换届拖延了数月。

1993年10月，外交部刘华秋副部长在与美国国务卿克里斯托弗会谈中要求美方放松高性能计算机对华出口。在中美首脑西雅图会晤前不久，美驻华大使宣布美国同意CRAY-MP巨型机对中国气象局的出口。江泽民主席与克林顿总统会晤时也谈到这一问题。

1993年12月，经中国政府授权，中国气象局国家气象中心主任李泽椿在美国政府提出的巨型机安全条款上签字。该文件中明确规定了CRAY巨型机只能用于气象预报，不能用于任何如军事等非气象领域，并规定了包括CRAY公司雇员（必须是美国公民）现场监控和远程监控，以及在主机、系统控制台房间安装磁卡门锁，限制出入人员等一系列严密措施在内的技术手段。

1994年1月，美国政府批准了CRAY M92巨型机的出口许可证。

1994年3月底，中国气象局、中国仪器进出口总公司和美国CRAY公司正式签订了930万美元的引进巨型机合同。合同规定，由CRAY公司首先向中国气象局提供一套M92巨型机系统，在1994年底以前该系统升级到C92A单CPU系统，1995年再增加C92A的另一个CPU，M92机运回美国。

1994年4月，对外贸易经济合作部吴仪部长访美，也曾与美国商务部助理部长Sue.Eckert讨论了CRAY C92出口许可证问题。

1994年5月31日，美国政府批准了C92A单CPU系统的出口许可证。

2. 设备安装过程

在一切技术准备和有关的商务程序全部完成后，CRAY M92系统原定于1994年7月8日发货。但7月7日，CRAY公司接到美国政府指令，要求暂停M92系统的发运，原因是担心该巨型机会被用于军事目的。美国商务部助理部长于7月19日专门就暂停发货问题访问中国气象局时，邹竞蒙局长指出，美国政府这种做法是出尔反尔、节外生枝，对此不能理解，希望美国政府尽早取消这一禁令，使CRAY机早日交付中国气象局。

1994年8月2日，CRAY M92（2个CPU，主存1 GB，峰值速度667 MFLOPS）和前置机EL98（4个CPU，主存1 GB，峰值速度533 MFLOPS）设备运抵中国气象局国家气象中心机房，美国CRAY公司派出了十多人的硬件软件安装队伍，到现场拆箱、安装设备，大约用了2天的时间，设备就加电调试，8月15日投入了使用。

由于设备昂贵，又属于尖端技术产品，两国政府都很重视，中国气象局领导和国家气象中心领导更是十分重视。设备安装期间，中国气象局局长邹竞蒙和几位副局长亲临现场查看，国家气象中心主任李泽椿、副主任姚奇文亲临现场指挥，中国气象局机关、国家气象中心机关的有关领导也都不断地到现场提供支持，计算机室安排了四五十名技术人员在现场做配合工作，在供电、联网、设备搬运、设备开箱安装等方面提供技术支持。

1994年9月22日，单CPU的CRAY C92（主存1 GB，峰值速度1 GFLOPS）到货安装，替换8月2日安装的CRAY M92，M92装箱运回美国。10月8日C92交付使用。

1995年2月26日，CRAY C92的第二个CPU完成安装，2月27日提供使用。至此引进工作完成，花了10年时间，据说计算能力相当于美国国家气象中心巨型机（16个CPU）的1/8。

1996年3月，又购置了一台CRAY J90，用作磁带库服务器。

3. 日常运行维护

CRAY C92系统在中国使用受到了多方面的限制，系统的运行维护完全交给了美国CRAY公司。1994年8月，美国CRAY公司派2人到国家气象中心CRAY机房进行现场监控。1995年5月，美国CRAY公司宣布解除对中国气象局CRAY巨型机的监控。监控解除前，系统监控和运行维护，由美国人承担；监控解除后，2名CRAY公司的中国籍雇员（余杰、张振生）进行现场软硬件维护，并将每天系统运行记录信息传真给美方。

1994年引进的CRAY C92计算机，整机保修期限5年，1999年10月

7日期满。1996年3月引进的CRAY J90计算机，整机保修期限3年，1999年3月11日期满。

为了保障系统正常运行，美国CRAY公司在国家气象中心设立了备件库，备件库日常管理由中国仪器进出口总公司聘用的雇员负责。

4. 设备性能及使用情况

硬件最终配置：

CRAY C92：2个CPU，峰值速度2 GFLOPS，内存1024 MB，磁盘容量127 GB。

CRAY J90：4个CPU，峰值速度800 MFLOPS，内存512 MB，磁盘容量72 GB。

操作系统：C92：UNICOS9.0.2.4；J90：UNICOS9.0.2.1

1995年6月1日，第二代中期数值天气预报模式T63L16模式完成了移植工作，在C92上建成了业务预报系统。1997年6月1日，更高分辨率的全球中期数值预报模式T106L19在C92上投入业务运行，预报时效延长到10天，向省、市、地气象局发布的数值预报产品的水平分辨率由1.125°×1.125°提高到1°×1°。

在C92上运行的还有T63L16延伸预报、MTTP台风模式、HLAFS暴雨模式、HBFS华北暴雨模式、中尺度数值预报模式及部分科研等作业。C92的CPU利用率长期保持在90%以上，为中国中期数值气象预报业务的开展做出了重要贡献。

CRAY C92系统2005年停止使用。

二、IBM SP2并行机的引进

1. 引进背景

1994年前后，向量式运算巨型机的技术已发展到顶峰，并行计算机（MPP）经过多年的发展而日臻成熟，且性能价格比远远高于传统向量机。中国气象局密切关注着高性能计算机的技术发展方向，判断传统向量机的发展将受到局限，决定把逐步装备和应用大规模并行计算机作为气象部门高性能计算机应用的主要发展方向。因此，在引进高性能向量计算机的同时，从美国IBM公司引进了SP2并行机，用于气象应用研究和应用技术人才培养。

2. 设备安装过程

1994年12月，经过对各主要MPP生产厂商的设备技术性能、价格和发展潜力等因素反复比较、分析，与美国IBM公司签订了具有32个处理节点的SP2并行机购买合同（合同的总金额大约为200万美元）。1995年4月系统设备安装，6月初交付使用。1997年3月4日，磁盘由62GB扩充到156GB。

3. 设备性能及使用情况

SP2并行计算机的最终配置为：CPU数量32个（共32个结点，其中30个计算结点，2个宽结点，每个结点1个CPU）；内存容量为2176 MB（窄节点64 MB×30，宽节点128 MB×2）；磁盘容量为156 GB（外部盘27 GB，宽节点18 GB×2，窄节点3.1 GB×30）；采用的芯片为POWER2（66.7 MHZ，266 MFLOPS），每周期4个结果；峰值运算速度为8512 MFLOPS；操作系统为AIX；网络系统为：以太网，FDDI。

该系统主要用于国家气象中心和有关单位的并行气象应用软件研究开发，以及数值预报模式并行运行试验。1997年6月开始运行MM5、RAMS和集合预报三个模式，在香港回归等重大活动期间，提供了每小时一次的降水预报和其他数值预报产品。"1998长江特大洪水"期间，运行MM5和集合预报两个模式，为短期、短时降水天气预报提供了重要依据。

三、IBM SP（Nighthawk）并行机的引进

1. 引进背景

20世纪90年代后期，中国气象局和国家气象中心都一致认为需要尽快引进一套高性能的巨型机系统，以保障实时气象数值预报业务不中断。理由充分，实施思路清晰。

首先，引进的高性能巨型机能为实时数值天气预报业务建立备用系统。

1997年12月31日,国家气象中心的银河-Ⅱ巨型机报废,使数值预报业务失去了备份机。另外,运行数值预报业务的CRAY C92已使用了近5年,临近硬件故障高发期,一旦CRAY C92故障停机,数值预报业务运行将被迫停止。1998年时正值厄尔尼诺年,天气灾害频繁发生,抗洪救灾工作对气象预报提出了很高要求。为了确保实时数值天气预报业务不中断,补充高性能计算机资源的工作已成了当务之急。为此,中国气象局决定向国家申请资金,购买一台新的巨型机,以备实时天气预报业务急需。1998年6月6日上午,国务院副总理温家宝主持防汛抗旱总指挥部会议,在听取了中国气象局的工作汇报后,肯定了我国的气象服务工作为经济建设和社会发展做出了重要贡献,同意购置替代银河-Ⅱ的巨型计算机。

其次,引进的巨型机,下一步要由业务备用系统变成运行业务的主要系统。国外巨型机的使用寿命一般为五六年,到时因厂家不再提供技术支持和继续使用经济效益不合算等原因,都会对设备进行更新。国家气象中心的CRAY C92巨型机到1999年10月已满五年,预计再用二三年,其使用寿命将会终结。因此,新引进的巨型机投入业务使用后不久,将是运行T106、集合预报、有限区预报、台风预报等模式的主要计算机。

在引进哪种类型的计算机方面,也有基本的共识,认为买并行机比较好,可以推进我国气象领域使用并行计算技术。当时国外气象部门都在向使用并行计算机方向发展,主要原因是传统向量巨型机价格昂贵,而并行计算机则具有性能价格比高、计算能力完全满足用户需求的优点。引进并行机,可促使我国气象领域并行机的使用由试验阶段向业务应用阶段转变。

2. 实施过程

此项目1998年初实施时,中国气象局专门成立了实施小组,组长由颜宏副局长担任,成员有喻纪新、纪才汉,国家气象中心的裘国庆主任、施培量副主任以及皇甫雪官、赵西峰等人组成,国家气象中心主管此项目的领导是施培量,赵西峰作为国家气象中心计算机室主任受上级领导的指派具体组织实施此项目。在项目需求分析和技术市场调研方面,田浩、洪文董做了大量工作。1998年6月，中国气象局高性能计算机系统项目应用需求书编制完成。1998年7月，《引进数值天气预报业务用巨型机项目建议书》通过了天气司的审定。1999年2月12日，经激烈的比选，选择了IBM SP（Nighthawk）并行机，并与IBM（中国）公司签署了SP并行机购买合同，总合同金额为219.7万美元。IBM（中国）公司初次报价为560多万美元，据说为了竞争到此项目，美国总部表态不收管理费，由他们直接与工厂谈价格，最终他们报价为200万美元，使人感觉是超低价，合同中的19.7万美元是我们增加的其他设备。

1999年4月13日，SP并行机第一批设备（6个节点）到货，9月调试完成并验收。

由于美国政府对出口到中国的高性能计算机严格控制，1999年8月6日，美国驻华大使馆商务处官员白志伟（MARKBAYUK）到中心机房现场查看SP的安装场地。

1999年11月5日，温克刚局长代表中国气象局签署SP并行机仅用于非军事项目政府保证书，裘国庆代表国家气象中心签字。

1999年11月9日，美国政府批准了SP计算机对华出口，IBM（中国）公司于11月20日拿到了批件。当时美国对华计算机出口的CTP限制值为12300，中国气象局的SP（Nighthawk）的CTP值为31291.58。

1999年12月13日，SP（Nighthawk）第二批设备（6个节点）运抵北京机场，12月16日运到国家气象中心大楼。2000年1月8日，第二期设备安装完成、验收签字。

由于SP（Nighthawk）是新研制的设备，我们是头一个用户，设备运行不稳定，2000年5月12日，美国IBM公司工厂产品工程师来机房，更换了10个计算结点的所有插件。自此，设备运行稳定。

2000年8—9月，国家气象中心派田浩、宗翔、孙婧、张小缨、李娟等6名技术人员赴美国IBM公司进行了系统维护培训。

3. 设备性能及使用情况

SP（Nighthawk）并行计算机的设备性能

名 称	数 量	说 明
节点数	12 个	其中计算节点 10 个，I/O 节点 2 个
计算节点 CPU 数目	80 个	POWER3 芯片，222 MHZ，
I/O 节点 CPU 数目	8 个	PowerPC 604e， 332 MHZ，
峰值运算速度	71.04 GFLOPS	按 80 个 CPU，每周期 4 个结果计算
计算节点内存总容量	24 GB	4 GB×2+2 GB×8
I/O 节点内存总容量	2 GB	1 GB×2
外部磁盘容量	327.6 GB	9.1 GB×36
计算节点磁盘总容量	182 GB	9.1 GB×2×10
I/O 节点磁盘总容量	18.2 GB	9.1 GB×2
FDDI 网络接口	4 个	SysKonnect SK-NET FDDI-LP DAS（PCI）
快速以太网接口	4 个	10/100 Mbps Ethernet PCI 接口
ATM 网接口	12 个	Turboways 155 PCI MMF ATM 接口
操作系统	—	AIX V4.3.3
并行环境及应用软件	1 套	PSSP V3.1.1，PE 并行环境 V2.4，XL HPF V1R4，Toolbox V2.2，GPFS V1.2，C V4.4，C++ V4，并行 ESSL V2.1，ESSL V3，HACMP V4.3，Loadleveler V2.1.0，XLF V6R1

SP（Nighthawk）并行机是 IBM 公司 1999 年推出的新产品，也是我国 1999 年从国外引进的运算速度最快的并行机，与 CRAY C92 巨型机按可比性能比较，计算能力提高了十多倍，内存容量提高了 11 倍，磁盘总容量提高了 3 倍，具有很强的处理能力。系统建成后，CRAY C92 上运行的各业务作业陆续向其机上移植，并用于 T213、集合预报、MM5 等模式调试及试验。为我国的实时天气数值预报的发展发挥了重要作用，同时培养了大批并行计算机应用人才。

结束语

随着具有 393 个物理节点、3304 颗 POWER4+ 处理器、总体计算能力约为 22.2 TFLOPS 的 IBM CLUSTER 1600 系统，2005 年在我们单位投入使用，SP2 及 SP（Nighthawk）并行机陆续被淘汰。但 SP2 及 SP（Nighthawk）并行机曾经有过的光辉仍保留在我们的脑海中。当时承担日常维护工作的是计算机室巨型机科的同志们，科长李泽梅，副科长宗翔，他们为 SP 系统的建设、维护做出了重大贡献。

余永泉

1951年出生，1976年毕业于浙江大学计算机技术专业，同年到中国气象局工作，1995年受聘为高级工程师。主持了国产DJS-150计算机交换机分立元件改装集成电路的工作；参与了中国气象局赛伯大型计算机的引进与运维；局因特网的建设与管理；IBM巨型计算机的引进与管理等工作。2011年退休后受聘为济南市气象局顾问。

高性能计算机与存储系统

国家气象中心承担着全国范围的天气预报、数值天气预报、气候资料加工处理和国内国际气象通信等重要业务，这些业务的开展都与计算机有着密切的关系。

20世纪70年代起，北京气象中心开始使用电子计算机，开展气候资料加工处理业务工作。党的十一届三中全会以后，高性能计算机的引进和网络环境的建设取得了很大的进展，在气象业务现代化建设中发挥了重要作用。

一、装备DJS系列计算机，从事中、长期天气预报及提高气候资料处理能力

1970年10月，北京气象中心气候资料室安装了2台DJS-C2晶体管计算机，简称111计算机。111计算机运算速度2万次/秒。1973年9月，又安装了DJS-8计算机，简称320计算机。320计算机由晶体管分立元件组成，采用磁芯存储器，内存384KB，运算速度提高到30万次/秒。主机有6个机柜，外设由6台磁带机柜、3台磁鼓、2台打印机组成。1979年对320计算

机内存进行了扩充,其容量增加了一倍,达到 768 KB。这三台计算机担负高空气象资料处理、中国地面气象年鉴、月报资料出版、全球实时气象资料、国内地面信息化处理等任务。改变了原来气候资料整编中采用电磁式卡片分析,计算机仅能进行简单加、减、乘、除的机械加工处理方法,使气候资料信息化处理能力大大提高。为了充分发挥计算机的利用率,还经常安排各省、市气象台人员用机。320 计算机服役期长达 14 年,于 1987 年 1 月退役。

1978 年上半年,北京大学电子仪器厂生产的 DJS–11 计算机,简称 150–3 计算机,在北京气象中心安装,1979 年 7 月正式提供使用。150–3 计算机的主机采用 TTL 小规模集成电路元件,速度为 100 万次/秒,内存为 768 KB 的磁芯存储器,8 台带速 2 米/秒的磁带机,4 台打印机,2 台 XY 绘图仪。150–3 计算机主要用于中、长期天气预报业务和科研服务。1987 年 1 月,150–3 计算机退役。

二、中小型计算机的应用是国家气象中心业务现代化建设的新起点

为了加速气象事业的发展,提高全球气象通信快速收集、交换和处理能力,1973 年,经周恩来总理批准,建设现代化的北京气象通信枢纽工程(简称 BQS 系统),1978 年 4 月,从日本日立公司引进安装了两台 M–160 Ⅱ 和一台 M–170 计算机及相关的设备。M–160 Ⅱ 计算机用于建设北京气象中心计算机通信自动化系统。1980 年 1 月系统正式投入业务运行后,使当时北京气象通信枢纽一跃成为世界天气监视网中技术水平先进的气象通信枢纽之一。M–170 计算机比 M–160 Ⅱ 计算机运算速度更快,它是我国 20 世纪 80 年代初运算速度最快的计算机。1980 年 1 月,数值预报三层原始方程模式 A 模式(欧亚区域模式)开始在 M–170 机上试运行,提交一个作业花费 CPU 时间仅需要 8 分钟,而在 104 国产电子计算机上运行同样的作业则要运行 2 个多小时,由此可见,计算机的性能对提高数值天气预报的时效有着极其重要的作用。1982 年 2 月,短期数值天气预报模式 B 模式(亚洲区域模式)在

M-170上投入业务运行，同时还建成了MOS预报系统，定时向省、市气象台发布24—36小时降水预报产品。

在M-160Ⅱ和M-170计算机上建立的气象通信系统和短期数值天气预报业务系统，开创了国家气象中心业务现代化建设的新局面，也为我国开展中期数值天气预报的研究和业务化奠定了基础。1991年11月，新一代气象数据通信系统建成后，服役期长达12年之久的M-160Ⅱ和M-170计算机光荣退役。

利用计算机对气候资料加工处理速度快、功能强，能更加方便地为用户提供各种气象情报服务。BQS系统建成后，原来由人工收集、保存在纸带上的各种气象电报的原始报文被取消，全球范围的气象交换实时资料全部记录在磁带上，定期由气候资料室进行气象资料的分类和再加工。1984年从日本富士通公司引进了M-360计算机，它是一个多用户的分时系统，其用户视频终端提供非常友好的用户界面，调试程序、提交作业、数据和图形输出功能都有新的发展，比日立M-160/170系统上调试程序时输入主要靠卡片，输出只能看打印结果的方式有了很大进步。该系统包含了多种外部设备，如纸带机、九轨磁带机、数字化仪、用户视频终端和宽行激光打印机等，M-360计算机承担了对实时气象资料库送来的气象资料和国内地面、高空、日射资料的处理、存档等任务外，还建立了实时、非实时各种数据资料的磁带资料库检索系统库。

三、大型计算机为我国建立中期数值天气预报业务系统奠定基础

"七五"期间，中期数值天气预报被列为国家重点建设工程项目，此项工程的内容包括建设中期数值天气预报的业务系统所需要的高性能计算机系统（巨型机及其前端大型机）和用于气象通信、数据库的小型计算机系统。为了解先进国家中期数值天气预报业务建设情况，1983年10月8—24日，以国家气象局副局长章基嘉为团长的考察团在欧洲中期数值天气预报中心、英国气象局进行实地考察。回国后，由北京气象中心副主任李泽椿主持起草

了中期数值天气预报系统建设方案，几经反复，该方案于1984年5月得到国家计划委员会批准，1986年2月，国务院电子振兴办组织论证会，系统设计方案得到认可。1988年9月27日，北京气象中心主任李泽椿和美国CDC公司中国分公司林国本总经理签订了引进两台CYBER大型机和一套高速局域网设备的合同。

1. 改造M-360计算机，为中期数值预报模式运行作准备

在CYBER大型计算机未引进之前，北京气象中心就积极为中期数值天气预报模式的运行创造条件，1988年，首先对M-360进行了升级，增加了一个CPU，并扩充了磁盘子系统。随后又解决了通信机（M-160机）和M-360机之间实时资料的数据传输问题；数控室的同志把中期数值天气预报模式（简称T42L9模式）的北半球简化模式在M-360机上反复调试，我国第一代中期数值天气预报模式首先成功地在M-360上进行准业务运行，这为今后我国中期数值天气预报系统的业务化积累了丰富经验，也赢得了宝贵的时间。

2. 引进CYBER大型计算机，建立第一代中期数值天气预报业务系统

1989年1月，以北京气象中心主任李泽椿为领队的43名技术人员去美国CDC公司培训，学习CYBER系列计算机、LCN和CDC net网络设备结构和维护技术，操作系统、语言、开发工具以及外部设备（绘图机、硬拷贝、磁盘机、磁带机和工作站等）技术。同年9月20日，第一批设备CYBER962计算机和LCN网络设备运抵国家气象局，1990年初，开始安装调试，2月22日，CYBER962和部分外部设备投入试运行。1991年第二季度，当时属于世界上大型机中最高性能的CYBER992机交付使用，参见国家气象中心计算机性能表。

CYBER计算机和LCN网络的安装，为T42L9中期数值天气预报业务提供了良好的计算机运行环境，从此，正式建成了我国第一代中期数值天气预报业务系统。1991年6月15日开始，T42L9模式和有限区HLAFS降水模式的数值预报产品发向省、市气象局，对天气形势预报起到指导作用。

四、巨型计算机为多种数值天气预报模式的业务化创造条件

1. 在巨型机银河-Ⅱ和CRAY上建立T63L16中期数值天气预报业务

数值天气预报业务系统的发展在很大程度上依赖高性能计算机的发展，特别是中期数值天气预报要求计算的范围大（全球）、分辨率高、积分时间长，物理过程参数化描述更加复杂，第二代中期数值天气预报模式（T63L16与T106L19）只有在巨型计算机上运行才能制作全球10天的预报产品。当时，国家气象中心面临着是引进先进的CRAY-Ⅰ巨型机还是采用国产的银河-Ⅰ机的选择。为了解银河-Ⅰ机的性能，数值预报人员九次赴长沙进行模式试算和机器软、硬件性能测试。测算结果表明：全向量题目，银河-Ⅰ的速度是CRAY-Ⅰ的1/5，经过专家人工改造优化后，速度可提高到CRAY-Ⅰ的1/2，混合性题目，银河-Ⅰ的平均速度是CRAY-Ⅰ的1/10。在银河-Ⅰ上运行T63L16模式需要50个小时才能得到模式运算结果，这种运算速度不能满足实时天气预报要求。此后，北京气象中心和国防科技大学计算机研究所进行了一年半的技术谈判，为提高银河机的技术性能，满足中期数值天气预报要求，国防科技大学将研制银河-Ⅱ计算机系统。1988年3月12日，北京气象中心与国防科技大学签订了购买一个CPU的银河-Ⅱ计算机系统合同。后据银河-Ⅱ研制的情况判断，1个CPU不能满足中期数值天气预报的要求，在国家计划委员会给予的经费支持下，1992年4月，由一个CPU升级为2个CPU。1993年7月，由2个CPU升级为4个CPU，并要求对方完成资料同化系统移植和开发。1993年2月13日，银河-Ⅱ巨型机开始在中心安装、调试。业务应用的核心技术是解决银河-Ⅱ同CYBER962、992大型机的连接。硬件上解决同CYBER机的智能外围通道的连接；软件上要在CYBER机操作系统中开发输入、输出驱动管理程序，并同银河-Ⅱ上相应的输入、输出管理程序连通。

国家气象中心计算机系统性能一览表

计算机系统	安装时间	峰值速度	CPU数	内存/磁盘	主要用途
111机	1970年10月	2万次/秒	1	32 K	气候资料处理
320机	1973年9月	30万次/秒	1	768 K	气候资料处理
150机	1978年7月	100万次/秒	1	768 K	中期预报
M-160 Ⅱ（2sets）	1978年7月	0.4 MIPS	1	2 MB/1.2 GB	气象通信
M-170	1978年7月	1 MIPS	1	4 MB/2.1 GB	短期数值预报
M-360	1985年2月 1988年8月	7 MIPS	1 2	16 MB/10 GB	气候资料处理、中期数值预报试验
TJ2220	1987年10月	0.5 MIPS	1	13 MB	接收国外传真
VAX6320 VAX6340	1990年1月 1996年6月	7.5 MIPS	2 4	64 MB/14.5 G 64 MB/14.5 G	实时资料库图、预报前处理、传真
NCI2780（3sets）	1990年2月/1	15.2 MIPS	1	8 MB/20 GB	气象通信计算机
MIRA（4sets）	1990年1月	1 MIPS	1	13 MB/2 GB	气象通信前置机
VAX Ⅱ	1992年11月	0.9 MIPS	1	32 MB/1 GB	VAX4200备份机
VAX4200	1994年5月	3.5 MIPS	1	64 MB/1 GB	气象传输及各区域中心远程调用传真
CYBER962	1990年2月	3.6 MIPS	1	64 MB/27.6 GB	中期数值预报、图形处理
CYBER992	1991年6月/1999年4月	14.8 MIPS	1	64 MB/36 GB	中期数值预报
YH-2	1993年10月/1999年4月	34.6 MIPS	4	256 MB/32 GB	中期数值预报T63L16等
VAX6410 VAX6430	1994年7月 1996年7月	7 MIPS 21 MIPS	1 3	64 MB/14.5 G 64 MB/14.5 G	VAX6340的备份机
CRAY EL98	1994年8月/	533 MFLOPS	4	1 GB/27 GB	CRAY-C92前置机
CRAY C92	1994年9月 1995年1月	2000 MFLOPS	1 2	1 GB/127 GB	T106L19和台风暴雨等模式
IBM SP2	1995年4月	8.4 GFLOPS	32	128 M*2+64 M*30/156 GB	并行软件开发、MM5等模式试验
CRAY J90	1996年2月	800 MFLOPS	4	512 MB/72 GB	资料处理
ALPHA1000（2sets）	1997年10月	150 MIPS*2	2	128 MB/20.7 GB	气象通信
ALPHA4000（2sets）	1997年10月	200 MIPS*2	2	512 MB/37.2 GB	气象资料库
曙光1000A	1998年10月	3.2 GFLOPS	9	256 MB*9/2 GB*9	气候模式
IBM SP	1999年4月	6.4 GFLOPS	16	6 GB/391 GB	T213等模式

注：① MIPS（每秒百万条指令） ② MFLOPSFLOPS（每秒百万次浮点运算） ③ MB（兆字节） ④ GB（10亿字节）

银河 – Ⅱ 是共享主存的向量并行计算机，采用专有操作系统 YHOS，支持批量作业方式，有一个 I/O 处理机，通过专用通道与前端机（两台 CYBER）相连，间接使用银河 – Ⅱ 巨型机。

1993 年 10 月 14 日，国家气象中心第二代中期数值天气预报模式（T63L16）在银河 – Ⅱ 构成的计算机系统上运行，为此特别召开了庆典表彰大会，国务院副总理邹家华和世界气象组织主席团部分成员参加了大会，高度赞扬国家气象中心和国防科技大学的科技人员在巨型计算机的研制开发和应用中勇于攀登、勇于奉献，能吃苦、敢拼搏的献身精神。

银河 – Ⅱ 在国家气象中心的安装和使用，结束了我国气象部门没有巨型计算机的历史，为后来打破西方国家对我国在计算机技术上的封锁创造了有利条件，使我国中期数值天气预报跻身于世界上少数能制作中期数值天气预报国家的先进行列。

中期数值天气预报业务建设一直受到国家和政府部门的高度重视与支持。为进一步提高数值预报的准确率和延长预报时效，国家气象中心决定将 T63L16 模式升级到 T106L19 模式，使预报时效延长到 10 天。1994 年 3 月 28 日，以银河 – Ⅱ 巨型计算机为基础，国家气象中心与美国 CRAY 公司签约购买 CRAY 系列巨型机。作为 CRAY C92 系统到货前的过渡系统，CRAY 公司将先提供一套峰值性能为 667MFLOPS 的双 CPU 的 Y–MP M92 巨型机，一套峰值性能为 533 MFLOPS 的 4 CPU Y–MP EL98。8 月 22 日，CRAY M92 和 EL 98/4 在国家气象中心安装，一周后机器开始正常运行。1994 年 9 月下旬，CRAY C92 单 CPU 系统到货。10 月上旬正式交付使用。1995 年 2 月 28 日，CRAY C92 巨型机升级为双 CPU 系统，同年 6 月 1 日，第二代中期数值天气预报模式（T63L16 模式）完成了移植工作，在 VAX–CRAY EL98–C92 建成了业务预报系统，VAX–CYBER–YH2 上运行的 T63L16 模式作为业务的备份系统，这两套系统互为备份，保证中期数值预报产品正常地对外发布。

2. 巨型机 C92 扩盘和 J90 引进，为多种数值天气预报模式的业务化提供良好的运行环境

随着 C92 承担的业务和开发作业越来越多，40GB 的磁盘空间开始紧张，不能满足业务上需要。为了支持 T106 中期数值天气预报业务系统和其他开发工作，更好地发挥 C92 的潜能，1996 年初对 C92 的磁盘子系统进行了扩充，增加了一个输入输出处理机（原来有一个），磁盘空间在原有基础上增加了 86GB。CRAY C92 和 EL98 均采用符合 UNIX 标准的 UNICOS 操作系统，配有 FORTRAN77，FORTRAN90 和 C 语言，及基于 X 窗口的程序调试和性能分析等工具软件。C92 与 EL98 之间通过高速通道相连，其上运行 TCP/IP 协议。在 CRAY C92 扩盘的同时，还购进了 CRAY J90 系统。CRAY J90 系统具有四个 CPU 和 512MB 的内存，其峰值运算速度达每秒 8 亿次浮点运算（800 MFLOPS），配备 8 个 DD-6S 磁盘，共约 72GB 的容量。通过以太网（10 Mbit/s）和 FDDI（100 Mbit/s）与 NMC 局域网和 CRAY C92 巨型机连接。CRAY J90 承担了 T106 和 T63 模式、暴雨数值预报模式、华北暴雨数值模式、中尺度数值预报模式和台风数值预报模式所有数值预报业务的场库入库任务；候、旬、月业务、数值预报产品的归档和检验业务、气象台历史图资料、MICAPS 图形的处理资料及部分科研任务。而自动磁带库文件服务器为 CRAY C92 业务主机提供虚拟的（DMF 和 NFS）磁盘空间。

1997 年 6 月 1 日，更高分辨率的 T106L19 模式在 CRAY C92 巨型机投入业务运行，预报时效延长到 10 天，利用卫星气象信息网络传输系统，向省、市、地气象局发布数值预报产品的水平分辨率由 1.125°×1.125° 提高到 1°×1°。

在 CRAY C92 巨型机上运行的主要数值预报业务还有：全球中期数值天气预报模式 T63L16 延伸预报、台风模式、暴雨模式、华北暴雨模式、中尺度数值天气预报模式及部分科研任务。CRAY C92 的 CPU 利用率长期保持在 90% 以上，系统超负荷运行。

CRAY EL98 承担了 T106、T63 等部分数值预报业务的场库入库任务（供国家气候中心的业务和科研工作使用）、短期气候预测准业务系统、短期气候预测模式、月动力延伸预报模式和简单海气耦合模式等大量的科研任务。

3. 大规模并行计算机的安装，为天气预报业务建立更好的运行环境

国家气象中心在引进高性能向量计算机的同时，密切关注代表未来高性能计算机发展方向的大规模并行计算机（MPP）技术。经过对各主要 MPP 生产厂商的技术、性能价格比和发展潜力等因素进行反复比较、分析，1994 年 12 月与美国 IBM 公司签订 SP2 并行机购买合同。1995 年 4 月，SP2 系统在国家气象中心安装，同年 6 月初交付使用。

SP2 并行计算机有 32 个处理结点，每个结点包含一个 32 位字长的 Power 2 处理芯片，其峰值性能高达 266 MFLOPS。结点采用成熟的 RS/6000 工作站技术。结点之间通过 IBM 专门设计的高性能交换开关（HPS）互联，任意两结点间的数据传输理论速率是 40 M/S。SP2 运行 AIX（UNIX）操作系统，配有 FORTRAN77、C++ 语言和支持并行程序开发的系统软件。1997 年 3 月 4 日，SP2 AIX 操作系统由 3.2.1 升级为 4.1.5，磁盘由 62 GB 扩充到 156 GB。

1998 年 10 月 27 日，中国气象局与曙光信息产业有限公司就购买曙光 1000A 并行计算机系统签订了合同。曙光 1000A 由 9 个节点组成，其中 8 个为运算节点，一个为系统监控节点。它是分布式内存结构的并行机，每个节点有 256 MB 的内存、1 MB 的高速缓存、2 GB 磁盘容量、一个高速以太网接口。单节点的峰值运算速度为 400 MFLOPS。曙光 1000A 采用 AIX（4.2）操作系统，配备了 FORTRAN、C、C++、Jave 等程序语言和 PVM、MPI 并行编辑环境。支持 Aracle、Informix、Sybase、DB2 等数据库管理系统。

曙光 1000A 还配置了 2 台曙光天演 UNIX 工作站，2 台曙光天阔 NT 服务器，全部设备于 1998 年 11 月 13 日到齐。曙光 1000A 并行计算机上主要运行气候中心的短期气候预测业务。

1999年2月12日，中国气象局与IBM公司签订了购买IBM SP并行机的合同。4月13日，IBM SP高性能计算机第一期设备到货，这期设备为两个I/O节点（共有4个控制CPU），四个运算节点（共有8个CPU），300 GB磁盘，一台F40主机控制台（CWS），二台43P工作站，系统软件及其他相应设备。5月15日，完成了设备的安装、调试工作，5月16日，开始移植T213L19、MM5和集合预报模式，进行试运行。

1999年12月22日11时，国防科技大学提供的银河－Ⅲ高性能计算机设备到货，22当日下午，所有设备安全运至机房，到晚上12时，完成了硬件设备的安装，并进行加电试验。12月23日上午，进行网络连接和控制台就位。计算机室在CB3500交换机上单独为银河－Ⅲ开通了一个VLAN和两个100 MB的端口，供其接入中心局域网。12月24日，银河－Ⅲ运行硬件检测程序，进行了考机，完成了银河－Ⅲ远程诊断系统（从长沙远程拨号）和安全报警系统的调试，在机上安装了NPB2.3检测程序。

12月26日，在银河－Ⅲ上运行T106系统全球客观分析与预报模式，并进行15千米分辨率的MM5（6小时预报）模式的安装与调试；两个系统均分配在16个节点上运行。12月27日，数控室和国防科技大学应用软件人员一起，讨论了在银河－Ⅲ上建立T106L19全球中期数值天气预报业务备份系统事宜。

12月27—28日上午，国防科技大学的技术人员为计算机室、数控室和气候中心有关技术人员进行了银河－Ⅲ操作系统、硬件系统、系统应用、电源和安全监视系统的技术培训。

银河－Ⅲ计算机峰值运算速度为180亿次，17个CPU，其中16个结点用于运算，1个结点用于监控、管理；外挂100GB磁盘阵列（目前是34 GB）。

12月28日，国防科技大学计算机学院和国家气象中心签署了备忘录，国防科技大学计算机学院正式将银河－Ⅲ并行计算机系统移交国家气象中心使用，自2000年1月1日起，国家气象中心计算机室负责银河－Ⅲ系统的运行、管理和日常维护。国防科技大学计算机学院负责该系统的维修和技术支持。

1999 年 12 月 16 日 19:30，IBM SP 高性能计算机第二期设备到货，

SP 高性能并行计算机系统第二期设备有 10 个计算节点，每个节点 8 个 CPU；2 个 IOU 节点，每个节点 4 个 CPU；26 GB 内存，500 GB 外存，整机速度达 70 GFLOPS。该计算机系统使用 AIX 操作系统，具有 C、C++、HPF、FORTRAN、PE、ESSL、GPFS 等应用软件包。1 月 14 日，IBM SP 计算机第二期设备安装调试完成，计算机室有关技术人员和 IBM 公司人员加班加点，在系统调试中解决了 en0 节点接口不通和两个节点的主板报错问题。

SP 高性能并行计算机系统第二期设备有 SP01N05、SP01N09、SP01N013、SP02N01、SP02N05、SP02N09、SP02N013、SP03N01、SP03N05、SP03N09 共 10 个计算节点，每个节点 8 个 Power3 @222MHZ CPU，其中 SP01N05、SP01N09 有 4GB 内存，其他 8 个结点有 2GB 内存；有 SP01N01、SP01N03 SP01N03 共 2 个 IOU 节点，每个节点 4 个 PowerPC 604e+@332MHZ CPU，1 GB 内存；500GB 外存；整机速度达 70 GFLOPS。该计算机系统使用 AIX 操作系统，具有 C、C++、HPF、FORTRAN、PE、ESSL、GPFS、VSD、LOADLEVEL、XLF、MASS 等应用软件包。

国家气象信息中心拥有国内最先进的高性能计算机系统，由国产神威系列、曙光、银河计算机和引进的 IBM SP、IBM CLUSTER1600 系列并行计算机系统组成，其中 IBM CLUSTER1600 的计算能力就达到 21 万亿次浮点运算/秒。高性能计算机系统是各类天气、环境数值预报和短期气候预测业务的基础工具，同时也是气候变化研究、模式研发与改进等多项科研任务的主要计算平台。这些系统使我国能够在 2 小时内获取全球气象数据，在半小时之内收集加工全国的气象数据。

2000 年 7 月 25 日，经国家发展改革委员会批准，以国产神威 – Ⅰ 高性

能计算机为基础成立的北京高性能计算机应用中心面向社会开放使用，开启了中国气象局对外免费共享计算资源的新篇章。该系统理论计算能力达到3840亿次浮点运算/秒，是当时国内运算速度排名第一的国产高性能计算机。多年来，在满足气象应用的基础上，不断扩大面向社会的服务和技术支持，为石油、高等院校和科研院所等部门共80多个外部用户提供高性能计算资源的共享服务，取得了丰硕成果。例如：

国家气象中心32个样本的T106L19模式的集合数值天气预报系统，在国内其他任何计算机上，或无法计算，或无法赶上业务时效要求。使用神威计算机系统的264个PE、16个IOP做出集合预报产品，系统运行时间仅8小时，完全满足实际业务工作时效的要求，这不仅提高了气象中期预报的准确率和可信度，也标志着我国建立在自己高性能巨型计算机上的重大气象应用，跨入了世界先进行列。

中国气象局的中尺度模式MM5在神威机上建成了5千米分辨率的特殊气象保障数值预报系统，为国庆五十周年天安门阅兵、澳门回归、西昌气象卫星发射等特殊气象保障提供了前所未有的高分辨率中尺度降水数值预报产品。该系统已经建立自动化程度较高的预报流程，从数据接收、数据运算、数据处理到数据发送都摆脱了人工干涉；从1999年12月中旬开始，它每天中午准时运行，使用128PE进行3重高分辨率（5千米）计算。

2003年，中国石化股份有限公司运行的"复杂地质体波动方程深度成像软件系统"，取得了国际领先，国内首创的成果。

2004年9月引进的IBM CLUSTER1600系列高性能计算机是国家"九五"大中型建设项目"短期气候预测业务系统工程建设"的重要建设内容之一，是中国气象局的重大基础设施，该系统的建立大幅提升了我国气象业务系统的计算能力，使气象气候预测预报水平迈向了一个新台阶。该系统理论计算能力达到21.6万亿次浮点运算/秒，在当时世界高性能计算机能力排名中处于领先地位，提升了中国气象局整体计算能力。该系统满足了集合预报（EPS）

和更高分辨率的区域天气预报模式资源需求，是各类天气、环境数值预报和短期气候预测业务的基础工具、同时也是气候变化研究、模式研发与改进等多项科研任务的主要计算平台。

高性能的数据存储管理能力，强大的作业吞吐能力及先进的并行作业管理能力，使中国气象局的短期气候预测业务服务真正达到每天 24 小时、每周 7 天的工作能力。

2008 年，在高性能计算机系统上运行的更高分辨率、多尺度的新一代数值天气预报业务系统 T639L31 数值预报模式投入应用。它为奥运会提供全程、连续、滚动的天气预报，以及根据不同运动项目的要求，针对性地做好特殊气象服务，如风速、风向以及海浪预报等，以奥运会为契机积极拓展服务领域，实现由制作并发布单一的气象要素向制作并发布多领域的综合的地球环境要素预报的转变和跨越，逐步达到全程连续滚动的预报服务。因此我国气象部门将需要运算和存储能力更快更大的高性能计算机系统。

为充分、高效地利用国家气象信息中心当时所拥有的国内首屈一指的高性能计算资源，解决重复投资建设、高性能计算资源的分布不均匀和资源开放共享问题，国家气象信息中心作为科技部国家科技基础条件平台"十一五"重点项目"国家气象网络计算应用系统建设"的主要承担单位，联合多家协作单位，综合运用计算网格、Web、数据库等技术，依托国家气象信息中心已有的计算能力，进行计算资源的整合和气象模式的网格化应用及推广，构建一个气象领域内的高性能计算机管理与应用网络平台，解决气象部门国家级、地方单位的资源整合、共享、备份和管理等问题。该项目成功整合了分布在国家气象信息中心、广州区域气象中心、北京区域气象中心的不同体系架构及操作系统的高性能计算机系统，使总体聚合计算能力达到 25.84 万亿次浮点运算/秒，超过气象部门高性能计算资源的 50% 以上，总存储能力亦达 128.98 TB。基于此高性能计算机管理与应用网络平台，还建立了 MM5、GRAPES 区域模式系统，为武汉区域气象中心、青海省气象局、云南省气象局等部门内资源匮乏用户提供了业务水准的数值预报服务，为这些单位经受住 2006 年、2007 年汛期，2008 年初低温雨雪冰冻灾害考验提供了强有力的支持。2008 年，沈阳区域气象中心和成都区域气象中心的主要高性能计算机资源也被整合进来，开发 WRF 模式预报插件，建立北京奥运预报模式、安徽省气象台预报模式系统的业务备份系统并投入服务运行，为气象部门内更多区域气象中心和省份以及国内相关领域提供共享计算服务。

国家级气象资料存储检索系统（以下简称"存储系统"）是国家"九五"大中型建设项目"短期气候预测系统工程"的重要建设内容之一，是以多级海量存储设备、高性能服务器和光纤通道网络（SAN）为核心的数据管理与共享系统。

国家气象信息中心"存储系统"用于在线存储空间的 HP EVA5000 磁盘阵列，采用虚拟化存储技术，全 FC 结构，总容量为 64 TB。STK 9310 自动磁带库提供近线存储空间，应用于海量数据存储，可提供多用户同时快速访问和大容量的磁带近线存储。该磁带库容纳了 5500 盘磁带，配置了高效的双机械手以及 12 台高速磁带机，总容量为 740 TB。通过 EMC Legato 分级存储管理软件，在线存储空间和近线存储空间结合为一个有机的整体，为用户提供海量的存储空间。

作为多方位的、综合的、共享的大规模存储体系和国家级气象信息存储管理与共享服务的核心业务平台，"存储系统"承担着全国和全球各类气象及相关地球环境资料的收集、处理、存储、共享服务以及数据归档等实时业务，面向气象系统和全社会提供各种方式的基础气象信息共享服务。

"存储系统"的数据主要来源于国际通信系统，国内通信系统，各气象业务系统，Internet 系统，国内外相关部门之间的资料交换和汇交。这些数据经过"存储系统"的实时和非实时资料收集处理系统的处理，进入实时数据库和综合数据库，同时提取共享的数据导入对外共享数据库。通过实时数据库、综合数据库和对外共享数据库，实现对各类用户的气象资料检索应用服务。实时数据库主要针对实时气象业务系统，保存的资料范围和时段相对固定；综合数据库主要针对气象系统内的用户，管理所有的气象资料；对外共享数据库面向全社会提供气象资料共享服务。

同时，"存储系统"通过分级存储管理系统为高性能计算机系统的用户提供二级存储空间，为气象、气候数值预报模式和以卫星、多普勒雷达等为代表的新一代气象观测手段产出的海量数据提供了高效的存储与共享平台。

"存储系统"目前承担的主要工作有 ES40 实时数据库（Sybase）备份运行、实时数据库（Oracle）准业务运行、综合数据库试运行、对外共享数据库试运行、TIGGE 数据交换平台运行、气象资料的接收和存储、提供高性能计算机系统用户数据的二级存储空间等。每天收集的数据达到 500GB。

随着"存储系统"建设并逐步投入业务化运行，为气象事业信息化发展提供了重要的基础支撑。

刘越

转业军人，转业前在通信部队任有线通信工程师，1995年转业到中国气象局行政管理局电话总机工作。参与并负责了中国气象局电话总机的各项设备更换、扩容、升级改造等工程，主管机房设备运行维护工作。2013年退休。

我记忆里的中国气象局电话总机

在人人都拥有智能手机的今天，固定电话对于我们来说已是微不足道之物。但是，20世纪90年代中期，固定电话对于中国气象局的住户还是个宝。在通信不够发达的当时，气象局总机就更是落后了，在各部委局中可算是倒数一二名吧。电话交换机是纵横式机械设备，电话打出去还好，可以直接拨出（忙时经常占线），可要从中国气象局外打进来就需要电话总机话务员转接一次才行，如果要转的电话刚好占着线，那这次打进中国气象局里的电话就白打了，白花了一次电话费。由于北京市电话局的设备和线路有限，要装个直拨电话是又贵又难。话务员这个岗位在上班忙时要设三四个人，除了接转电话，还代挂长途、代传口信等，服务得非常周到，多次被评为先进集体。

当时各大部委局的电话总机设备都换成了程控电话交换机，中国气象局也启动了更换程控交换机设备的项目。当时的北京市电话局真的很"牛"，我们为了入网，还真是费了不少力。1997年12月，更换的程控交换机开始试运行了，虽然它只是一个用户程控交换机，不够理想，但还是根本上解决了打电话难和装电话难的问题。打进中国气象局里的电话再也不用人工转接了，话务员从三四个人减少到一个人，只负责查电话号码。

入网晚的唯一好处，就是赶上了入网降费。我们的程控交换机算是1998年1月正式运行的，于是从北京市电话局退回了140万元。这笔钱为铅皮电缆改造提供了经费。

提到铅皮电缆，就想起了当时电话的故障率。那时就怕下雨，不是混线，就是绝缘不良。为了核对电缆的分电箱盒，重建电缆资料，我们掀看了每个电缆管井，画出了管线图；摸遍了每个电话分线盒，我还在每个分线盒上留下了"墨宝"（写下了线序号），为后期的缆线割接和电缆改造打下了基础。电缆改造后，又逐步取消了空中飞线，不仅降低了电话故障率，还使得中国气象局大院的风貌焕然一新，这在当时的北京市内也算是先行了。

到了20世纪末及21世纪初，通信的发展速度越来越快，先是来电显示主叫号码，再是拨号上网，就这两项功能逼迫着我们不得不增加了中国气象局局用程控交换机。也就在这个时段，我们划转到了信息支持中心。

在手机的发展取代了寻呼机的时候，宽带网络走进了人们的生活。2003年闹"非典"前，我们就开始了依托电话线的宽带网络试运营，没想到疫情期间，中小学都停止到校学习，改为在家网上学习，从那时起，宽带用户迅速增加，而这次我们跟上了业务的发展。现在还记得"非典"期间，我们大家走进各家各户安装宽带的情景。

通信行业的发展之快，使得追逐者始终不能停滞。2004年由于机房搬迁，又有了一次更换程控交换机的机会，这次更换的是国产（中兴）的局用数字程控交换机。在那时，这个程控交换机各项功能都具备，这为我们后续的扩容和业务发展奠定了一定的基础。对于一个小小的中国气象局电话总机来说，要想发展，有着很大的局限性，无线手机的业务发展，势必将对我们产生影响。所以我们面向手机终端开展业务，开发了综合短信、电话会议和电话通知的综合通信系统，依托新一代网络电话，将电话用户扩容到远郊各气象部门。我们的各项业务的发展，不断满足着中国气象局内各种用户的不同需求，承揽了经各运营商到国内外的专线业务、局内外光缆业务等。尽管现在手机已普及，微信已充实了我们的信息沟通，但就电话语音通知这一功能，我们的离退休干部工作办公室现在还是离不开的。

取长补短。业务发展的局限性是我们的短处，而掌握最后一公里的资源，贴近服务用户则是我们的长处。我们坚持每年分别召开各业务部门及园区用户代表的座谈会，及时沟通情况，及时立项解决问题。我们的宽带业务就是依托现有的资源和贴身的服务，像滚雪球一样发展起来，在竞争中，没有输给对手。

再说一下与北京通信公司的关系，最早我们只与一家通信运营公司联网，是一种万事都求人的状态。而后期我们与多家运营商联网，使得我们的电话业务、宽带业务十分丰富，在各部委和事业单位中，从末尾变成了小有名气，引得不少单位同行来到我们机房，或参观学习，或共同探讨发展。当时也有人问：你们开发这么多业务，把自己搞得这么累，又没什么好处，图什么呀？我想图的就是不甘落后，追求发展，用勤补拙。为此，我们能无数次加班加点；能做到机房一个电话便赶到现场，不管是风雨夜还是除夕夜；能带着病痛按时保质保量完成骨干光缆的布设、熔接、验收和测试；能一个人在中国气象局机房和远端机房来回奔波，直到次日凌晨……

如今，我已退休多年，现在局里已实现了光缆入户，那么后期的发展，且看他人的介绍吧。

孙修贵

国家气象信息中心原副总工程师。20世纪七十年代初开始从事气象通信技术工作。参与了我国第一个气象传真广播——北京气象传真广播台的筹建、开通、业务运行、数字化技术改造等工作,为北京气象传真广播台的发展做出了贡献。本文描述的北京气象传真广播台的诞生、发展、壮大到28年后的关闭都参与其中,是这段历史的见证人。

为技术的发展与进步欢呼
——记新中国第一个气象传真广播台

北京气象传真广播(BAF)是新中国建立的第一个气象传真广播台,也是我国第一个用无线电短波方式广播气象图形、图表、图像的系统。北京气象传真广播台的建立填补了我国气象通信发展进程中的一项空白。

20世纪50—60年代,气象信息一直沿用气象电报的报文形式传递。随着气象事业的发展,单纯用电报的报文形式传递气象信息已不能满足业务的需要,于是传真技术引入了气象部门。气象传真比普通的文件传真幅面要大得多,有许多技术特性不同于文件传真。绘制好的天气图可以通过气象传真传送到远方的气象台,图形直观准确,速度快,对方收到就可以使用,受到了各国气象预报人员的欢迎。这种通信传输方式节省了人力和时间,减少了重复劳动。各国在20世纪50年代后期和60年代,相继建立了无线电气象传真广播台,用无线电播发气象传真图,为各地气象台和海上船只提供气象信息。我国的气象传真工作起步于20世纪60年代末期,当时全国只有为数不多的气象台引进了国外的气象传真接收机,接收国外播发的气象传真图形产品。这种能快速传输气象图形图表图像的通信方式,引起了当时我国中央气象局领导的高度重视,下决心立足国内研发气象传真设备。经过几年的努力,由上海有线电厂研发的气象传真机成功了。1972年底,当时的中央气象局就开始筹备建立我国自己的气象传真广播台,并把这一任务交给了当时的中央气象台通信队(也是现在国家气象信息中心前身之一)。筹备工作的困难是很大的。国内没有经验可借鉴,也得不到国外的技术资料。在设备条件上,我国自己研制的气象传真发送设备部分技术指标还达不到世界气象组织规定的标准。针对这些问题,技术人员采取了各种有效措施,并与北京电信局无线发射台进行了密切的合作,制定了一整套技术方案。1973年11月,进行了为期一个月的方案性试验,组织全国有气象传真接收设备的单位试收。试验后认真总结,广泛听取各接收台的意见,认真分析试验中的问题,提出了需要改进的技术措施,最终确定了我国气象传真广播的技术方案。

经过一年的努力,1974年10月1日,在新中国成立二十五周年的日子里,新中国第一个无线电短波气象传真广播台——北京气象传真广播台开播了,台名定为"北京气象传真广播",呼号为BAF。开播的那天,尽管技术人员事前对设备、线路做过多次详细检查,确保设备的正常运行,机房内的气氛能很紧张。在预定时间到来时,值班员按动了启动按钮,传真发片机的滚筒转起来了,气象传真信号通过遥控线送到了几十公里以外的无线电发射台,机房内早已调准频率的短波收信机里传出了清脆的传真信号,当大家看到传真收片机上徐徐印出了"VVV DE BAF BAF BAF 北京气象传真广播"字样的时候,大家欢呼起来,我们收到了自己发出的传真信号!中国中央气象台绘制的气象图通过无线电波传遍了祖国的山山水水,为各级气象预报部门送去了实时的预报指导产品,中国第一个无线电气象传真广播台诞生了。开台播发的当天,中央气象局副局长张乃召等领导来到了机房,观看我国自己播发的气象传真图,张副局长凝视着正在接收气象图片的传真收片机,一张传真天气图正从传真接收机中缓缓输出,他感慨地说:"这就是每毫米四条线的传真图。中国也有了自己的气象传真广播了,这是我过去想也不敢想的事。"

在当时,气象传真广播是一种新的通信方式,中央气象台收集的大量信息经过加工处理，绘制成各种气象图表，再通过传真广播发给各级气象部门，不但传输了图表的内容，也传递了图表的形式。这一新生事物给气象部门带来了生机，大大提高了各级气象部门业务能力。现在传真机已是办公使用的普通的设备，人人皆知，但20世纪70年代知道传真机的人寥寥无几，在那个时代，传真技术的应用就是高科技了。20世纪80年代初，国家气象局大力在各级气象部门推广传真、电传、单边带为主要内容的气象现代化建设。到20世纪80年代中期，气象传真已普及到全国各级气象部门，做到了县县有气象传真。经过不断地改进和发展，北京气象传真广播播发的内容也从最初的7张天气图增加到了上百张，内容越来越丰富，中央气象台的传真指导产品成为我国各级气象台站重要的天气预报工具，受到广大基层台站欢迎。

北京气象传真广播开播后，我们不断收到各地对传真广播信号质量的反馈，各地反应我们播发的传真图其线条的清晰度还不高。为了改进提高北京气象传真广播的播图质量，广大技术人员付出了艰辛的努力。短波传真广播在中国国内是首次，没有经验可借鉴，当时还是"文革"后期阶段，国外的技术和经验无法得到。广大技术人员以高度的责任心，认真学习短波传输理论，与当时的北京电信局无线发射台的技术人员共同探索提高发图质量的难题。从调制技术、天线覆盖、电波传输、频率选择、遥控线传输技术等各个环节进行实验研究。为实地了解无线电波传输对传真线条的影响，取得第一手测试资料，曾组织过两次大规模的调查，技术人员背上设备从新疆到广东、海南，从东北到中原和西南，从沿海到内陆，在无线电短波覆盖范围内的数十个地方测试验证气象传真信号的接收质量。技术人员的足迹踏遍祖国大地，为解决传真图线条的重影、拖影问题起到了积极作用。多年来，技术人员对北京气象传真广播的技术改进一天也没有停止过。它的每一点技术进步都凝结了广大技术人员的心血。多年来围绕气象传真广播而获得的科技进步奖有十多项。

经过不断的技术改进，北京气象传真广播达到了世界气象组织要求的技术标准。1977年10月，中央气象局正式向世界气象组织报告了北京气象传真广播的情况，并提供了该台的广播呼号、频率、发射功率、工作方式、广播时间和广播内容等有关技术资料。从此，北京气象传真广播成为世界天气监视网中无线气象传真广播台中的一员，担负起向中国国内和亚洲区域及途经中国沿海的各国商船提供气象传真天气图的光荣使命。

这里还有一个插曲，1987年中国东北大兴安岭发生森林大火，国家气象局卫星气象中心从收到的卫星云图中分析到大兴安岭森林火场的火线位置及火线移动动向，技术人员将这些信息绘制了一张非常直观的火情图，把这张图送上级领导部门，上级领导对这张图非常重视，提出能否将这张火情图直接送到火场前线指挥部及灭火人员手中，北京距大兴安岭森林火场有一千多公里，那时的通信条件无法将这张火情图实时传到火场前线指挥部。当时的电信台副台长梁孟铎找到我，问我能不能用无线广播的方式发这张火情图，我看了这张火情图说可以试试。卫星中心的同志很快按照播发传真图的要求修改了图片，我们即刻通过北京气象传真广播播发了大兴安岭的火情图，有关单位通知火场周边的气象站接收该图后火速送到火场前线指挥部。从黑龙江省气象局反馈的信息看，火场周边的气象站收到火情图立即送到了火场前线指挥部，指挥部及扑火官兵对这张图极为重视，他们复印多份分发各路扑火大军，有了此图即有了扑火的方向。此后，北京气象传真广播每天八次向林区灭火部队发送气象卫星观测的实时火情图，该图成为指挥扑灭森林大火的重要依据。此项工作坚持到大火扑灭。北京气象传真广播为扑灭1987年大兴安岭森林大火做出了贡献，受到了上级的表彰。

时代在发展，技术在进步。在国家"七五""八五"科技攻关课题的支持下，技术人员研制开发了计算机传真自动播发系统。1991年7月15日，告别了传统的在气象传真发片机上人工操作的发图方式，启用了计算机自动播发气象传真图片。计算机发图是由计算机汇聚各种气象信息，由程序在计算机内部完成气象传真图格式的制作并形成传真图文件，再根据气象传真节目表定时将计算机内的气象传真文件经传真接口电路输出后直接变为传真信号，送往无线发射台播发。大量的气象传真图表不必再由人工绘制，而由计算机自动成图，自动播发。这一技术的推进，省却了众多气象预报人员的手工填图、人工分析绘图等工作。出图快，时效高，产品丰富，图表线条标准清晰，播发时间准确。使原本北京气象传真广播台运行、维护队伍人数迅速减少。

北京气象传真广播改用计算机自动播发气象传真图是我国气象传真广播技术的一个飞跃。那时候北京气象传真广播，有八组无线电短波频率，总功率达五十多千瓦。广播时间每天约二十个小时，每天发图量近百张。全国有数千个气象台站每天接收北京气象传真广播播发的气象传真图表，气象传真图已成为各级气象预报人员不可或缺的预报工具。同时北京气象传真广播也为军队、民航机场、海洋海岛、渔业及大洋中航行的各国商船、国民经济各行业的专业气象台站提供了中央气象台的预报指导产品。

北京气象传真广播除了用无线电短波播发外，根据气象业务的发展需要，还通过有线电路、卫星电路与德国、俄罗斯、日本等建立了国家气象传真电路，每日定时交换气象传真资料。为了转发这些从国外专线获得的气象天气图，在国内有条件的地方，相继开通了有线气象传真专线电路，这样这些地方就可以接收到数量更多更清晰的气象传真图。

短波无线传真广播受电离层反射影响，在传输上有不可克服的缺陷，如多径效应、回波、反射、衰落等，表现在传真图片上就是线条模糊、重影、多影、线条断续等，这些问题影响了传输质量和传输速度。每张标准天气图需广播20分钟。数值天气预报产品的增多使气象传真图的广播变为传输瓶颈，为了打破这个瓶颈，技术人员开展了编码传真的研究，在国家"八五"科技攻关课题的支持下，完成了基于计算机软件方式的T4、T6两种气象图编解码软件。从20世纪90年代开始，随着计算机网络的发展，编码传真在气象业务中发挥了巨大的作用，各级气象台站通过有线电路获得了大量的压缩编码传真图，使原本传送一张天气图需要20分钟，变为仅需2～3分钟。有了编码传真图后，各级气象台站对无线气象传真广播的依赖性大大降低。但是，无线传真广播对边远地区、荒漠、海岛、远洋船只的服务作用依然存在。

20世纪末，通信及信息技术产生了飞跃的发展，芯片技术、光通信、卫星通信技术的发展和进步改变了通信和信息产业的面貌，对气象通信也产生了巨大影响。在9210工程的支持下，中国气象局建立了卫星气象数据广播系统，该系统以2Mbps的速率进行数据广播，接收误码率极低（每百万个BIT出现不到一个BIT的错码），它的传输容量是北京气象传真广播容量的400倍。全国建立了2400多个卫星数据单收站，做到了每个县级气象站都有卫星单收站，单收站的建立使各级气象台站获得了极其丰富的气象数据，其数据内容除涵盖北京气象传真广播的内容外，还有更丰富的数值预报、指导预报、卫星云图、探测资料等。卫星单收站已成为各级气象部门获得实时气象资料的主渠道。取代了北京气象传真广播对气象部门服务的地位。

　　20世纪末和21世纪初是互联网大发展的时期，现在不但在陆地上、房屋内、不移动的交通工具上可以加入互联网，在移动的物体上，如正在运行中的汽车、飞机、轮船上，都可以加入互联网获得各种信息，北京气象传真广播的各种气象图片，以图形文件的方式放进了国家气象中心网站，需要这方面资料的海上船只可以登陆登录该网站，获得比北京气象传真广播内容更丰富、时效更高的气象资料。

　　基于此，2002年9月30日，中国第一个无线电气象传真广播台——北京气象传真广播台，广播完最后一张气象传真图表，值班员随即关闭了承担传真图广播的计算机系统和附属设备。北京气象传真广播完成了它的历史使命，走完了它28年的光荣历程。

　　技术的发展进步，往往比我们预料的快。北京气象传真广播的历史作用是辉煌的，在那个时代为气象业务的发展起到了积极作用，将永载史册。那些为北京气象传真广播的技术进步、为传真广播日日夜夜平稳、正常运行的各个岗位工作人员所付出的辛勤努力将永远为人们称颂。

建设我国卫星气象数据广播系统的回忆

（孙修贵）

一、起因

20世纪90年代初，国家批准中国气象局建设全国卫星通信网，项目名称为"气象卫星综合应用业务系统"，因为是国家1992年10月批准立项，在气象系统内简称9210工程。该工程中其中一项建设内容是建立卫星气象数据广播系统。

已收集到的实时气象数据，能以最快的时效将其准确可靠地分发给各级气象台站，是气象通信人员的最大愿望。上百年来，气象通信人员始终在追随通信技术的发展，努力实现这个愿望，从最初的莫尔斯电报广播气象报文，到后来使用无线电移频电传广播气象电报，再后来使用无线电传真广播气象图文信息等，都是为实现快速分发实时气象资料而做的努力。自卫星通信实际投入应用后，气象通信人员就开始瞄准了利用卫星通信的广播功能，实现气象数据快速准确分发的可能性。

各气象观测站在规定的时刻，同时向国家级通信中心传递本站的天气观测信息，称为上传信息，上传信息无论是用电报编码还是数据文件，对某一观测站来说虽然电文不长，只有几十个数字，但有很高的时效要求；对于国家级气象通信中心来说，要在极短的时间，同时接收全国数千个观测站上传的气象观测信息，则要求系统不能堵塞，能较快地处理。国家级气象通信中心将这些国内的气象观测信息与从国际电路收集的国外气象观测信息汇总、编辑、分类,向国内各级气象台站分发,信息量巨大,且有较高的时效要求。因此,没有大的输出管道是不能完成下行气象信息的分发任务的。而完成下行数据分发的最佳通信形式就是数据广播。

早在20世纪50年代,莫尔斯电报通信时期就建立了莫尔斯电报的通报台,因通信容量有限,只能广播气象观测信息。后来又建立了基于电传机为终端的无线电移频广播和基于传输天气图表的气象传真广播。这些广播所播发的内容是气象观测信息和部分国家气象中心的数值预报产品及其他预报产品。在当时的条件下,这些实时气象信息和预报指导产品,为各级气象台站准确的天气预报起到了积极的作用,为各级气象部门的业务发展发挥了重要作用,然而,终因其广播速率低、误码率高等因素,不能满足气象业务的发展需求。各级气象台站因自身业务的需要,迫切希望及时获得更多周边及天气系统上游地区的各类气象信息,迫切需要上级气象中心的预报指导产品,迫切需要风云卫星实时观测信息和分析产品。气象业务的发展和需求,推动气象通信部门必须开辟新的通信途径满足气象业务的发展需求。因此建立全新的、功能强大的、高速率的气象数据广播是非常迫切和必要的。

20世纪80年代,中国开始发展卫星通信,中国气象局敏锐地抓住时机积极参与其中。我们曾搭车国际通信卫星4号星在中国实验的时机,利用电子部十九所的黄陂村卫星地球站,进行过卫星气象数据广播的试验。而后又在新成立的中国广播卫星公司北京南苑卫星地球站进行过类似的试验。这些试验都证实了利用通信卫星的广播功能实现气象数据的快速分发(即广播),在技术上是可行的。通信卫星广播的数据速率高,误码率低,覆盖范围广,凡是卫星转发器能够覆盖到的地方,都能够同时准确地接收到卫星广播的气象数据,大大提高了气象数据分发的时效,这种卫星数据广播的技术体制非常适合气象数据广播。

二、卫星气象数据广播系统建设的前期工作

在9210工程建设的前期阶段,主要集中建设北京卫星主站,全国各省、

地市双向数据、话音地球站和与之配套的计算机系统,把建设卫星气象数据广播系统放在了第二阶段。

卫星气象数据广播系统的建设是从 1996 年开始的。受上级的委托,我主持了 9210 工程卫星单向数据广播系统的建设工作,总体技术部组成了由蒋克俭、酆薇、龙正西、周勇、王爱民等人参加的数据广播工作组。该系统在 9210 工程的功能规格书上只有一句话:建设两条 19.2Kbps 的数据广播通道。对此我和工作组的技术人员首先深入理解气象部门建设卫星气象数据广播的必要性和技术上的可行性,在此基础上细化系统功能需求,同时提出,从气象业务技术发展的趋势思考,卫星气象数据广播系统在卫星主站资源允许的情况下(这个资源包含上行的射频功率和卫星转发器带宽),数据广播速率要高于 9210 工程功能规格书的要求,数据广播应具有分组、分通道广播的功能;卫星数据接收站收到的数据要可靠,误码率低于 10^{-7},数据接收站建在全国各县级气象站,数量大约在 2000 多个,因此价格因素必须慎重考虑,当时我们的心理承受价位大约是每个接收站在 10 万多元上下。

许多制造卫星通信设备厂商听说中国气象局在现有卫星通信网的基础上,还要建设卫星气象数据广播系统,都很感兴趣,积极向我们了解建立数据广播系统的功能和技术要求。比如美国休斯网络公司,他们已经拿下了中国气象局全国卫星通信网主站和全国省级地市级 300 多个双向数据话音地球站的大单,还想拿下气象卫星数据广播系统的项目。20 世纪 90 年代,美国休斯网络公司在卫星通信领域是一个极有实力的公司,我们对该公司的技术实力也很认可,并了解到他们在美国国内建立了一套 Direct TV(电视单收站)和一套 Direct PC(与互联网相连的数据下载单收站),这两个系统都类似我们需求的卫星数据广播系统。因此我们对休斯网络公司寄予很大的希望,然而休斯网络公司低估了我们的业务需求,他们提供的演示设备不能满足我们的要求。后来还有几家有名气的国外卫星设备厂商拿来他们的演示设备,也都没有取得良好的效果。那个时候,国外的卫星通信设备在中国市场是主流,国内的卫星通信设备厂商还没有研制出合适的产品。

如果没有满足我们需求的卫星广播发送和接收设备，建设卫星气象数据广播系统就是一句空话。我们所说的"合适的设备"，并非指有多么高科技水平的设备，但这些国外卫星通信设备厂商重视程度不够，没有投入力量认真去做。

一个偶然的机会，我发现了深圳有一家名不见经传的创业小公司研制了一套卫星数据广播系统，广播速率2 Mbps，有128个分组可以对不同的用户广播不同的内容。由于单收站只是在PC计算机上的加一个插卡，因此该系统又称为微型计算机上的卫星接收站（PCVSAT）系统，其单收站价格大大低于我们的心理价位。因此我们邀请该公司在我处技术交流，介绍他们的产品并在我处做试验。试验目的主要是真实感受该系统的功能，是否可以满足我们的要求，这家公司在我处进行了一周的试验，结果出乎我们的意料，该单向数据广播系统不但可以满足我们卫星气象数据广播系统要求，而且还提供了对我们非常有利的一些功能。如，较完善的数据发送监控、较独立可控的分组、分通道广播功能，接收站的入网注册、授权功能，还可以播发有限分辨率的数字化视频和音频（这主要受广播总速率的限制）等。

这家深圳的小公司叫经天科技，是几个中国科技大学和厦门大学毕业的硕士生们创业的公司，他们的数据广播系统在当时情况下国内仅此一家。经天科技公司的这套数据广播系统是软硬件一体的完整系统，发送端有对发送数据分类分组、分通道且每个通道可独立控制速率的广播功能；有较严格的管理功能；对众多单收站有注册分组等功能，可以授权某接收站只能接收某通道、某分组的功能等。接收站和PC计算机是一体，对其管理很容易。当时总体技术部的技术人员对这套系统的功能很有兴趣，感觉该PCVSAT系统与我们要建设的卫星气象数据广播系统吻合。为了对该系统进一步了解，我们与经天科技公司协商，决定对该系统进行一个月的稳定性实验和测试。在第二阶段实验中，蒋克俭、酆薇、龙正西、周勇、王爱民等人，对该系统进行了较详细较严格的全功能系统测试，在稳定性实验中模拟卫星气象数据广播的业务工作，注入多路数据，24 小时业务不间断运行。对接收站的 PCVSAT 板卡进行了多个品牌的 PC 计算机兼容性试用。在这阶段实验中，经天科技公司的系统表现良好，各项性能指标均达到我们的要求，主站发送系统和接收站系统软硬件都没有出现故障。

针对经天科技公司设备的两次实验，总体技术部的技术人员进行了认真的讨论，大家总的意见是 PCVSAT 系统能够满足卫星气象数据广播的功能需求，系统的可操作性比较好，与我主站网络连接及系统广播信号馈入我主站射频系统上星界面友好；接收站（卡）与多种 PC 计算机连接都适应，接收数据可靠稳定，误码率极低，低于 10^{-9}，系统的整体性价比高。大家认为，从技术角度考虑，中国气象局的卫星气象数据广播系统可以选定该系统。

但是，中国气象局的数据广播系统一旦选定，则将装备全国，从祖国最北端的漠河到祖国最南端的西沙群岛，从沿海到内陆到青藏高原，数据接收站能否适应各地不同气候、海拔等环境的要求？经天科技公司是一个只有 30 多人的小公司，他们的服务能否满足我们全国气象部门的要求？这些问题都是要认真思考的。我们派员认真考察了经天科技公司，考察了公司规模，人员情况，管理状况，研发能力，生产环节，产品测试状况，售后服务等。感到这个公司虽然 30 多人，规模较小，但公司的组成人员上下团结一心，技术人员年轻好学，管理比较正规。他们的单收站板卡产品是由外包工厂加工，板卡回来后再由本公司技术部门全面测试。

三、决策的困惑

从技术层面讲，卫星气象数据广播系统的主设备已经过多次设备选型，国外多家公司参与，美国休斯网络等公司多次送设备演示实验。国内经天科技公司的设备已经进行了两次实验，后一次还进行了较细致的测试。经过对比分析，参与选型实验的技术人员普遍看好国内经天科技公司的设备。经过对该公司的考察感觉该公司虽然规模较小，但管理、经营、研发都还比较正规。我把这些情况向华信公司领导和 9210 工程办公室领导做了汇报，他们向我提出了同样的问题，对将来全国布点后的售后服务能否到位？设备的适应性等。对此我们将对经天科技公司及其产品进行更深入全面的了解。

  时间不等人，为了加快进度，一方面加紧了解是否还有更好的数据广播系统供我们选择，另一方面对经天科技公司现有的用户走访，了解他们使用或实验的情况得到的都是对PCVSAT系统较高的评价。为系统建设的稳妥，我与领导商量提出，对经天科技公司的PCVSAT数据广播系统再做一次试用，试用周期暂定一个月，本次试用完全模拟业务环境，调试完成后系统运行时一般不进行人工干预，总体技术部测试小组的技术人员认真观察系统的稳定性，详细记录系统运行情况。在主站发送端用实时气象数据多路馈送到系统的综合器；设置多个不同速率的通道，分多个组别发送数据。在接收端架设两个单收站，分别授权不同组别，同时接收发送的数据。每天技术人员对接收的数据文件统计比较，观察单收站的系统稳定性。经过一个月的试用，经天科技公司的PCVSAT数据广播系统完胜收兵，广播数据发送部分无故障，数据无阻塞，无丢数据；两个单收站系统无故障，接收数据完整。经过三次对经天科技广播系统的测试、实验、试运行等环节后，技术人员一致同意：中国气象局的卫星气象数据广播选用经天科技公司的PCVSAT系统。

  对卫星气象数据广播系统的主设备能否使用小公司的设备这一问题，我犹豫不决。因为我是总体技术部的负责人，主管卫星气象数据广播系统的选型，选对了是我的职责所在，万一选的系统有问题，那将给国家造成巨大损失，也为气象部门来之不易的经费造成不可挽回的损失，我辗转反复不能下决心。一个建设项目不仅要选择先进的技术，对适应业务发展要有前瞻性，更要建设稳定可靠的业务系统，尤其是气象业务系统它是不能间断的。因此，气象部门的基建项目最后检验的标准应该是先进、稳定、可靠的业务系统。

  对于数千个数据单收站的售后技术服务，始终是我及上级领导们的一个心病，万一小公司在市场浪潮中有闪失，我们系统的维护服务问题怎么解决？对此我们迟迟不敢下决心与经天科技公司签订合同。我与国家气象中心副主任兼华信公司总经理姚启文多次就此问题商讨无果。有一次与姚主任商讨时，突然想到，现在的经天科技公司的大股东是中国广播卫星公司，这是一个国企单位,我们何必不找经天科技公司的上级单位,让中国广播卫星公司作为主体与他们签合同?这样即使经天科技公司一旦有闪失,我们可以让中国广播卫星公司负责。就这样,我们与中国广播卫星公司签订了卫星气象数据广播系统的主站发送系统和第一批数百个单收站(卡)的合同。

四、卫星气象数据广播系统的建设(一)

经天科技公司 PCVSAT 主站数据广播系统和数据接收站(卡)的选定,只是建设卫星气象数据广播系统的一部分。一个系统的建设有多个部件组成,哪一个环节出了问题,都将使系统不能正常工作。前边谈到对经天科技公司收发设备的选型,还包含了能够使系统正常运行的软件系统和监控系统,必须使 PCVSAT 系统与我们的业务系统及卫星主站的设备软硬件相融合。在发送端要解决气象数据如何有序地、分通道、分组将国家级通信中心获得的数据推送进经天科技公司的 PCVSAT 数据广播系统;要解决 PCVSAT 输出的信号如何与我主站其他上星信号馈送到射频单元,星上资源分配等。在数据接收端要解决 PCVSAT 数据单收站如何及时将收到的信息送到本级气象业务系统中。在硬件方面配合 PCVSAT 接收站,要解决室内室外安装场地的基本条件,单收站接收天线、低噪声下变频器(LNB)、高频电缆、电缆接头、微型计算机选型等,哪一个环节都不能出问题,哪一个环节都是系统稳定的关键。

当听说我们要选单收站天线时,国内数十个大小天线厂家都跑来要求参与天线竞争,有些厂家把他们的天线直接拉来要我们试,我们试了多家都感觉不行,这些天线厂家大都不是卫星通信天线厂,天线制作粗糙,电气性能和机械强度都不能达到我们系统的要求。偶然的机会,我们得知深圳有一家玻璃钢制品公司,生产玻璃钢天线,使用的生产技术和材料与我们9210工程双向地球站的天线相同。其技术和基本原材料都来源于美国波德林(Prodelin)公司,这家美国公司生产的双向天线已在我们气象部门广泛使用,从东北到海南,从内地到青藏高原,使用效果极好。深圳华达玻璃钢制品公司购买了这家美国工厂生产单收站天线的技术专利,在国内生产 Ku 波段 1.2 米和 1.8

米的玻璃钢单收天线。该天线电气性能和机械强度都很好，可以满足气象部门数据单收站的业务需求。为慎重起见，我们对深圳华达玻璃钢公司生产的两种规格的天线做了全面的测试和试用，情况良好，选型小组选定了华达公司的玻璃钢单收天线为卫星气象数据广播系统接收站的室外天线。

室外单元还有一个重要部件就是LNB，即有低噪声放大功能的变频器，天线馈源将Ku波段的卫星信号收到后送到LNB，LNB将信号放大后变为L波段，经高频电缆送往室内，因此LNB是室外单元的重要电器元件。经过对比测试，我们选用了一家著名大公司的产品，保证其质量的稳定可靠。

还有一个小部件是我们下决心自己做的，即连接LNB的电缆接头。在市场上有一种定型产品，简易便宜，但是连接不可靠，我们下决心请电缆头制造厂家，重新设计我们卫星气象数据广播专用的，连接可靠又防水的高质量电缆头。同样L波段的连接电缆也是我们重点选项，此电缆的性能直接关系到单收站的稳定性，不能有丝毫马虎，我们选择了国内著名大公司的L波段高频电缆产品。

配套的微型计算机的选型也颇费心思。PCVSAT系统的数据接收站是一个插入计算机的板卡，计算机的稳定可靠就是数据单收站的关键，因此计算机的选型是工作小组的重要任务。技术人员对市场上现有的计算机品牌进行了认真的技术分析，初步选定了国内国外四种品牌的计算机进行安装PCVSAT卡的联机试验，又对这些品牌的计算机性能、价格、稳定性、技术发展前景、售后服务等多方面进行了比较分析，最后选定了国产品牌联想的计算机为数据单收站使用的计算机。实践证明，我们按照严格的技术要求选定的这些室内外单元部件，天线、LNB、电缆头、L波段电缆、微型计算机等是非常有效的，这些部件的高效和稳定为保障全国单收站的正常运行发挥了重要作用。也赢得了气象台站对卫星气象数据广播系统高效、稳定、可靠运行的赞誉。这里还要讲一个小插曲，我们选型的联想计算机在全国各地都运行良好，然而有部分计算机的硬盘在西藏不适应高海拔的条件，竟不能正常工作，我们把此情况反映到联想公司，他们也非常重视，很快找出了原因，换掉了这批硬盘，使我们的卫星数据接收站正常工作，此后再也没有出现这样的故障。

卫星气象数据广播系统 PCVSAT 的软硬件系统和室内室外单元选定后，该系统与我们业务系统的衔接就成了一个突出的问题。我们组织本单位的蒋克俭、周勇、曲晓奇等软件开发人员，在功能规格书的框架下，开发出一套衔接 PCVSAT 系统的连接气象业务系统的配套软件。在数据发送端，从业务系统中实时抓取各类数据文件，送入 PCVSAT 主站系统的数据综合器不同的通道中，按照不同的通道速率广播。在数据接收端亦即单收站端，在微机上开发了数据输送软件。我们设计的 PCVSAT 数据单收站是有两台微机构成，一台 A 微机负责接收卫星发来的 2 Mb 数据，并把这些数据送往另一台 B 微机，B 微机将接收到的数据分类、缓冲。B 微机与用户即当地气象台站的业务系统有友好的连接，业务系统所需的各类数据都实时地取自 B 微机。

五、卫星气象数据广播系统建设（二）

为了使全国两千多个接收站安装工作顺利进行，我们事先做了三项工作，其一是编写 PCVSAT 安装手册；其二录制了 PCVSAT 接收站安装视频；其三针对省级工程师办培训班。省级工程师将承担本省省台、各地市、县气象台站 PCVSAT 接收站安装工作，是 PCVSAT 接收站安装工作和今后系统维护的主力军。

系统建设采取省级、地市级、县级分步实施的办法。先培训省级技术人员，包教包会，然后各自回去安装，主站专门设立了技术咨询人员。全国省级气象部门的卫星数据单收站，在各省（区、市）技术人员的努力下，不到一个月就完成了各省级气象台的设备安装任务，并很快投入了试运行。在省级单收站安装的基础上，由各省（区、市）组织技术人员安装地市级的卫星单收站。总体技术部的技术人员将巡回一部分省做示范安装。此时我们在主站多次播放单收站安装的视频，指导省级技术人员的安装工作。在各省技术人员的努力下，三百多个地市级气象卫星数据接收站的安装工作，两个多月的时间就完成了。

县级 PCVSAT 单收站的安装工作是一个大问题。县级气象站没有专门的机务人员，卫星数据接收站对他们来说是一个全新的事物；另一方面，每一个气象站的环境条件各不相同，这些都给单收站的安装工作增加了难度。我们采取的办法是充分发挥各省技术人员的优势，分工合作。华信公司负责 PCVSAT 单收站技术咨询和技术服务以及全套设备的订货、采购、向各省发货；省级单位负责接收验收货物，负责本省各县级站的安装工作。也有不少省培训了地市级的技术人员，由地市级负责本地市各县的 PCVSAT 单收站的安装工作。总体技术部专门选定了责任心强、有业务工作经验的黄俊林同志负责 PCVSAT 单收站注册授权入网工作。各省事先向主站提交安装计划，主站的工作人员事先做好各个单收站的注册入网数据，这样各省的安装人员将单收站安装好，就可以通知主站，工作人员即可完成对该地单收站入网授权，安装好的单收站当即就可以收到相应的数据。各省（区、市）对 PCVSAT 单收站的安装非常积极，他们克服了许多困难，尤其是西部省份，县县之间相距远，地形复杂，环境条件艰苦。在各省（区、市）技术人员的努力下，不到一年的时间全国已安装接收站两千多个，基本做到了县县气象站都安装了 PCVSAT 接收站。气象卫星数据接收站的建立使当地气象站获得气象资料的速度和丰富程度是前所未有的，实时气象观测资料和国家级预报指导产品的及时获得，大大提升了地市级及县级的气象预报服务水平。

卫星数据广播系统 1998 年 9 月通过了 9210 工程办公室的验收。

六、系统的业务运行

为了克服卫星气象数据广播使用 Ku 波段卫星转发器，在强降雨天气下发生雨衰影响数据接收，我们在卫星气象数据广播系统设计中，根据使用的卫星转发器的辐射功率分布，在我国绝大部分地区选用了 1.2 米天线，在卫星转发器辐射功率偏低、降雨偏大偏多的少数地方选用 1.8 米天线，以增加系统的雨衰余量。在广播节目表的编排上，增加了数据重播功能，即这段时间播发的数据，10～20 分钟后会重新播发一遍，这样确保在上段时间由于雨衰引起的信号衰落导致没有收到的数据会在系统重播中再次获得，保证了单收站接收数据的完整性。

在数据广播节目表的编排上，主站业务管理人员下了很大的功夫。我们走访了预报人员，走访了局职能司的管理人员，请他们提出数据资料播出的顺序，因为 PCVSAT 系统通道多，广播速率高，可以满足不同区域不同台站优先获得最需要的数据。在系统中划分省级广播通道，地市级广播通道，县级广播通道；按地域，划分南方片，北方片，西北片，西南片和华东片等，不同的通道有相同的数据，也有不同的数据。给省级通道广播的数据最多，速率最快。给区域不同的各级气象台站发送他们最需要的数据，可让各地各级气象部门都能以最快的速度收到自己最希望得到的实时数据。

PCVSAT 系统的业务运行给气象部门带来了革命性的变化，过去省级气象台从来没有收到这么多、这么及时的气象资料。总广播速率 2 Mbps，是 9210 工程最先预想的两条 19.2 Kbps 广播速率的 50 倍。对地市级气象台来说，海量的信息需要认真地了解分析消化，迫切需要获得上级的新技术培训。对县级气象部门来说，更没有见过这么多资料，更希望得到上级业务部门的指导。通信技术的更新和提高，带来观念更新，扩大了各级技术人员的思路和知识面，促进了天气预报业务水平的提升。

卫星气象数据广播系统业务运行后，在总广播速率允许的情况下，充分发挥系统中视频直播功能。中国气象局领导每年的汛期动员会都会利用该系统向全国气象台站直播，中国气象局领导的声音直达各级气象台站。中国气象局职能司数次利用该系统召开各种会议布置各项工作。用的较多的是中央气象台的重要天气预报会商直播，让各级气象台站的预报人员能直观地看到、听到预报会商的实况。中国气象局培训中心也利用视频直播播发各种培训教材，用以提升气象人员的技术水平。

业务运行后，许多气象部门以外的专业气象台站向我们申请安装 PCVSAT 单收站，先后有民航、水利、森林、盐业、海洋等部门申请安装卫星单收站。我们都根据他们的需求开辟了不同的服务通道，满足他们的需求。

为了履行世界气象组织北京区域通信枢纽的义务，我们先后给周边国家的朝鲜、蒙古、越南、柬埔寨、缅甸等国安装了PCVSAT单收站。这些国家通过单收站能快速收到GTS及我国的观测资料、数值预报指导产品和风云卫星的产品。

我后来有机会去朝鲜、蒙古访问，亲眼看到了我们的PCVSAT单收站在异国他乡运行良好，他们主管气象通信的官员和技术人员都对我说，卫星数据接收站获得的资料又快又多，系统很稳定，几乎无故障。我们访问朝鲜气象局的总结中这样说："据朝鲜专家介绍，中方援建的PCVSAT接收站自2000年8月安装以来，运行稳定，没有出现过任何故障，朝方非常满意。""PCVSAT接收站是朝鲜收集全球气象资料的主渠道，通过PCVSAT接收站朝鲜获得了大量的全球观测资料、中国的数值预报产品。"在访问蒙古气象局的总结中这样说："在机房里看到了中国援助的PCVSAT接收小站，据蒙古的朋友们介绍，PCVSAT小站运行状况非常好，没有出现故障。我查看了机器的运行状态，此时接收到6万个文件，只有6个文件有错，出错率是万分之一。同行们说，PCVSAT卫星数据接收小站现在是蒙古气象局获得全球气象资料的主渠道，虽然他们还有一条通往俄罗斯的气象电路，但是还是PCVSAT接收站资料来得快、来得及时、来得内容丰富。"

结束语

PCVSAT卫星气象数据广播系统运行多年后，随着气象业务系统的进步和探测技术的提高，风云卫星的观测数据和产品急剧增多，我国新布设的多普勒雷达产生的数据等都急需实时广播分发。新增数据越来越多，这些数据信息量大，时效要求高。国家对气候变化的关注使气象业务与科学研究都在快速发展。新的业务需求都要求获得更多更及时的实时资料。PCVSAT广播系统初建时，每天播发的数据量只有百兆字节左右，2000年初数据分发量已经翻了几十倍，每日广播数据信息量达到了数千兆字节。新增数据使得PCVSAT系统初建时的广播速率不够用了，气象业务发展需要更高速率的数据广播通道。在PCVSAT卫星气象数据广播系统运行了十年后，新一代卫星气象数据广播系统的建设提到了议事日程。

气象业务需求促使卫星气象数据广播系统加速发展，当年9210工程建立的卫星气象数据广播系统开创了气象数据分发的新渠道。为适应业务发展的需求，中国气象局批准9210工程建立起来的卫星气象数据广播系统与卫星气象中心建立的卫星气象云图播发系统合并，统称为FENGYUNCast，中国的风云卫星气象数据广播系统已成为全球气象数据广播的重要组成部分，正在为全人类服务。

国家气象信息中心的组建

(王春虎)

一、国家气象信息中心的前身——通信与信息业务组织机构的历史变革

1950—1978年,通信作为气象业务的一个重要组成部分一直隶属于中央气象台管理。

1950年3月1日,中央气象台成立,主要业务为预报、电信、观测。

1953年12月11日,军委气象局改名为中央气象局后,中央气象台成立电信(报务)科,后更名为通信科。

1957年5月28日,中央气象台更名中央气象科学研究所后,通信科升格为通信总台。

1960年9月15日,中央气象局对机构进行精简和调整,通信业务隶属中央气象台。

1967年,军代表进驻中央气象局,成立通信队,隶属中央气象台。

1972年12月26日,经国务院、中央军委批准,原中央气象台分为气象台和通信总台,编制113人。

1978年6月15日,北京气象中心成立,下设中央气象台、资料室、电信台等正处级业务单位。电信台统管各种气象通信业务,下设8个科室,共计360人。

1997年7月2日，国家气象中心信息网络部成立，下设通信台与协调办、计算机与网络室、环境动力室四个正处级业务机构。

2001年9月，中国气象局对国家气象中心机构进行改革，国家气象中心下设中央气象台、国家气候中心、气象信息中心（气象档案馆）三个业务中心。气象信息分中心下属高性能计算机室、通信台、网络与存储系统室、气象资料室四个正处级业务机构。

2004年8月30日，中国气象局气象信息中心（简称信息中心）正式成立。

二、贯彻中国气象局改革精神，启动信息中心的筹建工作

2004年3月30日，中国气象局许小峰副局长宣布了中国气象局党组的决定，筹备组建国家气象信息中心，施培量任国家气象信息中心筹备组组长、王春虎任副组长。

中国气象局于2004年4月20日发布《关于直属业务单位及局机关内设机构调整的意见》（气发〔2004〕74号），该文件明确要求：筹建国家气象信息中心，将国家气象中心的气象信息中心分离，在中国气象局总体规划研究设计室的基础上，筹建国家气象信息中心，建立国家级业务服务科研支持与资源共享平台，为全国气象部门和全社会提供服务。重组后的国家气象信息中心主要承担原国家气象中心气象信息中心的任务，中国气象局总体规划研究设计室的工程设计和项目评估任务，以及高性能计算机、骨干网和基础信息等资源的运行和管理。中国气象局总体规划研究设计室牌子保留，其工程设计和项目评估等资质一起并入国家气象信息中心。

气象信息中心筹备组遵照中国气象局党组关于筹建气象信息中心的指导思想、目标、任务与要求，以科学发展观为指导，认真组织学习改革文件，通过学习研讨，使信息中心在筹组之初就明确了战略定位与发展目标，统一了认识，为各项工作顺利推进打下了坚实的思想基础。

三、制定信息中心"三定"方案

在信息中心筹建过程中，筹备组本着有利于气象信息事业全面、协调、

可持续发展的原则，认真筹划、周密部署、精心组织、有序实施，在充分调研的基础上，制定了信息中心的"三定"方案，并上报中国气象局审批。

中国气象局于 2004 年 4 月 28 日下发《关于印发气象信息中心职能及内设机构和人员编制方案的通知》（气发〔2004〕99 号），正式批复了信息中心的三定方案。

1. 信息中心的定位

信息中心是中国气象局直属事业单位，承担国家级气象基础信息、计算机、骨干网络和通信资源的运行、管理、维护、建设及服务，与北京高性能计算机应用中心一个机构、两块牌子。

信息中心采用成熟先进的信息技术，实施科学的质量管理，不断发展气象信息科学和技术，为气象业务、科研和管理提供优质的信息系统服务；积极推进各类气象信息、计算机和通信网络资源的共享，构筑面向全系统和全社会的基础信息支撑平台，使信息中心成为国家基础信息公共平台的重要组成部分；不断提高技术水平和服务能力，争取早日成为世界气象组织全球信息系统亚洲区域中心（GISC）。

2. 信息中心的主要职责

——负责中国气象局国家级高性能计算机系统、骨干计算机网络系统、存储检索系统、CMA–Internet 系统和气象通信网络系统的运行、管理、维护、建设和服务。

——负责全国和全球地球环境数据的收集、处理、存档、管理、共享服务；负责建立和维护国家级公用气象信息数据库；负责气象数据的质量检验、评估；负责气象信息管理有关技术标准、规范建议的拟订。

——负责国家级地球环境数据、高性能计算机、通信网络等基础气象信息资源面向全系统和全社会共享的实施。

——负责与国家相关部委或部门（含军队）开展气象、水文、地球环境等数据的交换，以及相关业务系统的建设、运行和维护。

——承担 WMO 亚洲区域气象通信中心的任务。

——承担北京高性能计算机应用中心的任务。

——承担中国气象局气象档案馆以及世界数据中心气象学科中国中心[WDC-D（M）]的任务。

——承担全国气象行业业务系统的总体设计和气象现代化建设重大系统工程（项目）的咨询、论证、设计与评估。

——指导区域级、省级气象基本业务系统总体设计方案的制定。

——承担对省级气象信息系统的业务技术指导。

——承担中国气象局交办的其他任务。

3. 信息中心的机构设置

4个业务台室：通信台、高性能计算机室、网络与存储系统室、气象资料室。

4个管理处室：办公室、业务科技处、人事教育处、党办（纪监审）。

2个科技服务实体：总体设计室、华信公司。

4. 信息中心的人员编制

气象信息中心人员定编为310名，2004年有正式职工251人，其中机关管理岗位23人，业务岗位147人，科技服务76人，待岗人员5人（在人才交流站）。

学历层次为博士1人，硕士15人，大学学历119人，大专学历60人，中专及高中以下56人。

5. 信息中心的职称结构

正研级高工9人，副研级高工65人，工程师100人，助工和技术员56人。

四、组建信息中心管理机构，招聘信息中心管理人员

根据三定方案确定的职责和机构，筹备组按照公开、公平、竞争、择优、宁缺毋滥的原则制定了信息中心机关处级干部和一般管理岗位竞岗招聘方案，并对办公室、业务科技处、人事教育处、党办（纪监审）等职能处室进行了公开招聘工作。2004年4月26日—5月16日进行处级干部招聘。5月9日—5月18日进行一般管理岗位的招聘。经过招聘，顺利完成了原机关管理人员的平稳过渡，信息中心的管理机构于2004年5月20日正式运行。

五、完成人员的划转和移交

新筹建的信息中心其人员主要来源于两个单位，一个是"大气象中心"第二个是原总体规划研究设计室。

"大气象中心"是主要的专业技术人员来源，人员包括在职职工和退休职工。根据中国气象局批复的三定方案赋予信息中心的职责和机构，经过与气象中心的多次友好协商，完成了信息中心与气象中心的在职职工和退休人员的划分和接收工作。

总体规划研究设计室拆分后，系统设计和系统评估职责并入信息中心，与该职责对应的人员，也同时划入信息中心。

六、完成财务与固定资产的拆分

在职责和人员划分的基础上，按照经费随着职责和人员走的原则，完成了事业经费的划分与移交，以及固定资产的统计和移交。经费和固定资产的移交都包括大气象中心和总体规划研究设计室。

七、党务及其他组织的筹建

为了适应信息中心组建的要求，在信息中心党委建立之前，党委办公室2004年5月份下发了《关于及时恢复党组织正常活动的通知》，要求各业务台室继续以原党支部为单位组织好党员的日常活动。经中国气象局机关党委批准，信息中心在9月份成立了临时党委，并建立了2个党总支和17个党支部。各项组织生活正常进行。

2004年11月17日，信息中心召开了第一次工会会员代表大会，选举产生了第一届工会委员会，信息中心工会正式成立。

2004年11月9日，信息中心召开了第一次团员大会，选举产生了信息中心第一届团委。

党组织和其他群众组织的建立，为信息中心的组建和运行发挥了良好的保驾护航作用。

八、建立适应中心独立运行的新秩序

2004年，信息中心根据中国气象局党组的统一部署，坚持机构改革与业务工作两手抓，不仅按期顺利完成了气象信息中心的筹建任务，而且确保了基本业务系统的平稳运行和重点建设项目的顺利实施，迅速建立了基本适应中心独立运行的新秩序，制定和颁布了相关业务管理规定与规章制度，确保了信息中心各项日常工作的全面正常运转。

经过几个月的努力工作，筹建组圆满完成了筹建气象信息中心预定的各项任务，并在筹建过程中做到了工作不断、秩序不乱、平稳过渡，得到了中国气象局领导的充分肯定。

2004年8月30日，人事教育司召开信息中心全体人员大会，郑国光副局长代表局党组宣布关于组建气象信息中心领导班子的决定，任命施培量为气象信息中心主任，王春虎为气象信息中心副主任，这标志着气象信息中心正式开始独立运行。

2005年3月17日，根据中央机构编制委员会办公室《关于中国气象局气象信息中心更名的批复》（中央编办复字〔2005〕34号），中国气象局气象信息中心正式更名为"国家气象信息中心"。

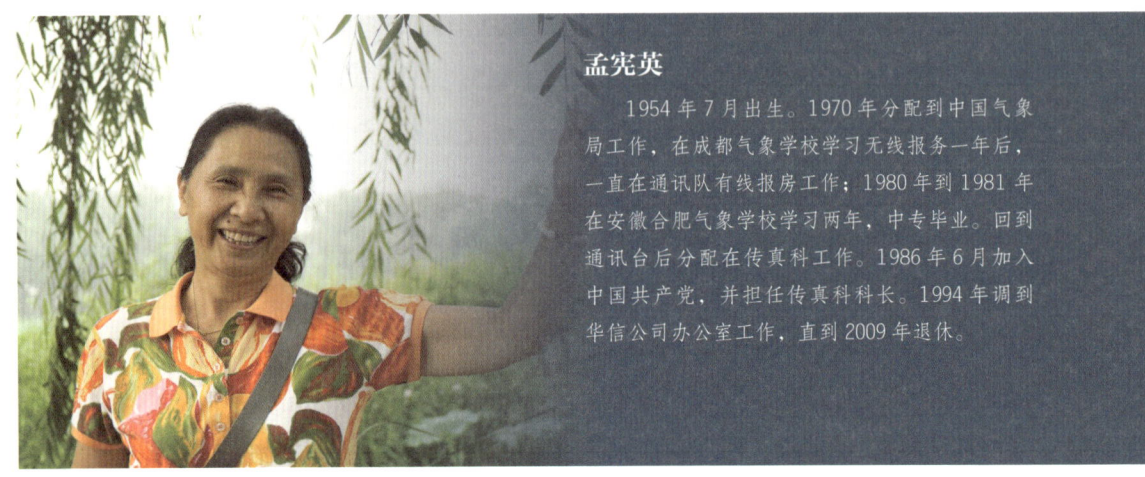

孟宪英

1954年7月出生。1970年分配到中国气象局工作,在成都气象学校学习无线报务一年后,一直在通讯队有线报房工作;1980年到1981年在安徽合肥气象学校学习两年,中专毕业。回到通讯台后分配在传真科工作。1986年6月加入中国共产党,并担任传真科科长。1994年调到华信公司办公室工作,直到2009年退休。

忆岁月

气象通讯四十载,入行即是莫尔斯,
嘀达嘀达耳边响,气象电码纸上留。

电传报房忙碌中,手指飞舞在健盘,
纸条飞舞在发报,节奏韵律收报中。

传真机房忙碌中,传真信号耳边响,
气象图纸发送中,收图信号又响起。

行政工作十余载,业务管理当头条,
岗位需要再学习,计算机迫在眉睫。

通信卫星上了天,迎来崭新的时代,
9210工程是挑战,牵动气象你我他。

有幸参与工程中，文件的传递收发，
合同的制作签发，档案的归纳管理。

信息技术十余载，办公室内写春秋，
上行下达最关键，嘴勤手快要记牢。

虽已退休十余载，党的教育记心中，
发挥余热保青春，愿为气象做贡献。

追忆与未来

改革开放四十载，信息技术飞速来，
气象信息应运生，计算机来唱主调，
通信服务忙弹弦，视频服务新技术，
气象卫星立头功，网络服务是平台，
连接千万用户来。

风雨兼程十五载，忆往昔峥嵘岁月，
看今朝前程似锦，拔地而起新大楼，
宽敞明亮新机房，新气象加新环境，
新技术加新青年，气象信息定发展，
光明前景在未来。

第二卷 成长（2004—2010年）
——信息中心成立后的技术探索应用阶段

田浩（右）

1964年7月出生，河南新乡人，中共党员，正研级高级工程师。1985年7月毕业于湖南大学计算机及其应用专业、工学学士，2008年获清华大学工程硕士学位，2011年获北京大学公共管理硕士学位，2005年11月获得正研级高级工程师任职资格。

关于引进 IBM Cluster 1600 的回忆

回忆起当初引进 IBM Cluster 1600 高性能计算机的故事，得从 2000 年说起。

当时，中国气象局根据业务发展需要，将气象中心、气候中心和信息中心以计算机资料为单位，成立了信息网络部。2004 年左右三个中心又分开。引进 IBM Cluster 1600 高性能计算机这一项目是在三个中心短暂合并时启动的，属于气候工程项目。当时的可行性研究报告的批复要求计算能力达到 220 GFLOPS。

在引进 IBM Cluster 1600 高性能计算机之前，中国气象局已经有很多高性能计算机，比如从国外引进的 CRAY、SPS，国产的银河、神威和曙光，都是不同时期、不同项目引进来的。可以说，当时国内外著名的高性能计算机品牌中国气象局都有，对于这些厂商来说，能被中国气象局使用引进也是非常自豪的事情。

面对市场上五花八门的高性能计算机，我们第一次做了"选型方案"。当时我们所拥有的五种计算机，从技术上可以分为两类，即向量计算机和标量计算机。向量计算机可以批量处理，标量计算机是指一个一个计算，类型不同，计算效率也不同。因此评价计算机性能时，不能单纯只看技术参数。

为此，我们还做了"测试方案"。不管什么类型的机器，我们将固定的模式放在不同的机器上运算，看它实际的计算能力，再比较它们的理论参数，得出一个数据，即用一个统一的标准来比较不同计算机的性能。

其实，将模式移植到计算机上本身就是一个很难的事。我们在测试的时候，把要用计算机跑的模式给到每个参与招标的商家。这样，在测试计算机性能的同时，也一并把未来移植模式的问题考察了。这是我们当初在设计系统采购时就计划好的。当时，三个中心成立了联合工作组，可以说引进 IBM Cluster 1600 是举中心之力。

选型方案最初计划是 220 GFLOPS。当时市场上是按照每个 MFLOPS 大概多少钱来计价，联合工作组的张洪才说想买 1 TFLOPS，大家都伸舌头，说你买得起么？

关于招标，我们是面向国际的。首先把"风儿"放出去，说中国气象局要买最好的超级计算机，还要进行测试。比较特别的、具有开创性意义的是，我们采用固定额招标，即标定 2000 万美元买设备，谁的好买谁的。这不同以往一般的招标，只要求能够满足指标和数量，谁价格低买谁的。所以我们看中的是性价比，同等价位，谁的设备能力强我们买谁的，充分利用市场竞争机制。

当时参加选型的高性能计算机还有一个特点，即半成品，就是把最先进的芯片现组装进去，还没有成品。我们当时担心，各厂商提供的峰值计算能力并不实际，所以我们还设计了应用方案，把气象、气候、区域模式都统一在一个机器上跑，按照真正业务运行时间图，看各设备在实际业务过程中跑的效率。此应用结果在采购中占有 20% 的决定权。

从最初设计的选型方案，到测试方案，再到应用方案，我们经过层层选拔，最终决定买到计算能力在预计的十倍以上（2000 GFLOPS 以上）的 IBM Cluster 1600 高性能计算机。

那次招标会是在香山。中午出来结果后，我们第一时间报告给时任中国气象局局长秦大河。秦局长回复说"旗开得胜"，对招标结果很是满意。当时正处于模式大发展的时期，对计算能力需求旺盛，但技术能力非常缺乏。引进 IBM Cluster 1600 后，拥有更大的计算能力，是各单位所期盼的。当天还没从香山回到中国气象局，各单位听说买了设备，就把我们招标组拖到"饭店"商量"要"计算能力。可见当时大家对计算能力需求是多么迫切。

在招标过程中还有一个"花絮"。招标时，"断点重启"的要求让 IBM 脱颖而出。"断点重启"功能是一个实用的功能，在机器死机或者任务暂停时候非常重要。很多国内厂商不服气，就去科技部告状，说我们歧视之类的。在招标过程中，我们严格按照规定，第一次把审计室主任，相当于现在的纪检组组长加入招标组，以固定价格招标，谁有能耐谁胜出。当时中国气象局办公室主任沈晓农代表中国气象局向科技部做了解释，才化解了这一尴尬。

招标的过程大概用了半年的时间，接下来就是谈判。因为招标用的机器都是半成品，真正卖给我们的设备还没有研制出来。我们在此前也严格限定了到货时间，以防在招标时的设备和即将投产的设备差别太大。

谈判过程非常艰苦，有好几个月。当进行到关键的时候，我的腿还骨折了。当时打着绷带、穿着短裤和 IBM 的人在谈判。我们这边提出了各种要求，不断加加减减。最后 IBM 一算，赔得太多了。但 IBM 还是信守承诺，尽量满足我们的要求，还专门飞到美国总部特批了该项目。结果，在当年 IBM 的各种项目中，我们引进的 IBM Cluster 1600 在他们"最赔钱项目 TOP10"中位居第二。

2004 年，中国气象局引进了 IBM Cluster 1600 高性能计算机系统作为最主要的科研业务用机。2004 年中期，开始建设安装。由于机器太大，我们当时把信息中心二楼的窗户敲掉，走廊通道楼外的门也敲掉，将设备整体吊装到二楼。2005 年初，该系统开始投入运行，并在同年 6 月的全球高性能计算机系统 TOP500 排名中位列 18，且连续多年为国内规模最大、运算能力最强的高性能计算机系统。

应用效益完全满足我们的设计需求，甚至高出预想的五六十倍。因为模式很多都是基于 IBM 设计的，很快原来计算能力不一的高性能计算机，最终都集中到 IBM Cluster 1600 上来了。我们还以 IBM Cluster 1600 为依托，申请了科技部的项目"国家气象网格应用建设"等。

直到 2013 年，IBM 新的高性能计算机出来后，IBM Cluster 1600 面临淘汰，进入了历史洪流中。在这段历史中，不仅有效地提升了天气预报能力，带动了省级单位的业务发展，而且培养了不少人才，他们在后面的气象事业发展中承担了更加艰巨的任务。

李集明

正研级高工，现任中国气象科学研究院副院长、中国气象局人影中心主任。

近年来,牵头编写了《全国人工影响天气发展规划(2014-2020)》《全国人工影响天气业务发展指导意见》、《人工影响天气业务现代化建设三年行动计划》、《人工影响天气新装备技术审查办法》等全国发展规划。

主持了科技部《气象资料共享系统》、《气象科学数据共享》和中国气象局《人工增雨随机化外场试验和效果检验技术研究》等重点科研项目；组织了东北冷涡、南方暖云、飞机积冰试验等多次空地联合人影探测试验，发表论文10余篇，专著4部。

主持了《综合气象信息共享系统建设》、《国家基础地理信息共享系统建设》、《东北区域人工影响天气能力建设工程》、《西北区域人工影响天气能力建设工程》等国家重大工程项目。

牵头带领全国各省人影中心实施人工影响天气三年行动计划，建立了有中国特色的横向到边、纵向到底的五段式人工影响天气业务体系。

关于气象科学数据共享系统建设的回忆

如今，人们点一点鼠标就能调出来的各种科学数据，其实是在21世纪初，我国做了大量的科学数据资料处理和共享工作的结果。

早在20世纪末，我国根据国民经济建设和社会发展的需要，在许多专业领域组织进行了不同规模的观测、探测、调查和试验研究工作，并在基础科学数据采集和资料积累方面做了大量工作，建成了成千上万个规模不等、质量各异的科技数据库，覆盖了科学技术的主要领域。

然而，当时各行业部门建立的科学数据库只限于行业内使用，或只针对行业需求服务，为科研工作服务水平较差，科学数据共享问题十分突出，久攻不下。

当时，美国、加拿大、澳大利亚等发达国家随着空间数据基础设施计划的实施，已先后建立了信息交换网络体系，在网上共享大量的资源信息。1994年开始，中国科学院就有一批老先生给国家有关部门写报告，要求实现数据共享，因为科学数据只有被更多的人所共享，才能显示出其宝贵的价值。

第二卷 成长（2004—2010年）
——信息中心成立后的技术探索应用阶段

1999年，科技部基础司提出了科技基础性工作的专项，其中就有加强科学数据资源建设，包括气象数据、种子数据、化石数据等等。当时，中国工程院院士孙九林把地学领域的气象、海洋、林业、地质等部门从事资料数据处理的人员集合在一起。我那时还是个33岁的小伙子，刚刚当上国家气象中心资料室副主任，中国气象局便派我去了。孙九林院士申请了600万元的项目，共四个课题。其中，中国气象局有一个课题。

2000年，中国气象局在国内率先实现部门内部数据共享。先后通过同城用户终端给总参、空司、民航、水利、海洋、中国科学院大气物理所、北京大学等有关部门和单位实时传输气象资料和网络发布实时资料。同时，气象卫星资料面向所有用户公开广播，向水利、林业等提供极轨和静止气象卫星实时气象资料和产品，全部卫星资料通过光缆与总参气象局实现共享。

到2001年，国家开始搞试点，建设了8个数据中心。后来，经过财政部和科技部的专家遴选，选出了6个国家层面的数据中心，当时叫数据平台。

时任科技部部长徐冠华院士和时任中国气象局局长秦大河院士都是做科研出身的，深感中国科学家在做科研时经常拿不到数据，只能从国外获取的痛处。在国内拿不到数据，一个原因是没有，另一个原因是有的话还需要收费，因为这是当时人员津补贴的重要渠道——卖数据资料。

2001年5月27日，徐冠华部长在听取中国气象局汇报时，专门对气象资料共享问题做了重要指示，希望气象部门能够带个头，在气象信息共享建设方面尽快行动起来，实现气象资料的共享、共用。同年8月2日，徐部长视察中国气象局时，表示要加大对气象、测绘等提供公共数据的部门的投入。

这样，在科技部的大力支持下，气象部门逐渐摆脱了卖数据弥补津补贴的状况，并将数据免费提供给科学家做科研。科研人员只需履行相关手续，就可以拷走气象数据。

这些气象数据主要是常规历史资料。当时科技部支持了500万，用于有关项目的课题，主要确定三个方面的气象数据：第一是资料室常规资料的整理和汇编；第二是中国气象科学研究院科考和科研资料的气象数据资源整理；三是卫星胶片。也就是对当时的资料室、卫星中心和中国气象科学研究院所拥有的数据进行资料挖掘和质量控制。

这是一项庞大的任务。当时的历史资料大都是在纸上的，卫星云图等资料都存在于胶片上，需要洗出来，数字化水平非常落后。

在科技部的直接领导下，中国气象局于2001年12月发布《气象资料共享管理办法》，开始实施气象科学数据共享试点工作，通过因特网向社会公众滚动发布近3天的部分地面和高空观测资料，以及若干气象要素的30年（1961—1990年）标准气候统计值等。

与此同时，在科技部基础性工作重点项目"气象资料共享系统"中，完成了两个基础数据集，研究制定了《气象资料共享实施细则》《气象科学元数据标准》《气象资料分级分类标准》等规定。

2002年底，在孙九林的主持下，国家地球系统科学数据共享平台的前身——"地球系统科学数据共享服务网"——开始建设，科研数据逐渐共享、流动起来。

气象数据共享实施后影响还是比较大的。2002年深秋召开的一次主题为"数据共享"的香山会议上，我代表中国气象局作了一个报告，里面提到了气象科学数据共享服务的对象，大到为国家重大项目、重大工程提供数据支持，小到为各领域的硕士、博士研究提供气象数据支持。

据不完全统计，2002年1—10月，为国家重大工程（三峡工程、青藏铁路、陕京输气管道等）服务6次，国防建设（神舟飞船发射与回收、飞行器实验等）服务4次，国家重大活动（筹办北京奥运会等）服务5次，防灾减灾（青海地震、内蒙古森林大火等）服务5次，科研项目（重大基金项目、863项目、973项目、知识创新工程、科技攻关项目等）服务50多次。

记得2003年"非典"期间，科技部基础性工作数据整理工作正进入到白热化阶段。我和孙九林、黄鼎城，还有科技部的几位同事，很多时候都是在科技部后面中华世纪坛的公园里开会、写材料。

当时情况是尽量不和人碰面的,但是我们开会讨论必须得碰面,每个星期有三四次。所以找人少的地方,公园、香山我们都去,基本上都是空旷的、空气流通的地方。为了工作,我们也没觉得很恐慌。

可以说,2003年"非典"期间我们所做的大量工作,把未来几年科技平台关于数据共享的总体布局、指示方向都做出来了,奠定了2004年至2007年的科学数据进一步共享的基础,同时,也为2004年科技基础性工作升级为气象科技平台建设做好了准备。

2004年,中国气象局气象信息中心(简称信息中心)正式成立,我被任命为业务处处长。基于中国气象局气象信息中心不仅承担部门内的职能,还承担着国家的职能,甚至国际上的职责。当时,气象信息中心是世界气象组织的一个通讯枢纽;在国家层面上,是国家科学数据中心之一;第三是气象行业内部正在开展高性能计算机的共享共用工作。因此,我们特意向中编办提出更名申请,获批成为国家气象信息中心。

从2004年开始,数据共享工作从基础性工作升级为气象科技共享平台建设,一直到2007年,连续4年气象都是气象科技共享平台建设的内容之一,科技部每年有1500万的支持。当然,工作范围和职责也扩大了。此前主要是以历史资料为主,这时候也要把历史非常规资料也整理出来。比如,逐小时气温和逐小时降水资料整理出来了,并实现了电子化和数字化,对科研起到了重要作用。

宇如聪副局长曾经在核心期刊上发表过一篇研究中国西南地区日降水的文章。他在作者栏中非要加上我的名字,说我们资料提供得非常有用。

除了整理我们自己拥有的逐小时资料外,我们还将数据整理工作逐步扩展到全国各省、区、市,比如涵盖了北京观象台的百年气象资料数据等。此外,我们还把农垦、兵团、森工、盐业等行业的气象数据也整理了。当时有一个课题,就是行业资料数字化。

另外，还有一部分数据整理，是从国外引进比较成熟的，且国内科学家用得比较多的数据，包括美国的全球海洋、全球高空、全球降水和卫星遥感资料，这些都是科技部每年1500万这个项目支持下做出来的。数据资源整理好，业务能力建立好，同时培养了一批资料人员队伍。此后，科技部至今每年还有1600万资金，继续用于气象数据的汇交和数字化工作。

在数据共享开展过程，实际上还有一些辐射作用。第一个，当时信息中心高性能计算机加入到科技部计算网格上，实际上是资源共享的一个方式。

当时的数据共享实际上形成了一个数据核心专家，可以对各种类型的数据进行推荐和评审，为科学家解决数据资源问题。当时也是一个项目。

第二个，国家电子自然资源环境库的建设，中国气象局是参加建设的14个部委之一。

此外，科学数据贡献不仅仅是在科技界有很大的影响，同时也带动了国家发展与改革委员会某些方面的工作。

沈文海

1959年7月出生于上海，1982年1月毕业于上海复旦大学数学系，同月入职中央气象局，先后就职于气象科学研究院大气探测所、计算机应用研究室和国家气候中心资料与计算机室、国家气象中心气象信息中心、国家气象信息中心。退休前任国家气象信息中心副总工程师兼科技委主任。于2019年7月退休。

偶翻陈札忆旧事
——国家级存储检索系统追叙

国家级气象资料存储检索系统（Meteorological Data Storage System，后简写：MDSS）已于2018年彻底退出历史舞台了，仅在《中国气象百科全书》中留下一个篇幅有限的条目。作为当事人，面对这段曾经真实存在的历史，我曾许多次地回忆它，回忆中有许多欢乐，但也有辛酸苦辣。关于它我原计划好好写一个系列的回忆文章，既是对一段往事的记录，以对当年参与这项工作的同事们有一个交代，也想借此机会归纳总结一下，为后来感兴趣的人提供些经验或教训做参考。但国家气象信息中心（以下简称信息中心）借成立15周年之际出书，时间太紧，容不得我徐徐回忆、慢慢构思、细细斟酌，只好匆忙翻阅当年的各种笔记和文档，仓促提笔，写下此文，把一桌丰盛宴席的材料压缩成一碟开胃小菜了。虽然可惜，但也实属无奈。

一、缘起：不堪胜任的重任

国家级气象资料存储检索系统的设计工作在1997年前后便已展开，当时由中国气象局总体规划设计室牵头，组织中国气象局内设机构及直属单位的技术骨干，同时进行了"中国气象局骨干网"和"中国气象局气象资料海量存储系统"两个大系统的技术设计工作。我当时作为国家气候中心的代表，同时参加了这两个设计组的设计工作。有关内容在拙文《气候六记之五：九八记忆》中已有所记载，故本文不再赘述。

2001年年中，中国气象局推行重大业务机构改革，将国家气象中心和国家气候中心合并，成立大"国家气象中心"，意图打造气象部门的国家级"业务航母"。大中心主任由章国材担任，副主任为矫梅燕、施培量、董文杰（董未到任前由李维京暂代）。原气象中心主任裘国庆任大中心总工程师，原局总体规划设计室副主任王春虎任大中心副总工程师。大中心下设三个分中心：中央气象台（原国家气象中心，主任：矫梅燕）、气候中心（原国家气候中心，主任：董文杰，未到任前由李维京暂代）、信息中心（新组建，主任：施培量）。三个分中心的副主任采取当时尚属较新的方法：在全国范围内招聘。我在国家气候中心领导和身边同事的鼓励和催促下，也是在自己内心深处那颗怎么灭也灭不掉的"虚荣心"的驱使下，脑袋一热，报名应聘信息中心副主任一职。经过公开答辩和投票，居然意外中选，担任起施培量主任的副手来。与此同时，此前我在国家气候中心工作的资料与计算机室，除五位同事外，也成建制划转到信息分中心。

既然应聘，就必须尽职。按照章主任的要求，信息分中心成立以后的主要任务，除了确保原有各项信息业务的连续性，不因改革和机构调整而出现问题外，近期的主要工作就是完成三大建设项目：高性能计算机的引进、中国气象局骨干网络的搭建和国家级气象资料存储检索系统的建设。这三个大项目都来源于国家气候中心"短期气候预测业务系统（第一期）工程"，其中的"国家级气象资料存储检索系统"项目工程由"短期气候预测业务系统（第一期）工程"中的"国家级基本气候资料数据库"和"国家气候中心数据存储检索系统"两个与气候数据存储管理相关的子项组合而成。施主任和我做了分工：施主任主要负责前两项（高性能计算机、中国气象局骨干网），我负责后一项：国家级气象资料存储检索系统。为了能有一个专职的对口承接单位，信息分中心特地于 2001 年 10 月 24 日成立了"网络与存储室"，具体承担中国气象局干网和国家级气象资料存储检索系统的建设工作。网络与存储室主任是荣维枝，副主任是郎洪亮，成员由原华信公司网络部和原国家气候中心资料与计算机室部分人员组成，孙海燕、曹磊、郭利、马强、杨昕、常飚、张玺、杨青等都在其中。

大中心领导对这三个大项目十分重视，分别成立了相应的项目组，由中心层面领导担任组长；国家级气象资料存储检索系统（MDSS）项目组组长是当时的大中心副总工程师王春虎老师、副组长是沈文海，组员有荣维枝、郎洪亮、马强等。项目组一经成立便立刻开展工作，根据我当年的笔记和文档，2001 年 11 月起，项目组已经开始在中国气象局各直属业务单位进行正式调研，征求各业务单位对 MDSS 的意见。此外，项目组也多次在王春虎老师的办公室里开会，商讨具体问题。那些问题真是五花八门，什么都有，限于篇幅，不予列出。

然而好景不长，转过年来的 2002 年年中，中国气象局根据工作需要，要求王春虎老师重新回到原来的总体规划设计室工作。王老师多次要求留下来，在大中心与大家一起完成 MDSS 的建设，中国气象局皆不批准，最终只得怅然离去。

王老师离去，项目组组长空缺。施主任找我谈话，要我"把这副担子挑起来"。我闻此又惶惑、又兴奋；职责所在、情势所迫，不接也得接。思来想去，在责任感、使命感和"虚荣心"的共同作用下，最后硬着头皮把这个活儿接了下来。由此开启了我与 MDSS 这段怎么解也解不开的"姻缘"。

二、系统方案设计

项目首先遇到的问题，就是系统设计。为此成立了系统设计组，我任组长，熊安元任副组长，组员有：高华云、荣维枝、王伯民、罗兵、李集明、赵芳、邓莉、高峰、马强、张玺、杨青。

对于 MDSS 而言，系统设计要解决的核心问题共有两个，说得通俗一点，一个是"装什么"，一个是"怎么装"。

对于第一个问题，即 MDSS 究竟装什么，当时讨论了很长时间。按照道理讲，作为"国家级气象资料存储检索系统"，自然应当存储管理所有与气象有关的数据资料（包括档案资料）。但事实并非那么简单。我们首先需要回答的就是：气象卫星遥感资料是否应当纳入 MDSS 的管理范围。

当时所有气象卫星资料都由国家卫星气象中心负责接收和管理，资料量巨大。卫星中心自 20 世纪 70 年代后期起，便开始接收所有太平洋上空的静止气象卫星和过境的极轨气象卫星，包括国内的和国外的。以 1992 年我曾使用过的美国 TIROS-N 极轨气象卫星为例，该卫星一条过境轨道的数据便足以记满一盘 6250bpi 磁带，而该卫星一天过境两次，如此一年下来，只这一颗卫星的资料就用掉 700 多盘 6250 bpi 磁带。约二十年的积累，接收卫星数量的增加和型号的变更，使得卫星中心积累的气象卫星资料浩如烟海，楼内的卫星资料磁带库房蔚为壮观，里面的磁带柜密密麻麻一排接着一排，一眼望不到头，说它拥有数以万计的卫星资料磁带一点都不夸张，有些磁带因长期无人动用，已出现粘连、掉磁等导致磁带损毁而无法读出里面数据的情况。针对这种情况，经过长期摸索，卫星中心也已拥有了一整套用来管理这些资料的方法和技术。因此，在断无可能将卫星中心的相关技术人员和技术设备成建制划转过来的情况下，这么一大堆资料交给你，漫说人家不放心不肯交给你，就算人家放心交给你，在规定的时间里你能吃得完吗？

其次，对于科研用户，MDSS 能否提供足够的气象资料支持。以中国气象科学研究院为例，研究涉及的范围甚广：天气、气候、中小尺度模式、大气化学、边界层、农业气象、人工影响天气、古气候及物候、大气探测、仪器检定……几乎每一个领域都有其特定的资料需求，其中许多资料就连资料室的人都没有听说过，更别说找到这些资料的来源、获取这些资料、规范化处理后提供相应服务了。特别是，当时据说中国气象科学研究院也在酝酿建立自己的气象科学研究数据库系统，这消息让 MDSS 团队中的一些同事既感到自己的项目"地盘"被蚕食，同时也暗地里松了口气：这个棘手的问题可算有人来专门解决了。

上述两个大问题，以及其他一些诸如气象资料的分类，每类资料中各种资料的来源、格式、频度、使用对象和方法，熟悉这些资料的人员和所在单位，能否调过来或者至少帮我们解决工作难题等，各种问题一一摊开，每一个问题都够琢磨讨论好一阵子的。最后，在中国气象局重点工程办公室（简称重点工程办）主任周曙光老师的提议下，将MDSS做了如下界定：

MDSS由三个数据库系统构成，分别是地基气象资料存储检索系统（主要服务天气、气候业务，即大中心的气象业务）、空基气象资料数据库（主要服务对象是气象卫星业务，即卫星中心的卫星资料数据库系统）、气象科学研究数据库系统（主要服务对象是气象科研单位和课题）。而本次项目建设，主要是完成"地基气象资料存储检索系统"的设计和建设，也就是说，目前研发的MDSS，其管理的资料和服务的对象，主要局限在大中心内部的业务单位和各项具体业务。其他气象资料（包括气象卫星和科学研究）不在此次工程建设范围之内。

说实话，当时我并未意识到周老前辈的这一提议有多重要，十几年后的今天，回过头去看看当时的这一建议，越琢磨越觉得的确是很高明，因为此前我们对于MDSS的期望和设想一直过于庞大、过于宏伟，希望它能够一举解决所有已知和未知的气象数据问题。然而究竟能不能解决，如何解决，解决到什么程度，用什么方法来解决等等，这些问题却始终没有一个清晰的思路。过度的仰望星空，使我们自己也不知不觉飘到半空当中，双脚够不到地面了。周老的这个提议，给我们架了一把梯子，使我们能够从半空中一步一步走下来，最终走进现实，脚踏实地。他的这种划分，把MDSS项目的界限、内容、服务对象以及服务方法和方式等基本上明确下来了，每一部分工作都有了很强的可操作性。软件工程里一直强调"有限目标"，周老的这个划分就是"有限目标"的典型实践。

系统设计需要解决的第二个问题，就是"怎么装"。

当时中国气象局对于气象数据的规范化管理，既没有形成共识，也没有相关的技术规范和标准。不少单位一直沿用以往的工作习惯，以字符型或二进制型数据文件的形式存储管理和使用气象数据，文件的格式往往是自定义的，自己使用起来很方便，但一旦发生数据交换，别人使用起来时常会困难重重，痛苦不堪。国家气象中心是当时在气象数据的规范化管理和服务方面的领头羊，自20世纪80年代后期到MDSS项目建设之时，气象中心的数据库从自己开发到利用9210工程，在Sybase基础之上的开发，已经发展到第三代实时气象数据库了。就气象数据库人才队伍而言，从老一代的应显勋、高华云、徐杰芙，到当时的中坚骨干赵芳、高峰、郭萍、胡英楣，再到新兴力量姚燕、琚玲等，梯度结构完整而合理，实力也很雄厚。

问题出在MDSS系统的逻辑结构方面。设计之初，参与设计的部分人员自觉不自觉地大量参照了当时唯一可以参照的、已经业务运行多年的气象中心实时数据库的范例，因此最初拿出来的MDSS逻辑结构带有很浓厚的原气象中心实时数据库的痕迹，如通信系统流水文件库、公报库、要素库、台风库、格点场库……这样的逻辑结构固然能够较好地支持当时大中心的天气业务，但对气候业务的数据支持就很难说了。更何况，还有许多其他资料需要纳入MDSS的管理和服务的范畴。尤其值得一提的是，当时国家科技部在徐冠华部长的倡导下，正在积极推行科学数据共享，以资料室为代表的气象部门在这方面是一面旗帜，MDSS必须对此有所响应。因此这个方案刚一出炉，便遭遇到四面八方的质疑。

时过境迁，现在已经记不得当时的具体场景了，翻阅当时的笔记和文档看，那段时间就此问题开过不少次讨论会，有的很激烈，有的则相对平和。限于篇幅，恕不一一介绍了。总之，讨论最终达成的共识是：MDSS在逻辑结构上由三个子库构成：实时数据库、综合归档库、对外共享库。其具体的职责划分为：实时库负责为天气、气候业务以及中国气象局其他直属单位的常规气象业务提供实时气象资料服务；综合归档库负责管理除气象卫星原始资料（0、1级）以外的其他所有可能收集到的气象资料，并提供一定形式的数据服务；对外共享库则负责对气象部门以外的其他部门提供政策允许范围内的气象资料服务。各个库都列有较为详尽的管理资料的清单，包括资料名称、来源、频度、数据量、数据格式以及在线保存时间等。就提供的数据服务形式而言，实时库以应用程序编程接口（API——当时 API 这个词在气象部门尚未普及，故称其为"程序调用接口"）为主，而综合库和对外共享库则已数据文件下载为主。

那段时间的长度共有一年多，每周总要开几次会，商讨有关问题。回想起来，那时的精力的确旺盛，耐心也很好，参加讨论的同事们既没有额外奖金，也没有误餐补助。大家都本着一个朴素的愿望：争取把这件事情办好。因此大家的热情都很高，甚至于在令全北京风声鹤唳、谈虎色变的"非典"时期，讨论和设计工作也没有停止。最终设计组按时完成的各项设计工作，各里程碑有如下几个时间节点：

2002 年 3—6 月，形成需求分析报告，7 月通过评审。

2002 年 7—11 月，形成系统设计报告，经专家评审后上报中国气象局。

2002 年 12 月—2003 年 6 月，完成功能规格设计。

李黄副局长亲自详细审阅了系统设计书，并在 2003 年 5 月批准了系统设计，他在批示中对该设计给予了很高的评价。此后不久的一天，周曙光把我叫到他的办公室，手里拿着李黄副局长的批件对我耳提面命地说："这是我到重点工程办以来见到的李黄副局长做的最高的评价，你小子接下来要好好干，别给我们丢脸！"我闻之诚惶诚恐，唯唯而退。只是当时"缺了个心眼"，没有把这份批件复印下来，做成电子文档保存到计算机里。当 MDSS 项目验收时，我到重点工程办档案处去调阅该批件，竟发现该批件已遗失，实在是遗憾。

三、设备采购商务谈判

在完成功能规格设计之后，MDSS 项目组于 2003 年 7 月开始了设备引进的商务谈判工作。大中心为此成立了商务谈判组和技术谈判组。我和荣维枝任技术谈判组的正副组长，同事参加商务组的例行活动。

那时的设备采购远没有现在这样规范。当时社会上没有专业的各方都认可的招标公司来帮你操持这一切，因此从标书的撰写、标书的发出、到筛选各投标公司、再到与入选的参与竞标的各厂家公司进行一轮又一轮的商务谈判以及一轮一轮的筛选，最后评标开标和定标，一切的一切都需要自己来完成。单以标书的发送为例，那时没有专业网站每天来发布各家的设备采购招标书，写好标书后需要自己通知有关厂家来取标书。当然，像招标这种事情对于厂家而言都是急切希望听到的，因此不用担心消息散播不出去。唯一需要担心的是你的标书份数准备得是否足够多，因为闻讯前来取标书的非但有业界的龙头老大、行业的翘楚及后起之秀，也有不少过来凑热闹的小公司，有枣一竿子没枣也是一竿子，打着了算运气，打不着也不吃亏。后来我们也学精了，采取兄弟单位招标时的做法：卖标书，一份标书50元。这一招果然奏效，那些只是来凑凑热闹、投标肯定没戏的小公司从此不再前来搅浑水了，因为他们从一开始就会被挡在门外，掺和进来只能白白花掉这50元冤枉钱，实在无趣。此后标书的发送量基本可以控制了。

从20世纪90年代开始，中国气象局为统一规范化管理重大工程建设项目，成立了重点工程办公室。在MDSS期间，重点工程办正副主任是周曙光和纪才汉。老周原本是资料室出身，对常规气象资料烂熟于心，加之多年在机关工作，提起气象资料来如数家珍。老纪也是一位令人尊敬的老同事，20世纪90年代中后期他就与总体室的王春虎老师等一起编写了《气象信息工程建设规范》和《气象软件工程规范》，首次以规范的形式将现代管理理念引入到气象部门的信息化建设领域。周、纪二位前辈对MDSS项目的加持，给项目建设助力不少。

周、纪二位前辈行事缜密认真而且机智，在业务和管理方面十分能干，在商务谈判方面也是把好手，凡是他俩参与主持的商务谈判，无不与各个厂家一轮一轮，小火慢炖地慢慢磨，力求以最小的代价为气象部门获得最大的利益。每次谈判前他们都做足了功课，与我们技术谈判组及时沟通，让我们提供谈判对手在技术方面存在的弱点，然后在谈判桌上尽力发挥，一遍一遍，一点一点地与对方杀价，把那些厂商的商务代表恨得咬牙切齿却又无可奈何。一次谈判结束离开会场时，我偶然听到走前面不远处的两位厂家的商务代表，你一言我一语，掐着嗓子正在嘀嘀咕咕不干不净地咒骂我方的商务谈判主持人，心里不免感慨道，这真是个得罪人的差事啊。

相较于商务谈判，技术谈判要和缓很多，没有那么多明争暗斗。技术谈判的主要目的是按照我方的要求，在确保各个投标厂家的设备配置方案都能充分满足我方需求的前提下，将各家的配置方案调整到彼此相同的水平线上，如此才能有所比较，评判出优劣。由于此前不久，中国气象局总体室已组织完成了"中国气象局海量存储系统"的设计工作，因此MDSS的技术架构已基本确定，需要进行的，是比较各厂家设备配置中彼此对应产品的性能、规格和规模，以及配置方案中产品之间的协调性和可维护性。

这些工作看似简单，实际上很难。因为方案中或多或少总有些瑕疵，有些是因为标书上没写清楚，有些是我方在讲标时不够全面，甚或讲述有误，有些则是厂家的技术人员考虑不够周全。如果这些瑕疵没有被发现，一旦合同签订，由此产生的所有的"雷"都得我们自己扛了。因此技术谈判组的工作责任甚大。好在大家十分努力，基本上没有出现大的问题。虽然如此，仍有一些问题没能事先发现，让我至今刻骨铭心的问题有两个：

其一是磁盘阵列的规模问题。

当时业界流行的存储模式，几乎都是采取"在线—近线—离线"模式，其中，在线设备是磁盘阵列，近线设备是自动磁带库，离线则是自动磁带库的磁带脱机存档管理；三者之间的容量比例一般是以指数级别递增。MDSS也不例外。在系统设计之时，设计组在测算好MDSS存储数据（尤其是在线存储管理的数据）的规模后，按照一定的冗余比例，十分慎重地确定好了MDSS的磁盘阵列的规模。商务谈判的最终结果确定：磁盘阵列由两台 EVA5000 构成，每台磁盘阵列 32 TB，因此 MDSS 的在线存储能力为 64 TB。

然而，在 MDSS 设备安装调试完毕、开始试运行的前后，大中心的另一项重大引进项目"新一代高性能计算机的引进"也已接近尾声。该项目组好钢使在刀刃上，把主要经费投入到 HPC 的计算能力（节点、CPU 和内存）方面，而配套的存储能力却因经费有限而未能按照常规的比例配置，致使配套的磁盘阵列总容量比起 HPC 的内存总和多不了多少。业内人士都明白，如果配套在线存储（磁盘阵列）容量不够，那么即便 HPC 计算能力再强，在输出计算结果时仍将因 I/O 问题而影响 HPC 的整体计算性能。针对这一问题，大中心领导决定，从 MDSS 中划出一半的磁盘阵列资源，支援新购进的高性能计算机——就是那台赫赫有名的 IBM Cluster1600。

只是，如此一来，MDSS 原先所有的测算和设计都要重新来过，大家手忙脚乱地很是忙碌了一阵子，才算把这一伤筋动骨的调整摆平。

其二是数据迁移软件的文件数限额问题。

基于自动磁带库的数据迁移/回迁技术在当时的业界已是一项十分成熟的技术。但对我们而言，却依然是只闻其声，未见其形。大家对这项技术"只见过猪跑"，却从未"吃过猪肉"；虽然以前中国气象局里已有单位引进了自动磁带库，但里面仍有一些暗坑没有发现，迁移软件的文件数限额便是其中最让人头疼的一个。

按理说，既然我们购买了自动磁带库，也购买了基于磁带库的迁移/回迁软件，那么迁移和回迁这一功能应该就此具备了。然而事实不是这样，这些迁移/回迁软件里暗藏机关，即所谓迁移/回迁的"文件数目限额"。如果你不购买这个限额，那么即便你花重金购买了迁移/回迁软件，在该功能运行一段时间，迁移/回迁文件数目达到基本上限（一般是几十万至一百万）后，迁移/回迁软件便不再工作，该功能就此丧失，只有再次花钱购买新的更高的文件数目许可，该功能方可再次被激活。不知出于什么原因，该迁移/回迁软件厂家在技术谈判的过程中只字不提这一数目限额问题，直到合同签订后，方才在电话里将数目限额问题提出来，要我方技术人员即刻决定，究竟是购买文件数目限额（千万量级，数十万美元），还是不购买限额，采用基本限额（一百万，免费）。我方技术人员感到兹事体大，赶紧汇报。但其时已经晚了，此时购买新的文件数目许可已无可能，因为这意味着需要修改刚刚签订不久的合同或再签新的合同，这在中国气象局重大项目建设过程中是史无前例的，断不可行。而且当时我们对一百万这个迁移文件数额限制也没有什么鲜明的概念，总觉得 MDSS 里也就数万个数据文件（体积中等），按照每天迁移回迁数百个文件，一年也就十万上下，这一百万的限额至少可用七八年，到时候如果限额用满，可再用新项目购买新的数目限额，不至于出现大问题。

怕什么来什么，信息中心领导拍板，MDSS 存储系统对新引进的 IBM Cluster1600 开放，HPC 用户可以使用 MDSS 迁移/回迁的相关功能和服务。用户们惊喜地发现：自己在 HPC 上的数据文件可以想存多少存多少，想存多久存多久，磁盘空间不够了就往迁移/回迁缓存池里一丢，任由其迁移到自动磁带库上去——反正磁带库上空间多得是，迁上去的文件要用时还可以再迁回来；这功能简直太好了太高级了，大家无不欢呼雀跃如获至宝。于是大家蜂拥而至，什么乱七八糟的文件都往磁带库上迁移，许多文件只有几 KB 或十几 KB。迁移/回迁软件可不管你文件的大小，几十 MB 的文件算一个，几 KB 的文件也算一个，一个一个都记在账上。于是，也就用了大半年的时间，这一百万的文件数额就用满了。

这下子，迁移/回迁功能彻底"歇菜"了，用不了了——在自动磁带库基本完好无损的情况下。虽然我们就此与厂家多次交涉，力图解决问题；但等到厂家终于松口，答应酌情予以解决时，已经是两年以后的事情了，那时我们已经重新设计了自动磁带库的功能，迁移/回迁功能是否恢复已不再重要了。

这两个问题当时未能预见并予以解决，致使后续 MDSS 的设计能力没能有效发挥出来，实在令人痛心。至今回想起来，仍觉得懊恼和自责。

上面两个问题只是 MDSS 技术谈判中诸多插曲中的两个典型，实际上在此前和此后遇到的问题多如牛毛，不胜枚举。总之，经过一轮又一轮激烈的谈判，最后进入决赛圈的共有三家：IBM 公司、新晨公司、神州数码公司。三家的技术方案基本不相上下，报价也不相上下。然而到最后一刻的前夕，神州数码公司突然报了个跳楼价——在原报价的基础上直接降价一千万人民币！中国气象局职能部门的有关领导闻听大喜，立刻拍板决定，神州数码公司中标！

2004 年 2 月 13 日上午，在新世纪饭店三楼锦绣厅举行了合同签字仪式，中国气象局领导和相关职能司、信息中心领导，以及项目组全体成员悉数出席。活动的高潮自然是仪式后的午宴，望着同事们与春风得意的公司方代表推杯换盏，想想此前经历的一切，颇有恍如隔世之感。

自此商务谈判结束，项目转入设备安装调试和应用软件研发。

四、设备安装调试

先说设备安装调试工作。

自打我进入到气象部门工作之日起，很快就了解到气象 IT 工作的特点：事无巨细，全部工作都由自己来完成。以场地建设为例，配电、新风、空调、门禁、设备就位、系统安装……等等等等，无不亲力亲为。即便花钱招标场地建设专业公司承担机房建设工作，所有工作也是在我方的监督指导下进行。当时计算机室的场地环境团队以陈德全副主任为首，沈洸、孔令军、安俊新、段文昭、赵瑞林、王晶等为骨干，是一支十分精干的队伍，非但在中国气象局内首屈一指，在国家机关单位中都颇有名气。因此 MDSS 的场地建设十分顺利，2004 年 5 月底就已基本就绪了。

问题出在进口空调上。当时格力、海尔、TCL 等国内空调品牌尚不十分成熟，为确保机房 7×24 小时恒温且不出意外，我们从意大利引进了国际知名品牌的机房专用空调。最初的进展很不错：2004 年 4 月份签订合同，5 月份便传来消息，设备已在厂家准备就绪，可以包装启运了。该厂家的国内代办处依照以往的惯例，采用海运方式，将空调从意大利经海路运往中国。至于这趟海运的时长，代办处的厂方代表告诉我们说最多一个月，空调即可运抵天津港。于是我们便开始了漫长的等待。半个月过去了、一个月过去了、两个月过去了……最开始我们还能沉得住气，后来有点受不了了：其他设备（包括从美国引进的全套 MDSS 计算机存储设备）均已按时到货，全部堆在首都机场的仓库里，每天缴着不菲的货物管理费，这边这个不起眼但却又缺它不得的空调却在海上慢悠悠地一天一天往后拖。我们一次一次地催问代办处，代办处昨天回答说货物已到新加坡，今天回答说货物已到香港，明天又说不对，前面的消息搞错了，货物还在马来西亚的吉隆坡。有一次最气人，代办处竟声称货物在某港口被错卸下船，找不着了。用几个形容词来形容当时的心情，我们是从静等到不安，从不安到望眼欲穿、失去耐心、焦急烦躁、无可奈何、最后干脆麻木不仁了。

  2004 年 8 月中旬的一天，代办处的代表给我打来电话，欢天喜地地告诉我空调终于到了。听得我气不打一处来，在电话里连讽刺带挖苦地把他连带他们公司好好损了一番。他也知道问心有愧，于是大老远气喘吁吁地跑到我的办公室，左一个 sorry 右一个对不起地道了半天歉。我也知道错不在他而在海运公司，因此也没冉深究下去。只是从此后大家都长了个心眼，知道海运不大靠谱。此后田浩、宗翔他们负责的 IBM Cluster1600 充分吸取的我们的教训，设备全部采用空运，再也没有出现类似的情况。

  此后的设备安装工作按部就班，十分顺利，没有出现什么值得一提的问题。这一切得益于当年国家气象中心老计算机室、通信台等一班同事的丰富经验。20 世纪 90 年代，计算机楼（现在的中国气象局北区 2 号楼）几乎隔个二三年就会进一批设备，CRAY、银河、CYBER、9210、IBM SP……次次都是他们负责的安装和调试。我手头存有一份当时 MDSS 到货就位时的工作计划，谁在楼前，谁在楼后，谁在一楼，谁在三楼，谁负责电梯，谁负责吊车，谁

杨青（左一）、张玺（左二）、孙英锐（左四）等正在北区2号楼门前搬运设备

马强（右一）、荣维枝（右二）、常飚（左二）和笔者（左一）正在北区2号楼三楼 MDSS 机房内

应显勋（左）、姚燕（右）正在对 MDSS 进行应用测试

负责拆箱、谁负责就位、谁负责拆下的木箱及包装垃圾的归拢运送……甚至谁负责工具管理、谁负责工作服鞋套抹布等，都一一注明，缜密严谨而周到。真希望这个传统能永远传承下去。

设备就位后，接下来是设备加电测试，然后是系统安装、系统测试和系统联调；在所有这些步骤都一一通过后，应用人员进场，陆续完成了MDSS应用开发过程中有关数据库内部表结构和组织、数据库表几种插入方案的效果和检索时效、在数据库几种分区策略下各种插入方案的效果和检索时效以及非结构化数据的一些相关测试。为实时库和综合库的开发探明了几个关键的技术路线。

天有不测风云，MDSS似乎注定要命骞事乖。在设备加电、系统安装、系统测试、系统联调和应用前期测试一一进行，一一顺利完成之时，硬件设备开始发飙了：自2004年11月起，两台EVA5000磁盘阵列不断报警，隔一两天就坏一块磁盘，隔一两天就坏一块磁盘，弄得网络与存储室的几位弟兄焦头烂额，天天跑前跑后围着这两台EVA5000磁盘阵列团团转：向领导和业务处汇报、打电话报修、接待公司赶来的维护人员、下电更换磁盘、再加电测试，然后过几天再来一遍。起先大家以为这是新设备开始运行时的常态，过一两个月就会渐渐好起来的。谁知两三个月过去了，磁盘阵列丝毫没有"弃恶从善"的迹象，磁盘越坏越多、越坏越多，到2005年3月，更换的磁盘累计已达磁盘总量的1/3以上。厂家对此的解释是：磁盘阵列里的这批磁盘不是美国本土生产的，而是在马来西亚的某分厂生产的。我们对此当然无法满意：照你的意思，不是美国本土生产的磁盘质量就没法保证吗？既然如此，为什么给我们非本土生产的磁盘呢？施培量主任为此特意把当时恰在中国大陆访问的该公司高管约来，毫不客气地对这位高管及随从们说：国家气象信息中心在全国的知名度是很高的，每次有贵宾来访，我都会带他们来我们的机房参观，向来宾介绍我们引进的先进设备。但最近我却有意不向他们介绍MDSS，因为这套设备的实际状态令我实在不好意思向来宾讲述……当时我就在会场，那位高管听得一脸的尴尬，样子十分难堪，当场表示一定认真处理此事，更换磁盘阵列，以维护公司的形象。

当然，最终该公司还是信守了诺言，用新款的磁盘阵列替换了故障频发的旧磁盘阵列，于是又是一番折腾：场地配电准备、新磁盘阵列运输、安装调试、旧磁盘阵列数据导入新磁盘阵列、新旧磁盘阵列并行运行两个月、拆除旧磁盘阵列并运走，待最后消停下来，时间已经到了2006年7月了。

在此期间，自动磁带库也没闲着——自动磁带库的迁移/回迁功能发生问题了。原来，MDSS向HPC用户开放后，一些（不是所有）用户为了节省自己在HPC上的私人空间，将各种暂时不用的数据或文档迁入了磁带库，然而在再次使用这些数据或文档时却愕然发现：它们竟然无法从磁带库中迁回到本地了，明明看得见它们就在磁带库里，却怎么也够不着打不开。遇到这种倒霉事的那些用户自然叫苦不迭，怨声载道，将这台用上海话说"嚓刮利新"（即：崭新）的自动磁带库说成是一个"黑洞"，意思是说数据只能进得去，却永远出不来。马强、孙英锐、张玺、常飚、杨青等几位同事昼夜检查，终于发现导致这种现象发生的原因是磁带库的二台磁带驱动器工作不稳定。搞过维护的人都知道，发生故障并不可怕，可怕的是由于设备工作不稳定而导致的故障，因为此时设备时好时坏，故障的发生便也随之时有时无、很难准确再现，因而也就难以确定故障源。这几位同志们能在较短时间内确诊故障源，实属不易。

于是，在交涉磁盘阵列事宜的同时，我们并行地与磁带库厂家进行了同样十分艰苦的交涉。那些厂家代表自从合同签约后，便从笑脸菩萨摇身一变而成铁公鸡，除非铁证摆在面前，否则根本一毛不拔。我们只能一次次、一遍遍地与他们交涉。在反复诊断、反复确认之后，厂家终于承认磁带驱动器确有问题，答应更换。只是此时已经是2006年9月。待到厂家将工作不稳定的磁带驱动器更换完毕，2006年只剩下最后一个月了。

五、应用软件开发

我保留了一份 MDSS 应用软件开发大事记，简化成表格如下：

MDSS 应用开发大事记

日　期	内　　容
2004 年 4 月	技术培训开始。
2004 年 10 月	技术培训（含软件工程培训）基本结束，应用软件开发启动。
2005 年 1 月	应用软件各分系统功能需求规格说明（初稿）编写结束。
2005 年 5 月	实时数据库 ß1.0 版投入试运行。
2005 年 6 月	对外共享数据库移植完毕，投入试运行。
2005 年 10 月	实时数据库 ß2.0 版投入试运行。
2006 年 1 月	实时数据库 ß3.0 版投入试运行。
2006 年 3 月	自动气象站资料进入实时数据库。
2006 年 4 月	GPS/Met 资料及水文资料进入实时数据库。
2006 年 4 月	综合数据库《用户手册（初稿）》完成。
2006 年 8 月	MDSS 人机交互式查询界面设计完成。
2006 年 9 月	Atovs 资料进入实时数据库。
2006 年 11 月	实时数据库 FY2C 资料、沙尘暴资料入库流程建立。
2006 年 12 月	监视系统 ß1.0 版开发完成。
2006 年 12 月	综合数据库应用开发主体完成，MDSS 投入试运行。

这个表大致记载了 MDSS 应用软件研发过程中重要的里程碑节点。篇幅有限，内容太多，无法一一枚举，挑几个印象深的节点讲一下吧：

自 1982 年我参加工作以来，气象部门的应用软件几乎全部依靠自己研发。规模小的不去说，规模大的、具有标志性意义的如 BQS 系统、9210 系统等，都是气象部门自己组织力量，自己设计自己开发自己运行自己维护的（即所谓"四自"方针）。由于专业技术力量有限，这种大规模应用软件研发往往采取大协作方式，即调集中国气象局内各单位乃至调集全国各省局的技术骨干，共同协作完成。这种大协作的副产品就是：几乎每一次大规模应用软件的研发，都为气象 IT 部门培养出一批（甚至一代）技术骨干；这种情况到

2008 年时有所改变。而 MDSS 恰处在 2008 年之前，所以依然沿用着"四自"方针这一惯例；只是它的规模不够大，无法采取大协作方式，只能依靠自己的力量想办法完成。

还是由于应用软件自己研发这一惯例，在此前几乎所有的信息系统项目建设中，应用软件研发经费所占比重总是出奇的小，道理很简单：一来软件研发人员都是事业单位里"吃皇粮"的正式职工，人力成本几乎可以忽略不计；二来财务制度森严，管理者顶多在绩效奖方面对软件研发人员有所倾斜，而且倾斜度还不能过大。记得此前我在参与国家气候中心计算机网络系统设计建设时，经费几乎全部用在引进设备上，应用软件研发工作根本就没有预算，完全靠我们资料与计算机室几个同志无偿开发而完成。此次 MDSS 虽然破天荒（至少在我看来）开列了应用软件研发预算，但与发达国家相比（平均 3.5：6.5），软硬件费用仍不成比例，大约是 1：9。尽管如此，跟以前相比，额度已经不算小了，333 万元。

考虑到这是一套当时在技术上、理念上都属全新的存储系统，MDSS 在系统设计之初就制定了详细完整的培训计划，培训经费约 200 万元，培训课程三十余门，参与培训的人数达千余人次，时间自 2004 年 4 月起，延续到 11 月前后，方才全部完成。当时孙英锐具体负责培训事宜，与公司方及培训机构及时沟通交涉、安排人员及交通、课程及教材的落实、学员培训意见的转达等等，甚是辛苦忙碌。

与此同时，施培量主任特意从中心的经费中拨出 4 万元，聘请电子十四所（太极公司）的马力女士为全中心职工讲授《软件工程实践》课程，并要求所有参与 MDSS 应用软件研发的人员必须参加。马老师的讲座分成十讲，每周一次，每次一整天，授课地点在当时气象中心大楼（现在的中国气象局北区 1 号楼）8 楼的会议厅里。说实话，软件工程此前虽然听说过，但从没有真正接触过。虽然自己此前在软件研发过程中也有许多困惑，许多问题无力解决，但从没有想到过求助于软件工程。当时我面临的最大问题就是，如此大规模的软件研发,应当如何组织、如何保证软件研发的质量。这个问题在心里一直堵着,一想起来就愁得茶不思饭不想、夜里睡不着觉。因此,别人什么感觉我不清楚,反正我自己对这门课的感觉简直是久旱逢甘霖,太及时也太必要了。我向马老师索要了所有课件和PPT,晚上一有空就在电脑上边演示边琢磨,越琢磨越觉得有道理、有水平,慢慢地心里开始有底气了,信心也在逐步增强。只是毕竟初次接触,许多内容不大容易理解清楚,比如质量控制和质量管理,就是很费了一番力气才算搞明白的。

MDSS的应用软件由六个分系统构成,分别是:实时数据库、综合数据归档库、对外共享数据库、监视系统、Web应用系统和数据存储管理系统。经过十多年的风雨,这六个分系统都已先后退出历史舞台,而其中最后一个谢幕的,是实时数据库系统。

从最早投入业务应用(2005年5月)到最后一个谢幕(2018年7月),实时库确实与众不同。该分系统研发小组,除了高工高华云外,从组长赵芳,到副组长高峰,再到组员琚玲、姚燕、郭萍、胡英楣……几乎一水儿的女同胞,借用四川省气象信息中心马渝勇主任的一句调侃,整个一个"少奶奶当家"。她们的办公地点又相对集中,全组汇聚在一、二间朝北的办公室里。都说三个女人一台戏,可那阵子她们所在的办公室虽不敢说静得瘆人,却也的确听不到一般女同胞办公室里常常爆发出的说笑声。悄悄推门进去,往往见到诸位"少奶奶"端坐在PC终端前,杏眼半睁、柳眉微蹙,要么盯着屏幕冥思苦想,要么双手在键盘上哗啦哗啦敲个不停,现在回想起来,那画面绝对经典。可惜我当时没留个心眼儿,偷偷拍下两张照片来留作纪念。

记得MDSS项目商务合同签字后不久,一次向中国气象局重点工程办公室周曙光主任口头汇报完工作后,老周不无感慨地对我说:"小沈啊,本人今年(2004年)9月30日退休,你们怎么也得让我在退休前见到这个项目投入运行吧。"我当时听得有点儿感动,满口答应老周一定努力争取。但现实毕竟很残酷,到老周退休的日子,非但应用软件的开发尚在起步之中,就连硬件设备都没有全部安装调试完毕,使我一直觉得愧对老周。然而话又说回来,做过多年项目和工程,尤其是在系统学习了软件工程以及相关的管理类知识后,大家都明白了一个道理,项目的进度不能只靠玩儿命,许多过程必须一个一个经历,否则可能为未来埋下隐患;所以真的急不得,真的不能三步并作两步走。虽然如此,从中国气象局领导到信息中心层面再到项目组内部,包括中国气象局内各业务单位,都强烈希望 MDSS 能够早日投入使用,早日业务化。为此,我们没有采用软件工程的传统做法——按部就班地一步一步来,待全部研发完毕,验收剪彩,投入运行——而是采用了类似于现在业界十分流行的 DevOps 方法,小版本快速迭代,这里版本之间以入库资料的类别加以区分。于是,研发小组的诸位"少奶奶们"先将最基本的几类资料(如地面、高空观测资料)逐项入库,测试通过后投入业务试用,以此作为实时库的最初版本,然后,入库几类资料,发布一个版本,再入库几类资料,再发布一个版本……不断迭代(这也就是上面的表格中实时库多次出现的原因)。这样,既可使实时数据库尽早提供数据服务,支持中国气象局的各项实时业务,也可在试用中听到用户的反馈,发现问题,及时校正。

不用说,实时数据库的研发充满了艰辛。库里的数据每一类、每一种,都需要这些女同胞们仔细分析,然后设计数据表、确定关键字段、提取元数据、编制数据插入和数据检索的相应软件,而且还要遵从相关的规范等等。一般一种数据的入库时间平均约 2 ~ 3 周,实时数据库里共有几十种数据,可见实时库研发的工作强度和难度。所以,"少奶奶当家"绝非浪得虚名,的确是实至名归。个中甘苦,只有她们这些当事人自己心里最清楚。

实时库在业务试用中,的确暴露出一些问题,而这些问题与实时库的平台、某商用数据库有直接关系。当我们拿着这些问题找到该商用数据库厂家的中国研究院,以期寻求答疑解惑时,竟发生了令我们火冒三丈的事情:该厂家负责人声称,合同上规定的一年免费服务期已过,现在来寻求帮助可以,但请先把钱交上来。我们闻听愕然不已:一年免费服务期我们边培训边设计边开发边测试边试运行,一点时间都没耽误啊。那段时间里没有发现问题嘛,自然没有来找你们。现在虽然免费服务期过了,但我们也发现问题了,来找你们寻求帮助就必须得掏钱吗?难道不能通融一下吗?该厂家负责人不为所动,面无表情地说这是规定,他也没办法。免费服务期后,一切服务以合同为准。我们都是独立核算的,没有服务合同一切免谈。而且你只签从今天算起的合同还不行,免费服务期截止日期到今天以前的这段时间,你们也必须按照合同费用的60%补交——这也是规定,我们也没办法。

自此我算是领教了什么叫霸王条款,说实话,实在把我们气坏了,没有这么欺负人的。照这么说,如果合同签订后头九年什么服务都没有,仅仅第十年我们来寻求帮助,除了缴纳明码标价的这第十年的服务费外,我还必须把前九年根本不存在的服务的服务费的钱一起交了,而这些根本不存在的服务的服务费竟然是满额服务费的60%!自此我们几个人下定决心,只要国产的数据库能够替代这个厂家的产品,即便功能差一点、性能差一点,我们也绝不再用这个数据库了。随着时间的推移,拒用该数据库的人群越聚越大,最后几乎在气象IT部门达成了共识。

最后顺便说一下,实时库遇到的那些问题,我们都想办法解决了(在没有该数据库厂家的帮助下)。

MDSS应用软件研发中的故事太多了,这里只粗略地讲了一点实时库的、而且是我个人记忆中的几个小片段。其实每一个分系统都有许多自己的故事。时间有限,篇幅有限,我不可能一一道来。而且,最好是由各分系统的当事人自己来讲,那一定会十分精彩的。

六、系统的实际应用

构成MDSS的三个子库:实时数据库、综合数据库和对外共享库,是三个在逻辑和物理上都彼此相对独立的数据库。这三个数据库中,实时库是用来支持实时业务的,对于省局而言,在三个子库中最有引进的价值。

早在 2005 年，实时库投入业务试运行不久，广东省气象局、四川省气象局便先后要求将实时库移植到当地，以改善本省气象数据的管理和服务能力。经过几年的磨合，实时库的价值和能力开始逐渐显示出来，中国气象局职能部门甚至于 2009 年设立了小型基建项目，专题负责实时库的省局推广工作。

综合数据库，按照当初领导层的设想，其主要目标是将气象资料室乃至全中国气象局所有气象资料全部以数字化的形式规范管理起来，这从它的另一个名字——综合归档数据库——可以有所印证。正是由于这个原因，综合库中管理的气象资料多是以数据集的、非结构化数据文件的形式存在的，其提供的服务方式主要是浏览、检索和下载（与对外共享库类似）。除此之外，综合库还负责将资料室库房中的若干类纸质观测簿进行数字化处理。原本这不属于 MDSS 的管辖范围，但它还是被塞了进来，数字化处理子项目的经费额度约 280 万元，明令挂靠在综合库的建设内容上。因此 2007—2008 年，我被资料室档案科兰科长拽着，中关村、亦庄、望京、上地跑了好几圈，专程考察那些专业数字化企业的资质和能力，从中很是学到了许多有关气象档案以及数字化处理技术等方面的知识。

对外共享库分系统与科技部气象科学数据共享项目是两个项目、一队人马，当时都是由资料室王国复率队承担。其中气象科学数据共享项目做得十分出色，受到科技部多年的持续支持，经费比 MDSS 高出不止一点两点。王老弟钱多脑子也活络，他率领团队及时顺应市场趋势，在信息中心内部率先采用软件外包形式完成了气象科学数据共享系统的研发，顺带着也完成了 MDSS 对外共享库的研发。那一段时间，他们的气象数据共享工作在科技界干得风生水起，数次被科技部领导点名表扬。由于对外共享库在内容和目标上与气象科学数据共享项目都基本类似，因此在 MDSS 项目中也进行得比较顺利。

由于 MDSS 的建成以及作用的发挥，未来气象数据中心的形态、规模、分布以及功能等问题开始引起一些有识之士的关注。记得信息中心当时有一派意见，认为未来中国气象局气象数据的分布格局应该是各业务单位各自建立一个自己的专题数据库，用以支持本单位各项业务/科研工作的数据需求，这些专题数据库以信息中心的数据库（如：MDSS的综合数据库）为核心数据源，即从信息中心的综合数据库中获取所需要的各类数据，而信息中心的综合数据库除提供数据外，还负责各单位专题数据库的备份和归档。由此，在中国气象局内形成一个星状的分布式数据库格局。说实话，该设想不失为一种经过深思熟虑的、既照顾现实又兼顾未来的、既能被广泛接受又有很强的可操作性的方案，至今仍有一定的市场。

不过，我对该方案持部分保留态度，原因我已写进前几年发表的论文里了，此处不再赘述。

总之，经过几年的实际业务运行，MDSS已基本稳定，在业务中发挥着它应有的作用。一切都水到渠成，一切都功德圆满。于是，2009年底，它通过了项目验收——虽然经过了一番周折。

验收会后，我整个人像虚脱了一般，个人独处时，辛酸苦辣各种感受在心里一个劲儿地翻腾，真是身心俱疲、百感交集，一个多礼拜后方才缓过劲儿来。

七、尾声：经验和教训

别人怎么看MDSS我不知道，在我自己看来，MDSS并不算一个成功的项目（虽然它应该不算失败），很多地方不完美、不够好、甚至不正确。这种感觉在项目执行后期便已开始产生，并随着时间的推移不断地积累和发展。因此早在2007年（那时MDSS尚未验收），我便就自己的思考和感受，花了大约半个月的时间，写了一份《MDSS问题分析》，并九易其稿，较为彻底地对MDSS项目全过程中的管理问题做了梳理，完稿时有两万多字。然而这份问题分析递交上去，并在MDSS项目组一定范围内散发后，便如石沉大海，静悄悄的一点涟漪都没有。原本还想借此召开一个内部研讨会，系统总结一下相关问题，后来也因一些朋友私下里善意的劝阻而作罢。沮丧之余，我自嘲实在是自寻烦恼，他人尚且无心追究，自己何必自曝家丑。于是我把此稿丢在脑后，不再想它。

12年后的近日，为撰写本文，我在电脑里一个久未访问的文件夹中找到了这份"问题分析"，重读后生出许多感慨：很多当年已经看到的问题，在此后的项目建设中仍在一而再再而三地重复着，困扰着。马克思说过："一切历史事实与人物都出现两次，第一次是悲剧，第二次是喜剧。"建设项目中的管理失误可不是这样，如果不加分析总结，并在日后的工作中加以调整改进，第一次出现是悲剧，第二次出现仍然是悲剧，以后每一次重复出现都是悲剧。

面对着同样的"悲剧"一次又一次地重复出现，我们不该有所感悟吗？

也许我们缺乏的仅仅是一些勇气吧。

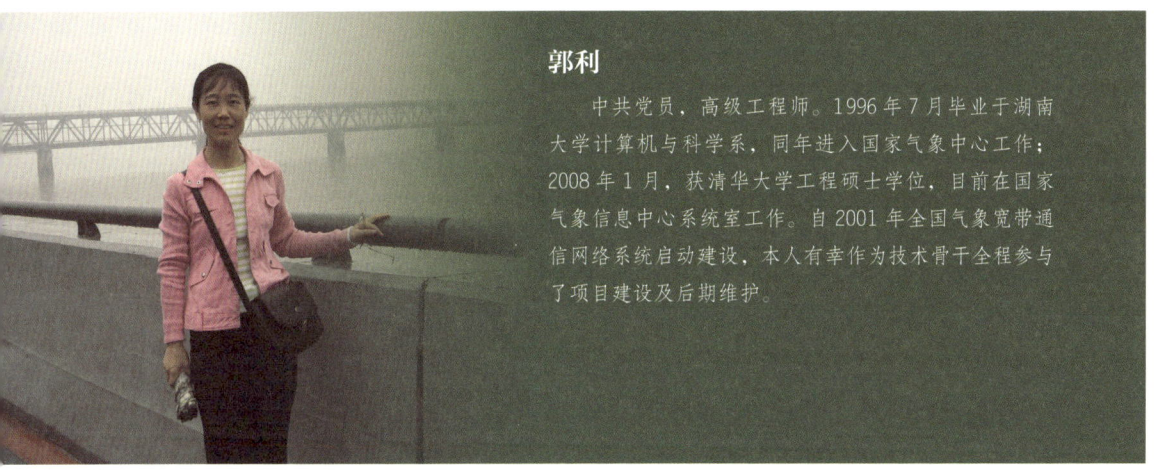

郭利

中共党员,高级工程师。1996年7月毕业于湖南大学计算机与科学系,同年进入国家气象中心工作;2008年1月,获清华大学工程硕士学位,目前在国家气象信息中心系统室工作。自2001年全国气象宽带通信网络系统启动建设,本人有幸作为技术骨干全程参与了项目建设及后期维护。

"网"事知多少
——记我与宽带网的十年之缘

借着国家气象信息中心纪念成立十五周年出书的契机,我开始重新翻看十八年前的那些记录和文档,被岁月尘封的"网"事轻易间就被一点一滴地唤醒。从2001年全国气象宽带通信网络系统(以下简称"宽带网")正式启动,到2005年全国实施,再到2006年第二套网络系统建设、2009年升级改造、2010年优化升级,直至2011年我转岗离开,十年的相守,几乎占据了我现有工龄的一半,我亲身经历了她的酝酿、建立和成长,也成为我人生中重要的记忆。放眼我整个职业生涯,印象最深的业务系统,除了参加工作后第一个接触的 DEC 公司的 VAX 计算机系统,很少再有能与之相媲美的了。有幸伴随她的十年,也是我人生中最美好的青春岁月,宽带网也见证着我从花信年华步入了而立之年。

为准确起见,我还专门找老同志进行了一番求证,力求给大家呈现一个完整真实的情况,但限于个人能力和时间久远,如有偏差,还请谅解。

一、机缘

2001年，中国气象局启动新一代多普勒天气雷达建设，计划2006年前在全国建成158部雷达气象站，这些雷达站点的建设完成，将极大地推动气象业务的发展，有效提高气象预报的精度和广度；但另一方面，每部雷达230Kbps的带宽需求，以及气象业务对视频、音频的综合传输需求，也对现有的通信网络系统提出了挑战。

当时，气象数据的收集主要通过卫星通信来实现，上下行带宽不平衡，且带宽有限，不能满足大数据量的信息传输，更不能保障远程天气会商等对带宽敏感应用的需要；卫星通信的地面备份电路采用了x.25方式，其传输速率只有64 Kbps且升速困难，作为电信部门未来非重点支持业务，今后的服务保证有限。新一代多普勒天气雷达项目为每部雷达配了50万的远程通信费，为整合利用好这笔经费，解决业务需求和现实能力的差距，建设宽带网，提供高速、可靠的新一代国内地面通信传输平台就提到议事日程上来了。

2001年年中，中国气象局推行重大业务机构改革，国家气象中心和国家气候中心合并，成立了大"国家气象中心"。大中心下设了中央气象台、气候中心和信息中心三个分中心，信息中心的时任领导是施培量主任和沈文海副主任。信息中心又由两部分组成：负责业务系统维护的信息中心和负责技术支持与工程建设的信息技术支持中心。信息技术支持中心是对内称呼，对外统称华信公司，李昌明和赵西峰分任信息技术支持中心的总经理和副总经理。按照职责划分，技术支持中心又分设了计算机与网络工程部、通信工程部、应用开发部、市场部和网站等若干部门。由于工作需要，原计算机与网络工程部经理、副经理荣维枝和郎洪亮带领一些同事回到了信息中心，与原气候中心资料与计算机室部分人员组建了网络与存储室。通过竞聘，陈建军和我成为新的计算机与网络工程部的经理和副经理，刚刚起步的宽带网系统建设就当仁不让地落在了我们这个新团队身上。

信息中心对该项目也高度重视，施培量主任亲任领导小组组长，主抓落实；实施小组成员覆盖了业务处、信息技术支持中心、网络与存储室以及通信台等多个台室的技术骨干。

二、选择

纵观宽带网建设的全过程，"选择"二字贯穿始终，线路的选择、设备的选择、带宽的选择、IP 电话的选择……每一次选择都经历了前期调研、深入分析、甚至实验求证，最终达成共识，正是这一次次的选择，推动着宽带网建设不断地前进。

建设宽带网，首先要解决的是采用什么样的组网技术。2001 年 7 月项目启动，前期我们主要在网上搜集资料，了解电信市场主要专线的类型、覆盖范围、带宽以及扩展能力。大家按照线路类型分工，每人负责一种线路。2001 年，网上搜索基本依赖谷歌（Google），和雅虎（Yahoo）等国外产品，国内的百度搜索才刚刚开始从后台转向独立提供服务。由于互联网还不够普及，因此能搜集到的可用资料非常有限，要想深入地了解，只能通过对电信运营商的考察。当时国内主要电信运营商有中国电信、中国网通、中国联通、中国铁通、中国移动和中国卫通，俗称电信六强，除中国移动、中国卫通的地面数据业务能力不足外，其余的四家我们都逐一进行了深入了解。中国电信在资源上一枝独秀，正当我们觉得运营商非它莫属的时候，2001 年 10 月，传来了中国电信南北拆分的消息，电信北方 10 省市并入中国网通公司，南方及西部 21 省组成新的中国电信公司。拆分以后，中国网通原有资源加上中国电信北方 10 省的资源，基本可以跟中国电信分庭抗礼了。通过一次次的交流、对比和讨论，意向性的线路最终集中在了 SDH（Synchronous Digital Hierarchy，同步数字体系）和 ATM（Asynchronous Transfer Mode，异步传输模式）上。

线路的问题还没完全解决，设备问题又随之而来。当时，美国思科公司是绝对的全球公认业界领先者，占据了全球核心路由器份额的 70% ～ 80%；华为作为后起之秀，其 NE 系列路由器才刚刚推出商用；而老牌通信服务供应商北电网络公司，在成功收购了 BAY 网络公司之后，也开始向广域网领域拓展。思科和华为的路由器 +SDH 方案、北电的多业务交换机 +ATM 方案是两种技术路线，路由器方案的典型用户有国家电网公司、交换机方案的典型用户有新华社和中国海关，一时难以抉择。

气象卫星综合应用业务系统（9210 工程）为全国气象部门建立了卫星电话，但由于卫星信道延时，电话打起来总是断断续续，再急的事也要耐着性子，说完一句停下来，信号不好的时候，需要等上好几秒，那头才会传来对方的声音。当时长途电话费很贵，开通长途功能的电话也不多，尽管卫星电话有这样的问题，仍然成为我们跟省局交流的一个重要工具。后来卫星电话跟中国气象局大院的程控交换机相连，在办公室只需拨一个特殊号码，就自动转成卫星电话，大家使用起来更方便了。宽带网方案设计阶段，实施小组也希望能通过地面线路建设 VOIP（Voice over Internet Protocol，网络电话）系统替代卫星电话，继续方便气象内部人员的交流。

为最终确定设备和线路，同时对数据、视频和音频的传输情况进行测试，2002 年 11 月—2003 年 7 月，经领导小组同意，实施小组选择在北京、济南和广州三城市之间开展选型实验。其中，北京到济南租用 2 Mbps ATM 线路，北京到广州租用 2 Mbps SDH 线路，邀请思科、华为和北电三家免费提供各自主流设备进行测试。根据宽带网承载业务的需求，制定了选型试验的测试项目，包括了设备性能、路由协议、安全机制、组播、VOIP、视频及网管测试等。

测试结果表明，路由器的方案更优。从厂家的表现来看，思科公司最短时间内顺利完成所有测试项目，充分体现其设备和技术实力；华为公司从始至终非常主动，尽管测试中遇到一些问题，但都积极应对，甚至派研发人员现场进行调试，因此产生了数个气象局的小版本，最终也是全部完成了测试项目。北电由于部分测试内容没有完成，且已测结果不如另两家而遭到淘汰，2009 年，北电申请破产，也直接验证了我们当初的先见之明。

SDH 和 ATM 线路对比测试中，SDH 作为一种物理接入方式，虽然在网络扩展性方面存在不足，但其在测试中良好的表现、突出的性价比、广泛的网络覆盖范围以及丰富的业务支持能力都使得它在此次线路之战中优势明显，因此确定宽带网采用 SDH 线路作为组网方式。

测试中，思科和华为的 IP 电话语音质量都能达到满分 5 分，也成功实现了三地 IP 传真互发，但考虑到全国几百万元的建设投入，而未来使用人员和频次有限，最终还是决定将宽带网的建设重点放在急需解决的数据与视频传输上，不再考虑 VOIP 的建设。现在看来，当时的决定实在英明，不然，随着之后电话费的持续降低，也许 VOIP 电话现在就真成为鸡肋了。测试中，还首次实现了会商系统在地面线路上的传输，也为后续电视会商系统的迁移奠定了基础。

当时的宽带网建设除网络传输系统外，还包括解决雷达资料传输的数据通信处理系统。选型实验后，项目组对原方案进行一系列修改和完善，于 2004 年 8 月 29 日，正式上报宽带网整体方案和实施方案；10 月 29 日，项目组向时任中国气象局副局长郑国光进行了汇报，他肯定了项目组的工作，并要求尽快开展实施。

三、实施

2004 年 8 月，中国气象局气象信息中心（简称信息中心）正式成立。项目实施前，施培量主任强调"宽带网系统建设已经在全国气象局长会议上被列入 2005 年的一项重要工作，作为信息中心成立后正式实施的第一个重大项目，要求全体参与人员应给予足够的重视和投入相当的精力；建成后的宽带网系统应成为支持气象事业及相关行业，满足信息传输和共享的综合业务平台，成为 9210 卫星通信系统的发展和延伸。"领导的鼓励无疑给了我们莫大的鼓舞，但也深感肩上责任的重大。

根据建设内容，项目招标分为四个部分：电信服务、网络设备、国家级数据处理系统设备和省级数据处理系统设备。当时由于没有规范的招标公司，招标的所有大小事宜都需要实施小组亲力亲为。大到编制招标文件、组织招标答疑、开标评标、发布中标通知，小到发布招标邀请、发放标书、制作评分登记表、拟定讲标顺序等，事无巨细都要自己操作。

2004年10月，实施小组完成了招标文件初稿，经过一轮一轮组内讨论，最终确定了所有的设备性能指标和技术服务要求。

2005年2月3日，正式发布标书。

2005年3月7日，在北京白鹭园培训中心开标。

2005年3月8—9日，专家组评标。

2005年4月18日，发布中标通知书。

由于评标安排了讲标环节，所以评标时间持续了两天，白天各家讲标，晚上专家评议。我作为专家组中的年轻成员，也承担了部分工作人员职责。正式开标当天的晚上，为减轻专家评标的工作量，我和另一个同事分工，将各厂家标书中的性能指标填入之前做好的技术指标统计表里，方便对比，也给第二天专家评标提供参考。但由于我们考核指标定得过细，投标的厂家又比较多，摘录的时间很长，睡意不停地袭来，但自己酿的"苦果"咬牙也要吞下去，等工作全部完成，已经是后半夜了。

最终，中国电信以473.4万中标，负责提供国家级155 M，区域6 M，其余省4 M的SDH带宽租用服务；北京东华合创数码科技股份有限公司以965万成为网络设备的中标商，提供华为NE系列路由器的互联方案；国家级和省级数据处理系统设备中标商均为北京英孚泰克信息技术有限公司，中标价分别为207.589万、1191.44万，并提供IBM的PC服务器及存储设备安装维护服务。

2005年5月8日起，计算机与网络工程部组建了实施团队，分三期开展实施工作。遵循边建设边发挥效益的原则，一期10个省级安装完成后，即有9个省16部雷达的实时观测数据发送到了北京；二期结束后，全国已有57部雷达产品和3部雷达基数据传到北京；2005年12月23日，三期最后一个省——河南省的建设完成，标志着宽带网 31 个省级建设任务圆满结束。按照中国气象局"2005 年底之前要完成 2/3 省级系统建设"的要求，项目组已提前超额完成了建设任务。同时，电视会商系统、Notes 办公自动化系统、9210 国内通信系统也全部由原来卫星网切换到宽带网上传输，极大地提高了业务的传输效率。

那时，赴各地实施的同事，按照路线分组，每组 3～4 个省，出一次差就是十天半个月；每到一处，都得到省级同事的积极配合，工期紧需要经常加班，他们就毫无怨言地陪着我们，并积极提供协助；主站留守的我，从选型实验起，就长期"坚守"9210 工程主站机房，负责整体组织、协调以及各组遇到问题的解决。我每天记录实施情况，包括工作进展、存在问题、解决方法、注意事项等。整个实施过程，我"本"不离手，实施完成时，已经记了厚厚的一本。但后来办公室多次搬家，记录本不知所终，有点遗憾。

以下只是部分实施现场的照片，由于工期紧张，很多现场都没有留下图片记录。

雷达资料的实时上传为当年"海棠""泰利""卡努"等台风预报发挥了巨大作用。2006 年，台风"碧利斯"袭来，视频节目实现宽带网传输，让观众第一时间看到了华风"追风行动小组"拍摄的台风登陆实况，《中国气象报》当时评价说，"宽带网让制约气象信息传输的'瓶颈'逐步得以破解"。

2006 年底，信息中心机构改革，计算机与网络工程部和网络与存储室合并组建网络室。大规模的项目建设告一段落，接下来新台室的工作重点是对宽带网系统进行优化完善，发挥更大效益。

四、优化

SDH 宽带网络采用了星型网络结构，省级系统之间进行通信均需通过国家级主站中转，限制了省级系统之间直接通信的能力。随着区域、流域内直接数据交换的需求日益增加，需要考虑省间直接网络通信的问题。2006 年，网络与存储室借助北京奥运会气象保障服务项目，在国家级中心、北京、天津、河北石家庄、山东济南、山西太原、山东青岛、辽宁大连、内蒙古呼和浩特等 9 个处于奥运天气上下游的节点，利用 MPLS VPN 线路开展了奥运省际网络系统建设，实现了节点之间直接的网络通信。2008 年 5 月，新成立的网络室，在此基础上，完成了覆盖所有省级系统的全国气象宽带主干网络 MPLS VPN 系统，至此，宽带网从一套 SDH 主干网扩充为 SDH 和 MPLS VPN 两套主干网系统，系统能力和可靠性都得到大幅提升。

宽带网两套主干系统建设时都未考虑网络安全能力建设，仅在国家级部署了防火墙，实现最基本的安全防护，各省级系统无任何防护措施。2009 年 1 月底，配合新一代国内通信软件系统的部署，网络室编写了《全国气象宽带网络通信与网络系统建设方案》并正式得到宽带网领导小组批准。计划在 2009 年主汛期前，在全国建设基于负载均衡集群架构的全国气象宽带网络省级通信服务器系统，替代之前的 9210 国内通信系统；除此之外，在宽带网省级接入位置部署防火墙；调整现有国家级、省级宽带网络结构，构建独立的网络安全域；按照全国气象部门 IP 地址规划启用新的互连 IP 地址。随着项目的如期完成，宽带网安全能力得到了增强。

2010 年，针对 SDH 线路带宽扩充不灵活、不能平滑升级，建设之初采购的 NE 系列路由器老化以及两套宽带主干网不能实现自动备份等问题，网络室启动宽带网主干系统整合建设。构建全国 MSTP 主干网系统替代现有 SDH 系统，新建的 MSTP 主干网与原 MPLS VPN 主干网共同组成新的宽带网主干系统。通过对路由的重新规划，第一次实现了宽带网 MSTP 线路与 MPLS VPN 线路之间的热备份，改变了以前切换靠人工的模式，极大地缩短了切换时间和原人为操作风险，切换工作由原来的半个小时缩短到了分钟级，大大提高了宽带网的可靠性。同时，根据宽带网承载的各类业务的具体特点，并结合传输线路的优势重新进行业务规划，并完成调整，统筹使用好两套线路，提高了带宽的利用率。

五、感谢

经过计算机与网络工程部、网络与存储室、网络室、通信台、运控室等一批又一批技术人员的共同努力，现在的宽带网已由建设之初的一套 SDH 网络、国省 2Mbps 带宽，升级为如今 MPLS VPN（主备）两套系统，国家级 MPLS VPN 接入带宽达到 6Gbps、区域中心 950Mbps、省级 520Mbps 的规模。

感谢计算机与网络工程部和网络与存储室同事们的艰苦工作，是你们，宽带网才从无到有；感谢网络室同事们的辛勤付出，是你们，宽带网能力才越来越强；感谢通信台、运控室同事不懈努力，是你们，宽带网才能在十年之后，继续承担着气象局核心传输平台的重任。宽带网的今天，离不开各位同事的通力合作。

感谢施培量主任、孙修贵主任、赵西峰主任的坚强领导和果敢决断，关键环节做出的正确决策；感谢同事和领导们的信任，才让我跟宽带网有了这场十年之缘，辛苦的工作记忆已经淡忘，留下的都是美好的回忆。

18 年，也许很多业务系统都已淘汰老化，逐渐退出了历史舞台，但宽带网系统经受住了时间的考验，通过不断的优化完善，时至今日，依然是气象局最重要的业务系统之一。尽管我已经离开了一线维护的岗位，但每每听到宽带网的消息，还是忍不住要留意和关注。

不忘初心行致远，继往开来砺前行。回首"网"事，我与宽带网的十年之缘，是几代信息人精诚合作的结果，蕴含着信息人求真务实、迎难而上、坚持不懈、精益求精的初心和精神。我相信，不忘初心，薪火相传，未来宽带网系统一定会发挥更大的作用！信息中心也一定会越来越好！

陈永涛（左四）
学士/高工，现任国家气象信息中心运行监控室副主任，参与中国气象局9210工程、国家气象信息中心山洪地质灾害防治气象保障工程、气象信息化系统工程、行业专项－应急移动气象服务系统研制等项目的建设，主持全国天气预报高清电视会商及电视会议系统、中国气象局新一代气象数据广播系统等项目的设计、建设工作。

刘然（左三）
硕士/高工，现任国家气象信息中心运行监控室运行二科科长，做为技术骨干参与全国天气预报高清电视会商及电视会议系统、中国气象局新一代气象数据广播系统、国家突发事件预警信息发布系统等项目的设计、建设工作。

贺俊彦（左二）
本科/工程师，全国电视会商系统建设运维团队骨干成员，负责综合会控软件平台研发建设。参加新一代全国会商主控中心优化建设工作。

浅谈全国天气预报电视会商及电视会议系统建设与发展

一、前言

几十年前，通过电话讨论着天气形势的预报员们或许很难想象今天的情景：全国各地远隔千山万水的预报员，通过高清会商系统，一边展示观测数据，一边讲述预报理由，如同面对面一般讨论分析，将"天下大势"尽收眼底。而这，便是国家气象信息中心建立的全国天气预报电视会商系统所带来的现实。气象部门素有会商天气的传统，在气象电视会商出现之前，预报员们多采用电话会商的形式。电话会商的缺点显而易见——预报员只能通过声音单线交流，关键的数据、图标等无法进行展示。

而气象电视会商的出现，使预报员之间的交流变得形象而直观，开拓了预报员的眼界。对于中央气象台预报员而言，多听取不同来源的预报意见，能够从更全面的角度认识问题；对地方气象台预报员而言，能够更多地了解大范围、跨区域的天气系统。此外，随着越来越多的地市级乃至县级气象局能够收看电视天气会商，它也成为了年轻预报员学习预报经验的最佳课堂。

全国天气预报电视会商及电视会议系统（简称电视会商系统）始建于 2001 年，2003 年 7 月正式投入业务运行，并在 2011 年进行了高清系统改造，2018 年再次引入分布式、云会商等技术，为用户提供更自主更高质量的天气会商服务。

电视会商系统是基于 IP、光纤混合网络的气象系统多媒体远程通讯平台，融合了音视频技术、信号处理、网络传输、光传输、分布式等多项先进视讯技术，建成以国家气象信息中心为核心，覆盖国家级、各省（区、市）级气象部门的高清 1080P 视频会商系统。规模包括 1 个国家级高清会商控制中心、14 个国家级会场（中国气象局内设机构、直属单位）、36 个省级会场（含大连、青岛、宁波、厦门和深圳 5 个计划单列市）。借助同城、专线网络，连接南京信息工程大学、香港天文台、国家民航总局、水利部、国家林业局、国家核应急办、北京大学等气象行业外部门单位。主要应用于：①全国天气预报电视会商业务；②气象系统全国性的电视电话会议、技术培训、远程教育；③区域流域气象部门业务、行政视频会议；④应急服务——移动应急车卫星视频连线；⑤配合电视台、中国气象频道进行电视直播。

二、气象电视会商系统发展历程

1. 第一代全国标清电视会商系统

第一代全国电视会商系统于 2001 年开始建设，分试验系统、一期工程、二期工程三个阶段。该系统以国家气象信息中心电视会商系统主控机房为控制中心，覆盖全国 31 个省（区、市）以及 4 个计划单列市气象局、13 个中国气象局大院会场以及南信大、民航等行业用户，具备传送音频、标清视频和计算机 VGA 画面的功能。该系统建设完成后，改变了传统的会商／会议模式，为各级领导、气象专家、预报员提供了面对面的交流环境，是预报员之间探讨预报技术和沟通预报思路的重要平台。

第一代标清电视会商系统采用卫星信道和地面网传输的混合组网方式实现全国省级站的电视会商及电视会议系统。系统主要由卫星通信部分、主站

第一代全国标清电视会商系统

主会议系统和主站视音频处理、省级会议系统、旁听站、地面接入和多媒体视音频在局域网中的延伸等六大部分组成。

随着技术的发展和用户需求的不断提高,标清会商系统进行了三项主要的技术升级:

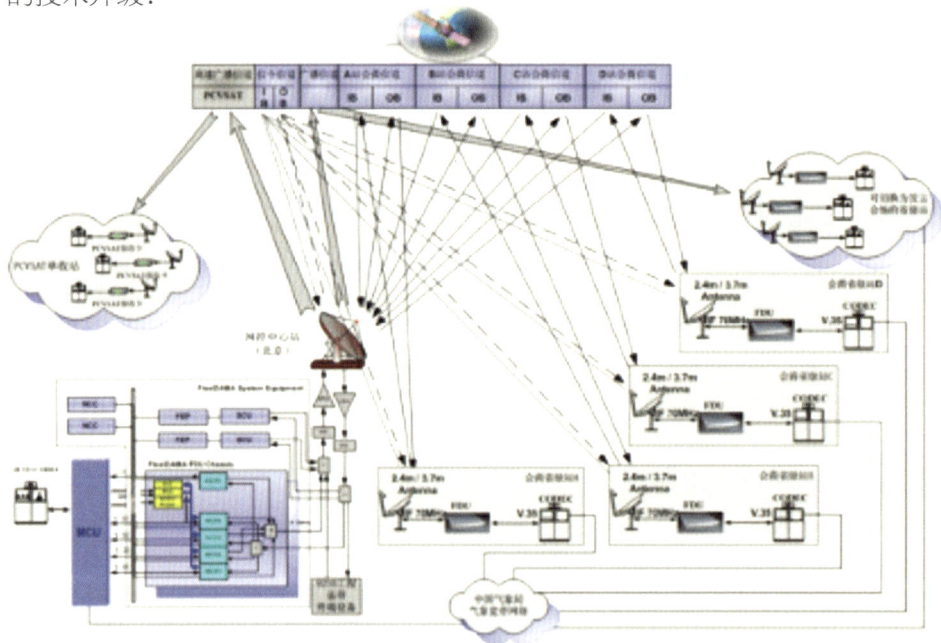

第一代全国标清电视会商系统卫星组网结构图

（1）从基于 H.320 的卫星线路转换到基于 H.323 的气象宽带网线路，线路带宽从 384 Kbps 提升到 1.5 Mbps；

（2）从利用卫星网管进行会议切换转换到利用多点控制单元 MCU 进行会议切换；

（3）从传输单路视频升级到可传输 H.239 标准的双路视频功能。

全国标清电视会商系统主视频分辨率为 CIF 格式（352×288），双流视频分辨率为 XGA 格式（1024×768）。通讯协议基于 ITU-T H.323 协议，具备 MCU 多点交换服务器、GK 网关、CODEC 视频终端等系统组成模块。双流遵循 H.239 标准协议，使用第二路视频通道，传输发言 PPT、云图等资料。

系统组网结构为"IP+光纤"混合模式，即全国各省级会场通过全国气象宽带业务 SDH 网络与会商主控 IP 连接，形成国家局 MCU 与省级视频终端的 IP 组网模式，而中国气象局大院单位通过专用光纤与会商主控连接，形成主控光端机与各大院会场光端机组网模式。这种组网模式能够满足不同会商参会单位的实际使用需求，丰富了会商形式，用户可以同时观看发言人视频以及 PPT 视频，大大提升了信号传输的时效性与同步性。

第一代标清电视会商系统改变了气象部门繁复陈旧的气象会商模式，作为一套气象多媒体信息业务系统，不仅能实现声音和视频图像的交互，还能支持图形和文件资料信息的交互。系统投入使用后，主要用于召开全国性的电视会议和技术培训、全省及区域视频会议、全国气象系统远程教育等。但受技术限制和不断增加的用户需求，系统仍存在性能不足、稳定性不足、智能化不足、灵活性不够等多种缺陷。

2. 第二代全国高清电视会商系统

随着 H.264 编码技术的逐步成熟，高清视频会议开始广泛应用，气象高清会商系统应运而生。国家气象信息中心对原标清电视会商系统进行了大规模升级改造，并于 2012 年 5 月投入业务试运行。

系统建设以国家气象信息中心为主控中心的覆盖各国家级、省（区、市）

级气象部门的高清1080 p视频会商系统。高清会商系统核心设备由多点控制单元MCU以及高清视频终端组成，性能指标较旧有标清系统有较大幅度提升，主视频、计算机辅流分辨率分别达到1920×1080/30 p和1280×1024/15 p，系统基于全国气象宽带业务网以及中国气象局园区视频光纤专网。

第二代全国高清电视会商系统

国家级控制中心由六部分组成，包括核心处理子系统、监控子系统、视频分配切换子系统、音频分配切换子系统，以及桌面会商子系统、辅助子系统。

(1) 核心处理子系统

核心处理子系统用于会议的主叫呼集，视音频信号编解码处理，以及会议管理等。系统包括2台具备主备切换功能的高清1080 pMCU、16台1080 p高清视频终端、一台高性能1920×1080分辨率高清摄像头、一套应用软件系统。全面支持ITU-T、ISO/IEC相关视音频编码标准，提供1080 p、1080 i、720 p视频格式；AAC-LD宽频语音；SXGA（1280×1024）高清双流数据内容，支持多路动态辅流技术。全面支持1080 p高清多画面和适配；支持全速

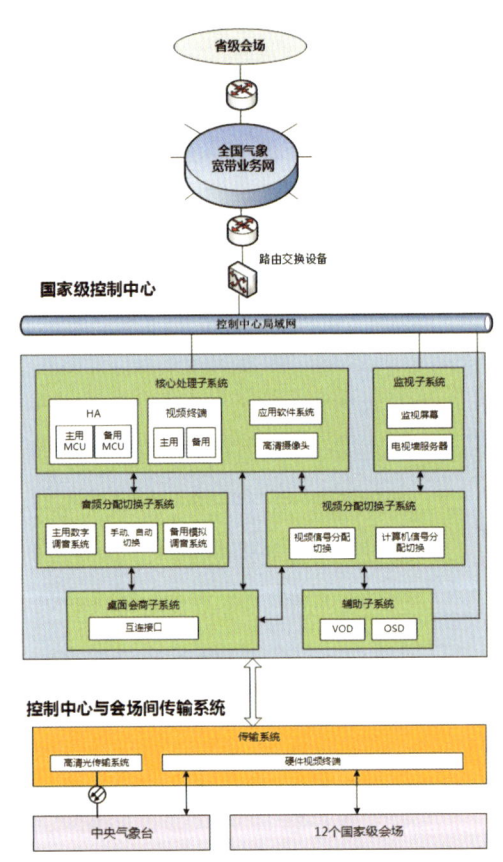

第二代全国高清电视会商系统总体结构示意图

率、全协议适配，支持多画面轮询和语音激励。MCU 采用先进的系统硬件架构和嵌入式实时操作系统，支持系统四级全备份和核心平台全备份，包括主控板备份、业务板备份、IP 网口备份、N+1 备份、芯片备份、电源备份，保证更高的稳定性和可靠性，保障会议不中断进行。

（2）监视子系统

监视子系统用于会场视频信号、PPT 信号监视。系统由控制中心监视电视墙、用于解码全国会场画面视频码流的电视墙服务器组、LED 显示屏幕以及监视墙电源中控设备组成。电视墙服务器设计总体支持同时解码 48 路高清视频信号，并预留 8 路作为热备份。

（3）视频分配切换子系统

视频分配切换子系统由主视频信号分配切换系统和计算机信号分配切换系统组成，用于会商系统视频、计算机信号输入与输出的分配和切换。采用两级矩阵的搭建方案，提高了系统容量并确保系统稳定性。

（4）音频分配切换子系统

音频分配切换子系统用于国家级各会场通过光端机传输的音频信号收发、视频会议终端音频收发，以及主控中心音频收发信号的传输分配。系统采用主备冗余设计，选用两台互为备份的数字调音台作为子系统核心处理设备。

3. 第三代全国高清电视会商系统

2018 年国家气象信息中心再次对国家级全国高清会商主控系统进行升级改造，并于 2019 年 3 月正式投入业务化使用。高清会商系统由主控中心多点控制单元核心处理设备（MCU）以及分布于主控和各分会场的高清视频终端组成。主视频、计算机辅流分辨率均可达到 1920×1080/30 p，系统基于全国气象宽带网 CMANet、中国气象局园区视频专网以及与外部门的同城专线链路，同时借助云会商平台作为辅助。

第三代全国高清电视会商系统升级建设了核心处理系统、控制系统以及配套系统，同时引入云视频会议技术和分布式传输技术，建成软硬件系统互

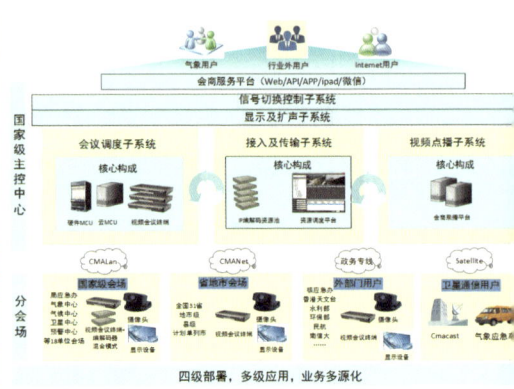

第三代全国高清电视会商系统　　　　第三代全国高清电视会商系统总体结构示意

联互通、用户自主调度的视频会议系统。全国高清会商主控系统以会商交互子系统、会商共享子系统和会商协作子系统为核心，还包括综合监控子系统、综合控制子系统和运维工位子系统。

会商交互子系统设计以国家级主控系统为中心，在主控中心部署硬件MCU多点控制单元、云视频会议系统、会议控制管理系统，在国家、省级分会场部署视讯终端、摄像头，借助CMANet、CMALan地面宽带网络，以星状结构组网。通过多点IP呼集或终端点对点通讯方式，实现气象部门内、外用户间的实时业务交互。

会商共享子系统结构设计基于主控中心、分会场部署IP编解码设备组网，在国家级主控中心构建气象视频资源池，整合全国气象部门会商、应急指挥等视讯资源，基于CMANet、CMALan地面宽带网络，实现点对点、点对多点的视讯信号传输，满足气象视讯资源整合共享使用的需求。在国家级主控中心共享平台控制系统的管理调度下，国家级主控解码器组将各省级会场上传的视频画面、国家级会场采集上传的高清摄像头、摄像机视频画面通过主控编码器组进行统一编码，汇总视频资源池。同时，国家级会场解码器可根据用户需要，自主选择资源池化的国家级主控媒体流进行解码观看。

会商协作子系统的会商录播平台采用更为先进的在线录播方式，与现有会商系统录播平台相比，减少了对视频终端解码后的图像再次进行编码录制带来的图像损失，优化流媒体组网结构，提高录制效率和效果，并为用户提供更为便捷的直播和点播服务。

会商交互子系统、会商共享子系统与会商协作子系统通过国家级主控视频切换控制系统对接互连，实现国家、省间视讯资源共享交换，有效提升视讯资源利用率。各子系统通过内部网络互联，分工协调，完成全国气象视频会商系统的调度、控制以及其他负责功能，并通过CMANet、CMALan、部委间专线和Internet等线路实行与全国气象部分、其他行业用户以及互联网用户之间的互联互通。

此次升级改造不仅延续了上一代会商系统的良好特性，还利用新技术在多方面提升系统便捷性和实用性，引入全IP化分布式设计建立视讯资源池以及"硬件 + 云"的会商模式。

（1）分布式气象视讯资源池

第三代全国高清电视会商系统使用IP编解码器技术在国家级主控中心构建去核心化的分布式气象视讯资源池，实现资源的共享整合。

基于IP组网的分布式架构可实现气象视讯资源的集约整合，大大提高气象视讯资源的价值。利用IP分布式架构解决信号噪声干扰、远距离传输衰减、信号质量下降等技术难点；分布式、节点化的软硬件设计，使得系统性能和稳定性都大幅提高；IP编码器能提供多种多样的信号接入形式，可将DVI、HDMI、VGA、YpbPr、SDI、CVBS等多种传统视频信号转换成网络信号。

基于IP传输的编解码技术简化了烦琐的视频分配切换流程，替代了传统的视频矩阵，解决了视频线缆无法远距离传输的缺陷。通过分布式视频资源池的建设，为中国气象局大院用户提供丰富的视频资源，支持中国气象局应急办、中央气象台等单位在日常召开会商会议，自主选择收看多路全国各参会会场视频画面需求。同时也为越来越多的气象视频能够融合到气象会商系统提供可能性，如实景观测、应急车、电视直播等，这些业务的接入将使气象会商模式愈加丰富。

（2）混合视频会议架构

受限于硬件设备资源，传统的气象电视会商系统主要服务于气象会商、气候会商、全国培训、全国会议等大型场合。随着云视频会议等技术趋于成熟。"硬+软""本地+云"混合的视频会议架构得到广泛应用。第三代全国高清电视会商系统引入云视频会议技术，建成软件和硬件互联互通的混合视频会议系统。通过云视频会议系统的建设，为国省用户提供自主操控的会议、会商方式，为移动用户提供移动终端参会的功能。

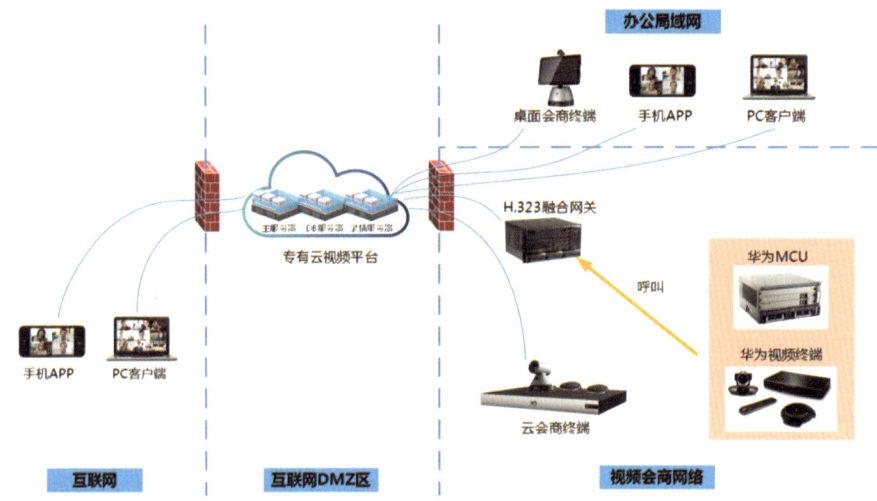

云视频会议系统与传统 MCU 连接架构示意图

气象云会商系统是以云计算为基本理念，将面对服务思想、云计算技术和多媒体会议紧密融合，采用面向服务的架构，由服务提供方建设云计算中心，使用者只需以租用服务的形式，即可实现在会议室、个人电脑、移动办公状态下进行多方视频沟通。利用云会商技术，可取代传统的会商系统自建的单一模式，统一由会商服务方建设私有云会商平台。使用者只需要通过互联网界面，进行简单易用的操作，便可快速高效的组建、参与远程会议，同与会者分享语音、视频及数据信息。同时云视频会议系统可作为硬件 MCU 的备份手段，大大提升了会议的稳定性、安全性、可靠性。

三、气象电视会商发展展望

自 2003 年全国天气预报电视会商及电视会议系统正式启用以来,至今已业务运行 16 年的时间。据不完全统计,2012 年—2018 年,全国高清电视会商系统提供电视会商、会议服务共计 4508 次,累计时长达 3263 小时。

16 年来,天气预报电视会商发挥的作用也越来越大,最初只用于中短期天气会商,如今已覆盖到更多的业务范畴,例如气候预测、台风、强对流、农业气象等各类专题会商,远程技术培训,重大气象灾害的现场指挥,重大活动的现场气象保障,面向政府

2012—2018 年高清电视会商系统服务情况统计图

相关部门的决策服务等。天气预报电视会商的影响力和辐射面也越来越广,水利部、环境保护部、林业局以及民航总局和一些高等院校也收看气象会商。

近年来,中国与世界各国合作交流更为密切,更加频繁的沟通交流对电视会商系统提出更多需求。全国天气预报电视会商及电视会议系统应该扩展格局,为部门间合作、国际交流等提供服务保障,为中国天气预报、气候预测技术发展提供支持保障,在更多重大活动气象保障中发挥作用。

随着 5G 时代的来临,不受场地、环境限制的实时视频交流亦将成为预报预测业务的新需求。全国天气预报电视会商及电视会议系统还将有很大的技术提升空间,能为用户提供便捷、可靠、安全的视讯交互体验,例如为预报员提供气象实景传输、气象数据调取等更便捷的服务,辅助预报预测业务。

张小缨

1993年加入国家气象中心，现为高级工程师，国家气象信息中心运行监控室首席工程师。先后从事中国气象局办公自动化系统、存储管理系统、业务监控系统等应用软件开发及维护工作。近年来，作为技术骨干，重点在气象信息化业务综合监控领域开展业务设计与技术攻关、软件开发、项目实施及运维工作，为"全国综合气象信息共享平台"（CIMISS）业务监控系统（MCP）主任设计师，目前为国家气象信息中心"气象综合业务技术研发创新团队"骨干成员。

"全国气象业务服务信息系统"实现气象决策服务信息全国共享

气象决策服务是为相关决策部门提供气象决策信息的重要工作。2002年之前，全国气象决策服务工作基本上是单兵团作战，没有形成集约化生产方式，没有形成拳头，省级气象部门看不到中国气象局上报的决策服务信息，而中国气象局领导层和从事决策服务工作的人员也看不到省级决策服务信息。决策信息孤岛问题制约了信息互相借鉴、参考，阻碍了进一步提高决策服务质量和水平；也制约了局领导和从事决策服务人员全面地了解、掌握决策服务信息，及时提供针对性的决策服务工作。

为从根本上改变这种决策服务信息孤岛问题，2002年国家气象中心大气环境决策服务中心根据中国气象局领导要求，协同气象中心、卫星中心、气候中心、信息中心等各业务单位，开展"全国气象业务服务信息系统"研制。当时负责全国信息系统建设的信息中心，承担了该系统数据采集、传输、汇总、发布的技术设计与实现。该系统依托覆盖全国气象部门的NOTES网络应用系统建立的，该系统在中国气象局及各省（市、区）气象局建立分布式共享信息数据库，业务服务信息（气象监测、预警、预报、预测和服务产品）通过全国宽带网在各分布式数据库间进行传输交换，从而实现了中国气象局与各省（市、区）气象局之间气象服务产品的共享。

该系统基于 Lotus/Notes 技术开发，采用 Lotus/Notes 特有的工作流、代理以及安全机制，确保该系统便捷、高效、安全。特点如下：

1. 采用分布式数据库

在中国气象局及各省局建立分布式数据库，本地用户只需访问本地数据库，便可进行查询及信息上载。该设计有效降低了网络负载，提高用户使用效率。

2. 采用中心—周边的信息传递路由方式

建立中心数据库，各省及中国气象局大院发送数据时只将一条信息发往中心数据库，中心数据库自动将信息发往周边其他分布式数据库。该设计有效避免了各省 Notes 邮件路由拥塞，提高系统整体运行性能。

3. 采用 Notes API 及代理机制实现具有邮寄功能的工作流

该设计实现了分布式数据库之间信息的传递，避免了传统的 Notes 复制机制带来的时间延迟弊端，确保了信息实时、快速、高效的传递。

4. 安全管理

通过 Notes 数据库、表单、文档以及字段等不同级别的存取控制机制，以及 Notes 特有的隐藏机制，实现对用户的访问限制，保证系统安全。

5. 建立多种数据生成方式

除手工填写文档方式外，还提供信息自动上载方式：客户机上传和服务器上传。这大大提高了信息上载人员的工作效率，并减少出错率。

6. 两种用户界面的开发

采用页面、大纲、导航器和帧结构集技术，实现使用 Notes 和浏览器两种用户界面查询、调阅数据库信息，方便用户的使用。

7. 建立有效监控机制

建立了监控数据库，在信息传输及数据处理的重要环节建立了异常处理机制，并在异常处理后能重新补发数据，从而极大增强了系统的健壮性。

该系统所使用技术先进、成熟度高。项目建设小组在时间紧、任务重，并且缺少经费的情况下，采取边设计、边建设、边见成效的方式，依托卫星通信等国家气象现代化建设成果，在设计阶段充分考虑了所依托的全国宽带网结构特点，依据气象部门"Notes网络中心—周边拓扑结构"进行分布式数据库、LOTUS/Notes软件成熟的工作流复制技术以及自动化的跨网络域信息传递路由设计，开发研制系统业务运行所需的应用软件，实现了原定的设计目标，较快地投入业务试运行，首次在全国范围内实现了气象决策服务信息填报后自动传输、自动拆解、自动异地发布的一条龙共享方式，发挥了项目建设效益。

该系统于2002年底完成开发投入业务运行，2003年底完成升级优化，系统运行稳定，信息传输准确、高效、安全。此系统的开通，使中国气象局大院各业务单位与各省以及省与省之间服务产品信息得以流畅流通，许多从未走出"京城"的服务产品已实时传送各省气象部门，许多省里的服务产品也能及时送达中国气象局大院有关领导和业务单位的工作人员手中。一些有意义的服务产品信息启发了其他单位工作人员的思路，被其他单位参考、借鉴和使用，同时也极大提高了气象服务质量和水平，更为重要的是为领导决策提供有利依据。为表彰该系统建设成绩，"全国性气象服务信息共享系统（全国气象业务服务信息系统）的研制和业务化"荣获中国气象局2006年度气象科学和技术工作奖"成果应用奖二等奖"。

第二卷 成长（2004—2010年）
——信息中心成立后的技术探索应用阶段

第三卷 发展（2010—2014 年）
——业务集约整合、改革促发展阶段

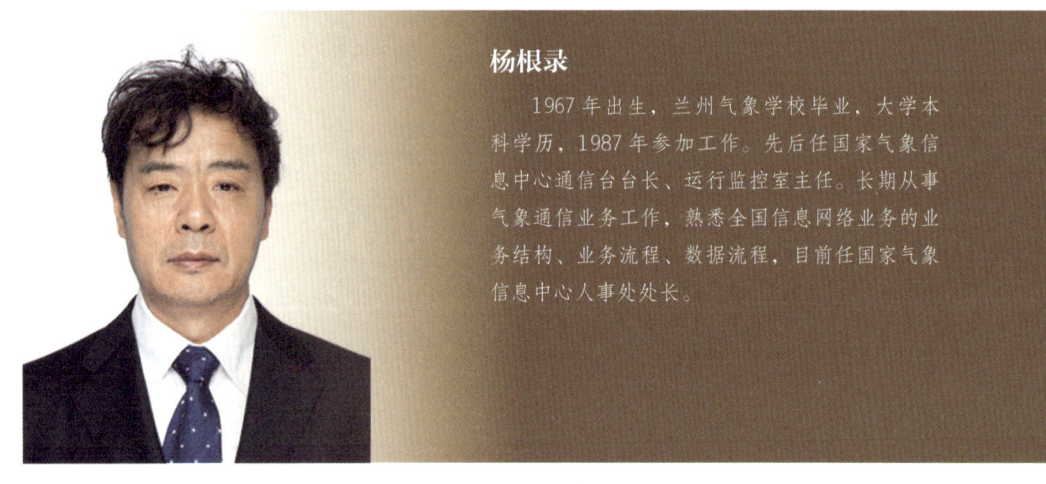

杨根录

1967年出生,兰州气象学校毕业,大学本科学历,1987年参加工作。先后任国家气象信息中心通信台台长、运行监控室主任。长期从事气象通信业务工作,熟悉全国信息网络业务的业务结构、业务流程、数据流程,目前任国家气象信息中心人事处处长。

国家气象信息中心机构改革情况
（2010—2014年）

一、机构沿革

2004年7月13日,中央机构编制委员会办公室(以下简称中编办)批复中国气象局《关于拟对中国气象局有关机构进行调整的函》(中央编办复字〔2004〕05号),其中同意中国气象局总体规划研究设计室改建并更名为中国气象局气象信息中心。2005年3月17日,中编办批复中国气象局气象信息中心更名为国家气象信息中心(中央编办复字〔2005〕34号)。2012年,根据《中国气象局关于国家气象信息中心加挂牌子的通知》(中气函〔2012〕499号)的相关要求,国家气象信息中心加挂中国气象局气象数据中心的牌子,编制不变。

二、机构调整

1. 2011年机构调整

2011年,为贯彻落实中国气象局关于推进现代气象业务体系、气象科技创新体系和气象人才体系建设的战略部署,进一步加强气象信息网络支撑能力,提高信息网络系统集约化程度,实现业务系统的高效运转,增强气象资料管理和数据服务能力,推进资料一体化业务,提高对全国气象信息网络业务的指导能力,促进气象信息网络业务发展方式的转变,结合国家气象信息中心实际,在《国家气象信息中心机构编制调整方案》(气发〔2006〕360号)的基础上,制定《国家气象信息中心机构编制调整方案》并获中国气象局批复(中气函〔2011〕86号),调整方案中主要是职责调整和机构调整两个部分。

职责调整主要是加强了负责全国气象信息网络系统规划拟定及总体设计;全国气象应急通信系统建设、运行,应急通信协调与技术保障;全国气象计算网格系统建设和运行;气象数据产品加工处理算法研究及数据产品加工业务,制作各类基础资料集和数据产品等职责,划出了承担全国气象行业业务系统的总体设计和气象现代化建设重大系统工程(项目)的咨询、论证、设计与评估;承担中国气象局门户网站和中国兴农网的建设、运行维护和技术支持的职责。

机构调整主要是网络室更名为运行监控室,计算机室更名为高性能计算室,数据应用服务室更名为资料服务室(中国气象局气象档案馆),气象资料室(中国气象局气象档案馆)更名为气象数据研究室,将视频与卫星室更名为业务与园区电讯保障室。

机构设置调整后,国家气象信息中心下设处级管理机构5个、业务机构7个。管理机构为办公室(计划财务处)、业务科技处、人事处、党委办公室(监察审计室)、退休干部办公室,业务机构为运行监控室、通信台、高性能计算室、资料服务室(中国气象局气象档案馆)、气象数据研究室、系统工程室、业务与园区电讯保障室。

2. 2012年机构调整

为了加强国家气息信息中心的计划财务工作,根据中国气象局《关于国家气象信息中心管理机构设置有关问题的批复》(中气函〔2012〕141号),计划财务工作从原来的办公室分离出来,成立了计划财务处,国家气象信中心的管理机构调整为6个，分别为办公室、业务科技处、计划财务处、人事处、党委办公室（监察审计室）、退休干部办公室。业务机构不变。

3. 2013年机构调整

为了有利于气象部门电子政务系统建设，根据《中国气象局关于中国气象局机关服务中心电子政务处机构和人员划转到国家气象信息中心的通知》（中气函〔2013〕273号），原中国气象局机关服务中心电子政务处机构和人员划转到国家气象信息中心，在国家气象信息中心增设电子政务处，调整后，国家气象信息中心增设1个处级机构，业务机构由7个增为8个，分别为：运行监控室、通信台、高性能计算室、资料服务室（原中国气象局气象档案馆）、气象数据研究室、电子政务处、系统工程室、业务与园区电讯保障室。

三、深化业务机制改革，加强数据中心能力建设

2014年，在中国气象局加强推动气象现代化建设目标的背景下，国家气象信息中心聚焦创新体制机制，聚焦核心技术攻关任务，坚持以建设一流的中国气象局气象数据中心为主线，紧紧围绕《中国气象局关于国家气象信息中心气象现代化实施方案（2014—2020年）》，调整优化业务布局和职责分工，统筹集约数据资源和信息基础资源，强化气象资料质量控制和信息化技术能力建设。

1. 构建统一运维体系，提高基本业务的运行保障能力

以数据为核心，建立涵盖气象数据生产、传输、加工、存储、服务于一体的业务运行监控体系，实现数据业务全流程监控、基础信息资源全环境监控。建立"横向集中、下沉一级"的业务监控模式，实现国省二级联动监控的机制和流程。按照"事权不变、分工协作"原则，落实信息部门负责机房环境保障、基础信息资源建设与管理、数据资源统一管理、信息系统安全统一管理的职责和业务单位负责应用系统维护的责任分工，建立统一运维机制，协同工作，提高气象业务运行保障能力与水平。

2. 调整业务机构职责，提高数据中心的服务能力

按照"统一服务、统一运维、统一研发、统一保障"的原则，调整与重组业务职责，优化人力资源配置，建立与完善利于事业发展、利于人员发展的组织体系。合并通信台、高性能计算室、运行监控室的基本业务维护与技术支持职责，由运行监控室统一负责基本业务运维、技术支持与用户服务，负责基础信息资源集约化建设与运维、用户技术支持与服务。运维人员由原来的三线（值班、维护、支持）变为二线（（维护+值班）支持），简化了运维流程，提高了运维效率，极大提高了运维人员的运维水平和工作热情。引进信息技术服务管理实践框架 ITIL（Information Technology Infrastructure Library），在信息技术运维服务管理业务过程中科学化管理，提高了国家气象信息中心的运维管理的科学化水平，有力地保障了气象业务现代化的建设和气象实时业务的支撑。

统一气象信息技术的规划、设计、开发、标准与规范，合并通信台、高性能计算室、资料服务室、运行监控室、系统工程室等处室的相关职责，合并相关人员，由系统工程室负责系统设计、开发、标准规范制订以及新技术应用研究。

整合运行监控室、电子政务处等处室的信息安全职责，由运行监控室负责信息安全与技术服务，统一负责中国气象局信息系统安全相关的物理、主机、网络、数据等安全与保障，以及信息系统安全准入管理与技术支持。

统一数据服务与管理，整合通信台、运行监控室、资料服务室的资料管理与服务职责，由资料服务室统一负责基本气象数据及数据产品管理、服务和用户技术支持。

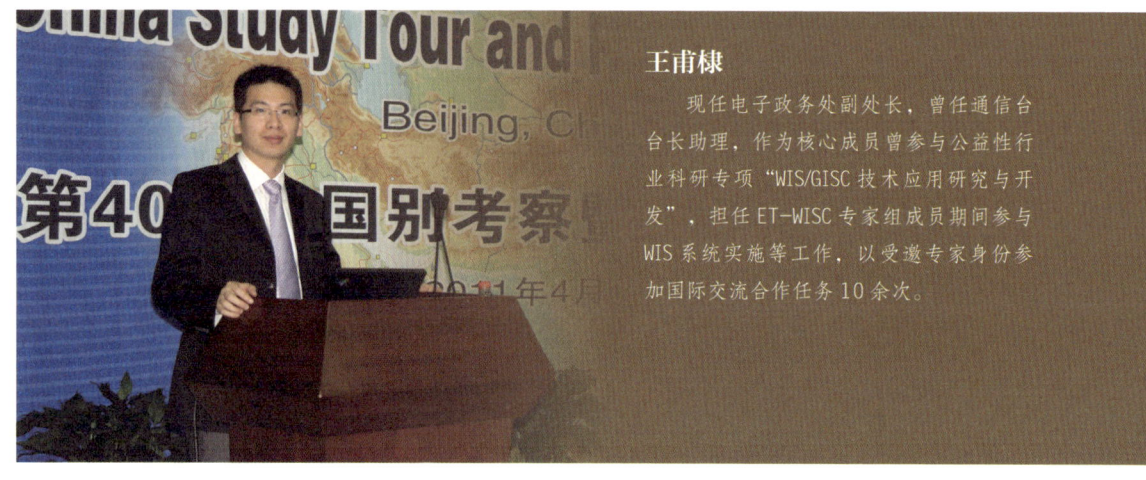

王甫棣

现任电子政务处副处长,曾任通信台台长助理,作为核心成员曾参与公益性行业科研专项"WIS/GISC 技术应用研究与开发",担任 ET-WISC 专家组成员期间参与 WIS 系统实施等工作,以受邀专家身份参加国际交流合作任务 10 余次。

北京 GISC 建设回忆录

2007 年,是我入职国家气象信息中心(简称信息中心)通信台的第二个年头,还很清楚地记得通信台副台长李湘(那时我们亲切地称呼她为李姐)把我叫到办公室,安排我参加亚太区域 VPN 试验项目,具体负责网络数据收集(Web Data Ingest)功能的开发,区别于国际通信系统(GTS)报文的例行传输功能,这项工作的目标是要实现支撑基于 Web 的实时数据采集。和现在的信息系统研制截然不同的是,那个时候台里的通信软件的研制都是本单位职工亲力亲为,"软件外包"还属于新生事物。记得当时我自己花了两周时间开发的同城通信监视系统,只花了付给美工的页面设计费 2000 元,其余从软件设计、编码到系统测试、培训,我一人全包。老科长徐杰芙总笑称,科里同事白天是键盘上的"码农",晚上是通信业务的"救火队"。尽管是自嘲,但当时跟着徐杰芙、胡英楣、姚燕等老同事搭班的我,已经适应了这种生活,全然忘记自己是软件工程科班出身,曾经对软件作坊式开发根深蒂固的成见也消失殆尽,凭借一己之力写代码、调程序,也落得十分自在。所以,在拿到 Web Data Ingest 这项开发任务时,我丝毫没有犹豫。现在回想起来,这项任务算是我参与WIS（WMO Information System，世界气象组织信息系统）团队的起点，虽然这个时候我还不知道什么是WIS，什么是GISC（Global Information System Centre，全球信息系统中心）。也没成想直到我离开通信台，这八九年时间里，WIS和北京GISC的建设一直都是我工作生活的重要部分。

一、WIS试验系统启动

2006年前后，WMO各成员积极开展着基于GTS的数据交换系统向WIS过渡的探索工作。亚太区域VPN试验项目作为北京WIS试验系统的一部分和最有影响力的SIMDAT项目（Data Grids for Process and Product Development using Numerical Simulation and Knowledge Discovery，是欧洲各国建立的一个数据网格项目，在气象领域基于该项目由法国气象局、德国气象局、英国气象局建立了具备GISC功能的节点）都是对WIS实现技术进行的研究和开发。

Web Data Ingest需要采用通过提交观测公报头以及公报报文信息来提交观测报文数据，涉及气象要素、编码格式以及BUFR编码转换、归档等一系列知识，很庆幸那时候在通信台只要肯钻研，不缺好老师。副科长姚燕除了承担北京WIS试验系统中数据请求部分的工作外，时常抽出空指导我。应显勋老师也给予了我很多指点，尽管那时候应老师已是退休返聘专家，但是一说起公报编码规则，则犹如"活字典"一般清晰准确。还有一个印象深刻的困难是对于BUFR编码转化的功能集成问题。由于系统程序使用JAVA语言进行开发，需要与使用C++开发的BUFR编码程序对接，这个对于专业程序员并没有太多难度的工作，却着实困扰了我很长时间。说实话，我在研究生阶段尽管打下了一些软件开发功底，但是毕竟没有系统性地学习过程序开发，也深刻体会到在一个技术团队中，虽说技术不是万能的，但没有技术是万万不能的。没办法，只能自己硬着头皮看书，上网查关于JAVA本地接

WMO CBS 第 14 次届会李湘台长（右）和日本 Ichijo 先生（左）进行试验系统展示

口（JNI）技术资料。直到现在我也很感谢同事郭萍和薛蕾给予的支持，不厌其烦地进行修改、封装编码库文件，配合我进行程序调试。特别感动的是在程序调试出错的时候，她们从未怀疑是我接口调用的问题，而是第一时间排查自己的库文件。我想那个时候通信台同事之间这种"把自己的事情做好"的态度成就了后来整个北京 GISC 乃至其他系统建设的成功。

2009 年 4 月，世界气象组织基本系统委员会（WMO CBS）第 14 次届会在克罗地亚召开，李湘台长参加了会议，也是我们小组 WIS 试验系统成果的一次展示。

这次会议中，各国也交流了各自的发展动向。SIMDAT 之后，由法国、英国、韩国以及澳大利亚四国气象局联合开展对 OpenWIS（WIS 实施的一种参考解决方案）的研制。而德国气象局（DWD）、日本气象厅（JMA）也各自寻求适合自己的解决方案。根据 WIS 规划，GISC 中心总数不会超过 10 个。在这次会议前，WMO 已收到 13 个成员提交的 GISC 申请，其中包括 5 个亚洲成员：中国、日本、印度、伊朗、韩国。可见，亚洲区域 GISC 提名形势复杂，协调任务艰巨。为了力争 2010 年 12 月获得 GISC 资格，尽快立项和启动 WIS 业务系统开发，确保在 2010 年之前基本完成自身能力建设成了当务之急，北京 GISC 系统也正是在这样的背景下紧锣密鼓地启动了。与此同时，要保持技术和进展方面的已有优势，在亚洲区域 GISC 提名协调中争取有利形势，进一步加强与日本、德国等国的国际合作也十分必要。

二、北京 GISC 系统建设

作为整个团队的负责人，李湘一方面组织大家进行 WIS/GISC 行业专项、基建项目等的申报，一方面随着每年台里的新人入职，团队人员不断发展壮大，有了经费支持和人力投入，剩下的就是安排大家怎么开展工作了。

有了北京 WIS 试验系统的建设经验，2009 年下半年到 2011 年期间，我们的团队参与了许多和 JMA、DWD 的合作任务，李湘也给每个同志都确定了各自的发展方向，并根据目标一起制定可行的计划，主要的几块工作包括姚燕负责的远程数据请求（Remote Data Request）、姜立鹏负责的元数据同步（Metadata Synchronization），祝婷负责的元数据生成（Metadata Generation），而我除了网络数据收集（Web Data Ingest）外，还主要负责数据同步（Data Synchronization）的部分。当时，JMA 引入一种 ATOM 文档格式用于开展数据交换的技术手段，李湘鼓励我积极了解其技术方法。这项工作也成为后来每年双边交流的重点内容之一。随着工作的不断深入，我也和 JMA 专家一起对该技术方法进行改进，探索该技术作为气象数据同步的可行性。为了解决数据传输完整性和提升效率，我提出了增加数据打包传输的修订方案，后来的应用效果也证明了方案的有效性，JMA 也最终使用了此方案作为 GISC Tokyo 的数据服务方式之一。

DWD 采用了基于 AFD（Automatic File Distributor）进行数据同步的技术路线，我更是投入了更多的时间和精力，不仅仅是因为需要完成数据同步技术方案的比选，更重要的是因为李湘希望我能够加强对 AFD 软件的学习。一开始我有些惶恐，毕竟 AFD 是一套由 DWD 开发的专业文件传输软件，在国内通信系统应用十分广泛，新一代国内气象通信系统便是基于这套软件。因为自己对于 Shell 脚本语言以及 AFD 掌握并不熟练，基于 AFD 的数据同步测试工作开始进展并不顺利。我很清楚地记得因为自己的参数配置的粗心，导致准备了许久的同步测试失败了，但李湘台长以及德国的同事们 Holger 和 Markus 非常宽容，给予我很大的试错空间。

在继续开展技术试验外，GISC 软件系统的研发也同步进行着。为了保障系统的进度以及软件质量，GISC 软件的前台应用开发我们委托了一家比较专业的软件公司。公司派驻的项目经理和研发人员算是中规中矩，但是为了把系统做好，双方还是摩擦不断。究其原因，那便是如果我们自己不能给出好的解决方案，公司在实施过程中只能按部就班，甚至是怎么实现简单就怎么来。数据缓存（Data Cache）的性能是开发过程中出现的一个比较严重的问题。GISC 需要缓存最近 24 小时内 WMO 全球交换数据。由于每日接收到的这些数据文件个数多且时间分布不均，通过数据库检索方式进行相应的元数据检验效率不高。通过和公司的沟通，他们也给出了包括建立数据库索引、启用多线程方法等方案，从效果来看能一定程度提高处理效率，但无法从根本上解决频繁读写操作带来的耗时。通过小组的讨论，由姜立鹏负责实施，提出了设计并实现一种基于内存对象缓存的应用优化现有处理方式，使得缓存数据检查效率有了数量级的显著提升。我们的团队就这样不断地发现问题、解决问题，在这过程中，系统基本成型。现在回忆起来，尽管 GISC 软件的研制过程非常熬人，但有失必有得，我们也十分熟悉软件代码了，即使后来没有了公司的支持，我们还是能够靠自己进行系统的改进。后来，我们还以这套系统为基础为沙特阿拉伯气象局进行定制开发。

2009 年 9 月，来自 WMO、JMA、DWD 的技术专家与我们项目组就 WIS 项目的技术开发、工作进展进行了研讨。时任信息中心主任施培量对 WIS 的工作高度重视，他很认真地全程听取了每一个专题的讨论，也正是在他的努力下，促成了后来 3 个中心开展 GISC 数据和服务相互备份的合作。

第三卷 发展（2010—2014年）
——业务集约整合、改革促发展阶段

上：2009年，中、日、德三方会议代表合影

中：中、日、德三方会议代表进行技术研讨

下：2012年，中、日双边技术会议，参与的中方人员包括国家气象信息中心主任赵立成（一排右四）、王甫棣（一排右一），李湘（一排右二）等

没想到，那应该是施主任参加的中心最后一项国际活动。之后不到1个月，施主任赴 WMO 秘书处观测和信息系统司任 WIS 分司司长。当我 2015 年再次赴 WMO 参加会议时，见到了施主任，他对我说："很高兴看到信息中心的年轻人这些年在 WIS 领域的发展，这次的元数据专家组中国气象局国际司说你不是专家组成员，但是我还是坚持推荐你过来，就是想让你们有更多机会持续参与国际合作，全面跟踪技术进展，提升在 WMO 的影响力，你们也能从中受益。当年我关注着信息中心年轻人的发展，也反复跟李湘说希望选拔有潜力相对固定的技术骨干参与其中。"

三、北京 GISC 顺利通过评估

时间转眼到了 2010 年，根据 WMO WIS 实施计划，WIS 首批中心的申请已进入能力评估和测试阶段。为了把评估工作开展好，项目组一过完春节便启动了自评报告的初稿编写工作。一直到 8 月底的现场测评前，为了使成果更好地展示，6 个典型功能的演示用例，每一个都是经过工作组反复推敲和修改，参与评估的两位法国专家在会议总结的时候对北京 GISC 的系统能力、评估准备工作的专业表现给予了高度的评价。

在评估会议接近结束前，李湘才告诉我们：由于 JMA 在现场评估前没有通过全部功能用例的测试，我们成为全球第一个通过测评的单位。这个消息让大家还是觉得非常自豪的。这项工作当时得到了中国气象局领导的关注。2010 年 11 月，WMO 基本系统委员会特别届会（CBS-Ext）在纳米比亚召开，会议召开期间，矫梅燕副局长还亲自到我们的展台与团队姜立鹏合影留念，并亲切询问我们的相关工作。

有了中国气象局的支持和信息中心各方的协作，通过我们团队自身的努力，2011 年 5 月，北京 GISC 经第 16 次世界气象大会顺利批准，成为首批全球信息系统中心之一。我作为 WMO 特邀专家有幸参加此次大会，与十多个 GISC 和 DCPC 候选中心共同进行了 WIS 能力展示和现场演示，沈晓农副局

现场评估汇报会议,参与人员包括国家气象信息中心主任赵立成(左三)、国家气象信息中心 WIS 项目组孔令军(左一)、李湘(左二)、王甫棣(左四)、姜立鹏(左五)等

WMO 基本系统委员会特别届会(CBS-Ext)间隙,矫梅燕副局长(右)和团队成员姜立鹏(左)合影留念

长和国际合作司喻纪新司长在 WIS 演示获得成功后也来到 CMA 的展台，给予我们工作莫大的鼓励。同年 8 月，中国气象局正式去函 WMO 亚洲区域成员，宣布北京 GISC 业务运行。除继续提供现有的 GTS 数据传输和交换服务外，北京 GISC 还提供数据发现、访问、检索、订阅服务以及中国气象局的数值预报产品和风云卫星产品等。中国气象局卫星广播系统（CMACast）的用户还可以接收到由北京 GISC 播发的气象数据和产品。这对于安装有 CMACast 接收系统的二区协成员纳入北京 GISC 责任区范围起到了重要作用。

四、北京 GISC 业务运行

系统通过评估后，在李湘台长的安排下，项目组也逐步把工作重心转移到做好系统的业务运行和对外的交流培训上。2011 年 4 月，第 40 期多国别考察暨区域 WIS 培训研讨会和 WMO 信息系统区域培训班在中国气象局举行。来自 WMO 秘书处、亚太区域孟加拉国、印度尼西亚等 16 个国家气象部门的高级官员和专家，以及来自英国、美国、德国的特邀报告人共 38 位外宾参加了此次活动。这是 WIS 项目组开展的最大规模的一次培训任务。这既是对我们自己工作成绩的一次展示，也是难得的与各国交流学习的机会，大家都非常认真地进行准备，会议也取得了预期的效果。

通过举办区域培训班，我们团队感受到，努力推进 GISC 的建设也不简单是一个技术问题，我们也要通过系统的能力去不断履行一个气象大国的责任。2012 年 2 月，受日本气象厅邀请，时任信息中心主任赵立成、国际合作司徐相华处长、李湘台长和我本人访问了 JMA。除了技术合作之外，二区协 GISC 责任区划分也是重要的议题。在过去 GTS 的框架下，北京 RTH 责任区只包括朝鲜和越南，影响力远不及邻国日本。随着在北京 GISC 中心的获批，利用该机会扩大北京 GISC 责任区范围成为可能。

2012 年 CBS 第 15 次届会后，新的 CBS 专家组成立了，李湘台长当选 ET-WISC 主席，我、祝婷、王鹏在内的项目组成员也加入到各个下设专家

上：王甫棣在第40期多国别考察暨区域WIS培训研讨会和WMO信息系统区域培训班留影

中：2012年、二区协WIS实施计划小组北京会议现场

下：建设团队合影，左起郑波、王甫棣、祝婷、薛蕾、郭萍、李湘、姜立鹏、姚燕

组开展工作。对于我来说，通过在专家组的工作，开始了对于WIS技术更为深入的思考，也逐步独立地承担WIS组织实施方面的工作。2012年底，李湘台长安排我加入二区协WIS实施计划小组，与来自JMA和KMA的两位专家一起开展二区协WIS区域实施计划草案的编制。那时候通过e-mail与日、韩专家进行沟通，不断收集反馈各二区协成员国的反馈意见，我积极地对方案中WIS实施现状、关键需求、重点任务以及分步实施提出自己的见解。在北京开总结会的时候，颇感意外的是JMA Ichijo先生勉励我，希望我可以加入到WMO以施展更大的才能。这种信任也持续激励我不断地努力。

2013年之后，WIS/GISC的建设转向了新版的研制工作，其相关技术也开始在国内通信系统进行推广应用。由于工作的安排，2014年后我投入到项目建设的时间并不多，但是一直保持着对这项工作的关注。

GISC 的建设应该算是周期很长的软件项目了，但是对于成长中的我和我们的团队来说，那些年的辛勤努力是值得的。如果要问我 WIS/GISC 的成功靠什么？那便是气象信息人的自信、自强和勇气。

世界气象组织信息系统（WIS）是世界气象组织正在组织开发的综合、通用的信息服务平台，用以支撑 WMO 各项计划以及相关国际组织和计划的数据交换和共享。全球信息系统中心（Global Information System Centre，GISC）是 WIS 的核心功能中心，承担全球交换资料的收集和分发，提供对 WIS 全部数据的发现和访问服务。北京全球信息系统中心是已经业务运行的 GISC 之一，其服务系统可收集责任区内提供全球交换的数据和产品，与其他 GISC 交换全球数据，向责任区内的 DCPC（Data Collection or Product Centres，数据收集或产品中心）和 NC（National Centres，国家中心）分发全球交换数据；同时，收集和存储 WIS 提供服务的全部数据和产品的元数据，维护元数据目录，提供数据发现服务；另外，北京 GISC 还在线保存 24 小时内的全球交换数据，并为责任区 NC 和其他用户提供数据检索和访问服务。

周自江

研究员（专业技术二级），国家气象信息中心副主任。主要从事气象资料质量控制与再分析关键技术攻关工作，主持国家气象创新工程"气象资料质量控制及多源数据融合与再分析"攻关任务，发展了多类常规气象观测资料质量控制和偏差订正技术，建成了全球大气再分析准实时系统，研制出我国第一代全球大气再分析产品（CRA-40）。先后主持完成国家科技基础条件平台项目课题、科技支撑计划课题和自然科学基金等项目。

姜立鹏

正高级工程师，国家气象科技创新工程"多源气象资料质量控制融合与再分析"攻关团队全球大气再分析方向首席，国家气象信息中心气象数据研究室副主任。主要从事全球大气再分析关键技术研究和产品研制工作，解决了全球常规和卫星观测资料质量预评估、风云卫星资料同化对接、中国特有观测资料同化优化提高等关键技术。

我们的再分析，我们的科技攻关历程

一、新时代新使命，再分析成为信息中心现代化建设的硬任务

创新是引领发展的第一动力。党的十八大报告指出"科技创新是提高社会生产力和综合国力的战略支撑，必须摆在国家发展全局的核心位置。要坚持走中国特色自主创新道路，以全球视野谋划和推动创新，提高原始创新、集成创新和引进消化吸收再创新能力，更加注重协同创新。"随后，习近平总书记在参加十二届全国人大一次会议上海代表团的审议时强调"要突破自身发展瓶颈，解决深层次矛盾和问题，根本出路就在于创新，关键要靠科技力量"。

进入新世纪，气象事业紧跟国家创新驱动发展战略，实现快速发展，但是气象资料工作却没有跟上时代步伐，"瓶颈"效应日益凸显。同时，气象资料业务体系本身存在着致命的技术短板，高质量的数据产品极其匮乏，供需

矛盾非常突出。2013年8月8日，时任中国气象局局长郑国光在听取国家气象信息中心（以下简称信息中心）气象现代化建设方案汇报时，给出了他的解决思路："现代化气象业务与传统气象业务的区别，就体现在资料处理与同化方面。目前气象业务现代化最大的'瓶颈'是资料工作。信息中心要重点在资料再分析上取得突破，抓住再分析就抓住了信息中心现代化的核心，再分析是信息中心现代化建设2020年前的硬任务和历史责任。"

正如郑国光局长所言，再分析因涉及数值模式、资料同化和资料处理等核心关键技术，在国际上被认为是一个国家气象综合实力的体现，是气象强国的"标杆"。自20世纪90年代中期开始，美国、欧洲中期天气预报中心和日本等先后组织和实施了一系列大气再分析计划，获得了远远超过原始观测资料本身的价值。我国在大气再分析领域的空白，导致长期以来相关业务和科研工作不得不依赖国外数据产品，这严重制约了我国气象现代化发展水平。2014年2月27日，郑国光局长再次来信息中心调研资料工作，特别强调："信息中心要将更多的精力投入到资料质量控制上，多种资料融合上，形成中国的再分析业务。"

此时，从气象事业全局来看，再分析工作已箭在弦上，只待一声令下，但是从信息中心来看，靶心在哪个方向？距离多远？依然在探寻之中。上上下下倍感压力之大。

2014年5月，中国气象局党组（简称局党组）印发了《关于全面深化气象改革的意见》，提出推进国家气象科技创新工程，引导优势科技资源围绕国家气象现代化的重要科技领域开展集中攻关，并在附件中列出了"国家级气象现代化重大核心研发任务"，再分析工作俨然在列，表明局党组已决心通过改革和创新来填补这一领域的空白。同年10月，中国气象局正式印发了《国家气象科技创新工程（2014—2020年）实施方案》，明确要求信息中心作为牵头单位，负责"气象资料质量控制及多源数据融合与再分析"重大核心攻关任务，同时要求全球大气再分析产品的质量要接近欧洲中期天气预报中心等国际第三代大气再分析水平。

这是国家气象信息中心首次作为牵头单位承担中国气象局重大核心业务技术攻关任务。这不仅是局党组对信息中心的信任,更是局党组赋予信息中心的时代责任和历史使命!

这对于刚满十周岁的信息中心来说,责任之重,重于泰山!

二、从零开始,在一片质疑声中艰难起步

面对再分析这一新使命,当时的信息中心既没有专门人才,也没有核心技术,压力之大可想而知。这种压力不仅仅来自于再分析工作本身的难度和挑战,而且还来自于周围不绝于耳的质疑声:"信息中心能做再分析?"诚然,这些质疑都是善意的,其出发点主要来自三个方面:(1)中国国产数值模式还处于研发阶段,没有业务化应用,几乎完全依赖数值模式的再分析的自主性在哪里?(2)中国观测资料基础差、底子薄,全球资料的完整性保障、质量控制水平、偏差分析订正能力与欧美发达国家有较大差距,即便做出了再分析产品,质量和可信度如何保障?(3)信息中心在科学技术层面和组织推进层面皆处于"零储备",如何堪以重任?出路在何方?

但是,非常幸运的是,再分析工作始终有一个坚定有力的支持者,他就是时任中国气象局副局长许小峰。2013年11月15日,许小峰副局长在听取信息中心关于再分析工作初步思路汇报后指出:"再分析工作意义重大,我觉得你们可以先做起来。首先是组织一支队伍,做好调研,深入研讨。对首席科学家的遴选,要有开阔的胸襟,国内海外同时物色,必要时我本人可以出面。大家普遍认为我们的资料基础不好,这正是再分析的价值所在,就是要通过再分析检验、发现和解决资料问题。迈出第一步就会有收获,不做永远零进展。"信息中心赵立成主任也强调:"大家要有'借船出海、借枪打鸟'的思维,借船出海时学会驾驶船只远航,借枪打鸟时不断提高枪法技艺。我们先保持低调,做了再说,用优秀成果回应质疑。"

按照这次会议精神,气象数据研究室迅速抽调精干力量,于2013年12月组建了资料再分析科,师春香研究员任科长,姜立鹏、王旻燕、胡开喜、

刘景卫、梁晓、张涛等因具有资料同化、卫星资料处理、常规资料处理、大气模式等方面的学习和研究背景，成为资料再分析科第一批成员。

与此同时，世界气象组织第六届国际数据同化会议在美国华盛顿召开。这是全球气象资料同化领域的盛会，每四年才召开一次，所有知名的资料同化专家基本都去了。信息中心派师春香研究员和姜立鹏赴美参会，他们承担的重要使命就是寻找再分析首席科学家。师春香利用一切机会向参会的专家（特别是华人科学家）介绍我们的工作任务和基础，咨询再分析相关技术，有的科学家给出了技术思路建议，有的分享了国际再分析遇到的问题，也有的诚恳地提醒再分析工作难度很大，建议做好心理准备。会上虽然没有找到目标人选，但是让我们对再分析工作有了更深入的理解。

就在我们踏破铁蹄寻觅的时候，偶然的机缘出现了。2013年11月26日，美国国家大气研究中心刘志权博士访问中国气象局，期间应邀来信息中心作了"全球大气再分析的初步设计"报告，介绍了国际主流的全球大气再分析研究进展，诚恳提出了中国开展全球大气再分析的基本思路。会后经进一步沟通，双方确定了合作意向。2014年2月，刘志权博士再次回国接受答辩，并给出了我国40年全球大气再分析产品的研制目标、总体思路和"三步走"的实施意见，得到了与会专家的一致认可。中国气象局人事司同意其为中国气象局特聘专家，主持全球大气再分析工作。随后，在刘志权博士的帮助下，信息中心与美国国家大气研究中心签订了合作备忘录，再分析的准备工作自此步入了正轨。

资料再分析是一项系统性工程。为强化组织推进和工作协同，气象数据研究室组织技术骨干精心编制气象数据产品谱，并明确了"以再分析为龙头引领现代资料业务"的发展理念，明确了包括再分析产品在内的各类数据产品的发展指标。就这样，在刘志权、周自江、师春香"三驾马车"的带领下，大家拧成一股绳，加班加点，如痴如狂地学习再分析相关知识，统筹谋划，于2014年3月编制完成了"全球大气再分析系统与数据集建设"初步实施方案，后经国内相关院士专家的"把脉会诊"，9月完成了"全球大气再分析技术研究与数据集研制"详细实施方案。2014年底，信息中心又联合国家气候中心、国家气象中心、国家卫星气象中心、气象科学研究院、中国科学院大气物理研究所等业务和科研单位申请的"全球大气再分析技术研究与数据集研制"项目，获得公益性行业（气象）科研专项重大项目资助。

正当大家认为"万事俱备，只待一搏"的时候，出乎预料的质疑声再次响起。2015年4月9日，国家气象科技创新工程第三方评估专家组成立暨工作启动会在北京召开，信息中心汇报了"气象资料质量控制及多源数据融合与再分析"攻关任务实施方案，专家组提出了七条质询意见。据此，创新工程领导小组要求"信息中心要加强面向第一、二大攻关任务需求的数据资料及其质量保障，调整资料再分析技术思路。进一步凝练提出攻关任务拟重点解决的核心关键科技问题和技术途径"。攻关任务不得不暂缓启动，再分析工作又陷入了非常被动的局面。

也许逆境更能考验我们的组织力和战斗力。赵立成主任将正在江西挂职的周自江叫回北京，组织技术力量消化吸收专家组意见、建议，修改完善实施方案。期间，师春香带着问题向评估专家单独汇报，与职能司领导逐一沟通，逐步取得认同，并于2015年6月1日顺利提交了攻关任务实施方案和科学方案，以及攻关团队组建方案。同年7月7日，人事司批复了攻关团队组建方案，9月2日，创新工程领导小组办公室批复了攻关任务实施方案。

就这样，以再分析为龙头的"气象资料质量控制及多源数据融合与再分析"攻关任务在期许和质疑并存中正式起航了。信息中心作为牵头单位，不仅带领国家卫星气象中心、中国气象局气象探测中心、中国气象科学研究院、中国气象局数值预报中心等业务和科研单位协同攻关，还重点负责气象资料质量控制评估与产品研发、多源数据融合和全球大气再分析三个攻关方向的实施。

当然，攻关任务能顺利启动，离不开许小峰副局长、赵立成主任，以及时任中国气象局科技与气候变化司司长罗云峰的鼎力支持！

三、披荆斩棘，首次评估喜迎第一缕曙光

好事多磨，周折的过程也是成长收获的过程，不仅帮助我们锤炼出更加科学严谨的工作思路、技术路径和实施方案，促进我们凝练出五个主攻方向、六项核心业务关键技术及其相互间的逻辑关系，而且也充分证明了攻关团队几位负责人既虚心接受各方意见又有永不言弃的"韧性"，真正使压力变成了动力，即便在"四面楚歌"式的质疑浪潮中，全球大气再分析工作也没有停滞过，更没有退缩过。

2015年春，全球大气再分析刚刚起步，资料、同化、模式、评估等等方面问题层出不穷，印象最深刻的是在将T639/GSI业务系统中GSI升级到最新的V3.3版本后，循环同化一周系统误差就偏离正常轨道了。在困难和压力下，攻关团队没有退缩，反而热情高涨。攻关团队也引入了WIKI电子管理平台，每周五上午持之以恒召开例会，研讨上周工作进展、主要问题和下周工作计划。期间，在美国的刘志权、在江西的周自江和在北京的师春香等频繁远程会商解决各类难题，探索形成了《"气象资料质量控制及多源数据融合与再分析"攻关团队运行管理办法》等组织措施与工作机制。当然，从技术层面来说，首先还要解决的是T639/GSI-V3.3循环同化误差增长问题，确保全球大气再分析系统能够平稳转起来。

资料同化涉及资料、同化和模式三大方面，观测资料又包括探空、地面、海洋、飞机等常规观测类型和微波辐射率、红外高光谱、卫星反演云导风、卫星反演洋面风、GPS掩星等卫星观测类型，而每类观测类型则又包含了质量控制、偏差订正、观测误差估计、观测增量计算等环节。对攻关团队年轻同志们而言，在这样一个复杂系统里查找问题，如同大海捞针。以姜立鹏、张涛为代表的资料再分析科对同化系统升级代码一行行地检查，对不懂的地方一条条地翻阅文献和技术报告，对卫星资料黑名单、卫星资料偏差订正参数、观测误差、背景误差协方差等关键配置开展几十次循环同化试验……大家有成功的喜悦，也有遇到挫折的懊恼，有不解的疑惑，也有明白后的豁然开朗。

就这样，终于在 2015 年 8 月成功解决了全球大气再分析卫星资料变分偏差订正稳定性问题，优化了观测误差和背景误差协方差关键参数，成功研制出 2.5 年长度全球大气再分析试验产品。数值预报中心评估认为试验产品总体质量超过了 T639 业务系统回算结果。气候中心评估认为优于气候业务使用的 NCEP/NCAR 第一代再分析产品。

有了可靠的结果，就有了话语权，也就有了"做了再说"的底气。2016 年 1 月 12 日，全球大气再分析作为"气象资料质量控制及多源数据融合与再分析"攻关任务的重点，接受了中国气象局第三方评估专家组的第一次年度考评。会上，巢纪平院士、周秀骥院士、倪允琪教授和章国材研究员认真听取了刘志权首席的汇报，审阅了 2015 年度进展报告及相关材料，并对全球大气再分析的顶层设计、关键技术和主要进展进行了质疑和讨论。应该说这次我们是有备而去的，加之有了超出预期的研究成果，所以没有让 2015 年 4 月 9 日那一幕重现。最后专家组一致认为我们的组织实施展现出两大特色亮点：（1）团队注重多源资料的质量控制与融合应用，抓住了中国观测资料最为薄弱的环节，顶层设计具有非常明显的针对性和实际应用的可行性。（2）团队采用了国际上最前沿技术（混合同化方案），为形成我国自主开发的高质量全球大气再分析产品打下坚实的技术基础，是本项目先进性、前沿性的重要体现。考评成绩为"良好"，在三大攻关任务中排名第二。

这个成绩虽然没有达到我们的期望值，但是却超越了基础比我们好的其他团队，也让创新工程领导小组感到意外，似一缕阳光照耀和激励着我们继续前行。随后，大家继续团结奋斗，又建立了常规观测资料预处理与质控系统、大气再分析循环同化监视系统、再分析产品评估系统和全球陆面再分析系统，分层次地开展了七组循环同化试验，产品质量一步步得到提升。

四、乘势而上，终于收获高质量成果

2016 年 1 月 12 日的专家评估的确是非常重要，令人终生难忘。它不仅平息了外界对信息中心能否牵头攻关任务和能否做再分析的质疑，而且巩固了以再分析为龙头的攻关任务的技术发展路径，鼓舞了士气，注入了新动力。但是我们清醒地认识到：仅仅超过T639业务回算结果是不够的，这离最终研制出40年长度高质量全球大气再分析产品还很远很远，后面还有很多硬骨头要啃，需要持续攻关，精雕细刻。

上面提到的七组循环同化试验中有两组试验要重点说说。其中第三组试验是把T639模式换成GFS模式，其他都不变，结果发现产品质量明显提升，深入分析发现原来是T639模式高层温度明显"偏冷"。那么新的问题来了：要不要调整已通过专家论证的方案，换模式？带着这个问题，刘志权、周自江、师春香一起去拜见了许小峰副局长、倪永琪教授、章国材研究员，与他们探讨，认真听取他们的意见建议。看到对比结果的图表，他们都很高兴，最后一致同意换模式。

第五组试验是把早期试验用的美国CFSR再分析用过的输入场资料换成信息中心业务资料，其他都不变，结果发现试验产品质量下降了。这是不能容忍的！说明我们自主处理的观测资料质量比美国业务用的资料质量差，也验证郑国光局长说的"瓶颈"千真万确。怎么办？容不得多想，更容不得等待，团队几位负责人很快给出了解决措施。一方面由刘志权带领资料再分析科的骨干，建立再分析准实时系统，构建全流程参照系，通过与美国业务资料的全面比较，及时诊断中国业务资料问题。真是不比不知道，一比吓一跳，结果发现我国实时业务资料中一系列令人啼笑皆非的问题，如METAR报未解码、SYNOP报南半球观测纬度符号错了、BUFR格式国外飞机报飞行高度信息不准确等等。另一方面由已结束挂职任务回到北京的周自江负责，调整研究室科室设置，将探空等垂直类观测资料处理归入基础数据一科，将地面、海洋等地球表层观测资料处理纳入基础数据二科，同时调整人力分配，加强基础资料质量控制、偏差订正以及黑名单技术研究，强化其与同化系统的对接。此外，还给资料再分析科增加姚爽和张志森两位新兵，加强卫星资料处理。

现在看来，这次调整是非常及时的，也是非常必要的，很多工作立竿见影地取得实效。很快，由廖捷负责的全球飞机报资料传来喜讯，同化效果明显改进；陈哲负责的中国探空定时值资料偏差订正效果接近欧洲中期天气预报中心水平；张志森负责的 GPS 掩星资料进入同化；姚爽等负责的高光谱卫星资料进入同化；由基础数据一科和二科负责的地面资料、海洋资料和青藏高原试验资料陆续进入同化……好消息一个接着一个，令人欢欣鼓舞。很快，基于我们自主处理的观测资料，完成了新一轮 2.5 年全球大气再分析试验产品，质量较之前的试验明显提升。其实，这里提到的和没提及的很多同志，当时都不是团队骨干成员，但是他们都没有计较名分，没有计较待遇，只是埋头苦干，不断取得进步。

2016 年 12 月 7 日，第三方评估专家组开展了第二个年度考评。巢纪平院士、周秀骥院士、颜宏研究员、倪允琪教授和章国材研究员一致认为新的实验产品具有很高的可信度。攻关任务综合考核成绩为"优秀"。至此，以再分析为"龙头"的攻关任务已形成乘风破浪的良好发展势头。随后，攻关团队对再分析系统继续优化发展，对我国自主处理观测资料同化应用开展深入研究，在循环同化过程中实现了考虑背景场的在线质量控制，同化效果显著提升。

正是这样以问题为导向，大家团结协作，一步一个脚印地走了过来。截至 2020 年底，已取得一系列创新性成果，涉及 27 项观测资料处理关键技术和 16 项全球大气再分析核心技术，具备了再分析产品自主生产能力。

研制出中国自己的全球大气再分析产品，打破长期以来严重依赖国外相关产品的局面。通过上述持续攻关，探明了我国大气再分析发展技术路径，建成了全球大气再分析系统，成功研制出 10 年全球大气再分析中间产品（简称：CRA-Interim，2007—2016 年），于 2018 年 5 月通过中国气象局预报与网络司组织的业务准入论证。该产品是基于国际上前沿的模式与同化方案形成的创新性成果，时间分辨率 6 小时，水平分辨率 34 km，垂直层次 64 层，模式层顶 0.27 hPa，与国际主流全球大气再分析产品（美国 CFSR、日本 JRA-55、欧洲中心 ERA-Interim）具有很好的可比性，且总体上优于 CFSR。在此基础上，将时间序列向前延伸到 1979 年，向后实现准实时追加，研制出超过 40 年长度的全球大气再分析产品（CRA-40），并提供气象业务应用，改变了我国对国际同类数据产品的依赖局面。

健全了气象资料质量控制与评估业务，解决了一批长期没解决的资料质量问题。通过持续攻关气象观测资料综合质量控制技术和变分偏差订正技术，构建了涵盖资料收集整合、质量控制评估、偏差分析与订正、黑名单生成、标准化处理和同化应用等一体化的资料处理流程，提升了复杂和极端天气条件下的气象资料质量控制能力水平。通过整合中国数字化、全球多来源地面观测定时值数据，大幅提升了全球基础数据完整性。相对 GTS 单一来源，全球高空数据增加超过 83%，全球飞机报增加超过 73%，全球海表温度数据增加 134%，全球降水数据增加 460%，全球气温数据增加 169%，全球百年降水序列增加 4 千多条，全球百年气温序列增加 2 千多条。收集整合了全球 61 种气象卫星数据，总量增加 81TB。

多源数据融合技术逐步自主化，产品精度逼近国际先进水平。通过持续攻关多源数据融合核心技术，建成了包括降水、陆面、海洋、三维大气与三维云等四个大类实时运行的多源数据融合分析系统。推进了中国常规观测、天气雷达、风云卫星资料的融合应用，研制大气、海洋、陆面多要素协调一致的多源融合分析产品，产品精度达到（部分要素优于）国际同类水平。集成的东亚多卫星反演降水已成功替代美国 CMORPH 产品。研制的 5 km 分辨率、12 分钟时效的全国网格实况分析产品，已嵌入全国智能网格气象预报业务"一张网"，支撑着全国气象预报业务的改革发展。

第三方评估专家组给出的攻关任务中期评估成绩为"优秀"。

五、苦心志劳筋骨，人才队伍淬火成钢

一分耕耘一分收获，以再分析为"龙头"的攻关任务能够不断取得新成绩，必然是所有参与者团结奋斗和无私奉献的结晶。首先，有这样的局面，首席

的作用至关重要。刘志权首席不顾腰伤，一年好几次在美国和中国之间奔波，即使不在北京，也定期通过远程视频把握团队攻关状态和进展情况，悉心进行技术交流与指导，几年来共组织 150 余次视频例会。其认真负责、精益求精的态度，以及对技术先进性、前沿性和攻关任务近期、中远期目标的把握，赢得了各方的一致好评。其次是周自江、师春香、姜立鹏、廖捷等几位国内负责人不分分内分外，不分工作日节假日，全力以赴，通力协作，首席不在国内期间，自觉发挥组织协调作用，落实第三方评估专家组意见，并与其他攻关团队研讨，促进了需求了解、任务对接和技术交流，促进了成果应用转化。

还有非常重要的一点，就是在攻关团队建设过程中，建立了非常严格的团队骨干成员年度考核与动态调整机制，建立了外围"重要贡献者"群体，不断增强大家"爱国奉献，建功立业"的使命感、责任感。特别是紧扣攻关任务，规划每位职工的主攻方向，引导其快速准确融入科技创新大潮，避免走弯路、折返跑，例如：张涛主攻 Hybrid 混合同化技术、姚爽主攻高光谱卫星资料处理技术、张志森主攻掩星资料处理技术、王蕙莹主攻风廓线资料处理技术、李庆雷主攻秒级探空资料稀疏化应用技术、陈丽凡主攻海洋气象资料偏差订正技术、韩帅主攻陆面数据融合技术、朱智主攻三维云融合分析技术、廖志宏主攻海温数据融合技术，等等，他们都是近年新入职的新职工，但是他们在非常明确的方向上脚踏实地、自加压力、努力拼搏，在很短的时间内就取得很大进步，已进入成长发展的快车道。

习近平总书记曾指出：创新的事业呼唤创新的人才。我国要在科技创新方面走在世界前列，必须在创新实践中发现人才、在创新活动中培育人才、在创新事业中凝聚人才。要把人才资源开发放在科技创新最优先的位置，改革人才培养、引进、使用等机制，注重培养一线创新人才和青年科技人才。适应时代需要，以再分析为"龙头"的攻关任务业已成为了大熔炉，已锻造出一支中青年科技创新先锋队。自实施以来，气象数据研究室已有 1 人获选国务院政府津贴，2 人入选中国气象局科技领军人才，2 人晋升专业技术二级岗位，6 人晋升正研级高工，17 人晋升高级工程师，1 人荣获全国优秀气象信息技术人员，3 人入选中国气象局青年英才培养计划，11 人被评为信息中心优秀青年科技人才。

这批中青年人才已是信息中心研究型业务和实况业务建设的中坚力量，并已在全国气象信息化领域形成"头雁"效应。正如赵立成主任 2018 年 2 月在《中国气象报》撰文所称：气象科技创新工程的实施，已为信息中心的发展注入新的动力。

【附】局领导与老一辈气象学家的鞭策与鼓励：

巢纪平院士： 你们从事再分析工作，注定寂寞，但无比光荣。

周秀骥院士： 一个国家无自己的再分析，谈不上完整的气象国家。

郑国光研究员： 抓住再分析，就抓住了信息中心现代化的核心。

颜宏研究员： 这是我国第一次系统性面对资料问题。

许小峰研究员： 全球大气再分析有缩小与国际先进水平差距的潜能，要坚定地走下去。

宇如聪研究员： 再分析工作的关键是要能够把分散多源的观测数据整合形成完整的资料。

矫梅燕研究员： 在再分析的推动下，信息中心资料工作上了一个新台阶，培养了先进的科技团队。

倪允琪教授： 再分析工作或将改变气象资料业务的组织架构。

章国材研究员： 再分析工作超过了预期目标，对资料业务有巨大推动作用。

师春香（左五）

女，博导/研究员（二级），国务院政府特殊津贴获得者，中国气象局气象科技领军人才，多源资料融合与同化分析首席专家，曾任国家气象信息中心气象数据研究室副主任。主持了国家重点研发计划项目、国家自然科学基金重点项目、国家国际科技合作专项项目、气象行业专项项目与863项目等，发表学术论文100多篇。

潘旸（左四）

女，博士/正研级高工，中国气象局科技创新工程"多源气象资料质量控制融合与再分析"攻关团队骨干成员，负责降水融合方法研究与产品研制。自主发展了卫星、雷达降水集成的BMA算法，研制了雷达降水QPF偏差订正算法、二源/三源降水融合算法等。

徐宾（右四）

男，博士/高工，现任资料融合科副科长，中国气象局科技创新工程"多源气象资料质量控制融合与再分析"攻关团队骨干成员，负责海洋融合产品研制。2010年月赴NOAA/CPC学习降水数据集成与融合技术，主持研制了东亚多卫星集成降水产品（EMSIP）以及全球海表温度实况融合业务产品，也参与了陆面数据同化产品、三维云融合产品的研发工作，积累了丰富的融合产品研制经验。

谷军霞（右五）

女，博士/正研级高工，现任资料融合科科长，中国气象局科技创新工程"多源气象资料质量控制融合与再分析"攻关团队骨干成员，负责多源降水融合产品研发与业务系统建设。主持研制了10分钟快速降水融合业务产品，智能网格实况分析业务系统建设等。

多源数据融合实况分析业务

多源数据融合实况分析业务是一项新兴的研究型业务。起步晚但发展快，在中国气象局天气预报转型发展、智能网格天气预报业务建设中发挥了重要作用。国家气象信息中心（简称信息中心）承担来自全国与全球的气象数据收集、分发与存档任务，每天实时收集多种类型海量气象数据，同时也存档有最全的历史气象数据。早期信息中心业务并没有涵盖对气象资料的深度加工。在实时资料种类与资料量快速增加，并且这些海量数据由多种观测手段获取，物理含义与数据格式各异，质量水平层差不齐的情况下，由专业团队将一团乱麻的观测数据问题解决，利用先进技术将多种观测资料综合分析，得到时空分布连续、变量之间协调、质量水平可靠的多源融合实况业务产品，是智能网格预报业务与精细化智慧气象服务迫切需要的。

2010年，信息中心启动了在全国范围内招聘"基于多源资料融合和同化技术的产品研发首席岗位专家"，来自国家卫星气象中心的师春香研究员应聘成功，调入信息中心，开始组建团队并推动了信息中心多源数据融合研究与业务的快速发展，从无到有建成了多源数据融合业务体系，同时也培养了一支具有创新精神和战斗力、勇挑重担的多源数据融合团队。

早期主要以开展多源降水融合和陆面数据同化的试验性研究，经过十多年的探索和发展，现在融合的要素已经由陆表拓展至海洋、三维云和三维大气，范围从中国区域向两个方向拓展：全球范围与局地区域（百米分辨率），建成了我国第一个业务化运行的中国气象局陆面数据同化业务系统（CLDAS），以及中国区域融合降水分析系统（CMPAS）、全球海表温度产品融合系统（CODAS-SST）和中国区域三维云融合系统（3DCloudAS）。

2013年我国第一个实时业务运行的CLDAS-V1.0系统在信息中心实现业务化运行，10要素（气温、气压、湿度、风、降水、辐射、地表温度、土壤温度、土壤湿度、土壤相对湿度）40种产品提供实时业务应用，相应的CLDAS历史数据集也为高校及科研院所研究人员提供了高质量好用的数据产品用于科研与论文发表。2014年启动的国家气象科技创新工程，"气象资料质量控制与多源数据融合与再分析"是三大攻关任务之一，其中"多源数据融合"是创新工程重要攻关方向，多源数据融合方向首席师春香带领团队骨干成员潘旸、谷军霞、徐宾、沈艳、宇静静、姜志伟、韩帅、孙帅、李云鹏、刘瑞霞、陈耀登及重要贡献者张雷、朱智、孙帅等，五年来不断努力，自主研发了多源数据融合核心技术，创新性地采用"边研究、边转化、边应用"的策略，建成多源融合实况分析业务体系，开展了实况产品真实性检验研究，研制的多个融合实况产品精度优于国际国内同类水平。2017年，中国气象局天气预报业务由原来的站点预报升级为智能网格预报业务。2017年2月，春节刚过，国家气象中心智能网格预报团队来到信息中心与多源数据融合团队开始对接，自此两个团队开始密切合作，将一系列多源数据融合产品（包括气温、降水、湿度、风、总云量、三维云、能见度等多个要素）通过优化产品时效、调整网格后，快速提供给国家气象中心，有效支撑了智能网格预报业务建设，为智能网格预报缺乏实况分析产品解了燃眉之急。2018年5月，为深入贯彻落实党的十九大精神，适应新时代的发展需求，发展先进的无缝隙、全覆盖、精准化、智慧型的气象预报业务体系，中国气象局组织制定了《智能网格预报行动计划（2018—2020年）》（气发〔2018〕37号），其中明确提出"发展基于多种同化融合方法的实况分析应用技术，建成多圈层多要素协调一致、高质量、快速更新的实况分析业务"，多源融合实况分析成为中国精细化智能网格预报业务不可或缺的一部分。2020年，面对北京冬奥服务的迫切需求，融合团队开始新的挑战，在传统方法及人工智能方法相结合的基础上，开展了百米与分钟级分辨率融合实况产品研制的核心技术攻关与业务建设。

一、坚持自主创新，稳扎稳打，力争上游

信息中心在降水融合方面的研究起步较早，研制的融合降水实况产品能够在中国气象局实况分析业务中站稳脚跟，不仅得益于多年基础数据质量控制、格点化分析技术研究积累的基础，还得益于对网格分析产品研制前沿技术发展趋势的先觉和把握，每一步都走得踏踏实实。2009年，信息中心引进了美国NOAA/CPC研制的适用于逐日、25千米分辨率的地面—卫星降水"PDF+OI"二源融合方法。但是将该方法直接应用到逐小时、10千米分辨率上时，因参数不适用，造成中国西部地区出现了不合理"大值"和融合降水的系统性偏低。信息中心迅速组织技术人员针对PDF和OI算法的核心参数设置开展了技术攻关，最终掌握了PDF和OI技术应用的关键，成功将该方法应用于逐小时、10千米分辨率的降水融合。2011年11月，基于改进的

"PDF+OI"技术研制的中国区域地面气象自动站与卫星反演降水产品融合系统1.0版本（CMPA-Hourly V1.0）投入业务试运行，实时发布1小时、10千米分辨率的地面–卫星二源降水融合产品。2014年，为了进一步提高产品空间分辨率而不降低精度，信息中心在二源融合技术的基础上，引入雷达资料高分辨的空间结构信息，一方面，针对雷达降水的高分辨率特征，应用PDF技术有效订正其系统偏差，大幅提高了雷达数据源的质量；另一方面，采用了贝叶斯模式平均（Bayesian Model Averaging）方法联合雷达与卫星降水，自西向东逐步加大卫星资料的权重，形成覆盖全国的最优背景场，有效弥补了PDF方法在西部地区的劣势。最终提出"PDF+BMA+OI"的技术方案，成功将国家信息中心的融合降水产品由二源升级到三源。同时为了避免美国CMORPH卫星产品出现"断供"，采用红外冷云移动矢量的拉格朗日算法，融合全球多种微波降水，自主研制了东亚多卫星集成产品（EMSIP）。2015年7月，基于"PDF+BMA+OI"方法研制的中国区域地面气象自动站、卫星、雷达三源降水融合系统（CMPA-Hourly V2.0）投入实时运行，通过中国气象数据网、国家气象数据内网和中国气象局卫星广播系统（CMACast）实时发布1小时、5千米分辨率且质量更高的地面、卫星、雷达三源降水融合产品。2016年，为满足现代化气象服务对降水产品更高分辨率的需求，信息中心在5千米三源融合技术的基础上又发展了"PDF+BMA+DS+OI"1千米三源融合技术方案，利用雷达1千米的空间结构信息，对5千米上经过PDF系统偏差订正和BMA融合的雷达–卫星联合降水进行空间降尺度（DS，Downscaling），得到一个既含有1千米高分辨的信息又保证5千米上无偏的背景场，然后采用最优插值OI方法融入观测信息。该方法在满足业务产品时效的基础上来优化背景场，最终达到了1千米三源融合产品的精度优于单一来源降水产品的融合效果，并且在强降水的监测上，1千米要优于5千米的三源融合产品，更加适用于强天气的监测和模式预报检验。同年，在中国气象局预报司组织的国家气象中心、中国气象局公共气象服务中心和国家气象信息中心降水实况产品对比评估中，信息中心5千米降水产品的精度水平最优。2016 年 12 月底，CMPA–Hourly V2.0 升级成中国多源降水融合系统 2.1 版本（CMPAS–Hourly V2.1），进入业务试运行，产品分辨率由 5 千米提高到 1 千米。2017 年 4 月，5 千米融合降水产品入选第一批实况分析产品开始应用和服务于智能网格预报业务。2018 年，面对实况分析业务需求，启动了全球高时效降水实况产品的研制，开展基于机器学习方法的红外 QPE 算法研究，开始了人工智能等新技术在降水融合邻域的应用研究。

二、坚持面向核心业务需求，攻坚克难

与美国 NLDAS、GLDAS 和欧洲 ELDAS 等先进的陆面同化系统相比，我国的陆面气象数据同化起步较晚，但发展较快。自 2010 年起，信息中心气象数据研究室成立多源数据融合科，在首席专家师春香研究员的带领下，在姜立鹏、张涛、梁晓等团队成员共同努力下，借助中美合作框架等机制，积极与相关领域国际先进的技术团队进行交流，开展了 CLDAS 发展全面调研和顶层设计，制定了科研、业务两条腿走路及 CLDAS 系统分阶段发展的思路。经过持续不懈的努力，最终在 2013 年 7 月，中国气象局陆面数据同化系统第一版本（CLDAS–V1.0）实现业务化运行，这标志着我国在多源数据融合技术方面取得了巨大的进步，开启了我国在气象数据融合方面从科研技术研发到业务应用的新航程。CLDAS–V1.0 的科学目标是利用数据融合与同化技术，对地面观测、卫星观测、数值模式产品等多种来源数据进行融合，获取高质量的温度、气压、湿度、风速、降水和辐射等要素的格点数据，进而驱动陆面过程模型，获得土壤温湿度等陆面变量。研究重点是对于陆面驱动数据的处理和合适陆面过程模型的选择。CLDAS–V1.0 的业务目标是设计一个可扩展性强的陆面数据同化系统框架，开发一个可用于业务运行的 CLDAS–V1.0 系统，并为版本升级预留接口。该系统于 2013 年 7 月投入业务试运行，逐小时输出不同层次的土壤湿度产品，以及气温、气压、风速、湿度、太阳辐射等陆面驱动产品，可满足农业干旱监测、山洪地质灾害气象服务、气候系统模式评估、空间细网格实况数据服务等业务对土壤湿度产品等陆面产品的

需求。CLDAS-V2.0多源土壤湿度融合系统是CLDAS-V1.0系统的升级版本，2016年9月29日实现业务运行。CLDAS-V2.0系统由数据采集与处理、陆面驱动数据处理、多陆面模式模拟、产品分发与服务、调度管理与运行监控等五个功能模块构成，改进升级了陆面驱动产品生产模块，集成了CLM、CoLM、Noah-MP等三个陆面模式的六个模拟方案。通过多陆面模式集合模拟和分析，CLDAS-V2.0业务系统能够实时和近实时地生产陆面驱动和土壤湿度集合分析产品（0.0625°，1h，0°—65°N，60°—160°E）。利用地面观测资料的评估结果表明，与CLDAS-V1.0业务产品相比，CLDAS-V2.0土壤湿度产品有效地改进了系统性偏湿的问题，产品质量显著提高。同时，根据迫切需求，提前两年建成CMA高分辨率陆面数据同化系统（HRCLDAS-V1.0），2016年11月该系统进入业务化试运行，产品的分辨率提升至1km/h。在陆面同化系统发展的同时，基于STMAS融合分析技术研发的高分辨率地面温、压、湿、风等要素驱动场也"转副为正"，在智能网格预报的实况分析业务中大放异彩。2017年，气温、湿度、风等地面要素分析产品同CMPAS系统生成的融合降水产品一起，作为首批实况分析产品开始与智能网格预报业务对接。2018年6月，智能网格实况分析产品实现业务准入，并在全国的气象业务中推广应用（气预函〔2018〕44号）。

三、坚持开放包容，在合作中共谋发展

针对海洋的气象观测和预报业务，目前我国已经建立了岸基、海基、天基的海洋气象观测系统，产生日益丰富的实测气象资料，但单一来源的观测数据越来越无法满足我国海洋经济的不断发展，亟待通过多种来源海洋气象观测数据的融合应用提升海洋气象资料服务能力。因此在《国家级气象业务现代化目标任务和评价方案（2014—2020年）》（气发〔2014〕92号）及《国家气象科技创新工程（2014—2020年）实施方案》（气发〔2014〕98号）的重点任务中，制定了"到2020年，近海海表温度和海冰等海洋融合产品的分辨率达到30km"的工作任务。国家气象信息中心迅速响应，依据该

任务拟定了建立海洋数据融合分析系统的计划,并 2015 年在"气象资料质量控制及多源数据融合与再分析攻关团队"的攻关任务中,明确提出了建立海洋融合分析系统,研发海表气象要素融合产品等任务。在此背景下,自 2016 年起,信息中心与多位海外智库专家联合,首先从海表温度融合入手,着力搭建 CMA 海洋数据分析系统(CODAS),先后完成了 SST 融合产品技术方案研发、业务软件测试、业务试运行方案评审等工作。2017 年 11 月 28 日,CODAS 全球海表温度实况融合分析产品(V1.0)(以下简称:全球 SST 融合产品)开始业务试运行,实现了偏差订正后的 FY-3C、MetOp-B、GCOM-W1 等卫星反演 SST 以及船舶、浮标观测 SST 等数据的融合,并通过台海中心、福建省气象台、浙江省气象台、天津气象科学研究所等国省业务科研单位的试用与反馈,不断完善业务产品流程与算法,产品时效与精度稳定提高。2018 年面向全国智能网格预报业务数据需求,信息中心积极推进全球 SST 融合产品业务化进程,于 2018 年 12 月 18 日,实现全球 SST 融合产品的业务准入,产品精度达到 0.41℃,小于国际通用评估标准——0.5℃。自 2019 年 1 月 11 日起,全球 SST 融合产品通过 CMACast 和国家气象业务内网提供国省气象用户使用。在全球 SST 融合产品推进业务准入的同时,信息中心积极开展了全球洋面风融合技术研发,借助国家气象信息中心多源数据融合中试平台,实现中国的 HY-2A/SCAT、欧洲的 METOP-A/ASCAT 等洋面风场与模式背景场的融合,实时生产全球洋面风融合产品,同时也开展了融合海上风场观测数据与风云卫星风速反演产品,提高融合产品在近海及风力等方面的精度。信息中心还积极开展全球海冰密集度融合技术的研发,实现多种海冰密集度产品的偏差订正与融合,产品精度与国际同类型产品质量相当。为了满足日益增加的海洋气象数据融合实况产品的需求,信息中心也在不断丰富着研发计划,增加了高时空分辨率中国责任海区海表温度、洋面风融合产品、基于 GSI 的卫星海温反演技术研发、海浪高度融合技术研发等工作,不断提高现有融合产品时效,同时丰富海洋气象融合产品种类。

准确的三维云信息对提高数值天气预报准确度有非常重要的意义,信息中心从2011年开始启动了对三维融合云分析的研究，在引进的局地分析与预报系统（Local Analysis and Prediction System，LAPS）框架下，发展了智能网格三维云融合分析系统（3DCloudAS），实现了国产FY-2系列静止气象卫星观测资料、我国业务雷达资料等多源观测资料在三维云融合中的应用。2014年，依托"气象资料质量控制及多源数据融合与再分析"攻关团队，与国家卫星气象中心合作攻关三维云融合关键技术和系统建设；2017年，研发了新一代静止气象卫星FY4以及Himawari-8三维云融合技术，实现了地面观测资料、探空观测资料等多源观测资料的应用，建设了三维云融合业务系统，并根据智能网格预报业务要求，快速完成了总云量实况融合分析业务系统的建设工作，能够在12分钟内提供总云量实况产品；2018年，优化和升级了已有的三维云融合业务系统，进一步提高了产品时效和质量，并针对三维云量要素进行了细致的分析和评估，实现了三维云量实况融合分析产品的业务准入。2019年，信息中心联合国家卫星气象中心，不断强化国产卫星资料三维云融合应用能力，初步实现了新一代国产静止气象卫星资料在三维云融合系统的应用。

十年的努力与成长，国家气象信息中心在多源气象数据融合领域已经走出自己的特色，从无到有建成多源融合业务体系，研制出一批国际领先水平的高质量多源融合实况业务产品，在中国气象局的核心业务中开创出更广阔的发展空间。未来，信息中心将在多源数据融合科学问题与关键技术研究基础上，在业务单位形成多源数据融合格点分析产品业务体系，不断提升产品质量，提高时空分辨率和时效，同时发展长序列的高质量融合数据集产品，为天气和气候业务的发展提供强有力的数据支撑。

高峰（左）

女，正研级高工。参加工作以来，主要从事气象数据存储管理、分析处理与应用等研究及相关信息系统建设工作；是世界气象组织基本系统委员会"信息管理专题组（TT-IM）"成员，世界气象组织气候学委员会"资料拯救和管理专家组（ET-DRM）"成员，国家科技奖励专家库、山东省科学技术奖评审专家库成员。主持或参与省部级以上科研项目15项，现担任"海洋气象综合保障工程"副总设计师。

任芝花（右）

女，国家气象信息中心（中国气象局气象数据中心）首席研究员，中国气象局二级研究员。主要从事数据质量控制以及气象服务产品创新研发工作。2013年被评为中国气象局重大气象服务先进个人。先后主持完成国家级和省部级项目30余项，在国内外核心期刊发表论文50余篇，获得国家发明专利及软件著作权10余项，牵头制订完成国家或行业相关标准规范、规划计划、技术方案四十余项。

刘一鸣（中）

男，高级工程师，研究生学历，双学位。主要从事气象数据分析服务与气象资料质量控制等工作。2011年荣获中国气象局"优秀维护与开发员"称号。2016年任资料服务室数据分析与服务科科长，2019年该科荣获中华全国总工会"全国五一巾帼标兵岗"荣誉称号。2019年任资料服务室数据分析科科长。2019年荣获第六届"共享杯"大学生科技资源共享服务创新大赛"优秀组织个人奖"。

数据的质量，时代的强音

限于作者经历和视野所限，很多不曾谋面的人、不曾知晓的事未能囊括此文之中。

谨以此文献给那些出现名字的、未出现名字的曾在、正在、将在数据质量进取之路上逐梦前行的气象信息人！

一、山穷水复，实时资料遭遇尴尬局面

"我和你，心连心，共住地球村；为梦想，千里行，相会在北京……"

伴随着刘欢与莎拉·布莱曼一曲悠扬的《我和你》，举世瞩目的2008年奥运盛会于8月8日晚拉开了帷幕。还记得七年前，当国际奥委会主席萨马兰奇念出"BEIJING"的时刻，举国同庆，一片欢腾……

"铃——铃——"

一阵急促的电话声将刘一鸣的视线从租的房子中那破旧的电视机拉回到现实,是实时库主管琚玲的电话,当天她值二线班。

"小刘哇,值班室的李默予给我打电话,UNDO 表空间超阈值告警!FY2C、T213、ATOVS 三类资料压报(数据因处理效率不足而积压)!我负责先把积压的报文移到临时目录!你检查一下 UNDO 表空间,调一下阈值!"

"好的,我马上检查,然后回话!"

当时,实时库 1.0 刚刚发布,中央气象台、农气室等核心业务用户还依然坚挺地依靠 Sybase 获取实时资料。实时库 1.0 已完成了大规模处理软件开发,但随着 2007 年前后实时接入通信系统业务数据,解码软件的深层问题开始浮现。自动站资料是实时库较 Sybase 有所新增的一类"明星"资料,但作为一类未在实际业务中检验过的数据,高时效地处理来自 2.7 万个站点的小时级数据成为当时一项不小的难题,对于实时库产生了前所未有的压力。一方面,大量的格式不规范增加了处理程序的复杂度;另一方面,大量冗余重复的信息影响了真正有价值数据的入库时效。与此同时,数据中存在的奇异值降低了自动站资料的受信程度。国际上,许多欧美国家由人工观测切换为自动观测已实行多年。但在我国,预报员对于自动站资料依然不敢用、不能用、不想用。"压报"问题成为实时库保障团队遇到的家常便饭,当时有 6 人值二线班(琚玲、刘媛媛、何文春、阮宇智、白俊、刘一鸣),半夜被叫起两三次经常发生。每天早晨,大家谈论最多的话题是"昨天晚上,值班员打来电话,实时库又……啦!"还记得,每每从邓莉、何小明所在办公室经过,都会看见最醒目的白板上写着"将军百战死,壮士十年归"十个大字。针对此次奥运活动保障,实时库团队讨论形成了"及时响应,互相守望"的保障方案,但方案不可能阻挡住问题的发生,当天的问题排查过程持续到深夜……

采访:

林玉成:"实时库投入运行初期,经常出现问题,每次出现问题数据库的同志都全力以赴,第一时间反馈进展情况,预报员得知后则耐心等待。"

陶士伟："在地面气象自动站投入业务运行的初期阶段，为适应天气预报的需求，各省都热情高涨，纷纷建站。但是由于各省的建站规范不统一，自动站的观测资料质量参差不齐，很难应用于实时的数值天气预报业务系统中。使地面气象自动站观测资料在数值天气预报业务系统中处于鸡肋的尴尬局面。"

庄立伟："中央气象台农业气象业务一直与信息中心数据服务团队长期保持着合作关系。从早期的Sybase、Oracle实时库到现代的CIMISS气象云平台，长期提供高质量的数据服务，日常业务中小到几个小时数据或个别要素，都提供精心的数据服务，如查漏、补缺、修正等繁琐而又平凡的工作。"

高华云："确实，我也深有体会，因为当时我也还继续与这些年轻人'战斗'在一起，由于那时全国地面气象自动站大量布点并上传资料，一方面资料量激增，超出了系统处理能力；另一方面很多站资料格式不规范，导致出现大量不合理'极值'问题。为了解决这一问题，一方面用人工干预优先处理预报急用资料，另一方面考虑更新设备，提高系统处理能力。"

赵芳："深夜一次次业务报警'夺命call'，与异常数据和压报顽疾的一次次对抗，通过及时处理有效保障实时业务的欣慰感，不断地思考、探索和系统改进，日复一日、年复一年，实时库技术人员见证着系统的发展与成长！"

刘媛媛："作为实时库建设的主要成员之一，我深深记得随着自动站建设规模的扩大，用户希望用到时空精度更高的数据，同时对数据的质量带着一定的怀疑，担心因为数据质量的问题对业务产生不良影响。因此，如何为用户提供质量可靠的数据服务成为当时摆在数据管理系统面前的一项不容忽视的问题。"

二、蓄势待发，历史的沉积与前期的尝试

我国气象资料质量控制业务发展的历史上，长期以来以纸质报表审核为主。地面自动气象站的建设，则促进了纸质报表向电子观测数据文件的转变。2005—2007年，国家气象信息中心（简称信息中心）任芝花、熊安元、王新华、孙化南、王颖等联合安徽省气象局徐光清、吴必文等、湖北省气象局杨志彪、

张峻等组成的质量控制团队，设计了国家级自动站观测资料三级质量控制技术方案，针对台站观测生成的 A\J\Y\R 等月报（年报）数据文件，开发了台站、省级、国家级地面气象自动站观测资料三级质量控制业务软件。2007 年至今，三级质量控制软件被 2400 多个国家级台站、各省资料部门业务应用，弥补了各级资料部门缺乏自动站观测资料质量控制业务系统的空白，实现了从人工纸质审核到自动审核的转变。邹凤玲、杨艳茹、鞠晓慧、范邵华等作为当时的资料质量审核人员，都亲手操作过当时的单机版质量控制软件。同期，在科技部共享项目的支持下，任芝花、汪万林等分别带领团队，在 WMO 质量控制规程基础上，开展全球地面、高空观测资料质量控制技术研究。相对于上述国内三级质量控制技术，全球资料质控增加了综合判断技术（CQC），另外全球高空资料质控还增加了与预报的背景场间的偏差检查（Bayesian）。基于实时库数据，2006 年实现了全球地面、高空观测资料定时自动质量控制与全球地面高空数据集产品自动追加业务。

在实时数据团队里，应显勋前辈曾于十几年前从欧洲中期天气预报中心引入实时处理软件，当时内部曾包括一部分质量控制算法模块。但运行中发现，对整体性能的影响过于严重，同时因为内存处理不当增加了程序 7×24 小时不间断运行的风险，所以后来将这部分程序注释掉了。

2008 年，实时库团队在沈文海总工、赵芳副主任的领导和高华云老师的悉心指导下，开始了一轮将基本质量控制方法植入实时处理流程的尝试。当时，仅仅尝试了将简单的阈值判断法植入地面 SM 报及自动站资料的解码流程中，在李德泉等内部研发的监控系统 "RDB_CAT" 上弹框显示疑误数据（质量控制判为可疑或错误的数据），同时采用 Excel 报表的方式每日形成前一天的质量信息汇总概况。随后，王妍、王洁入职实习，每天上班，看报表、打电话、写报告，成为工作常态。通过近乎原始的简单手段，已经可以发现许多典型的数据问题，许多与省级实时数据质量相关同事的联系，也是那时逐步建立起来的。截至 2010 年 3 月，共编发《实时数据质量检查报告》123 期。超大的降水、超高的气温，"又遇到哪些'离谱'的数据了？"成为沈总工最关心的事情，也为每天的讨论提供了许多"有趣"的话题。

采访：

熊安元："在气象资料质量控制工作中，质量控制算法的研发是关键。近二十年来，国家级气象数据库从最初全盘引入欧洲中期天气预报中心的实时资料质量控制算法到目前的全国产化的算法，从当初只有地面和高空的质量控制到今天常规资料几近全覆盖，凝聚着气象资料室两代数据科技工作者的心血。"

高华云："当时我也是参加了数据质量监控工作，并负责对质控中出现的数据问题进行分析与反馈。由于新上传的自动站数据错误比较多，我们每天、每周、每月都要对错误数据进行分析汇总，找出其规律性的问题，并用电话将问题直接反馈到观测台站或有关部门，经过一段时间的努力，纠正了许多观测台站出现的错误，大大促进了自动站资料的改善。"

赵芳："质量是数据的生命线。质控算法研制人员不断'厚积'的算法改进，数据质量审核和监控人员默默无闻的扎实工作，系统开发人员一次次的优化改进尝试，使得气象数据逐步由'可用'走向'好用'。"

三、千折百转，实时质控从 0 到 1 的技术突围

千折百转，机会一闪。技术突破，从 0 到 1。2009 年 6 月 11 日，中国气象局预报司周林副司长向信息中心领导赵平副主任传达了中国气象局局领导的要求："研制国家级和区域级自动站降水数据质量控制方法，两个月的时间，力争在 2009 年汛期得到应用！" 6 月 16 日，在老资料楼二楼中厅，预报司组织国家气象中心、信息中心、江西省气象局、广西区气象局、浙江省气象局、湖北省气象局等单位技术人员进行了区域自动站降水数据应用需求、质量控制可行性以及质控技术研讨。

会后，气象资料室迅速成立以任芝花、张强、张志富、李俊、鞠晓慧、赵煜飞、曹丽娟、邹凤玲、杨艳茹等同志为核心的自动站雨量资料质量控制技术研发小组。通过近一个月夜以继日的拼搏以及赵平副主任的现场指挥，2019 年 7 月 8 日，《区域自动站逐小时降雨量资料质量控制方案》通过李泽椿等院士专家以及用户单位的评审。

当时，数据应用服务室新近成立，沈文海总工兼任室主任，高峰任副主任。面对自动站资料数据量激增、数据质量不可靠、预报员不敢用的形势，沈总工刚一接到中心领导指示，便立即做了部署。

"一鸣啊，你把手头其他事先放一放，自动站小时降水质量控制这件事刻不容缓！任首席是观测数据质量方面的资深专家，高峰副主任在系统建设方面很有经验，今年汛期之前我们要让预报员看到质控信息！"

"好的，一定尽全力！"刘一鸣答道。

高峰副主任对相关工作做了周密而详尽的安排：琚玲将自动站按不同省分成多进程入库，以便大幅减少压报出现的风险，提升自动站数据的入库时效。质控码与要素值是否放在同一表里？是否按月份表以提升入库和检索时效？……在考量了一系列问题后，刘媛媛精心设计出小时降水质量控制表的逻辑结构。何文春从用户视角调配接口并实现 MICAPS 等用户系统的平滑接入。阮宇智以监控信息为基础不断优化系统。朱江、冯明农基于 ArcGIS 研发了初版实时数据质量控制在线统计分析系统，让质量信息可见易查……

基于对实时资料处理流程的深入理解与长期从事数据库业务的经验积累，考虑到时空检查算法对效率的高标准要求，在组织团队反复推敲的基础上，高峰副主任确定运用当时最为高效、但程序设计难度较高的 C 语言，采用"C+Oracle"的架构，实现实时自动站小时降水质量控制。C 语言时效虽高，但对于内存管理的要求几近苛刻，稍有不慎便会造成程序的崩溃至"死"，这样的架构现在看来有些"铤而走险"，但"无限风光在险峰"。

刘一鸣作为一名入职未满两年的"黄毛新兵"，担任起实现实时自动站小时降水质量控制算法业务化运行的任务。

两年的实时库运维经验告诉他自己：开发时程序写得不好，运维时每天就别想睡觉！

想要开发过硬的系统，必须先把算法吃透。而后的两周时间里（前两周较为集中，后续持续零星交互），他开始以算法流程图为基准，和任芝花首席确定每一处算法流程细节的学习和讨论。任首席凭借近二十年对观测数据的领悟与观测系统的深谙，总结了一套适用于自动站小时降水数据的质量控制方案，为了实现"实时质量控制汛期上业务"的目标，任首席深入地剖析方案的每个步骤，仔细地拿捏每个阈值参数，不放过每一个可能出问题的关键点。预报司田翠英处长、信息中心赵平副主任等领导十分关注此项工作，当时的交流非常频繁，每周开会2～3次。时任业务处副处长的王国复积极地为预报司、信息中心、台室、用户之间的协调沟通架起了一条"高速路"。

算法理解到位后，难点开始向后端转移，如何才能落地实现？

新的试验创意，经常出现在失败反省中的凌晨三点。

机会，在不断尝试中一闪而现。

夜，是那样的宁静，宁静得可以清晰地聆听到家人的酣睡和敲击键盘的声音。

"当！"在监测五个不同的日志窗口状态下，刘一鸣在指令窗口执行了刚刚修改好的程序。先睡上一会，起来时能看到结果。

2009年6月26日晚7时许，在老气候楼三层简易会议室的乒乓球台前，是临时架起的投影仪和一盏略微昏黄的白炽灯，然而两室同事们关于自动站小时降水质量控制前期试验情况的讨论依然"胶着"。

"对，就是要'滚动更新'，让小时降水数据在程序内部'滚动更新'起来，这样就可以每小时多次启动了！"刚上任不久的赵平副主任斩钉截铁地说。

质控工作启动之前，赵平副主任曾花一个下午的时间，详细了解实时数据业务的近期进展与存在问题。前期的试验结果表明，每小时的自动站降水数据检索平均耗时2分钟，质控算法运行平均不到1分钟，结果更新入库平均耗时3～4分钟。而时间一致性检查需要向前推6个小时的数据，空间一致性要检索平均5个邻近站的数据。这样算下来，以当时的硬件水平，如果程序架构不变，把数据"检出来、入进去"的基础操作都时间不足，很难完成一小时内多次启动质控算法的动作。也正是赵主任这样的一席话以及大家的反复推敲重重地击打在刘一鸣的心坎上，程序设计的思路由直接数据库检索转变为分步缓存检索，6个小时的历史数据要在处理进程内部实现高效存储和检索。

在突破了从全集表到整点表数据同步、时间一致性数据反向查询、空间邻近站比对、进程内快速定位、用户平滑检索等一系列技术难题后，经反复试验，终于找到了当时的"最优"方案。质控系统首次实现了将原来应用于历史数据的时间空间检测应用于实时小时降水资料，每小时5次启动，每次启动耗时5分30秒。

还记得信息中心赵立成主任在2019年的年度工作报告中这样描述此项工作："今年6月起开展'区域自动气象站逐小时降水资料质量控制方案'研制，经过专家论证、软件开发、业务系统建立等工作后，于2019年7月20日投入试运行！经过质控后的数据已推送到中央气象台等实时业务部门！"

采访：

田翠英："实时降水资料质控系统的业务运行初步满足了业务需求，为6要素乃至全要素实时资料质量控制工作奠定了基础。通过实时资料质量控制工作，也培养了一批资料工作的技术骨干，在国家级和省级资料业务现代化建设中发挥了重要作用。"

王国复："实时气象资料质量控制是资料分析处理各环节中最具挑战性的技术，实时地面资料质控的业务化是开启气象资料业务现代化建设的重要标志。回望10年前那拨年轻人奋斗的背影，不禁感怀他们不断进取的足迹。"

林玉成："目前中国气象局已在全国建立了六万个左右自动气象站（包含国家自动站和区域自动站），每时每刻都有大量的气象数据上传。气象数据作为天气预报与公众服务的根本，科学、准确、可靠的气象观测数据是天气预报和地球相关科学从事科学研究的重要基础，其质量问题得到高度的重视，因此对气象数据进行质量控制是必不可少的。"

陶士伟："针对地面气象自动站观测资料在数值天气预报业务系统中处于鸡肋的尴尬局面，各级领导下决心解决这一问题。经过信息中心上下一致的努力，研发了一套自动站观测资料处理和质量控制软件，数值天气预报中心相关人员和信息中心人员配合默契，在应用该资料时，发现问题及时沟通、协商、反馈。基本解决了地面气象自动站观测资料的质量问题，并应用于数值天气预报业务系统中。"

庄立伟："实时气象资料数据量剧增，数据质量控制手段需要实现自动化、信息化，自主开发气象数据质量控制系统并应用于实时业务，要求高、难度大，对年轻的业务技术人员也是一种挑战。小时降水资料实现质控和业务应用，体现了个人对技术难点的突破能力和团队的集体力量。"

刘媛媛："质量控制系统建设当时对我们来说是全新的工作，我们一方面需要理解质量控制算法的原理，一方面需要考虑如何以最高效的方式进行系统实现。刘一鸣以及我们很多同志在这项工作中付出了很多努力，为后续国省两级质量控制系统的建设奠定了坚实的基础。"

四、国省同心，要素由一到多、系统由点到面扩展

国省同心，其利断金。2010年，自动站资料实时质量控制在技术研制与系统实现两个层面以"国省联建"的方式全面铺开。

质控技术研制层面，在古朴典雅的老资料楼里，任芝花首席带领年轻团队研制了全国自动站小时实时数据质量控制和评估技术方案，并开创性研制了雷达、卫星资料在自动站降水数据质量控制中的辅助判断技术。张志富（气温）、鞠晓慧（气压）、王国安（气压）、李俊（风向风速）、余予（风向风速）、赵煜飞（相对湿度）、徐宾（降水+卫星）、仲凌志（降水+雷达）等一批有志青年加入到了质控算法研制的行列之中。通过个例分析、参数调配逐渐形成了一套适用于实时处理流程，覆盖自动站资料六大主流要素的质量控制方案。

其中，气温的参数粒度最细，每个台站每个月都有不同的阈值设计；风向风速的判断分支最多，风的矢量性带来其具有不确定性很强的特征；气压与湿度都存在站点稀疏、临近站不好选取、参数难于调配的问题。同时任首席还组织编制了《全国自动站资料质量评估方案》，由预报司正式发布后在全国范围开展自动站资料的质量评估。

为了避免语言二义性，质控方案系统研发组同质控方案设计组保持了非常频繁的沟通，运用算法流程图等方式，与质控方案设计者逐个分支确认。为确保没有产生歧义或描述不清的地方，提出了针对性很强的建议和意见。

系统实现层面，在预报司和中心领导的支持下，沈总工组织了一场全国范围的质控技术"大比武"。预报司周林副司长在"大比武"启动会议上说："质量控制算法本身是科学问题，质量控制软件系统的构建是业务工程化问题，解决好这两个难题对业务发展具有重大意义！"

"2009年以前，区域自动站资料应用中的质量问题一直存在。质量控制方法主要应用于历史数据……"高峰副主任详细介绍了自动站资料小时降水质量控制系统的业务化过程始末。

通过筛选，广东、四川、江西、广西、湖北5省（区）以其雄厚的技术基础和过硬的技术力量胜出。在算法实现组，广东肖文名主任派出何婉文、寇媛媛，四川马渝勇主任派出吴薇、吕爽，作为骨干也加入到质控算法业务化实现的行列中。在全国自动站实时资料质量控制与综合评估系统建设方面，湖北的王海军、刘莹、杨代才、张峻负责完成了省级自动站质量控制接口软件的研发；广西的任晓炜、曾行吉、李涛、黄志负责完成了台站、省级人机交互平台的研发；江西的李志鹏、张玮、李洪康、何瑶、钱昊负责完成了自动站综合质量评估平台的研发，并同刘莹、曾行吉完成了台站、省级、国家级三级质量控制信息反馈系统的开发；浙江的封秀燕、吴书成、刘熔熔等负责完成了整个系统软件的测试。自此，以"国省联合开发、系统集成"的建设方式，完成了全国自动站实时资料质量控制与综合评估业务系统建设。

通过前期调研，当时省级的数据环境十分复杂，操作系统包括Linux、Windows Server、AIX……数据库涵盖Oracle、SQL Server、MySQL……基于知识的积累与2009年的实践，总结出一套适应性较强的质控系统架构和一套操作性强的C语言编程规范。通过系统架构来适配各种复杂的数据环境，通过编程规范来确保算法实现的规范性和一致性。不论外部部署环境怎么变，内部的核心算法都是一样的程序。两相配合，相得益彰。这项规范让算法实现者专注于算法本身，在与数据库、操作系统等系统级别交互上花最少的时间。气象专业入职不久的寇媛媛，刚来时还只会 FORTRAN，回广东时，她已经是个 C 语言的能手了。

在这轮算法业务化中，首次尝试实践了适合小团队作战的"结对编程"。抓住确定规范、提前培训、前期调配、后期互查等关键环节。代码走查率、代码标准化率、测试覆盖率、BUG 修正率均达到 100%。质控算法实现的关键位置不只读过一两遍、改过一两遍。因为每个小组成员都深知：这套系统能否一以贯之地表达算法内容，影响到对各省数据评判的正确性与权威性。

记不清多少次写程序做试验到深夜；

记不清多少回失败后推倒重来；

但我们记得，所有想到的方案都曾试过！

但我们记得，所有可能的"路"都曾走过！

……

"sang（送）水号码是多少？"何文春在里面的办公室问道（发音略有不清）。

"降水啊？降水是 13019。" 吴薇在外面的办公室回答。

办公室内外都笑翻了，她因工作得太投入，把"送水"听成了"降水"，下意识地回应了自己已默记于心的小时降水 5 位编码——因为 5 位编码在每段程序中都会出现。

在沈文海副总工、高峰副主任的感召和带动下，大家目标专一、干劲十足、气氛活跃。从绘制算法流程图到与算法制定者确认，从修订方案描述到制定每个分支的事件码，从按编程规范编写程序到按算法流程设计测试用例……质控算法业务化这项工作，在紧锣密鼓、有条不紊地向前推进。

2010 年 5 月 14 日 13：30，在信息中心老楼 5 层会议室，林玉成、陶士伟等资深前辈组成的测试专家团紧盯着屏幕上的日志刷新和 SQL 页面——这是新版多要素质控系统上线前的最后一次外部测试。

"小刘，先测降水、然后是气温、之后是风和其他要素……"测试专家组组长、中央气象台林玉成正研确定了测试方案。

"好，先测这步空间一致性检查！"测试直奔算法体系中的难点。

当在测试环境下植入异常数据后，日志的每次刷新都扣动着现场诸位领导专家们的心弦。

"10、9、8……3、2、1"

在计时结束时，刘一鸣飞快地敲入了查询质控结果的SQL——质控码与方案描述完全一致，质控事件码与程序流程图完全一致，每个步骤的日志输出与预期情况完全一致！这表明，自动站6要素实时质量控制系统的首版研制取得了圆满成功。

通过此后连续三年，每年一届的全国培训及重点省份培训，国家气象信息中心联合5省开发的第一代全国自动站资料实时质量控制系统在全国推广应用。其中，内蒙古气象局（观网处、培训中心、信息中心）组织了覆盖全区每个盟市的全省观测员现场培训。预报司在这项工作中投入了大量时间精力组织协调，其间发布的关于"质量控制"的公文多达二十余项。

在矫梅燕副局长参加资料室的一次支部扩大会议后，另一场历史性的战役同时打响。在此之前，信息中心赵平副主任在一次与任芝花首席的攀谈中了解到，国内的历史长序列资料中存在许多转储环节、数字化流程中引入的资料质量问题和台站元数据缺失问题。任首席对许多平日记录下来的历史资料问题进行了详细的整理。直到会议前夜，资料室的同志们还在忙碌于理清问题、重现过程、推演情况。2010年12月7日上午，矫梅燕副局长来到信息中心五层会议室，赵立成主任、赵平副主任、业务处及资料室的成员参加了此次资料室支部扩大会议。周自江主任的发言中查摆的历史资料问题深深地触动了矫梅燕副局长，也触动了在场的每一位同志的心。

"历史资料的问题很严重！……要作为一项专项工作来抓，解决这些问题！"矫梅燕副局长稍做思索便当机立断！

此后的一个月里，中国气象局预报司组织、信息中心牵头制定了《基础气象资料建设工作实施方案》，成立了以任芝花、周自江为首的"基础资料建设工作组"。此后的三年中，基于历史资料的收集、整编、质量控制、问题排查等一系列工作在全国范围全面铺开。经过全国四百多位资料工作者连续三年的苦干实干、持续努力，国内地面、高空、辐射自建站以来的历史资料中存在的大量问题得到了系统解决。累计修正和新增地面气象要素值1.5亿个、高空气象要素值1100万个、辐射气象要素值45万个、台站元数据24万条。

项目验收会上，许小峰副局长、矫梅燕副局长、周秀骥院士、丁一汇院士等领导和专家对基础气象资料建设成果予以高度评价：该项目首次研制的地面、高空和辐射基础气象资料质量检测方案、质量核查与更正规范科学、严谨，具有创新性，能有效解决资料中存在的主要质量问题；系统检测并解决了中国1951—2010年累计2474个国家级地面站、1951—2012年累计241个高空站、1957—2012年累计130个辐射站历史基础资料中存在的数字化数据质量问题，形成了一套高质量的基础气象资料集，对增强资料的可靠性和准确性，提高服务效益具有重要意义；整编完成的台站元数据，为气象数据处理、气候变化分析奠定了基础。经该项目更正后的基础资料集以及在此基础上研制的三十余个长序列数据产品陆续在全国气象部门推广应用。在这每一个数字的背后，都闪现着质量控制与检测技术中的经验与智慧；在这每一个指标的提升里，都包涵了气象信息人的努力与艰辛！

采访：（四川、广西、江西、湖北、内蒙古当时主管领导或直接参与者）

马渝勇（四川）："气象数据，特别是观测资料的质量，直接关系到气象预测预报和公共气象服务的内在质量，举足轻重。比较极端的说法是，没有质量可靠的数据还不如没有数据。在综合观测系统高速发展的进程中，数据质量问题日益凸显。而且，气象数据的质量控制，也是一个非常复杂并且有相当难度的工作。此前的历史资料审核，采用的是气象资料质量控制的一些基本手段，同时也只是离线、非实时的。要做到在线业务化、准实时的实现，从方法算法、流程设计和系统实现上，都是创造性的，具有研究和业务深度结合的特点，面临严峻挑战。根据气象业务及其发展的迫切需求，国家气象信息中心知难而进，精心组织气象资料和信息技术方面的精兵强将，吸纳省级业务技术骨干参与，共同组成团队，不辞艰辛、攻关克难，研发出第一代气象资料质量控制业务系统。从无到有，实现了气象资料业务化的在线准实时质量控制,为气象预测预报和公共服务提供了较高质量的气象数据支撑。同时,也大大推动了相关各省技术骨干的成长,为这项业务的后续进一步发展奠定了坚实的基础。"

任晓炜(广西):"第一代'全国自动站质量控制系统'的开发并推广应用可以说是国省技术合作的早期成功案例,解难题、出成果、育人才。当时,非气象专业的曾行吉刚刚毕业,有幸参与其中,得到了很好的锻炼,后续为广西气象数据质量控制工作的能力提升一直发挥着骨干作用。"

李志鹏(江西):"回望国省协同、艰苦攻关的日日夜夜,仿佛一幕幕就发生在昨天,令人百感交集。大家潜心钻研、共同讨论、联调测试,为发现的每一个问题而冥思,为取得的每一点进展而喜悦,终就突破了自动站数据实时质量控制算法和系统构建上的一个个技术难题,实现了数据质量控制由传统的非实时业务向支撑天气监测预警预报实时业务的转变,奠定了全国自动站数据实时质量控制业务体系建设的坚实基础,诠释了气象信息人践行'准确、及时、创新、奉献'气象精神的不懈追求,'让数据好用,把数据用好'。虽然追求目标的过程是很艰苦的,而收获果实的时刻却是甜美的,提升数据质量的前行之路,需要气象信息人不断奋发图强、奋勇向前。"

王海军(湖北):"预报司领导及信息中心的专家多次到我省对实时资料质量控制系统的运行进行技术指导,为我省的实时资料质量控制工作的开展奠定了基础。通过'国省联建',为我省的杨代才、刘莹等同志提供了参加国省联建项目的研发到国家级亲身学习交流的平台,为省级气象资料业务系统的研发和全国业务应用提供了技术指导。"

李永利(内蒙古):"2011年,按照中国气象局统一要求,我区开展'省级自动站实时数据质量控制系统'应用推广工作。作为试点省份,我局邀请中国气象局任芝花老师等专家对信息中心和台站的技术人员进行了集中岗前培训。随着系统的应用,逐步解决了我区质控模式不统一、疑误信息反馈滞后、实时数据无法及时利用等问题,初步建立台站、盟市、区局三级联动的质控平台,自动站数据质量明显提升。"

鞠晓慧："2000年以来，全国陆续建立了国家级和区域级自动站，气象数据在时空密度上都呈现几何级增长速度。传统的气象数据质控方法已不适用，新的挑战摆在我们面前。通过自动站质量控制团队的不懈努力，经过质量控制处理的自动站逐小时数据在气象中心的天气预报业务及其他业务科研工作中逐渐发挥重要作用。"

五、风雨彩虹，质量控制初现成效

截至2011年底，在预报司的悉心关怀和信息中心领导的带领下，通过质量控制系统的全面推广和全国各省的齐抓共管，全国自动站小时降水资料的数据质量状况显著提升，缺测率由2009年的18.3%下降到2011年的3.9%，可疑率由2009年的3.25%下降到2011年的0.03%，错误率由2009年的0.45%下降到2011年接近于0.00%的水平。气温、相对湿度、气压、风向风速等关键地面观测要素的质量状况也显著提升，实时自动站资料国—省—台站三级质量业务体系架构初现雏形。与此同时，预报员在该系统的支持下，克服了对于自动化观测的恐惧心理与抵触情绪，相对于人工观测，更高频次、更高空间覆盖度的自动观测数据在预报业务中开始得到应用。观测员的工作重点逐步由紧盯自动站整点观测数据，转变为关注自动站的报警信息，研判并保障设备的运行状况，从一定程度上"解放"了观测员的工作时间。

信息中心赵立成主任在2011年度工作报告中这样描述了这项工作："组织省级应用培训班，完成自动站实时资料质量控制系统的全国安装部署，建立国家级—省级—台站资料质量信息双向反馈自动业务系统，初步建立自动站实时资料全国三级质量控制业务流程，全国自动站资料的完整性和质量进一步提升。"

矫梅燕副局长在当年的全国气象信息网络工作研讨会上的讲话中提到："加强资料质量控制等基础性工作。资料的质量工作是气象业务的基础，也是气象业务科研的重要支撑。试点工作要以国家项目为带动，发挥好国家级业务单位的牵头作用，各省要按照试点方案，从建立完整资料数据集，提高资料的质量角度扎实做好试点工作。"

采访：

周林："通过国家气象信息中心和31个省（自治区、直辖市）气象局两年多的不懈努力，首次建立了全国自动气象站资料实时质量控制业务，显著提升了资料质量控制的业务能力和技术水平，初步形成了覆盖全国的'国家级评估、省级质控、台站确认'的三级资料质量业务新格局。"

刘震坤："经过那段时间的努力工作，逐步形成了预报员应用与质量控制人员的互动机制，预报员发现问题随时反馈，质量控制的技术人员及时通报质量情况。根据预报服务的需要，经双方协商，形成多种数据接口，供不同预报服务场景使用，实时自动站资料应用于预报服务的效益也更加明显。"

张强（国家气候中心副主任，原预报司副司长）："自2009年开始针对区域自动站观测资料质量不高、完整性不好等问题，开展了实时质量控制工作，扭转了资料质控业务长期以来只进行非实时资料质量控制的格局，提升了实时自动站资料的数据质量及其应用能力，逐步建立起实时数据国—省—台站三级质量控制的业务模式，推动了全国自动站数据在国家级、省级业务科研单位中的实际应用。自2011年启动的基础气象资料专项工作，形成了一套国省统一、完整、高质量的历史基础气象资料集，增强了我国地面、高空、辐射气象台站近六十年来观测的历史基础气象资料的可靠性和准确性，有力地提升了基础气象资料业务能力。"

六、锲而不舍，质控系统迭代优化升级

此后，在中国气象局预报司和信息中心领导的统一部署下，在高峰副主任、孙超科长的带领和任芝花首席的指导下，新一轮的全国"实时历史一体化"工作在信息中心同步拉开帷幕。在这轮建设中，何文春实现了实时质控系统由1小时降水向时段降水的拓展。阮宇智实现了国家级自动站资料质量评估系统。王妍、徐拥军和张来恩等实现了基于消息的国省疑误信息查询反馈机制，打通了国省之间的信息反馈通道。

伴随质量控制系统的全国推广与评估报告的全国发布，各省对于自动站资料的关注度不断攀升，许多潜在的问题逐渐浮出水面：有参数本地化的问题，有跨平台强制类型转换结果不一致的问题，有质控程序组件的问题，也有个别质控方案的问题，但更多的是省里对质量控制与评估结果的质疑。反馈问题的电话、邮件从全国各省涌来，但我们一直秉持实事求是、求真务实的态度，坚信"能反映问题的用户是好用户，会提供问题的电话是好电话"。不错过每一个电话，不放过每一项问题。2010年5月—2012年12月近三年的时间里，预报司组织编发自动站数据质量评估报告35期（张志富、郭传友、余予、刘振等参与编制），每期报告处理的问题平均六省，个别时间多达十几省。质控团队一方面收集应用中反馈的典型案例，一方面注重借鉴历史长序列资料质量控制的成熟经验与方法，2011—2012年两个版本的方案重构（张志富、余予、王国安等）与系统迭代升级（刘一鸣、孙超等），实现了时间一致性后推变前推、自动站格式与存储变迁、跨月同步机制建立、质控码更新归并瘦身、内部一致性和空间一致性检查步骤的完善和改进，降低了缺测、缺报情况对时间一致性判断结果的影响，提升了关键算法步骤的判识有效性。

资料的时效和完整性是影响质控效果的两大因素。质控系统所处的实时数据环境每时每刻都有新的数据入库。

"自动站入库率一路上去，有时'坡'急，有时'坡'缓，但什么时候'坡'急？什么时候'坡'缓？什么时候能达到95%呢？"周自江主任提出一系列问题发人深省、引人入胜。

为了更加灵活、自适应地选取质控系统的启动时间，在周自江主任的悉心指导下，刘一鸣等质控系统研发组成员开展了对于自动站资料入库规律的深入分析，并且基于分析结果，提出了动态启动的运行策略，这项升级让质控系统变得更富有弹性、更加智能。

质控系统整体效能的提升也得益于实时库RDB3.0升级过程中对其需求的周全考虑，孙超专门向信息中心提出了提高实时库RDB3.0计算和存储能力的申请，为此还写报告加以支撑。实时自动站表放在高速SSD存储位置、徐拥军将自动站程序由单线程改写为多线程等一系列的精益求精的改良和设计，使得自动站资料的处理时效显著提升。"压报"这一在以前值班中经常遇到的"老大难"问题，在RDB3.0上线后得到了很大的缓解。值班，终于卸下了一块背了太久的大石头！

宝剑锋从磨砺出，梅花香自苦寒来。质控团队逐渐将自动站资料实时质量控制系统打磨成为实时业务环境中最为高效、稳定的应用之一，直到2018年实时库下线，一直故障少有、稳定可靠、"安静"而"坚强"地保障着数据的质量。理解出于阅历，创新源自历练。如果没有亲身经历过夜半叫醒，可能就不会设身处地地体味到用户体验的重要性；如果没有值过班，可能就不会感受到硬件资源稀缺的困扰，而后想方设法优化软件设计与流程！

自此，全国三级质量业务体系基本形成：国内资料由国家级负责质量评估与质量控制方案研制，省级负责质量控制，台站级负责质量监视，国—省—台站间形成信息反馈流的搭建，国际资料则由国家级负责质量控制与评估。

采访：

周自江："质量是数据的根本，时效是服务的生命。我们通过建立多层次的质量控制，确保'问题'数据在到达用户桌面之前被有效拦截，但是任何事情都有两面性，质量控制的过程会牺牲一定的资料服务时效，因此动态启动策略非常必要。非常幸运的是，在我的任期之内，通过大家的共同努力，在实时业务中成功地解决了这一难题。面向未来，我们切不可满于现状，面向实况业务需要，在综合质量控制的基础上如何实现准确高效的快速质量控制？还有待大家继续攻关。"

孙超："国家气象信息中心质控系统建设团队牢记业务引领、紧跟用户需求，不断创新设计、完善功能、改进性能，不放过每一个细节，用工匠精神打磨系统，并组织在全国的部署实施与业务应用，为气象自动站资料质量的飞速提升打下坚实的基础。"

阮宇智："质量评估的实现经过了多番的曲折，最终采用了基于时间分片的并行处理方式。通过与何文春等人的共同探讨和实验，实现了多队列排序统计算法，处理速度提高了20倍，每月度4.5亿个要素数据的统计仅需10小时，时间消耗远低于业务要求，实际应用中极少出现错误及异常情况，初步实现了质量评估业务的高性能、高可用。"

七、围点打圆，纵深横向不断拓展

在自动站6要素实时质量控制系统站稳脚跟后，质量控制从纵深（要素）与横向（资料种类）两个维度不断延伸。2013年3月，廖捷、刘景卫、朱晨研制了覆盖自动站资料除原6大类要素外的其他要素的质量控制算法。同年，刘一鸣、王妍、刘振、李江涛通过与算法组的紧密交互，实现了自动站资料全要素实时质量控制系统的业务化运行。还记得蒸发、地温那晦涩的算法描述，还记得人工观测连续天气现象那特殊的格式定义和发报规则……这轮系统开发中，测试样例设计了733项，一次性通过率为86.49%，两次通过率为97.95%，多次通过率为100%。其中，多次通过都是开发者与算法组多轮讨论后才确定下来的，最终实现了对自动站新Z文件中13类99个要素的全覆盖。

2015年7月，湖北研发的省级气象资料业务系统（MDOS）上线。国家级专注于质量控制与评估技术的研制与标准规范的制定。质量控制技术方面，先后在全球地面（张志富、廖荣伟等）、高空（廖捷、王蕙莹等）、飞机报（廖捷）、辐射（任芝花、刘娜）、海洋（张冬斌等）、自动土壤水分（王佳强、赵煜飞等）、农气作物（高静）、数字化成果（鞠晓慧、范邵华、战云健等）等类型的资料中不断延伸；并且，向L波段探空（远芳）、风廓线雷达（王蕙莹、刘雨佳）等新兴资料持续拓展。质量评估技术方面，继预报司正式颁布《气象观测资料质量评估办法》（任芝花编写）之后，全球地面资料（刘一鸣等）、全球高空资料（远芳、胡开喜等）、全球海洋资料（张冬斌等）、飞机报（廖捷等）、中国自动土壤水分自动站资料（任芝花、赵煜飞等）等一系列的评估办法相继出台。与此同时，评估系统建设也在高空、全球地面、海表、飞机报以及国内辐射、自动土壤水分、酸雨、日照、地面日值等重点资料同步开展业务化应用（刘振、霍庆等）。

2017年,质量控制技术不断尝试向相关行业领域开拓与渗透。先后启动了水利部水文雨量与土壤墒情资料质控算法研制和试用评估(赵煜飞)。在张强主任的带领和唐国利首席的指导下,开展海洋(许艳、石岩)、民航(鞠晓慧、刘一鸣)、测绘(刘娜)、交通(鞠晓慧)、地震(冯爱霞)、农业(高静)、国民经济(石岩)、电工所(冯爱霞)、物理所(韩瑞、赵煜飞)等十余个行业交换数据现状的梳理和分析评估,探索多元化的行业领域数据与气象融合分析应用的愿景与未来。

八、持续发力,打响国际化品牌战略

近些年,在信息中心领导国际化思维的引领下,质量控制体系构建在内化于心(方案),外化于形(系统)的同时,勇于对标国际先进水平,走出国门,为国家气象信息中心打响全球化、国际化的品牌战略。质量控制与分析评估已成为国际交流中一项为大家津津乐道的话题。

信息中心曾沁副主任说:"要以全球化的视角看我们的数据,力求数据质量评估的精细化、精准化和科学合理性。"

结合全球大气再分析项目,引入国际先进的观测数据与模式背景场比对方法,在一定程度上突破了传统质量控制方法的局限。2018年,刘娜副首席组织对标国际先进国家的评估方法,应"WMO Ⅱ区协WIGOS区域中心建设"大会之约,编撰《WMO Ⅱ区协数据质量评估报告》,宣传了我国的气象数据质量评估评价系统,提升了我国在质量控制与评估方面的全球知名度。充分利用国际双边交流合作、台风委员会交流等国际合作交流机会,始终秉持"请进来、走出去"的工作方针,打开国际视野,放眼全球动态,增强国家气象信息中心作为全球信息中心、世界数据中心中国气象学科中心的国际影响力。

结语

雄关漫道真如铁,而今迈步从头越。质量控制,继往开来,阶段性实现了由常规资料向非常规资料的拓展,质量业务体系覆盖全国、辐射全球。但成绩只能说明曾经的辉煌，困难挡不住前行的脚步。质量控制技术的应用范围将由业务数据向科研试验数据，由部门内数据向行业、社会数据，由经典气象数据向"泛"气象大数据等更宽广的领域不继拓展，探索运用雷达、卫星等综合探测信息相互验证、综合判识数据质量。相信质量控制体系构建会继续直指当下长期困扰气象行业内部的一系列数据痛点、难点、热点，打通"观测—信息—应用"间的数据全生命周期管理绿色通道，从质量、时效、完整性三个维度，不断演绎新时代的强音！

编者按

作为线索性的编写组，很幸运地经历了"当实时资料遇到质量控制"的全过程，也很荣幸地担任信息中心《我们的故事——国家气象信息中心15周年纪念》中"第三卷 发展（2010—2014）"中关于质量控制章节的编撰。本文以作者的"战地日记"为基础，以2010—2014年前后身边发生的有关"质量控制"的故事为主要内容，编织出多位亲历受访者的真实记忆。十余载光阴，一路走来，编写组成员深感个人力量之微薄与藐小，但是当一滴水汇入大海中时，它体味到的是历史洪流之磅礴和伟岸。作者所述仅仅是"质量控制工作"中少数几位的一点点亲身经历和直接体会，质量控制也仅仅是信息中心千万项工作中的一环，好比浩瀚星空中那璀璨的一点。期待：曾在、正在、将在其中之人有更多的收获和体会……

刘然

男，硕士/高工，现任国家气象信息中心运行监控室运行二科科长，做为技术骨干参与全国天气预报高清电视会商及电视会议系统、中国气象局新一代气象数据广播系统、国家突发事件预警信息发布系统等项目的设计、建设工作。

李小汝

男，硕士/高工，现任国家气象信息中心运行监控室运行二科副科长，中国气象局气象卫星广播系统建设团队骨干成员。在数据卫星广播系统、边远台站观测数据收集、预警信息发布技术等方面有丰富的设计和建设经验。

气象数据卫星广播的昨天、今天与明天

一、一路传承，卫星广播发展脉络

天气预报是一个系统性工程，局地天气过程往往不是孤立或突然发展起来的，对于较大范围内天气实况数据的分析，一直是天气预报工作中不可或缺的因素，因此气象数据一直是支撑气象预报工作的基石。也正因如此，气象部门对数据传输和共享的需求是十分迫切的，在地面宽带网络还不够发达的年代，中国气象局就已经通过卫星通信技术，即第一代气象数据卫星广播系统，在全国范围内进行气象数据的分发。

卫星广播系统是以商用静止通信卫星为传输媒介，具有覆盖面广、小站成本低、安装使用方便的特点，是国际公认最有效的数据广播方式，在全球范围内也得到了广泛的应用。2004年，欧洲气象卫星开发组织（EUMETSAT）建成EUMETCast广播系统，向成员国用户广播欧洲卫星遥感数据。2008年，美国国家海洋与大气管理局（NOAA）建成GEONETCast Americas系统，向北美洲、中美洲和南美洲国家提供卫星遥感数据广播。

与国外同行相比，中国气象局的卫星广播系统则发展得更早，我国的第一个气象数据卫星广播系统是PCVSAT系统，它是在9210工程后期建成使用的。9210工程是1992年10月国家计划委员会批准的大中型引进项目中的一项。它以卫星通信为主要传输手段，以地面通信为辅，实现数据和话音等综合业务传输，旨在全面提高气象通信业务的现代化水平。9210工程VSAT信息网络系统结构由卫星数据网、卫星话音网、卫星单向广播网和各级气象部门的计算机局域网构成。卫星数据网主要承担了全国各气象台站资料上传和部分资料广播的任务，下行资料广播的任务主要由新建的气象数据卫星广播系统（PCVSAT系统）承担。PCVSAT系统于1998年建成并投入业务运行，使用亚洲2号通信卫星的Ku波段转发器，覆盖全国各级气象台站、部分部门外用户及5个国外气象中心，接收小站超过2400个，广播速率2 Mbps，播发内容主要为常规观测数据和数值预报产品等基本气象资料，日广播数据量约3 GB。它是专门针对高速广播型业务设计的卫星广播系统，采用PC插卡式结构，将VSAT数据接收机、高速数据接口卡和解复用器集成，并与PC机融为一体，实现VSAT终端与PC机的无缝连接。PCVSAT系统达到了当时国内领先水平，也在气象预报工作中发挥了重要的作用。

　　但随着气象现代化水平的不断提高，气象资料量迅速增长，时效要求也不断提高，PCVSAT系统的通信容量已无法满足气象业务的需求。2006年，中国气象局采用更为先进的DVB卫星数据广播技术，建成了宽带卫星数据广播试验系统（简称DVB-S系统）。系统使用亚洲2号Ku波段转发器，具有高效、可靠、方便的文件播发（支持2 GB的大文件广播）、多通道实时多媒体播发、卫星带宽的统计复用等功能，采用的传输标准和设备也由原来的专用设备改为了通用设备。DVB-S系统建有约550个小站，覆盖地市级以上气象部门和部分行业外用户，数据广播带宽8.5 Mbps，较PCVSAT系统提高4倍之多。在播发传统气象观测数据和产品的基础上，DVB-S系统增加了多普勒雷达产品、各省区域气象自动站和自动雨量站观测资料的广播，实现了风云二号气象卫星圆盘图和其他卫星资料的实时播发，日广播数据量超过40 GB。下表所示是DVB系统和PCVSAT系统的技术比较。

DVB 与 PCVSAT 单向广播系统主要技术和性能比较

	性能指标	PCVSAT	DVB	备注
系统总体	信道传输标准	经天 HDLC	DVB-S 国际标准号：ITU-RBD1211 国家标准号 GB/T17700-1999	《卫星数字电视广播信道编码与调制规范》
	数据传输标准	无	DVB-DATA EN 301 192	
	网络传输标准	无	IP	
	小站接收卡价格	高（约 6000 元）	低（约 300 元）	
	接收卡的兼容性	差 必须使用经天公司的接收设备，与其他厂家设备不兼容	好 可兼容多厂家设备，已知的主要厂家有：西安通视、深圳同舟、清华永新、四川九州、上海南广、百年树人、北京飞虹等	原则上所有符合 EN 301 192 标准的 DVB 接收卡都可兼容
	最大可支持传输速率	2 Mbps	45 Mbps	DVB-S 系统受卫星转发器带宽限制，实际速率未达到 45 Mbps
	技术先进性和成熟性	差	好	
	可扩展性	无	好	
	市场占有率	低	高	
主站性能	主站的网络管理功能	弱	强	
	多厂家接收卡管理	无	有	
	播发平台的速率和可扩展性	速率低，不能扩展	速率高，可扩展	
小站性能	小站卡的集成度	低	高	
	故障率	高	低	
	计算机接口	ISA，PCI 不稳定	PCI 接口、USB 接口	
	小站计算机操作系统	WIN 98	Win 2000, Win XP, Linux	
应用支持	文件传输	支持，速率低	支持，速率高	
	视频传输标准	MPEG1，信道利用率低	MPEG2，MPEG4，信道利用率高	
	基于 IP 的网络多媒体	不支持	支持	支持所有基于 IP 的应用
	IP 外交互	不支持	支持 电子白板，流媒体广播等	
	镜像数据库更新	不支持	支持	

2004年，中国气象局作为世界气象卫星大家庭中的重要成员，在科技部的支持下，由国家卫星气象中心建设了FENGYUNCast系统。该系统也采用DVB-S技术，使用亚洲4号卫星C波段进行数据广播，广播带宽9Mbps，播发数据主要有FY-1D、FY-2E/2D、NOAA-16/17/18、MTSAT-1R、EOS/MODIS等气象和环境卫星探测数据，是当时亚太地区用户接收风云卫星数据的主要渠道；该系统当时拥有国内用户约二百个，涉及气象、海洋、农业、林业、环保、航空航天及空间技术等领域，国外用户约二十个。与Ku波段广播系统（PCVSAT、DVB-S系统）相比，FENGYUNCast系统抗雨衰性能较好，且覆盖范围扩大至亚洲及西太平洋地区，但该系统中只有卫星遥感数据。

三个广播系统同时运行，给业务管理和用户使用，带来很多不便。在用户方面，如果一个用户既要接收常规观测资料和天气预报产品，又要接收卫星探测资料，那么他必须至少架两套天线，安装两套接收系统（FENGYUNCast+PCVSAT或FENGYUNCast+DVB-S），很不方便。在业务管理方面，为了使更多的用户能接收和使用某些关键气象资料，中国气象局将这些资料在FENGYUNCast和DVB-S上同时广播，这就造成了一定的卫星资源的浪费。三网并存的现象制约了气象数据广播业务的发展。

为此，2009年开始，中国气象局决定采用最新技术，建设新一代卫星广播系统暨中国气象局卫星广播系统CMACast，以全面整合PCVSAT、DVB-S和FENGYUNCast三个系统，并最终替代上述三个系统，成为中国气象局唯一的气象数据卫星广播系统。CMACast系统于2010年正式开始运行至今，已替代了原有三套广播系统，作为全球对地观测组织GEO倡导的全球气象数据卫星广播系统三大组成部分之一，为亚太地区提供气象数据广播服务。

二、一马当先，CMACast主要特点

CMACast系统使用亚洲4号卫星（2017年同轨位变更为亚洲9号卫星）

C 频段频率资源，可覆盖中国全境及绝大部分亚太地区，最西端可覆盖到伊朗，最东端可覆盖到新西兰。

下图是 CMACast 的系统数据流程。

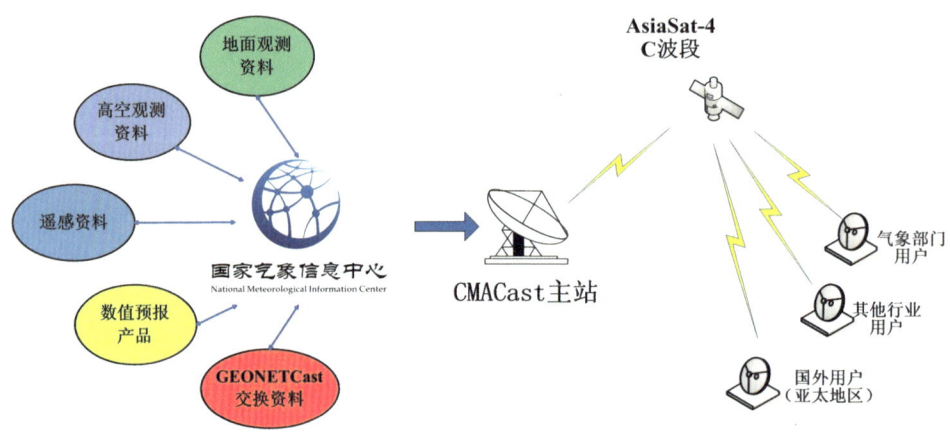

CMACast 系统数据流程图

CMACast 系统可提供数据文件广播、流媒体广播等服务。其中数据文件广播可分为 12 类，每类包含多个逻辑通道，总数达 200 余个，总数据量达每日 400 GB 以上。同时，借助 CMACast 的流媒体广播能力，用户可以在接收端实时收看到中国气象频道、中国气象局天气预报会商以及各类会议、培训的直播。

CMACast 广播系统采用星形组网结构，由位于北京的卫星主站和两千余个卫星接收小站组成。CMACast 小站接收系统包括小站 C 频段天线、LNB 设备、DVB-S2 卫星接收机、小站 USB-Key 以及小站接收计算机，下图是 CMACast 小站设备的典型构成图。因其设备简单、架设和维护较为方便，成为全国气象部门获取气象数据的主要渠道之一，当地震等灾害造成地面线路中断时，它将成为当地气象部门唯一的数据获取手段。

CMACast 系统的设计在当时也是十分先进的，它基于 DVB-S2 标准设计，具备 70 Mbit/s 数据分发能力，每天可广播 400 GB 的气象数据。同时

CMACast 天线

CMACast 系统小站组成

它进行了高效的文件处理、播发和接收机制设计，并采用基于逻辑通道间的统计复用的数据播发策略，具备三重数据加密机制，同时兼具了开放的系统运营体系，具有强大的用户授权和管理能力，还建有高可靠的主站播发平台。

三、一种担当，CMACast 从无到有

CMACast 系统选择了当时非常先进的 DVB-S2 标准，信息速率可以达到 70 Mbit/s。在 CMACast 建设之初，国内尚没有基于 DVB-S2 标准的，如此大规模的卫星广播系统成功案例。因此，CMACast 的建设在当时可以说是一次大胆的创新。

在硬件系统方面，DVB-S2 标准对卫星转发器、射频设备等都提出了更高的要求，需要进行大量的测试工作以便验证整个卫星系统的性能。同时寻找符合 DVB-S2 标准的卫星接收机也是摆在项目组面前的一大难题。那时 DVB-S2 接收机多数都是进口品牌，一台接收机的价格动辄达到上万元。考虑到 CMACast 两千多个小站的终端数量，如果采购国外接收机，仅接收机采购的经费就将达到数千万元。还有一个十分棘手的问题是，根据卫星公司的链路计算，要支持 CMACast 系统的设计速率，需要使用发射功率接近

400W 的地球站，而当时中国气象局在北京的地球站只有位于东北旺的北京卫星地面站，但该站与中国气象局园区核心机房相隔几十千米，这意味着整套播发平台与卫星地面站必须分开设计，并必须解决射频信号从中国气象局园区到地面站的传输问题。

在软件方面，项目组面临的挑战也同样不小。卫星通信系统是一个带宽受限系统，因此软件平台要对播发带宽进行精确的控制，避免超过卫星信道的带宽限制，从而造成数据丢失，同时又要尽可能提高带宽的利用率，将带宽动态地分配到各类待发数据通道上，避免浪费。同时，CMACast 系统设计每日播发文件量高达 400 GB，如何对海量的待播发文件进行有效管理，避免系统出现积压，以及对小站用户进行精细化的授权控制，也对软件设计提出了一个不小的难题。

为此，国家气象信息中心（以下简称信息中心）由视频与卫星室和通信台联合组成了 CMACast 项目组，由李春来担任项目组组长，由陈永涛和蒋克俭分别担任硬件平台和软件平台设计负责人，带领沈鸿斌、秦岩松、王春芳、胡英楣、刘然、李小汝、宋之光等技术骨干对技术难题开展攻关。

世上无难事，只要肯登攀。经过项目组全体同志的不懈努力，难题被一个个攻破。平台组经过反复的测试，选择了 L 波段光端机设备，实现了射频信号的远距离高质量传输，同时铺设了中国气象局园区到北京地面站的光缆线路，解决了播发平台与地面站分离的问题。同时支持 DVB-S2 标准的卫星地球站设备在卫星中心的大力支持下，2010 年 4 月，顺利在北京卫星地面站成功启用。软件组设计的带宽统计复用算法也很好地解决了卫星带宽有效利用的问题，同时基于逻辑通道和目录的数据授权体系，也为 CMACast 系统用户授权提供了极大的灵活性。2010 年 5 月，项目组首先在陕西省气象局完成了 CMACast 第一个省级示范站的安装，后续又在广西、内蒙古、吉林等省（区）完成了地市级示范站建设。2011 年，全国 CMACast 小站数量已经超过 2000 个，遍布各省（自治区、直辖市）、地市、县级气象部门。

截至目前，CMACast系统在网用户数量已经超过2600个，除气象部门外，还为部队、机场、新疆生产建设兵团、大学、科研机构等建设小站200余套，为气象数据的跨行业服务提供了有效途径。

CMACast项目参加人员在地球观测组织（GEO）北京峰会现场

四、一份承诺，CMACast 走出国门

2007 年，中国气象局加入了 GEO 地球观测分发平台（GEONETCast）实施组，并将中国气象局建设的 FENGYUNCast 系统纳入 GEONETCast 框架，与 EUMETCast 和 GEONETCast Americas 基本形成对全球的覆盖。CMACast 建成后取代 FENGYUNCast 系统，在 GEONETCast 框架下更好的为广大亚太地区用户提供服务。

同时，按照中国气象局对于 GEONETCast 框架协议的承诺，CMACast 系统与欧洲 EUMETCast 卫星广播系统和美国 GEONETCast Americas 卫星广播系统形成覆盖全球的三大气象数据卫星广播系统，并与其他两大广播系统实现数据交换和再广播等国际合作，标志着中国气象局全面实现了对于 GEONETCast 框架协议的承诺。

下图是 GEONETCast 框架规划的全球三大广播系统服务区示意图。

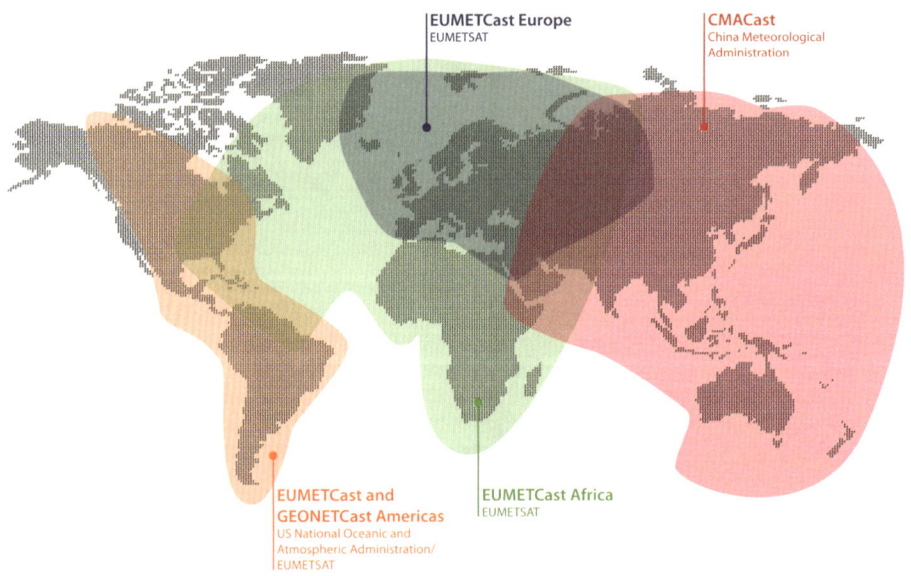

GEONETCast 系统小站组成

2010年11月3—5日，地球观测组织（GEO）第七次全会部长级会议在北京召开，时任中国气象局局长、GEO联合主席郑国光在大会上正式向与会嘉宾介绍了CMACast系统，并参观了CMACast系统展位，现场查看数据接收情况。

时任中国气象局局长郑国光（右五）在GEO北京峰会期间参观CMACast展台

国家气象信息中心领导到CMACast展台指导工作

2011年4月11日，由中国气象局和世界气象组织联合组织的第40期多国别考察和世界气象组织信息系统区域培训班在北京开幕。中国气象局向孟加拉国、朝鲜、吉尔吉斯斯坦、老挝、马来西亚、马尔代夫、蒙古、缅甸、尼泊尔、巴基斯坦、菲律宾、斯里兰卡、塔吉克斯坦、泰国、乌兹别克斯坦、越南等16个国家赠送了集成化的中国气象局卫星广播系统接收站（CMACast）和气象信息综合分析处理系统（MICAPS）。为了使受捐国家更好地掌握系统的安装和使用，信息中心特别在中国气象局气象科技大楼一层主会场搭建了18套CMACast & MICAPS集成系统环境，并在现场对与会代表进行了培训和实习操作。

技术人员为国外参会代表搭建培训实习环境

时任中国气象局局长郑国光（第一排左五）与受捐国家代表合影

2011年12月18日，第一个国外CMACast集成系统在孟加拉国落地。对于这个小站的建设过程，赴当地进行建设任务的信息中心刘然和华信公司陈辰两位同志至今还记忆犹新。由于是CMACast系统在海外的第一个小站，许多工作内容都处于摸着石头过河的状态。不巧的是，此次任务执行时正值冬季，孟加拉国首都达卡出现浓雾天气，两人出发的航班被迫延误了一天，整个行程因此变得更加紧张了。出师不利，辛苦跋涉赶到当地后，在天线安装的过程中，两人又遇到了新的问题：天线架设好之后总也无法对星成功。在困惑了一天之后，两人终于发现了问题。由于天线是国内设计和生产的，生产时都是按照国内的情况测试，在国内小站使用时对准CMACast所用卫星都没有问题。但按照孟加拉国所处经纬度进行对星时，在转动天线时会有一根螺杆因为设计的偏长，导致天线恰好不能转动到这个位置，从而影响了

孟加拉国技术人员帮助我方工作人员调整天线

CMACast 海外第一站孟加拉国交付

对星。好在孟加拉国气象部门的同事十分"给力",帮忙一起用钢锯把多余的螺杆锯断,天线终于可以成功对准卫星。当接收设备正常工作的一刻,在场的每个人都不禁欢呼起来。

有了孟加拉国安装的成功经验,随后的海外站建设工作就紧锣密鼓地开展起来了:蒙古、缅甸、朝鲜、塔吉克斯坦……截至 2012 年 10 月底 CMACast 在马尔代夫落地,中国气象局首批对 16 个亚太国家的系统捐赠工作圆满完成。截至 2019 年,CMACast 海外站数量已达 20 余个,分布在亚太地区 19 个国家,一张覆盖亚洲的数据大网已悄然铺开。同时,由气象数据大网连接起的亚洲气象"朋友圈"也正式建立起来,并发展得越来越好。

五、一种坚持，CMACast 稳定运行

建设系统固然辛苦，但在这之后的"售后服务"才是大头。系统远在千里之外，遍布全国各地和亚太国家，运行起来出现问题是难免的事，保障系统稳定运行、排除故障，都要靠后期不断维护。自 2010 年系统开始运行至今，9 年来，CMACast 集成系统的维护工作，倾注了信息中心运维人员的无数心血，他们不但要面向全国两千多个小站用户提供技术支持，还承担与国外用户日常的邮件沟通和远程技术维护工作。对于海外用户，遇到远程协助无法解决的问题，信息中心专家还要和国家气象中心、国家卫星气象中心的同事组成专家组，飞往 CMACast 集成系统所在各国，开展维护和培训工作。

"我们援建的很多国家条件并不好，当地技术条件也有限。有时机房里遍布灰尘，甚至遍布蜘蛛网，还有的时候环境潮湿得根本不适宜设备运行。"国家气象信息中心李小汝坦言，维护"是一件挺辛苦的事"。

有一次出差去缅甸，机场行李托运出了问题，李小汝人到了，但装着换洗衣物的行李却还留在北京，只能等待几天后再运送。由于出差时间有严格规定，他只得下了飞机就穿着厚衣服在缅甸炎热的环境里开始工作。在奔赴海外的专家组中，李小汝负责的是基础部分，要先把数据接收、数据传输这些问题解决好，其他人才能开展工作。因此，他的工作片刻也耽误不得。这一天，他一直干到深夜，直到当地人都"顶不住了"才告一段落。

检测、维护户外接收设备，更新卫星接收设备，再配置卫星接收资料系统，安装、测试、优化 MICAPS 数据服务器软件，再加上对当地人员进行技术培训……一次连来带去时长仅 5 天的维护，被这一连串的工作塞得满满当当。不仅如此，每次出行之前，维护人员还要做好"预习"工作，事先了解清楚对方到底有哪些问题，以便准备相应应对措施。每年，这些工作都会在汛期到来前完成，以便用户面对疾风暴雨时，始终可以获得值得信赖的数据和服务。

同时，国家气象信息中心也设置了热线电话，专门负责接听和指导国内小站用户的来电咨询，并为他们进行授权、设备维修、技术指导工作。9 年来，

国家气象信息中心李小汝（后排右一）等与缅甸气象局人员合影

这部电话的守护者换了一拨又一拨，黄俊林、纪俊云、沈鸿斌……但他们认真负责的工作态度从未改变。

六、一句肯定，CMACast 名扬海外

这些年，CMACast 技术专家们急用户之所急、想用户之所想，坚持高标准严要求，在一次次的日常服务工作中得到用户的高度肯定。这些肯定不但是对我们的专家所做的服务工作的肯定，更是对中国气象局承担气象领域国际职责的肯定和赞扬。

2015 年 4 月 25 日，尼泊尔发生 8.1 级地震。强震之下，地面数据传输链路全部中断。灾难中的尼泊尔急需气象数据保障，而通过卫星传播的 CMACast 此时表现出色，为尼泊尔的抗震救灾气象服务保障提供了巨大帮助。

2018 年 9 月，台风"山竹"先后对菲律宾、越南造成严重影响。中国气象局启动《风云卫星国际用户防灾减灾应急保障机制》（FYESM），调

刘然（左起第三）等在菲律宾气象局进行技术培训时与培训人员合影

用风云二号 F 星对"山竹"专门开展加密观测。这些"救命"的数据，通过 CMACast 集成系统，源源不断传递到当地气象部门手中。

2019 年，国家气象信息中心宋之光冒着酷暑赶赴马尔代夫，为他们检修系统，并在工作之余与当地气象同仁交流起来。宋之光还邀请当地同仁协助我们一起拍摄一部 CMACast 的宣传短片。对于这份跨国邀请，马尔代夫气象局预报员 Nasooh Ismail 欣然同意，"马尔代夫是一个面积不大的岛屿国家，对强降水、洪水相关的极端天气进行观测和预报尤为重要，CMACast 为我们的工作提供了便利。"镜头前面他带着微笑，感谢中国气象局卫星广播系统（CMACast）集成系统为他们提供的支持。

就是在这样一次次为用户雪中送炭的服务过程中，中国气象局在亚洲气象"朋友圈"中越来越受到尊重，在气象领域的影响力也越来越大。

七、一个契机，CMACast 未来更美好

2017 年，在世界气象组织执行理事会第 69 次届会上，中国气象局被正式认定为世界气象中心，这对中国气象局协助其他发展中国家和最不发达国家提升气象预报能力提出了越来越高的要求。在北京世界气象中心框架下，整合中国气象局的有效资源，为国际用户提供集约化服务的需求也越来越突出。

在"一带一路"倡议以及中国气象局被正式认定为世界气象中心的大背景下，CMACast 集成系统将进行全面升级，把稳定可靠的一站式气象数据服务带给众多"一带一路"国家。

一些升级已经付诸实践。2019 年 7 月，CMACast 引入中国气象局云会商平台支撑，为孟加拉国、越南、马尔代夫和蒙古开通了云会商使用账号，实现互联网实时视频互联，可用于与用户的定期视频技术交流和远程培训。

今后，更换老旧设备、配备不间断电源、更新软件版本……在解决这些"历史遗留问题"的基础上，CMACast 集成系统还将迎来更大幅度的升级。中国气象局已规划"一带一路广播"波束建设，将原本收不到 CMACast 广播数据的非洲地区纳入 CMACast 覆盖范围。

脚踏实地，未来可期。随着北京世界气象中心业务开展和"一带一路"建设不断深入，中国与相关国家的互动逐渐增多，CMACast 集成系统的气象服务保障功能必将在新时代绽放更耀眼的光芒。

刘然　贺俊彦　李小汝

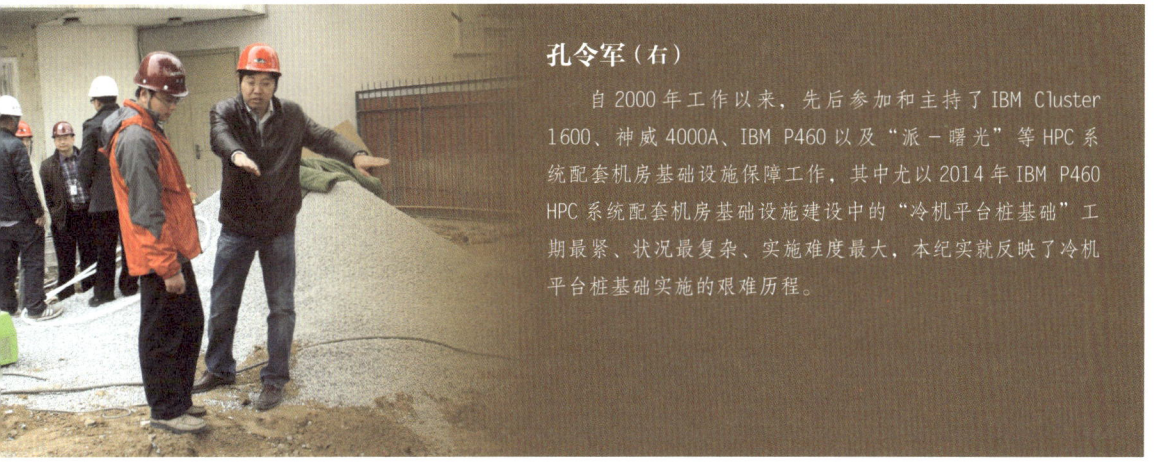

孔令军（右）

自 2000 年工作以来，先后参加和主持了 IBM Cluster 1600、神威 4000A、IBM P460 以及"派－曙光"等 HPC 系统配套机房基础设施保障工作，其中尤以 2014 年 IBM P460 HPC 系统配套机房基础设施建设中的"冷机平台桩基础"工期最紧、状况最复杂、实施难度最大，本纪实就反映了冷机平台桩基础实施的艰难历程。

山重水复疑无路 柳暗花明又一村
——IBM P460 HPC 配套冷机平台桩基础实施纪实

在气候变化应对决策支撑系统工程进口 HPC 采购项目中，配套机房基础设施从一开始就面临"前挤后压"态势：HPC 合同签订后才能开始按需设计，HPC 到货前投入运行，时间紧，任务重，难啊！室外冷机承重平台作为 HPC 配套冷水机组安装的前提条件，可以说是项目的核心控制性工程。

在大家还沉浸在 2013 年春节欢乐气氛中的时候，大年初十（2 月 19 日），承重平台施工就热火朝天地开始了，但迎面而来的并不是开门红，而是当头一棒：现场地下多达 18 根纵横交错、老化严重的管线/管沟，且与图纸位置不一致，导致设计的条形基础无法实施，需要逐一勘查管沟/管线位置并据此调整设计方案，整个项目就像是卯足劲准备百米冲刺，却直接倒在迈出的第一步上，还没开始就戛然而止，让人"吐血"的节奏啊！之后几天直接变成土拨鼠，把现场翻了个底朝天，终于搞清楚管线/管沟实际位置，但前后调整了五种方案，都难以确保地下管线安全，项目陷入绝境。

2013年2月23日晚7点多，保障室孔令军副主任赶赴设计院，与项目设计师进一步讨论方案，从项目中的设备基础扩展到设计师之前设计的大楼、大坝等建筑基础，突然思路一转，为什么非要局限于设备基础呢，可以考虑采用建筑地基方式啊！万事开头难，思路调整后，"Good Idea"犹如泉涌，只用大半个晚上就确定了微型树根桩方案，第二天经各方讨论，确定该方案可行，难题迎刃而解，项目得以顺利推进。整个冷机承重平台基础前后经历六次调整，具体方案多达十余个，历经磨难，终于为项目实施铺平了路。

方案确定后第二天，现场就24小时连轴转地开始施工，期间还遭遇北下关街道安监办突击检查并要下达停工令的突发状况，经积极应对和沟通，北下关街道安监办对施工场地局促、施工难度极大、施工周期紧等客观因素表示理解，对项目组提供的《冷水机组承重平台施工现场安全管理方案》表示认可，经综合评估后最终未下停工令，同时表态后续将积极支持工程建设，共同做好本项目的生产安全工作。

单丝不成线，独木不成林。面对重重的困难，面对合作伙伴定性为"不可能如期实现的任务"，抱着"打硬仗、啃硬骨头"的精神，项目组不为艰难所惧，不为定势所困，精诚合作、齐心协力、攻坚克难，不分白天黑夜，不分工作日节假日，几乎是全天泡在现场，即使在元宵佳节当天，保障室领导马宽军、孔令军以及别毅、亓少春等同志顶风冒雪，从早7点一直奋战到晚9点，坚守在施工工地，协调各方面资源，解决各类问题，现场也是人声鼎沸，机器轰鸣，数十名工作人员、数台大型钻机活跃在工地，只为保障施工工期，马宽军主任甚至因持续高强度工作导致眼底出血，整个左眼通红，真正展现了什么叫"杀红了眼"。

从打下第一根树根桩，到256根直径150毫米、深入地下7米的树根桩全部完成，仅仅历时11天，其中个别树根桩距离地下两米处管线的直线距离只有20厘米，用大型钻机干出了"绣花活"，且未对18根地下管线造成任何影响，"在不可能中创造了可能"，为后续冷机安装调试创造了最基本条件，为高性能计算机系统按期投入运行迈出了坚实的一步。

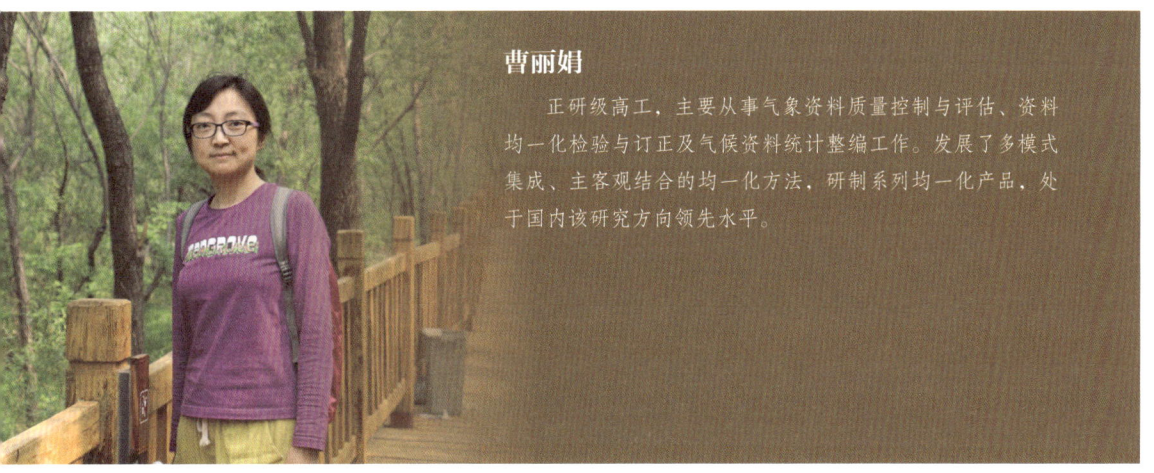

曹丽娟

正研级高工,主要从事气象资料质量控制与评估、资料均一化检验与订正及气候资料统计整编工作。发展了多模式集成、主客观结合的均一化方法,研制系列均一化产品,处于国内该研究方向领先水平。

气候变化研究的数据基础
——资料均一化

一、引言

气候资料序列中由于非自然原因造成的相对于自然变率不可忽视的系统差异即为非均一性,均一性的时间序列应该只包含天气和气候变化。在气候变化研究中,均一性的长序列资料是开展研究的基础,有益于真实可靠地评估历史气候趋势和变率,尤其是对于气候态和极端事件的研究非常重要。然而,台站观测的长序列气候数据记录不可避免地存在由观测仪器改变、观测方式改变、台站迁移等非气候因素造成的不连续点。对于长期气候变化分析而言,利用包含非气候因素变化的气候序列进行研究可能导致不同的结论。

20世纪80年代中期,美国、英国等国的知名气象学家开始探索性地开展气象资料均一化检验与订正的工作,基于统计方法发展了许多均一化检验与订正技术,来校正气候资料中非自然因素对气候序列的干扰,从而得到尽可能接近真实的长期气候变化趋势。世界气象组织(WMO)在2003年的《世界气候资料与监测计划(WCDMP)指南丛书》的《气候元数据和均一性指南》

中对各国进行台站元数据的建立和均一化研究给予了明确的指导，给出了 14 种均一化方法供各国参考应用。美国使用的二相回归（TPR）方法是早期较为著名的均一化方法之一，该方法被引入中国研制第一套均一化气温数据集；加拿大环境部有专门的工作小组长期开展地面气温、降水、气压、风速四个要素的均一化数据集（AHCCD）研制与更新，同时发展了 RHtest 均一化系统；欧洲各国通过定期召开均一化会议，并联合开展了 COST-HOMO 项目以推进均一化工作。

二、资料均一化工作的起步

我国的均一化工作起步相对较晚，拥有得天独厚观测元数据优势的国家气象信息中心是中国开展资料均一化工作最早的单位之一。自 2001 年以来，在科技部国家科技基础条件平台工作"气象资料共享系统建设"项目的支持下，信息中心历时 5 年，采用美国国家气候资料中心发展的二相回归方法，在进行严格质量控制基础上，对我国约 731 个基准、基本站气温资料进行了均一性检验与订正，于 2006 年 6 月发布了第一版《中国均一化历史气温数据集（1951—2004 年）——CHHT1.0》，此数据集的建立为我国气候变化监测和相关业务科研工作提供了一套能反映我国近 50 年真实气候变化的高质量的气温数据集，自此，资料均一化工作正式起步并逐步得到深化开展。

2007 年 9 月，我结束跟从导师从事的陆面水文、区域气候模拟及气候变化影响评估研究，入职国家气象信息中心气象资料室，亲自参与并感受我国气候资料均一化工作的飞速发展与跻身世界前列的整个过程。入职伊始，在年长同志的带领下，快速接触并了解全国地面及辐射等原始观测数据传输及加工处理（质量控制）过程，同时参与共享项目的研究工作，承担风速资料的均一化工作，从此与均一化结缘。此后通过参加及主持中国气象局气象新技术推广项目、科技部共享项目、COPES 行业专项项目以及 973 项目、碳专项项目及国家科技支撑项目等多个项目，承担并完成了系列均一化产品研制，部分成果已得到较好应用。

接触均一化工作的第一项任务,是熊安元主任安排的翻译国际知名均一化软件 RHtestV2 的说明手册,由加拿大王小兰等人研发的 RHtest 均一化软件是开展气候资料均一化相对较早的技术之一,该方法在国际上具有较高影响力。王小兰团队将其丰富的统计学理论知识付诸软件,并较好实现了气候学的应用。2007 年,关于该软件的两篇学术论文在国际 SCI 期刊发表,同年 5 月该软件实现在线出版并附有详细用户手册。2007 年 10 月,我入职一月的时间,通过认真研读王小兰博士的多篇论文,并多次试验测试软件,第一版中文用户手册呈现在面前。此后,随着每一次软件的升级我都会对中文版用户手册进行更新。伴随中加双边合作的推进,该软件日后已成为国家气象信息中心开展气候资料均一化研究的主要方法,新入职的同志一方面可以得到软件最新的版本,同时也参考使用我及时更新的中文手册,有效推动了均一化工作的开展,提升了工作效率。目前,该软件已发展到 Version5,而我们同加拿大环境部王小兰的合作也进展顺利,研究室派出远芳赴加拿大开展一年期资料均一化技术学习,李庆祥研究员也亲自赴加拿大开展交流合作,王小兰博士定期回国为我们的团队带来新的国际发展前沿方向的指引以及技术方面的有益指导。

三、资料均一化工作的发展历程

目前,国家气象信息中心开展并完成的气候资料均一化技术及产品研发工作,处于国内领先水平,在国际也拥有了一定的话语权,这一切成果的取得,离不开从事均一化工作的几位关键人物。均一化工作的起步来源于科技部共享项目的支持,真正把中国气象局的均一化工作系统推进,并紧跟国际前沿,李庆祥研究员功不可没。在这个过程中,他首先敏锐地获取到该领域国际发展趋势,并同美国、英国及加拿大等国的知名专家建立起良好的合作关系,通过技术交流与互访交流,从技术引进、产品生成及应用评估等多方面协同推进。2006 年 12 月,李庆祥牵头完成的第一版气温均一化产品发布,获得该领域较好评价,参与此项工作的主要人员还包括张洪政、刘小宁等专家。

2007年，在刘小宁研究员的直接指导和带领下，我将RHtest均一化软件应用于研发中国第一版风速年值数据集，刘老师在风速均一化方面积累了丰富的经验，在研制过程中，她教会我如何查询及使用历史元数据，当时的元数据信息并未实现数字化，刘老师同我从库房一沓沓的纸质报表中详细核查了每个断点的原因，确保每一个订正的断点有据可依。枯燥的数据核对工作看似乏味，却是从观测的根本体会数据的质量与状态，是每一位从事数据处理的工作人员必不可少的实操课。从刘老师身上，我学到了数据处理工作需秉承的细致与耐心，严谨的作风与不断追求完美的精神。后来的工作中，通过继续应用最新的参考序列构建技术及均一化技术，我们先后完成了风速月值和日值均一化产品的研制。

此后，在李庆祥研究员的指导下，我进一步加深了对资料均一化工作的理解，不断研读国际最新的均一化文献，应用多个均一化方法软件，学习前期项目组积累的丰富的成果与经验，明确了资料均一化工作的着力点与方向，牵头研制了中国近六十年及百年气温均一化产品。与此同时，同国内外相关知名专家如英国CRU Phil Jones教授、加拿大王小兰博士以及中国科学院大气物理研究所严中伟研究员等建立了良好的合作伙伴关系。

气候资料均一化的基础是高质量的气象观测数据，2011年，任芝花研究员牵头的中国气象局基础气象资料发展与改革专项工作正式启动，通过几年的时间系统解决了1951年以来中国国家级地面站、高空站和辐射站历史基础气象资料中存在的质量问题；周自江研究员牵头组织技术力量认真细致地完成地面、高空、辐射台站元数据整编工作，详实地记录了各台站历史沿革的演变过程，部分元数据信息可追溯至新中国成立前。基于该专项工作建立的地面、高空及辐射基础数据集及元数据数据集为后续开展气候资料均一化数据集的研发奠定了坚实的基础。

结合"气象资料产品研发国家级创新团队"和"国家气象科技创新工程攻关团队"的建设，国家气象信息中心均一化技术团队逐步发展壮大，以李庆祥为首的技术组着力于深入开展气象资料均一化及产品研制，并自主研发全球及中国区域均一化数据产品，一批青年骨干（徐文慧、杨溯、朱亚妮、远芳、陈丽凡等）快速成长。2013年，研制完成的地面2400站气温、降水及高空温度数据集公开发布并提供业务科研部门应用，中国百年均一化气温序列为中国区域百年气候增暖给出了最新的客观估计，成为《第三次气候变化国家评估报告》重要结论之一。气温均一化产品也加入全球两套气温数据集研制计划：ISTI和CRUTemp4，日值产品研制方法已跻身世界前列。尽管高空资料校准困难较大，陈哲等人基于国家级拥有的高空资料资源及元数据信息，应用二相回归及RHtest等检验方法开展高空温度和高度序列的均一性检验与订正，建立了相关数据集产品。

随着均一化技术的发展，我国自主研发的均一化产品体系日趋完善。以气候变化应用需求为牵引，在多个业务科研项目的支持下，资料均一化工作从最初以气温要素均一化为主，拓展建立了包含中国地面、高空、辐射及海表十多个关键气候变量和全球地面气温、降水2个关键变量的均一化产品，序列长度从近六十年延伸至百年，实现了从年际尺度向月及日值的尺度跨越，其对气候变化的描述能力达到国际同类产品水平，相关产品为气候监测、极端事件及气候变化评估等提供了重要数据基础。与此同时，均一化技术在观测业务优化领域也得到广泛应用。

2010—2011年间，中国气象局开展国家地面气象观测站网优化调整专项工作，气候资料的均一性与连续性分析被列为基准站评估遴选的首要条件（占20%的权重因子），唐国利研究员与我共同承担了资料序列分析的任务，通过逐站分析气温及降水历史序列均一性状况，为专项组提供了多篇气候资料均一性检验分析报告。最终，国家基准站由原有的143个调整为212个。在地面气象观测台站站址变动工作中，充分考虑观测场现址历史资料序列状况以及站址变动的可能影响，对于优化地面气象观测系统、提高站址迁移和选址的科学性都具有十分重要的意义。2011年，在观测司的组织领导下，我们将"拟迁台站观测资料序列均一性分析技术"编入"站址变动分析报告技术要求"，指导全国各省在地面气象观测站站址变动过程中完成对历史资料的序列分析，并作为稳定的业务工作审核各省上报的技术报告。2018年，在WMO和中国的百年气象站申报认定工作中，资料均一化分析再次发挥重要作用。迁站对序列气候代表性的影响以及历史观测数据元数据完整性等成为WMO百年站认定的重要规则。我们基于近百年地面气温均一化研究成果，结合趋势分析，逐站分析台站迁移对序列气候代表性的影响，为百年站认定提供重要科学参考。2020年，气候序列均一性检测再次助力第二批百年气象站认定。

四、资料均一化工作的未来

随着中国快速的城市化发展，气象台站将经历更频繁的迁移，观测系统不断优化升级，观测方式逐步改进，台站环境遭到破坏，气象资料序列非均一性问题空前严峻。在极端事件频发的情况下，日值、小时值及更高分辨率的均一化产品需求不断增加，国际均一化领域也正在适应这一变革。产品覆盖的气象要素不断增多，时间尺度不断细化，多方法集成的均一化检验与订正技术逐步发展应用。

为提升我国气候资料的应用价值，同时减少均一化研究中的不确定性，提高气候变化监测水平，在积极深入开展均一性方法研究的同时，需有步骤地构建气候资料均一化业务系统，及时发布均一化数据产品并加强应用反馈。目前，均一化数据产品的发展图谱愈发清晰，未来需重点开展以下工作：（1）不断加强台站元数据的收集整理与再加工。（2）持续开展气候资料均一化技术和方法的基础研究，加强面向小时值的偏差订正及协同均一化技术攻关，开展不同均一性方法对比和评估。（3）发展中国自主研制的面向全球、百年尺度的均一化产品，并逐步由大气圈基本气候变量（ECVs）向海洋圈、生态圈扩展。（4）建立完备的气候资料均一化业务体系及产品体系，形成产品更新和服务机制。

总之，随着全球变化研究的深入开展以及各行业对于气候资料应用的迫切需求，加强我国气候资料均一性研究势在必行。

沈艳

博士，2016 年评聘为正研级高工。美国 NOAA 气候预测中心（CPC，2007 年 8 月—2008 年 4 月）和美国俄克拉荷马大学（OU，2016 年 8 月—2017 年 8 月）访问学者。牵头建立国内首个高分辨率（1 小时、10 km/5 km）降水融合业务系统并评比进入中央气象台核心业务平台。主持和参与了包括公益性行业（气象）专项项目"中国多种降水观测资料融合技术研究"在内的十余项省部级项目和课题。在国际一流 SCI 等学术刊物上发表论文 50 余篇，4 篇入选高被引论文。

自主研发的产品进入了中央气象台核心业务平台
——记多源降水融合产品的发展历程

值此国家气象信息中心（以下简称信息中心）成立 15 周年之际，是应该写点东西来纪念也是回忆曾经围绕多源降水融合产品研发的点点滴滴，如果还能为后来感兴趣的人提供某些参考的话，岂不是一举两得。想到此便欣然提笔。本文以公益性行业（气象）科研专项项目"中国多种降水观测资料融合技术研究"为切入点（信息中心主持的第一个关于多源数据融合的省部级项目，被中国气象局择优遴选为上报财政部的四个优秀项目之一），以 2007—2017 年前后多源降水融合产品的发展为脉络，回忆梳理了从单源站点分析降水到二源（地面+卫星）再到三源（地面+雷达+卫星）融合，时间分辨率从日提高到了 1 小时，空间分辨率从 25 km 提高到了 5 km，产品序列从实时提供到可以反算至 1955 年起。尤其值得一提的是，2016 年，预报司组织的第三方对比检验中，国家气象信息中心研发的 1 小时、0.05°分辨率的地面—雷达—卫星三源降水产品质量最优，被指定为智能网格预报检验的标准产品。从此，信息中心终于有了自主研发的产品，得到了同行的一致认可并进入了中央气象台核心业务平台,所谓"十年磨一剑",也开创了具有信息中心特色的气象产品研发之路。

希望通过本文的一些叙述和回忆,激励气象信息人在气象产品研发中能始终围绕和凝练用户需求,不断勇于创新,攀登更高点,从而提升中心整体气象产品研发实力和水平,打磨更多经得起用户检验的高质量气象业务和服务产品。

一、起因:面对需求,气象产品研发和供给能力仍很有限

时间追溯到10多年前,当时国内气象资料工作长期处在对常规资料的收集、整理、质量控制和归档阶段,对积累的长序列气候资料深加工不够,可以提供服务的有效产品更少,严重制约了我国天气和气候模式预报、预测和预估准确性水平。自2001年国家科技部将"气象科学数据共享"列为我国科学数据共享的第一个试点以来,气象数据及其元数据的管理、标准规范得到了极大的提升,气象数据质量控制和气候序列均一化检验订正技术不断改进。一批整合集成或质量控制的国家级和31个省级的十余类、数百种气象数据得以更广泛的共享,产生了不可低估的经济和社会效益。

由于气象站点空间分布不均匀,再加上特殊的地理位置影响,使得获取一定区域的实测数据存在困难,另外气象站网密度不均匀会带来研究结果的不确定性和代表性等问题。因此,在全球大尺度或区域小尺度水文模拟、气候变化和生态环境研究以及数值预报模式检验中,往往需要先将气象要素网格化,以确保网格序列能代表相同面积上的气象要素值,从而有效减小或避免气象要素的不确定性和空间采样误差。而在2007年以前,国内仍没有自主研发的网格化气象业务产品对外发布和共享,业务和科研长期以来都依赖于国外的网格化产品,如大家熟知的英国东英吉利大学(University of East Anglia)研发的东英吉利大学气候研究所(Climate Research Unit,CRU)数据集,美国主导研发的全球降水气候计划(Global Precipitation Climatology Project,GPCP)全球降水数据集以及美国环境预测中心(NCEP)气候预测中心发布的美国气候预测中心降水综合分析资料(The CPC Merged Analysis of Precipitation,CMAP)数据集等。

二、直面需求，中心成功研发了网格化产品并实时发布

降水量作为气象要素中最为重要的因子之一，其时空分布异常是造成我国严重水旱灾害的主要原因，水文气象信息是防汛抗旱调度决策的依据。在目前天气预报准确性有限的情况下，如何快速地将站点上报的雨量观测资料提取并加工成满足洪水预报和防汛抗旱工作所需的信息，如何直观、形象、科学地表达这些信息及其成果，为防汛抗旱调度决策提供高质量的信息服务，是气象和水文工作者在防汛抗旱工作中需要解决的问题。网格化降水资料能更直观、形象地表达这些信息，有独特的优势。

面对科研和天气业务对网格化产品的需求，根据美国国家海洋与大气管理局（NOAA）和中国气象局（CMA）双边合作协议，在"气象科学数据共享"02课题资助下，我有幸以访问学者的身份对气候预测中心（Climate Prediction Center，CPC）进行了为期8个月的工作访问（2007年8月—2008年4月）。CPC是美国国家环境预测中心（NCEP）下属的一个处级单位，制作各种气候产品并在此基础上进行气候监测、诊断和预测的业务单位。当时在国际上比较有影响力的产品之一CMAP降水数据集，就是由CPC的谢萍萍（音译，下文同）研究小组研发的。而我也有幸与谢萍萍老师结缘，在他的指导下开展中国降水分析资料的研发工作。

在谢萍萍老师的指导下，在王莹、张洪政的直接领导下，信息中心引入了基于气候背景场的最优插值（OI）算法。利用国家级2400多站日降水量观测数据，开发了"中国降水量实时分析系统"。2009年汛期前实现了每日定时向用户提供日、0.25°分辨率的全国降水量分析产品。产品考虑了大地形的影响，并优化了站网密度等空间分析参数，在技术上具有独特优势，也得到了中国气象科学研究院、国家气候中心、国家气象中心和部分省局的认可和应用。时任信息中心主任的施培量在信息中心2008年工作年会时介绍了该产品，并坚定地说："信息中心必将要有自己的产品进入中央气象台。"我时刻将这句话铭记于心，并激励自己不断向着目标奋进。时至今日，世界气象组织国际降水工作组（IPWG）一直想把该产品作为检验中国区域卫星与再分析降水产品的标准数据。技术人员倍受鼓舞，同时也在考虑进一步优化在站点稀疏区分析产品存在的雨区范围扩大、精度降低等问题。

三、攻坚克难，率先推出地面和卫星二源降水融合产品

国家气象信息中心面对着庞杂的观探测资料，如何将站点、卫星、雷达等多种观测手段得到的宝贵资料进行综合分析与研究，充分利用各种资料的优势来提高产品质量和时空分辨率，信息中心敏锐地抓住了多源数据发展趋势。从2008年到2011年期间，谢萍萍老师每年回国指导我们开展中国高分辨率降水融合产品研发，并与熊安元研究员合作发表了基于"PDF+OI"算法的地面和卫星降水融合概念模型。2010年由信息中心主持，联合中国气象局气象探测中心、国家卫星气象中心、中国气象局武汉暴雨研究所、南京信息工程大学、中国气象科学研究院、中国科学院遥感应用研究所等单位共同申报的行业专项"中国多种降水观测资料融合技术研究"获得成功，项目要综合利用地面观测、雷达观测和卫星反演降水产品，开发1小时分辨率的多源降水融合产品，这在国内当时还是空白领域。

好消息一个接着一个，但技术人员面对的技术攻关压力也越来越大，尤其是我，作为一名尚显年轻的项目负责人，我该如何组织实施好该项目，突破技术难点，研发得到用户认可的产品？由谢萍萍老师提供的"PDF+OI"概念模型程序是在日、0.25°分辨率下开发的，在1小时分辨率的试验效果并不理想。为了占领多源降水融合邻域的先机同时也在项目资助下，宇婧婧博士、潘旸博士、我，我们三人作为PDF和OI技术核心攻关组，每周都开展试验讨论，为了调优一个参数加班加点、放弃周末休息时间几乎成了常态。终于功夫不负有心人，一个个核心技术参数得以调优，一个个原创研究成果得以发表：如发现产品误差特征和大小随不同分辨率变化；针对逐小时降水时空变率更大、非正态性更明显的特点，提出了变换时空尺度概率密度匹配样本选取的新思路；误差协方差随距离的变化关系；背景场和观测场误差由线性关系发展到了非线性函数关系等等。最终方案于2011年4月通过由李泽椿院士任组长的专家论证，专家一致认为技术报告内容详实、效果良好，建议尽快开展业务试运行。

技术方案得到院士等专家的一致认可，无疑又是一剂强心剂。快马加鞭，由我牵头提交了业务系统建设方案，在冯明农等同事的直接参与下，很快建

立了实时和准实时的融合降水产品 CMPA-V1.0，"中国地面与 CMORPH 融合逐小时降水产品"（滞后 18 小时）和"中国地面与 FY 融合逐小时降水产品"（滞后 1 小时），并在 2012 年汛期前在业务内网和共享网实时发布。在"中国气象科学数据共享网"（现已更名为"中国气象数据网"）不到半年时间内下载次数达 230 万次，下载量超过 5 TB，居该网站数据下载量榜首。产品得到用户认可，被广泛用于数值模式检验评估、公共交通服务、台风定量降水估计、水文陆面模式驱动等业务和科研中，并发挥了重要作用。

四、乘胜追击，研发地面-雷达和卫星三源融合产品

发展高分辨率（1～5 km）区域数值模式是数值预报中心的重要任务，而降水产品预报质量是评估数值模式发展水平的关键。围绕数值预报中心对 1～5 km 分辨率降水实况产品的需求，如何将 10 km 分辨率产品提高到 1～5 km 是必须攻克的难题之一。我组织技术人员广泛调研并借鉴美国、澳大利亚和奥地利等在高分辨率降水研发中的思路：引入高分辨率雷达产品是进一步提高降水产品分辨率的必然选择。但是 OI 方法只能输入一个初始场和一个背景场，直接利用 OI 方法无法实现三种资料（地面、卫星、雷达）的结合。难点摆着面前，如何解决？于是我们又和国内专家广泛交流、取经。北京师范大学段青云团队提出的 BMA 方法已在水文模拟中获得了比较好的应用效果，这让我们灵机一动，何不借鉴 BMA 方法使雷达和卫星首先生成一个融合背景场呢？

三源降水融合技术方案由之前的"PDF+OI"调整为"PDF+BMA+OI"的技术思路，即首先利用 PDF 方法订正雷达、卫星降水的系统性偏差；其次，采用 BMA 方法将雷达和卫星降水结合形成一个最优的背景场；最后，采用 OI 方法融入地面观测。另外，2012 年汛期，通过对 10 km 产品的质量监测发现了强降水低估、稀疏区降水产品高估等问题，需要进一步攻克其技术细节，以避免在三源融合降水产品中存在类似问题。确定好具体技术方案和实施计划后，技术人员分头进行攻关。改进了观测场误差定义方法；优化了概率密度匹配样本选取策略；编程实现了 BMA 方法将雷达和卫星产品的结合；进一步优化了产品质量评估的客观检验方法。2014 年 11 月底，"中国区域逐

小时地面—雷达—卫星三源降水融合方法及评估"通过由陈德辉总工任组长的专家论证,中国气象局各职能司和业务单位专家对此项工作给予了充分的肯定和评价,一致认为"该融合方法可行、数据评估检验充分、改进效果显著,建议尽快进行业务试运行"。从 2015 年 5 月,CMPA-V2.0"中国区域逐小时地面—雷达—卫星三源降水融合分析系统"实时生成并通过业务内网发布 1 小时、0.05°降水融合分析产品。一系列技术上的新突破并在业务中得到应用,都离不开整个研究团队的精诚合作和共同努力。

2016 年,中国气象局预报司组织的第三方对比检验中,国家气象信息中心研发的 1 小时、0.05°分辨率的地面—雷达—卫星三源降水产品,质量最优,被指定为智能网格预报检验的标准产品。从此,信息中心终于有了自主研发的产品得到了同行的一致认可并进入了中央气象台核心业务平台,这对于气象信息人来说无疑是莫大的荣誉和鼓励。

五、对标国际,树立品牌影响力和权威

在降水融合产品研发中,我们一直对标国际先进水平,并把树立和提升国家气象信息中心产品品牌国际影响力作为研发目标。国际降水工作组(IPWG)每隔两年一届的年会,如 2008 年 IPWG-4 在北京召开,2012 年 IPWG-6 在巴西召开,2014 年 IPWG-7 在日本召开,我都以墙报或口头报告形式参加交流,积极汇报中国在相关领域取得的最新进展(2010 年 IPWG-5 因签证问题没能参加),目的是树立国家气象信息中心作为中国气象局气象数据中心的品牌影响力和国际地位。我们研发不同版本的降水融合产品,虽然项目和单位都没有发表文章的硬性要求,但关于产品核心算法和精度评估的结果均发表在了国际一流 SCI 杂志上,对标国际发展现状做到了好产品与好文章相匹配。时至今日,IPWG 一直想把信息中心研发的降水分析产品作为检验卫星与再分析降水产品在中国区域的标准数据。

可喜的是信息中心因此也储备了一支多源数据融合分析的中青年技术骨干,有的已经评聘为正高级职称。我也常常因为曾经的付出和努力而感到欣慰,所谓"功成不必在我,功成必定有我"。在此,由衷的感谢在"中国多

种降水观测资料融合技术研究"行业专项中，宇婧婧、潘旸、冯明农、张洪政、廖捷、徐宾、谷军霞等同事在项目申报初期和项目执行过程中的通力配合和付出，衷心感谢熊安元研究员和周自江研究员一直给予的大力支持。

结语

信息中心赵立成主任常说："像对待自己的孩子一样对待气象产品研发。"十余载光阴，这个曾经跟随自己从孕育、出生、成长到壮大的降水分析产品，又何尝不像是自己的孩子一样亲切呢？2016年本人再次公派到美国NOAA强风暴实验室（NSSL）进行为期1年的访问学习，紧密围绕"中国区域高分辨率（1 km）降水融合产品研发"，在多雷达、多传感系统（MRMS：Multi-Radar Multi-Radar/Multi-Sensor）团队张鹏飞（音译）博士，数值模式同化团队高继东（音译）博士指导下，认真学习并掌握了美国MRMS系统的山区降水订正技术和雷达产品局地误差订正技术；实现了利用2DVAR开展三源降水融合试验研究；针对我国现有雷达基数据和降水估测产品进行质量评估表明：目前国内单站雷达的定标、质量控制等技术环节亟待改进，否则1 km降水产品质量很难有实质性提高。回国后由于工作岗位的变化，本人不再负责降水融合产品的业务研发工作。衷心祝福团队行稳致远，研发更多经得起用户检验的高质量气象产品。

新的工作岗位上，接触到了更多气象行业和领域外对产品的新需求。面对信息中心日益丰富的各类观探测资料，充分挖掘多源气象信息价值，不断提高资料的应用水平和价值，针对不同用户需求研发各类精细化和定制化的高质量产品，将是气象信息人矢志不渝的追求和目标。

由于撰写时间比较仓促，所述内容仅仅是亲身经历和感悟；同时也由于本人知识水平有限，难免有不妥和疏漏之处，恳请读到此文的同事和老师不吝赐教，使其能够更加完善。

王学慧（左上）、**李淑华**（右上）、**李萌**（左下）、**龚苹**（右下）

撰稿：刘钊、关枥桐

办公室是一个单位的信息中心、服务中心以及运转控制中心，处于协调单位内部处室、连接领导和职工、对外交往的枢纽地位。文秘工作是办公室日常工作的重要组成部分，是实现机关职能的重要手段，又是承上启下，联系内外，沟通左右的纽带，为领导各方面工作起着助手的作用，中心文秘是履行上述义务的主要工作人员。

2004年中心成立以来，中心共有四位同志从事文秘工作，她们分别是王学慧、李淑华、李萌和龚苹，相信她们都对曾经和正在从事的文秘工作有自己见解和感触。

中心文秘：大事业的小轴承

气象信息事业，涉及广泛、影响深远，犹如一台肩负着保障气象业务平稳运转使命的巨型机器。而这台机器之所以能安全稳定运行数十年，少不了中心文秘——这颗坚实可靠的轴承——坚强的支撑：从收发公文、掌管公章，到差旅报销、各类统计，乃至报刊订阅等日常事务管理工作，她们的工作包罗万象，却总能井井有条。

2004年信息中心成立以来，共有四位同志从事文秘工作，她们分别是王学慧（2004—2008年）、李淑华（2009—2013年）、李萌（2013—2017年）和龚苹（2017年—至今），几代中心文秘初心不改，用数十年如一日的默默奉献，支撑着信息中心的高效运转。这份工作很平凡，同时又很伟大，在那看似日复一日轮回不息的日常中，隐藏着闪光的点点滴滴。今天，站在信息中心成立15周年的节点上，让我们一同来回忆。

一、平凡的工作 不凡的纪录

慧字上面的两个"丰"字分别代表国事和天下事，中间的"彐"代表家事。从字面上看，家事、国事、天下事都放在心上，称之为慧。但在家事方面，中心第一任中心文秘王学慧有许多亏欠。

"咱能不能别吃速冻饺子啦？"这是来自王学慧丈夫的一句"名言"。起因则是因为工作繁忙，王学慧常常没有时间做饭，只好用速冻饺子解决——2009年以前，信息中心内部公文全部是纸质流转，因而，文秘也必须在堆成山的纸张与复印机边团团转。

公文拿过来后，有一套复杂的传递流程，文秘首先要登记，然后拿给信息中心办公室主任核签意见，之后拿给信息中心领导批阅（如果办公室主任的核签意见是请信息中心领导阅示，就要拿给所有的信息中心领导，并且这个过程只能是串行），如果要交给10个处室办理，就要复印10份分别递送。为了保障这个流程中不出问题，确保每个人都收到了公文，王学慧还要在流程中逐一记录，在每个节点分别签字确认。而这仅仅是收文的流程，信息中心需要发文或签报时，同样也有一套复杂的流程。虽然流程繁复，但王学慧仍以更严格的要求约束自己。她坚持"活儿不过夜"，一定要在下班前处理完"今天"的公文，并在每天下班前用碎纸机处理掉一天下来产生的无用文书，做好迎接第二天工作的准备。

从2004年5月至2008年底，王学慧经手收文5450余件，发文1099余件（这里不包含没有文号的文书，据不完全统计，此项仅在2006年就达300余件），从来没有因文件流转迟缓而影响工作。

除了文秘工作，王学慧在2004年5月至2006年期间还负责中心的宣传和参观接待工作，期间向中国气象局机关网信息库投稿608件、向中国气象局网站投稿592件，接待参观约7088人/318批，这些数字的年平均值和年峰值至今也没有被超过，王学慧也因此获得中国气象局办公室2005年优秀信息员表彰。

二、一定要坚守岗位 一定要尽职尽责

还有两天就要迎来 2009 年的时候,李淑华被"拽"到了新岗位——中心文秘。

回忆起来,那时的她对此是不大情愿的:原本的工作岗位早已得心应手,文秘工作又是出了名的驳杂繁冗,难出成绩,易犯错误。对换到这个岗位心里有些抵触,再正常不过。

但转瞬五年过去,当自己从文秘的岗位退下来时,李淑华却有了新的感想。"我对这份工作最大的感受,就是一定要坚守岗位,一定要尽职尽责。"她坦言,五年下来,觉得满满都是收获。"我们这份工作,起到一个上通下达的作用,涉及工作的方方面面,因此必须有责任心,容不得马虎。另一方面,人不能离开岗位,因为公文随时都会发下来。"李淑华说,必须坚守岗位是文秘工作的特质之一。她始终坚持一个原则:公文传过来,在自己手上停留的时间要尽可能短,不然就算耽误工作。

为了不耽误工作,加班对于李淑华而言已是家常便饭。每天下班时,她的丈夫会开车接她回家,但往往事不凑巧,一个公文传来,便需要加班解决。丈夫等得久了,只好电话催促。这样的情况发生得太多,久而久之,同事们都记住了那熟悉的电话铃声。

如今回想起来,李淑华接手中心文秘工作,是一个承前启后的重要节点。2009 年上半年,OA 系统上线运行,改变了文秘的工作形态。

OA 系统应用后,公文收发无疑变得更加便捷,一定要人工跑腿的情况变少了,自动化的环节变多了。在公文这一项上,文秘的负担轻了,可是她们的工作量,却没有因此而减少。

接替李淑华担任文秘的李萌,也对文秘工作对人责任感的锻炼深有体会。

"我每天到办公楼的时候,楼里基本都是空空的。"李萌说,虽然没有相关规定,但她每天都在 7 点半之前到岗。这是因为领导 9 点要开会,文秘提前些到岗,可以及早收公文,让领导有时间在会议前处理公文。这样一来,

工作就可少耽搁数个小时。

李萌家中有一个习惯，大年三十晚上一定要吃饺子，而且一定要是李萌亲手包的，她的父母就爱吃这一口。但大年三十常常是工作日，且往往是假期前的最后一天。熟悉文秘工作的人会知道，越是假期前的最后一天，各类文件、杂务就越多。一边是焦急等待着自己团聚的亲人，一边是繁忙的工作，在这一天，李萌常常处在纠结中。但无论如何，她还是要先完成工作，先对得起自己的责任感。

三、她们与岗位共同成长

文秘这份工作，带给她们的，还有许多改变。

到这个岗位之前，别人眼中的李淑华是个文静的人，说话细声细语。但到了文秘岗位上后，她的变化非常大——高强度的工作，使人不得不变得雷厉风行起来。

有一年的"3·23"世界气象日，李淑华负责为中心工作人员订餐。餐到得有些晚，由于份数多，送餐的人一时也没法都拿过来。李淑华见状，竟然冲过去，提起沉重的外卖上了楼。颇有几分"女汉子"的味道。

"在文秘岗位时，手机365天，每天24小时保持开机，而且随时不敢静音，就怕有急事找。"李萌坦言，直到离开文秘岗位，才敢在睡觉前把手机静音，睡一个安稳觉。

但李萌对文秘工作，并没有因为劳累而感到厌恶。相反，这份工作也给她带来了高度的成就感。退休后的某一天，中心人手不足，她还来客串过一次临时文秘，帮忙收发公文。这一次，她心头少了几分压力，多了几分欢快。

接替李萌担任中心文秘的人，是龚苹，到现在已有两年时间。在她的身上，变化也在发生。

文秘是一项需要多方沟通的工作，各种杂务都要和各单位、各处室的人打交道。大家脾气各不相同，沟通需要得法，工作效率才能提高。

此前脾气很"冲"的龚苹，并不是很重视待人接物的方式方法。但在文秘岗位上锻炼了一段时间，她的为人处世却有了很大的改变。如今处理很多事务的方式变得"圆润"许多。

"这份工作考验了我的耐力。"龚苹说，从事文秘工作对于自己，是极大的锻炼。

龚苹如今除了手头的日常工作，还在参与新一代办公系统的研发。新一代系统将会实现哪些功能？信息化程度有怎样的提升？作为每天都在实际操持这些工作的文秘，龚苹进行了深入的思考。新系统做得质量如何，直接关系到她们日后的工作好不好开展。

有一次，龚苹为了新系统开发到省局调研，在那里，她被省局的文秘工作者团团围住，询问新系统的进展。在那一刻，她感到了肩头的责任，以及手中工作的意义。

中心文秘就在你我身边，数十年如一日，从事着那些辛苦、烦琐、不起眼，却又不可或缺的工作。她们是润滑剂、是轴承、是黏合剂。她们的工作，从不因琐碎而失却其伟大！

（熊安元：前排右四；赵芳：前排左一；马强：前排右二；王颖：二排左六；刘媛媛：二排左四；高峰：二排左五；邓莉：二排右六；张小樱：二排左七）（注：作者谭小华、杨昕、曹丽娟不在照片中）

CIMISS 建设拾零

CIMISS 设计和建设的创新性思维

"全国综合气象信息共享平台"（China Integrated Meteorological Information Service System，CIMISS）是国家气象信息中心成立以后承建的第一个大型业务系统，项目由国家发改委于 2008 年 10 月核定概算后批准建设，总投资 3.5 亿元，立项名为"新一代天气雷达信息共享平台"，旨在为全国天气雷达信息的共享建设一个天气雷达数据的管理和服务平台。中国气象局为了提升全国气象资料的管理和服务能力，将项目资料范围扩展为所有气象资料和产品，并在原设计（A本）基础上重新设计（初设B本），新设计的系统名称改为"全国综合气象信息共享平台"（简称CIMISS）。

我有幸作为CIMISS系统的总设计师亲历了系统设计和建设的主要阶段，目睹了系统从脆弱到壮大的成长历程，见证了中心一大批建设者们的酸甜苦辣和成长历练。"十年磨一剑"是对 CIMISS 建设过程最贴切的表达。

如果要总结 CIMISS 作为一个大型建设项目的经验和教训，诸如"如何平衡质量和进度的关系""如何协调数据管理者和数据使用者的数据视角关系""如何把握全局需求和个体需求的关系""如何减少由于管理者和技术人员关注重点的不同对项目的影响"等等，将会是一个有待解决的话题，但 CIMISS 设计和建设过程中的若干创新性思维是我们不能不留下的经验，因为它们奠定了 CIMISS 在我国气象信息化建设中曾经并将持续的影响力和地位。

NMIC 第一次引入"两总"体系。中国气象局人事司分别于 2008 年 3 月（气人函〔2008〕84 号）和 2009 年 11 月（气人函〔2009〕382 号）两次发文，组建 CIMISS 总指挥组和总设计师组，从组织管理层面保障了 CIMISS 系统建设的实施。信息中心施培量主任和赵立成主任先后担任项目总指挥，李集明副主任和田浩副主任先后担任副总指挥，确保了项目建设方向和路线的正确性以及资源调配的力度。当年曾担任过副总设计师的包括沈文海、宗翔、罗兵、林润生、高玉春、吴必文、肖文名、马渝勇、赵芳等专家，他们高水平的工作和管理能力为项目设计做出了重要贡献。在"两总"基础上，总指挥赵立成主任还创立了主任设计师队伍架构，将赵芳、高峰、邓莉、王颖、张小樱、谭小华、马强等一批高水平技术专家纳入设计和建设队伍，还有一批为项目做出重要贡献的副主任设计师，限于篇幅不能一一列举。

"数据为核心、需求为导向、服务为宗旨"的设计原则。CIMISS 的核心是海量气象数据的管理和服务，数据为核心确保了系统建设的重点是气象数据，管理好数据、处理好数据、服务好数据是项目建设的核心，数据定义的标准化、流转的有效性、处理的正确性和服务的高效化始终是项目设计的重点。

标准规范先行。项目标准规范的制定在项目建设之初就与五大软件系统、两大基础平台支撑系统、历史数据整编一并列为项目建设的九个部分之一。在项目建设早期完成相关标准规范，是系统标准化、规范化的保障，因此设计了通用标准、系统规范和管理规范三大类共 41 个项目标准，涵盖了设备、文档、软件、元数据、数据、存储、系统、用户、数据流、业务流、接口、数据共享等各个方面。特别是对系统管理的业务数据和系统信息的标准化定义，为 CIMISS 及其后续系统的建设打下的坚实的基础。

实现历史和实时资料的统一管理。CIMISS 通过对历史气象资料和实时气象资料的统一定义以及数据库的统一存储设计，首次实现了历史和实时统一的气象数据管理和服务。

统一全国气象数据环境。CIMISS 建设之初，国家级和省级业务单位所使用的气象数据大同小异，但没有统一的用户数据使用环境，导致系统开发和维护成本高、数据不一致等问题，一些适用于全国的业务应用系统也难以在全国推广使用。CIMISS 通过对数据的标准化定义、面向服务的多维度统一数据存储策略设计和标准的数据访问接口开发，首次统一了全国各级气象部门使用气象数据的环境。

实现了信息中心气象数据业务全流程集中统一监视。CIMISS 通过气象资料血缘关系追踪机制实现对气象数据处理流程的综合监视，在气象数据的收集、处理、存储和服务各个环节监视数据的业务状态。

熊安元

传承与创新，数据收集与分发系统建设分享

数据收集与分发系统（简称 CTS）是 CIMISS 的一个重要的组成系统，是 CIMISS 共享平台的前端数据传输系统，是共享平台的数据源头，负责数据收集、分发、传输和处理，并为共享平台中其他系统提供数据和服务。

我参加工作以后，有幸相继参与了 9210 工程、第三代国际气象通信系统（GTS）、新一代国内气象通信系统的设计与开发工作，见证了我国气象通信系统的发展历程，也逐步加深了对气象通信业务的理解。2010 年幸得中心推荐作为 CTS 的主任设计师，全面参与 CTS 的建设工作。在林润生副总设计师的指导下，设计组（胡英楣，副主任设计师；刘乖乖，后期增补为副主任设计师）确定了以当前通信业务功能为基础，进行继承与创新并举的开发原则，不再简单采用推倒重来的方式，为未来国内气象通信系统的继承性开发奠定基础。遵循软件工程流程指引，设计组首先组织信息中心及内蒙古、

新疆、四川、广东省（区）局的通信业务专家，在项目组前期工作的基础上，重新编制了《数据收集与分发系统用户需求书》，作为 CTS 设计开发的基线文件。在用户需求书编制过程中国家级、省级专家相互碰撞，国内气象通信业务国家级和省级的业务需求逐渐明晰。形成需求书初稿后，在信息中心的大力支持下还特别邀请了行内专家进行指导。CTS 用户需求书内容完整、指标合理，第一个顺利通过了专家评审。在后面的设计开发过程中，CTS 的需求变更最少，也最为顺利，每个里程碑都是第一个通过专家评审。可见早期明确项目的用户需求是非常重要的。在设计开发过程中，设计组把握主要技术方向不放松，抓大放小，不与承建商过度纠结技术细节；同时设计组还深入代码跟踪技术方向，并适时提出我们的建议，帮助承建商精准理解、掌握业务需求。个人感觉，CTS 设计组与承建商合作氛围一直很融洽，工作效率也高。从 CIMISS 业务化工作进程来看，由于前期在源代码级有跟踪掌握，总体上能够把握住 CTS 系统，CTS 的业务化工作推进就比较顺畅。在国省通力合作下，CTS 率先在全国实现业务化运行。

回过头来看，CTS 在当时环境下是成功的，极大满足了当时气象通信业务需求，把好了 CIMISS 数据源头这一关。但随着气象信息业务的发展，CTS 也逐渐跟不上业务变化的脚步了，中心在 CTS 的基础上又设计开发出了 CST2，增加了消息流的传输方式以满足新的业务需求。继承性开发已成共识，相信后续还会有 CTS3、CST4 陆续面世，继续支撑气象通信业务发展的。

谭小华

精益求精，以工匠精神建设加工处理系统

共享服务系统是 CIMISS 面向用户的窗口，加工处理系统就是幕后英雄。系统的上游是数据收集分发，下游是数据存储管理，架构在并行化的高性能计算平台，采用规范标准、成熟的数据解码、质量控制、产品生成方法，自动高效地生成有质量保障的数据产品，支撑数据共享服务。加工处理的数据质量直接影响到共享应用，因此，从 2009 年系统初设到上线运行，一直以高

质量、高时效作为系统建设目标。

为保障数据加工处理高效运行，充分利用含 14 个计算节点的高性能计算平台，系统的整体架构设计和自动灵活的任务调度管理至关重要。在熊安元总设计师的指导下，主任设计师王颖、王旻燕在对不同气象数据处理任务峰值分析后，设计了针对不同数据的任务处理模型。对于一般数据处理任务，处理作业间没有数据交换，可以完全独立运行，调度管理将其调度到一般计算节点上进行并发处理；而对于雷达组网拼图处理任务，调度管理先对区域拼图进行并发处理，再将其调度到专门的组网节点上进行全国拼图并行处理。任务调度全程采用消息通知机制，保证高效。

数据处理标准化是加工处理系统的另一个关键点。对同一个统计量，由于数据源、统计方法、表示方式不同，各业务单位、国家级和省级给出不同的处理结果，对此，加工处理系统"SAY NO（说不）"。从 2009 年开始，在赵芳副总设计师的带领下，设计了气象数据标准化体系框架，完成了气象数据分类及表示、中国气象局气象数据目录、元数据、处理算法、存储结构等一系列标准规范，首次实现了全国统一的气象数据全生命周期的标准化处理和管理。加工处理系统采用组件化设计，实现了生产流水线对算法组装和可插拔，支撑了算法模块的改进和升级。

高时效是对数据处理的另一项基本要求。为提高数据解码入库时效，孙超带领国省技术团队，在数据处理加工流水线基础上，设计实现了数据解码入库简约流程任务调度，包括任务调度分发端和处理端。任务调度分发端负责任务的生成与调度分发；任务处理端负责接收任务，通过调用与实际业务的处理接口完成接收的任务，满足了从系统初设到上线期间区域站从 10000 增加到 60000 的处理需求。

再回首，加工处理系统建设一直围绕着高技术、高质量、高时效的目标改进，"倔强"而"执着"地不断与时俱进、精雕细琢、精益求精，这是气象信息人的一种情怀、一种执着、一份坚守、一份责任，持续传承。

王颖

存储管理子系统建设感悟

2009年12月，经过前期大量的准备后，CIMISS系统总体设计确定，CIMISS项目建设全面启动。数据存储管理系统作为衔接数据收集与分发系统、加工处理系统和共享服务系统的底层支撑系统，是"全国综合气象信息共享平台"的核心。鉴于这个定位，赵芳、高峰、杨昕等同志花费了很多的时间和精力思考，充分征求项目内外的专家、用户的意见，也和存储管理子系统相关的其他子系统召开多次讨论，最终明确要建设一个"面向服务"存储管理子系统，也就是说存储管理子系统始终围绕满足更深层次的服务需求进行建设，不仅关注将数据"存下来"这样简单的需求，更关注在"存下来"的同时做到"服务好"。因此CIMISS项目相比较之前的项目，设计思路和设计理念有了比较大的改变，CIMISS整体考虑更加完备，也更加规范，更关注应用。数据模型方面，CIMISS存储管理子系统建立面向服务的数据存储模型，即通过气象数据服务属性分析，建立由时间、区域、层次、要素等气象数据服务属性驱动，方便用户使用。规范性方面，CIMISS存储管理子系统建立国省统一的气象数据存储结构，实现数据表统一、要素存储序列统一、要素命名和存储属性统一、存储文件命名和目录统一，从根本上解决因现有国省数据结构不一致，造成数据应用接入困难的问题，便于业务应用的统一接入和推广。系统高效性方面，CIMISS存储管理子系统通过数据库集群、数据存储管理业务调度软件高可用设计、MUSIC服务接口等一系列技术，实现核心业务系统的对接。

现在回头再看，存储管理子系统基本实现了当初的设计理念，个别理念因为实施过程中的各种原因虽然未实际应用，但对后续系统的建设，如气象大数据云平台，产生了很重要的影响。

刘媛媛 高峰

共享服务系统建设

共享服务系统是CIMISS对外服务的窗口，在此之前信息中心的数据库及其服务功能、界面停留在为用户提供数据的层面，如何使用户更快地发现数据、更方便地得到数据、更好地使用数据，从服务需求出发，层层递推，设计面向服务的数据处理和存储管理的共享服务平台，就落在CIMISS设计中，并贯穿CIMISS建设的全过程。

2009年6月，中国气象局预报司借调各省局具有对气象业务数据和应用分析能力的同事参与CIMISS系统设计，国省联合，全面分析气象业务服务需求，其中湖南省局尹新怀、河北省局安文献、内蒙古区局李永利参与共享服务系统的总体设计。大家利用自身扎实的气象业务知识，从省级主要气象业务需求出发，集思广益，献计献策，把握服务系统总体设计和建设要点，确定共享服务系统在数据应用服务层的5大类服务，包括气象数据统一访问接口（API）、数据直接获取（FTP）服务、数据订阅推送服务、数据检索下载服务、数据可视化展现服务。

在熊安元总设计师的指导下，主任设计师邓莉负责组织完成两个服务原型系统的设计，一个是数据导航获取服务原型系统，以数据检索下载服务（目录服务、检索下载、数据订购等）为核心，辅以作为数据获取辅助手段的可视化展现（轻量级，如快视图、地理信息系统检索GIS MAP Search等），部分实时数据产品的发布（轻量级，静态图形产品的实时滚动发布）及站网信息的可视化发布；另一个是实时资料发布服务原型，侧重可视化发布服务，以后台图形产品生成为支撑，提供图片浏览、地理信息（GIS）交互浏览，内容以实时数据为主，部分有价值的图形提供实时、历史的长序列发布服务。同时，聘请北京局谭晓光、国家气象信息中心王伯民等业务领域专家，北京余东昌、广西刘泽君、江苏戴维士和李进喜等气象工作者，对面向服务的数据组织、数据可视化范围和关键技术进行把关。气象数据统一访问接口（API）直接支撑业务系统，在赵芳副总设计师的组织下，高峰、何文春、邓莉全面分析各类资料的特点，广东省局曾沁和孙周军结合广东通用数据访问接口设计和实施经验，将气象数据访问参数和调取模板组合成的一套数据访问服务接口及脚本调用命令集，并细化API每个流程环节访问日志设计，形成了API第一版接口架构，数据统一服务接口具有了多形式、可扩展、跨平台、网络化的特点。

邓颖

综合业务监控系统建立与发展

业务监控系统（MCP）是 CIMISS 平台的重要组成部分，由张小缨、梁剑虹、孙海燕等信息中心主要业务台室骨干技术人员组成的设计团队负责开发。在平台建设总体要求下，他们一直将"在气象信息业务领域突破性地实现多层次、多领域、多业务的综合业务集中监视"作为建设指导思想与建设目标。设计团队充分分析 CIMISS 平台应用的复杂性、海量气象数据的实时全流程以及大规模基础设备的监视要求，结合不同用户群体的使用需求，创新性地提出了气象信息化业务多层级监控框架与监控业务规范，采用两级监控模式（综合监控和分监控），分别提供跨平台的综合性监控和面向各个业务系统内部微观层面的监控；实现对 CIMISS 平台不同业务层面（IT 资源、业务应用、气象数据）多维度、多粒度的集中监控。基于多层级监控框架及业务规范，形成了集中告警分析与管理、气象数据全流程监视与追踪分析、气象业务集中监视、IT 资源总体运行状况监视、基于公共配置信息的业务管控、分监控等多项监控业务功能，并对每项功能业务能力提出了具体设计要求，初步形成了具有气象业务特点的气象信息化业务监控模型。基于此模型，MCP 实现了对 CIMISS 平台内全部告警信息的综合分析与发布，能够对地面、高空、卫星、雷达、数值预报等 11 大类 400 余种资料实时收集、处理、存储全流程的完整性时效性指标进行发布展示告警，能够对气象信息综合分析处理系统（MICAPS）、气候信息处理与分析系统（CIPAS）、多源数据融合、数据收集与分发系统（CTS）、数据加工处理系统（DPC）、数据存储管理系统（SOD）、气象数据统一服务接口（MUSIC）等关键气象业务应用提供集中监视，提供了 CIMISS 平台近 80 余项服务器存储设备的集中监视，以及对地面高空等 12 类台站元数据、气象要素元数据及资料属性信息的集中管理，为 CIMISS 平台提供了全方位监控，为基于 CIMISS 的气象大数据环境的正常运行提供有力运维保障。

依托着 CIMISS 的业务监控系统的设计、实施与业务化运行，是设计团队历时 7 年，汇聚了众多气象信息人智慧而实现的，由此建立起来的综合业务监控模型和业务规范，经过时间的考验也沉淀了下来。随着信息化技术的飞速发展，气象信息化进入了新的时代，信息中心正迈着坚实的步伐朝着更高、更快、更强的目标前行。CIMISS 将发展成为新的大数据云平台，而新一代综合业务监控平台（天镜）正采用更先进的技术框架对 CIMISS 设计的主要监控业务模型进行升级换代。作为 CIMISS 业务监控系统设计团队的一分子，能够在这技术日新月异的时代变迁中，为气象信息化监控领域的业务建设发挥作用，深感荣幸与自豪。

张小缨

基础平台建设

　　基础平台是指一个信息系统的计算、存储、网络安全等基础资源支撑环境，至少应包括硬件和软件两个层次。2007 年，CIMISS 的可研阶段，我们刚刚开始规划的时候还没有如此明确的分层思路。那时主要精力还是放在怎样选择能够最有利地支撑数据处理和存储需求的硬件产品。

　　到初设阶段，由于项目总体需求的一些变化，数据存储量和处理能力的要求有了很大提高，基础平台的规划也相应地进行调整，并根据国家级、区域中心、省级中心三个级别不同需求分别做设计方案。在此阶段，操作系统、数据库、共享文件系统、应用中间件和消息中间件、GIS 等基础软件和服务器、盘阵、网络交换机等基础硬件这两个层次在设计中已清晰体现出来了。

　　从项目进展时间的先后顺序上，基础平台的确定比应用软件开发要早一些，因此可以说基础平台的分布式集群架构在一定程度上影响了应用软件架构的形成，推动了应用软件更为坚定地也采用分布式架构设计实现。

　　配合应用软件的部署，2011 年底开始，基础平台组织了多次全国规模的实施工作，包括平台部署和后续的调优、扩容等，除了集成商、监理，还发动了当时系统室、运控室几乎所有可以出动的年轻人。

　　随着应用软件系统的开发、测试、部署和试运行，我们逐步验证了基础平台在总体设计上是稳定可靠的，并且满足了从可研到初设阶段的总体需求。但在准业务运行阶段，暴露出一些性能相关的问题，尤其是存储 IO 性能要求高，而实际存储设备配置的 IO 能力不足，这在省级中心体现得最为明显。为此，项目组从 2014—2018 年分两阶段对全国各级 CIMISS 实施了存储资源优化调整和升级改造，从而基本消除了存储 IO 性能问题。

忆往昔，感慨良多。令人较为欣慰的是，早期的基础平台架构设计选型配置考虑了一定冗余度和可扩展性，使得后期的调整和扩容较为平滑顺畅。但令人遗憾的地方也不可避免地存在，例如基础平台和应用软件需求之间的映射关系还不够明确等。

基础平台希望能够真正成为应用软件所热爱和依赖的生存空间，这需要不断努力和完善。

杨昕　马强

历史资料整编

2010 年 11 月 30 日，元数据和历史资料整编专项工作正式启动，在全国范围按照东北、西北、西南、华北、华中、华南六大片区遴选了试点省、区（吉林、内蒙古、甘肃、河北、湖北、江西），开展历史资料加工处理工作。作为 CIMISS 建设的重要环节，历史资料整编处理过程包括数据读入、格式转换、质量控制以及格式输出等过程，按照数据库标准要求，形成格式、命名、特征值、精度等统一的产品。任务由主任设计师张洪政总负责，后期在副主任设计师曹丽娟的组织下完成整个工作任务，鞠晓慧负责整个任务的协调联系工作。

历史资料整编工作历时 5～6 年，工作组与省级技术人员通力配合，适应多项 CIMISS 业务系统规范的调整与定型进行了多次数据更新完善，包括适应数据库表结构，数据特征值及代码表等。在国家级工作组的组织下，6 个试点省、区承担并完成了全国地面国家站和区域站从分钟到年值、累年值以及高空风廓线、L 波段及 GPS/MET 产品的标准化处理。2016 年底，历史资料整编工作通过验收，整编完成的数据产品进入 CIMISS 业务系统提供应用服务。

全国地面 2400 站小时、日、旬、月、年值资料是业务上线后用户使用最多的资料之一，内蒙古气象信息中心张德龙、李永利等人在数据制作过程中精益求精，持续维护数据质量，对于业务应用发现的问题逐一进行了修改完善，有效提升了数据质量。中国区域站资料的整理是一项较为耗时耗力的工程，甘肃省气象信息与技术装备保障中心祝小妮及孔令旺等人从原始压缩文件中认真提取数据量巨大的区域站资料，经过数据质控与审核，最终完成2005年以来区域站资料处理，20多块硬盘保存了全国4万余个区域自动站分钟、小时及日值数据。此外，湖北的王海军和秦运龙，江西的黄少平，吉林的李云峰，河北的安文献和董保华等人均做出了重要贡献。

历史资料整编完成的数据资料经过严格质量评估，在业务科研中发挥了重要作用，后续一些数据产品（如全球地面基础数据集、中国高空L波段秒级观测基础数据集等）均是基于整编完成的基础资料加工而成。

曹丽娟

负重前行，是抵达彼岸前最好的锤炼

从2006年秋编制可行性研究报告，到2016年12月投入业务运行，我有幸参加了CIMISS建设的全过程。十年光阴，弹指一挥间，有欢笑也有泪水，有收获也有遗憾。

CIMISS平台承载了气象信息化对统一数据环境的期许和厚望，重构了气象信息系统核心业务架构和流程链条，建立了气象数据标准体系，为天气、气候和公共气象服务提供了直接有力支撑，有效带动数据资源整合集约，为气象信息化的全面实施打下了坚实的基础。数以百计的技术团队人员付出了百倍的努力，千辛与万苦，十年磨一剑。

难忘CIMISS设计师团队的战友情。兄弟姐妹们在熊安元总设计师的带领下齐心协力、紧密协作，在项目遇到压力和困难时团结一心、互相扶持、坚定前行。从各里程碑上万页技术文档的编制和审定，到每一个数据项和功能点的测试确认，一张张较真儿的面容，一次次讨论甚至争论，大家不计个人得失，以严谨的态度、扎实的作风，心无旁骛、全力以赴地投入工作。

难忘CIMISS建设面临的压力和挑战。2013年4月，系统在内蒙古进行首次省级示范联调，结果不尽如人意，面对项目建设延期的质疑声，大家迅速调整状态，顶住压力静下心来分析解决问题，直至10月形成稳定运行的版本。随后开展的全国部署和试验运行，如何在很短的时间内组织协调国省信息中心及大小几十家软硬件承建商，把横跨基础平台、网络和应用软件系统，纵贯国省两级流程的系统组装成有机体使其稳定、高效、流畅地运转，千头万绪，太多太多的事项需要沟通，太多太多的问题需要解决，太多太多的细节需要协调，大家依靠精诚合作，打赢了这场硬仗。2015—2016年转业务化阶段，CIMISS面临史无前例的严格第三方专家评估，面对逐步扩大的项目范围和新增需求、一轮又一轮的全面测试，需要不断补充提交的材料，压力使得设计师常常夜不能寐。但大家以极高的责任感，通过更加细致、耐心的工作，圆满完成了评估任务，使得CIMISS最终得以投入业务运行。

难忘CIMISS建设的历练和成长。十年磨炼，CIMISS教给了我太多太多，技术能力、管理能力、意志品质、团队协作、大平台的视野和格局、战略和战术、完美和切合实际、权衡和取舍、工作和情绪……这些宝贵的财富使我受益终身。

回首往事，初心未改，很荣幸能够参与到CIMISS的建设中，全心付出了努力，留下了自己的印记。CIMISS在特定的历史时期，有其使命和局限性，如果说CIMISS建设扎下了统一数据环境的根，期待气象大数据云平台能使其长成参天大树。

赵芳

张强（左二）

正研级高工。2000年毕业于南京气象学院大气科学专业，在信息中心资料服务室长期从事气象数据处理、分析与应用服务工作。2014年起任资料服务室主任，并牵头组织了中国气象数据网、国家气象科学知识中心和国家气象业务内网等数据共享服务系统的开发建设任务。

张志强（右二）

博士，正研级高工。在信息中心资料服务室主要从事气象数据分析服务技术研究与系统研发工作。2015年担任资料服务室副主任，作为技术负责人核心参与了国家气象业务内网和中国气象数据网建设。

杨和平（右一）

博士，高级工程师。主要从事气象数据分析服务技术研究与系统研发。2015年起核心参与国家气象业务内网和中国气象数据网建设。

陈东辉（左一）

博士，高级工程师。2012年毕业于西安电子科技大学计算机应用技术专业，主要从事气象数据处理挖掘和共享服务技术研究。作为核心人员参与国家气象业务内网、中国气象数据网等服务系统设计与开发。

国家气象业务内网：以集约化迈向高质量发展

信息技术快速发展，已全面渗透并深刻影响着气象事业的发展理念、发展方式。随着气象现代化进程的深入推进，利用信息新技术推动气象信息资源集约高效管理和充分共享，为气象现代化提供基础信息支撑，一直是气象信息化的重要课题。为促进业务建设统筹集约发展，支撑观测、预报、预测服务业务高效协同，满足国省两级业务与管理服务支撑，实现国—省—地—县一站式信息服务，国家气象业务内网应运而生。经过八年多的发展，国家气象业务内网从起步到成熟，已发展为气象部门主要业务操作平台和产品交换平台，在推动部门内部资源互联互通和集约共、享应用中发挥着越来越重要的作用。

一、起步（2012—2014年，从无到有）

2012年，党的十八大报告提出，中国特色新型工业化、信息化、城镇化、农业现代化"新四化"同步发展。国家气象信息中心（简称信息中心）落实中国气象局部署，联合相关业务单位，按照"集约化发展思路、应用新技术建设、服务好气象部门各级业务和管理用户"的要求，正式拉开了国家气象业务内网建设序幕。

俗话说：万事开头难。但是，起步又最重要。根据中国气象局领导、预报司的统一部署和时间要求，信息中心作为牵头单位，联合包括国家气象中心、国家气候中心、国家气象卫星中心、气象探测中心、公共气象服务中心等单位，同时把国家级气象业务内网建设任务与落实《气象信息网络系统总体设计》有机结合。在大家共同努力、密切协作下，解决了平台搭建、网络联通、产品梳理、应用软件开发、业务流程优化及综合集成过程中等诸多难题。2013年5月31日，在规定时间节点顺利完成"国家级气象业务内网（网站）"的主体建设任务，初步实现了为省级业务用户提供国家级业务数据、产品和考核评分结果发布及业务管理信息等服务。同年12月，基础资料专项数据产品通过国家气象业务内网向全国气象部门发布和共享。

2014年2月27日，中央网络安全和信息化领导小组成立，习近平总书记指出，没有信息化就没有现代化。中国气象局领导提出了"按照集约化发展思路，将国家级气象业务内网建成中国气象局统一、集中的气象业务内网系统"的具体要求，赵立成主任明确指出"建设和使用好国家气象业务内网，推动气象信息资源集约高效管理和充分共享，为气象现代化提供基础信息支撑，国家气象信息中心责无旁贷"。国家气象信息中心气象业务内网建设团队，深入贯彻落实《国家气象信息中心气象现代化实施方案》，在肖文名副主任的具体组织和部署下，结合当前和未来阶段"两网一环境"（国家气象业务内网、中国气象数据网、国省统一数据环境）的核心发展目标和建设任务，深入开展国家气象业务内网集约整合、共建共享。

国家气象业务内网技术团队深入国家气象中心、国家气候中心、人工影响天气中心等中国气象局大院兄弟单位主动沟通和了解需求，共同推进国家级气象业务内网建设。2014年12月30日，国家级气象业务内网2.0完成改版建

设并上线试运行,包括实况观测、天气预报、气候预测、数据服务、人工影响天气以及业务管理六大核心功能版块,可提供超过 1800 种各类数据产品服务。

二、腾飞(2015—2017 年,从有到优)

2015 年,中国气象局党组要求部门上下深入贯彻"四个全面"战略布局,协调推进气象改革发展重点任务,全面推进气象现代化、全面深化气象改革、全面推进气象法治建设、全面加强气象部门党的建设。《全国气象现代化发展纲要(2015—2030 年)》出台,为我国气象现代化深入发展,指明了方向。《气象信息化行动方案(2015—2016 年)》印发,则为加快提升信息化能力与水平,发展智慧气象奠定了坚实基础。

国家气象业务内网基于前期基础,开始不断完善气象业务内网的产品聚合能力,开放应用接口(API)供在线调用。针对已集成产品,进行深度整合,流程再造,统一气象业务内网发布产品的方式与形式。不断丰富业务产品和信息获取方式,完成移动端应用建设,方便业务用户随时随地获取业务信息。开发国家级业务管理系统,提供各类统计、分析和决策建议,使之成为气象部门业务产品服务和业务管理的统一门户。同时积极发挥国家级团队技术引领作用,推动省级气象业务内网整合和国省布局发展。

2015年4月，国家气象信息中心基于国家气象业务内网建设集约化的全国灾害阈值填报和暴雨洪涝灾害风险普查信息采集系统，并基于CIMISS数据环境实现全国灾害信息统一存储，面向全国发布服务。

2015年6月，基于国家气象业务内网建立国家级气象业务产品服务门户，发布各单位生产制作的业务产品及业务管理信息。同年7月，国家预警发布系统生成的预警信息正式在国家气象业务内网成功实现对接。

2016年5月，先后开展对内蒙、湖南、贵州、山西、广西等省级业务内网技术指导和远程技术支持，以省级气象内网建设试点为契机，加快推进省级气象信息化步伐，为业务内网全国推广奠定扎实基础。

2016年8月，国家气象业务内网移动APP发布上线，提供实况、预报等业务产品的可视化查询，自动站实况监测以及气象会商等相关业务管理信息在线展示，方便业务用户随时随地获取业务信息。

2017年6月，为应对主汛期气象数据服务工作，基于国家气象业务内网开发"汛期服务专栏"，并实现《气象数据服务快报》的自动生成。6月15日上午8时，第一期《气象数据服务快报》自动生成并发布，发布时间从原来4～8个小时缩减到2分钟，服务频次从一周两次到一日一次。

三、成熟（2018—至今，从优到精）

2018年，是落实"十三五"规划的关键之年。党的十九大开启了全面建设社会主义现代化国家的新征程，气象现代化建设面临新的更高要求。为了贯彻落实党的十九大作出的战略部署，确保完成《国务院关于加快气象事业发展的若干意见》提出的目标任务，对接好《全国气象现代化发展纲要（2015—2030年）》及《全国气象发展"十三五"规划》，中国气象局正式印发《全面推进气象现代化行动计划（2018—2020年）》，其中提出通过深入应用云计算、物联网、移动互联、大数据等新技术，让气象业务、服务、管理活动的全过程都充满智慧。

国家气象业务内网继续扎实推进气象数据高质量服务。2018年1月，国家气象业务内网3.0版正式上线，在线业务产品超过2300种，服务手段更加完善，新建和升级包括综合实况可视化、雷达综合分析、环境气象观测、气候会商等150个专题栏目，真正实现业务产品和观测可视化全覆盖。

2018年3月，基于国家气象业务内网开发上线次季节—季节（Sub-seasonal to seasonal，S2S）多模式预测产品可视化系统，有效推动了S2S数据产品在中国气象局国家和省级业务单位的应用。

2018年6月，完成天气预报业务检验评分、气候月及季度预测业务检验评分、区域高分数值模式检验评分，数据传输考核，数据质量评估等气象业务质量管理整合服务。

2019年2月，国家气象业务内网系统监视告警信息以及数据传输时效、数据质量评估等业务信息对接"天镜"，进一步提升系统运维与业务保障能力。

2019年5月，业务内内网移动APP开通国省用户在线观看会商直播和点播功能，并提供智能网格、雷达、卫星等产品的可视化综合展示。同时借助新媒体平台向用户及时推送最新应急信息和气象服务快报。

2019年8月，深度融合气候监测预测业务，上线大气污染潜势、厄尔尼诺—南方涛动（ENSO）、热带大气季节内振荡（MJO）、中高纬—极地大气遥相关和海冰—积雪预测业务系统（MATES1.0）等产品，提供月季多模式、中国多模式集合预测系统（CMME）等数据产品和可视化服务，支撑国省预报预测用户日常业务使用。

2019年12月，基于国家气象业务内网建立实况分析和再分析专栏，发布智能网格实况产品、全球大气再分析（CRA-40）产品，提供实况产品检验评分和数据综合服务。

2020年3月，基于"天擎"系统，整合自然与社会环境基础数据，开展气象基础信息"一张图"，全球实况"一张网"建设，助力监测精密、预报精准、服务精细，为保障国家战略、人民生产生活等重大活动提供可靠的数据支撑。

2020年5月，业务内网实现用户信息与全国气象政务系统无缝对接，并实现"天擎"气象大数据云平台用户的CA证书单点登录，保障数据与用户信息安全。

第四卷 转型（2014—2019年）
——数据为核心、加快推进信息化、转型发展阶段

张强（左一）

正研级高工。2000年毕业于南京气象学院大气科学专业，在信息中心资料服务室长期从事气象数据处理、分析与应用服务工作。2014年起任资料服务室主任，并牵头组织了中国气象数据网、国家气象科学知识中心和国家气象业务内网等数据共享服务系统的开发建设任务。

张志强（左二）

博士，正研级高工。在信息中心资料服务室主要从事气象数据分析服务技术研究与系统研发工作。2015年担任资料服务室副主任，作为技术负责人核心参与了国家气象业务内网和中国气象数据网建设。

杨和平（右二）

博士，高级工程师。主要从事气象数据分析服务技术研究与系统研发。2015年起核心参与国家气象业务内网和中国气象数据网建设。

陈东辉（右三）

博士，高级工程师。2012年毕业于西安电子科技大学计算机应用技术专业，主要从事气象数据处理挖掘和共享服务技术研究。作为核心人员参与国家气象业务内网、中国气象数据网等服务系统设计与开发。

姜筱玮（右一）

硕士，工程师。2016年毕业于美国威斯康星大学麦迪逊分校大气与海洋科学专业，在资料服务室从事数据分析与应用服务工作。2017年起参与国家气象业务内网、中国气象数据网等服务系统建设。

中国气象数据网：打造权威开放共赢的数据服务品牌

前言：以权威引领开放，以开放推动共赢。中国气象数据网自2015年正式上线服务以来，作为中国气象局向社会提供气象数据共享服务的官方平台，始终坚持"权威、开放、共赢"的发展与服务理念。聚焦数据汇集和融合应用，建设权威的气象大数据政府平台；立足社会公益和公平普惠，打造开放的气象大数据服务门户；致力开放共享和众创发展，推动共赢的气象大数据产业发展。在落实和履行中国气象局数据开放政府职能和气象大数据行业融合应用的道路上留下了坚实的足迹。

一、政策引导，开启气象数据全社会共享的历史帷幕

1. 第 4 号局长令。1999 年 10 月，《中华人民共和国气象法》颁布，从法律层面明确规定了"气象部门要把公益服务放在第一位"。2001 年，科技部将"气象科学数据共享"作为我国科学数据共享的第一个试点，以期解决长期困扰我国科技界的数据共享难题。同年 11 月，中国气象局发布《气象资料共享管理办法》（中国气象局第 4 号局长令），在全国率先启动科学数据共享试点工作。2004 年，"气象科学数据共享平台"正式上线，面向社会公益部门提供气象数据。2011 年，由科技部认定，国家气象信息中心（以下简称信息中心）挂牌"气象科学数据共享中心"，承担国内公益性科研单位气象数据共享服务职责。

2. 第 27 号局长令。2015 年 3 月，中国气象局发布《气象信息服务管理办法》（中国气象局第 27 号局长令），进一步彰显了中国气象局向全社会开放基本气象资料和产品，开放气象信息服务市场，培育气象信息服务市场主体的鲜明态度。2015 年 8 月，国务院正式印发《促进大数据发展行动纲要》，提出要"率先在气象、海洋等重要领域实现公共数据资源合理适度向社会开放"。汪洋副总理也多次对加快推进气象数据开放共享提出明确要求。按照中国气象局决策部署，信息中心积极开展国内外调研，配合中国气象局职能司制定并向

气象数据开放共享政策

社会发布《基本气象资料和产品共享目录》。2015年9月,信息中心资料服务室牵头完成中国气象数据网开发建设并正式上线,向全社会免费提供基本气象资料和产品共享服务,气象数据共享服务实现了从社会公益用户向全社会各类用户的全覆盖,中国气象局成为首个向全社会开放专业数据的国务院政府部门。

二、网站上线,以权威的数据打造数据共享政府平台

2015年9月29日,中国气象局召开新闻发布会,向社会正式发布《基本气象资料和产品共享目录》,同时也宣布中国气象数据网正式上线服务。中国气象数据网从确定建设思路到按计划准时上线服务,中国气象局领导、预报网络司各级领导亲自指导,信息中心赵立成主任直接指挥,资料服务室建设团队全力以赴,大家一起倾注了太多太多。

1. 工作启动。2014年4月30日,在信息中心老楼(中国气象局北区2号楼)五楼会议室召开了一次具有特殊意义的会议。信息中心赵立成主任、田浩副主任听取了资料服务室关于中国气象数据网前期工作思路的工作汇报。经过会议讨论和认真研究,赵立成主任确定,由资料服务室牵头成立技术开发团队,联合外协力量全面启动中国气象数据网开发建设工作,力争用一年半的时间完成从整体设计到网站上线服务,同时要求工作进度精准把控,每月向中心汇报一次工作进展!这次会议正式吹响了中国气象数据网全面建设的工作集结号。集结号就是命令,张强主任会后立刻召集资料室技术人员逐项研究落实中心会议要求。时间紧、任务重,信息中心领导的嘱托就在耳边。资料室技术团队一刻不敢停歇,一边开展技术方案设计,一边逐项讨论具体工作任务,同时着手准备公开招标文件。同年9月,顺利完成"中国气象数据网应用软件开发"公开招标和任务书签订。12月,《中国气象数据网建设方案》通过了中国气象局预报司组织的专家评审,专家组一致认为,中国气象数据网面向国内外用户,建设我国权威、统一的气象资料和产品开放共享平台,对提升中国气象数据服务综合实力,打造气象数据服务品牌,进一步扩大气象部门社会影响力具有重要意义。

2. **紧张建设**。2015年转眼到来了，这是中国气象数据网开发建设各项工作全面冲刺的一年。3月6日，中国气象局正式颁布《气象信息服务管理办法》，为中国气象数据网上线打开了政策的大门，同时也对中国气象数据网的上线提出了具体的要求。5月27日，预报司顾建峰司长听取了资料室工作进展汇报，对中国气象数据网上线整体工作提出了要求。5月29日，信息中心赵立成主任召开中心工作协调会，围绕数据网数据资源质量、网站开发等工作进行工作任务部署。6月11日，预报司再次组织了工作进展汇报。6月17日，信息中心肖文名副主任组织相关工作进展和落实情况检查。时间在一天天过去，各项工作也在紧张有序、有条不紊地推进。截至6月底，资料室组织开发团队按照预报司和信息中心领导要求加快开发建设和上线准备工作，先后完成了数据网后台数据环境和流程建设、数据网WEB服务系统、数据资源准备、用户管理、安全保障、移动应用端开发、微信和微博上线和数据网自助热线服务系统等工作。7月1日，中国气象数据网如期上线试运行！9月1日，中国气象数据网软件系统版本历经数次调整，最后冻结，等待上线。此时距离正式上线服务万事俱备，只待最后一道东风——中国气象局正式确定《基本气象资料和产品共享目录（2015年）》（简称《共享目录》）。

《共享目录》是《气象信息服务管理办法》具体落地实施的重要配套文件。从2015年3月《气象信息服务管理办法》正式颁布以后，中国气象局一直在紧锣密鼓地准备《共享目录》。鉴于面向社会各类用户全面开放气象数据的安全因素，需要充分考虑和征求部门内外相关部门的意见。2015年9月11日，在前期对《共享目录》重点难点问题和文本进行多次研讨和修改完善基础上，由预报司提交的《共享目录》，经中国气象局办公室核签后由局领导正式签批。至此，中国气象数据网正式上线的政策大门彻底打开了！

3. **正式上线**。2015年9月24日，资料室张强主任围绕中国气象数据网上线准备工作向预报司做了最后一次全面汇报，并向预报司领导表态，中国气象数据网经过试运行，从网站功能、性能、数据服务等方面已经具备了正式上线的服务能力，同时郑重承诺：上线以后数据可检索，网站不掉线，用户不投诉。2015年9月29日,中国气象局新闻发布会如期而至。此次发布会正式向社会公布《基本气象资料和产品共享目录(2015年)》,同时宣布中国气象数据网作为中国气象局履行气象数据社会共享服务政府职能的门户正式上线服务,面向社会各类用户无偿提供《共享目录》中的所有气象数据和产品!

三、融合发展,以开放的态度提供优质的数据服务

服务没有起点,满意没有终点。中国气象数据网以提供高时效、高质量、权威的气象数据服务为己任。网站各项功能的便捷性,直接影响着用户使用数据的体验。从中国气象数据网正式上线以来,资料室技术团队认真对待每一次用户的建议和反馈,对平台功能进行持续的完善和升级,小到网站的一张图片,大到网站的一次整合升级,都需要倾注大量的心血。如何能让沉寂的资源和服务真正"动"起来,便成为了接下来的工作重点。

1. 服务升级。2015年10月,中国气象数据网移动端APP正式上线,作为数据网对外服务的主要方式之一,其功能设计与web端应用保持一致,充分实现了移动与互联网相结合,弥补移动应用短板,方便用户随时随地获取气象资料和产品。随着云计算、大数据等现代信息技术的快速发展,社会公众和市场多元主体对气象信息服务的需求日益提高。为了进一步提升服务质量和水平,2016年3月,中国气象数据网正式迁址"阿里云",通过公共云的计算、存储和网络资源,进一步提高数据网高可靠、高并发服务能力。数据网公有云应用的上线服务,实现了基础气象数据服务业务与公有云平台的有机结合,从技术、管理和法律层面探索和实践了云时代的数据安全、数据隐私、数据产权保障。2017年3月,中国气象数据网正式对外发布气象数据API接口,为行业用户提供便捷、高效、标准的气象数据官方接口服务,深入推进气象数据在不同行业和领域的多元化融合应用,服务接口涵盖地面、高空、卫星、雷达以及数值预报模式产品等多类气象观测数据和产品,年访问量超过100万人次,年调用数据总量超过5 TB。

2. 融合发展。想要让科技成果转化"三级跳"更为顺畅，就要坚决破除科技创新中的"信息孤岛"，寻求合作共赢。2016年12月，中国气象数据网完成了与风云卫星遥感数据服务网的整合工作，面向公众提供统一的气象基础资料与产品，有效解决了气象信息系统数据分散、信息孤立和应用林立等突出问题，建立了统一的气象基础资料与产品开放共享服务平台。同时，立足"中国气象局气象大数据中心"功能定位，打造"全球首屈一指的气象数据中心"，完成中国气象数据网英文版开发上线，按照气象数据对外开放政策，为我国自主知识产权的各类数据产品走向国际舞台提供官方展示平台。2017年5月，依托中国工程院中国工程科技知识中心建设项目，"气象科学专业知识服务系统"基于中国气象数据网上线服务，对气象数据服务的内涵进行了新的探索，实现了从基础的数据服务到具有思考、归纳、凝练的气象特色专业知识服务的跨越。2017年6月，积极落实中国气象局《气象探测资料汇交管理办法》（气发〔2017〕31号），依托中国气象数据网构建面向行业和社会的气象大数据汇交平台，从传统的单向供给服务方式向开放合作模式转变，建立交互式气象数据服务新生态，推动"互联网+"气象服务众创发展，最大限度发挥气象数据的效益，让沉寂的海量数据真正"活"起来。2018年7月，中国气象数据网完成与国家气象信息中心对外门户网站的整合，

统一公共气象数据服务平台——中国气象数据网建设

形成信息中心统一门户，此举更加鲜明地突出了国家气象信息中心作为中国气象局气象数据中心，以数据为中心的发展和服务理念，体现了围绕数据服务的整体业务工作布局。

3. 不断跨越。2018年，国务院办公厅正式发布《科学数据管理办法》（简称《办法》），这是我国首个国家层面出台的科学数据管理办法，为我国科学数据工作确定了行动纲领，突出了大科学、大数据时代党中央、国务院对科学数据管理和科技创新能力建设的高度重视。4月4日，科技部在北京召开《办法》新闻通气会，国家气象信息中心赵立成主任作为特邀专家参加会议并解答记者提问，同时指出要按照《办法》要求，加强我国科学数据中心建设，保障科学数据资源的长期保存和开放共享。同年8月，配合《办法》实施，科技部正式启动了国家科学数据中心组建工作。由中国气象局科技司推荐，国家气象信息中心依托中国气象数据网牵头组织国家气象科学数据中心筹备工作。2019年6月，科技部和财政部联合发布《国家科技资源共享服务平台优化调整名单》，国家气象科学数据中心正式成为首批认定的20个国家科学数据中心之一。至此，信息中心作为中国气象局气象数据中心又多了一个新的头衔——国家气象科学数据中心，同时也多了一份新的职责。同年9月，信息中心资料室完成《国家气象科学数据中心建设运行实施方案（2020–2025年）》并通过中国气象局科技司组织的专家论证，中国气象数据网正式开启国家气象科学数据中心对外数据共享服务的新使命。与此同时，信息中心主动聚焦中国气象局作为世界气象中心面向全球化气象数据服务以及"一带一路"倡议发展新要求，联合气象中心完善世界气象中心（北京）网站数据服务和国际会商平台能力，有效提高全球数据服务能力。以进取的精神不断地前进，也实现了一次次的跨越。中国气象数据网建设和服务团队认真把握每一次发展的机会，不断推进气象领域科技资源汇聚与整合，强化分析挖掘与开发应用，推动气象数据与行业数据的深度融合和创新应用，形成数据开放与数据应用的良性生态循环链，为科学研究、技术进步和社会发展提供高质量气象数据资源共享服务，提升气象科技资源使用效率和科技创新支撑能力。

赵立成主任（主席台左二）应邀参加《科学数据管理办法》新闻通气会

4. **成果认可**。一分耕耘一分收获，中国气象数据网在推动气象数据共享应用、共创数据价值方面做出的贡献也获得了多方的肯定。2016年，由科技部推荐，中国气象数据网建设成果代表中国气象局精彩亮相以"创新驱动发展，科技引领未来"为主题的国家"十二五"科技创新成就展，对推进气象部门政务信息系统整合与共享起到了良好的示范作用。2017年，中国气象数据网参加"华风杯"第一届全国气象服务创新大赛，受到各方广泛关注并荣获气象服务系统平台类二等奖。同年，资料室聚焦数据共享服务工作完成的"推动气象大数据融合应用，树立政府开放公共数据资源典范"代表信息中心首次参加中国气象局创新工作评选，经过数轮评选脱颖而出，被评为2017年全国气象部门27个创新工作之一，实现了信息中心在全国创新工作评选的零突破。2018年，由人民日报社全国党媒信息公共平台主办的中国"互联网+"数字经济峰会在重庆举行，"气象数据共享与应用"案例被评为"互联网+政务"十大优秀案例。同年，中国计算机用户协会组织"2018年度第三届云鹰奖信息技术应用项目评选活动"。经过初审和现场答辩终审，来自11家参赛单位的18个项目分别获得中国计算机用户协会云应用分会第三届信息技术应用"云鹰奖"最高成就奖、卓越奖和优秀奖。国家气象信息中心选送的国家气象科学数据共享服务平台最终力压群雄,在评选中名列第一,荣获最高成就奖,实现了首次非金融类项目在此评选中排名第一。

作为中国气象数据网的建设和服务单位,资料服务室一直努力做气象大数据的"探宝人",用实际行动践行各级领导赋予的使命和承诺。2017年12月,资料服务室被人力资源部和中国气象局联合授予全国气象工作先进集体。"普及中国气象局数据开放共享政策,让社会公众更多了解和使用气象数据,推动气象数据与各行业数据融合和创新应用,将中国气象数据网建设成为全社

中国气象数据网亮相国家"十二五"科技创新成就展

"华风杯"第一届全国气象服务创新大赛主创团队合影

国家气象信息中心资料服务室技术团队

会广泛认可、具有较高满意度的气象部门政府大数据服务平台是我们资料工作者的职责所在",这是资料服务室主任张强和他带领的这支队伍的共同心声。

四、开放共享,让好用的数据被有需求的人用好

当浩如烟海的气象大数据"活"起来,与社会充分互动时,能够产生多少效益?中国气象数据网给出了这样的答案:自2015年上线以来,累计实名用户注册数突破27万,年访问量超过1.2亿人次,年数据订单量突破百万,在国家科技资源共享平台中排名第一……气象数据面向社会的开放,降低了各类用户获取气象数据的难度与成本,在支撑国家科技攻关、行业协同发展、激发大众创新活力、促进企业效益提升、支撑行业协同发展以及推进气象大数据产业合作共赢发展等方面均取得了显著的效益。

1. 气象数据 + 个人用户 = 激发万众创新活力。2018年,由中国气象数据网提供支撑的"TRMM(Tropical Rainfall Measuring Mission,热带降雨测量任务)降水数据在黄淮海平原的精度验证与应用"在科技部国家科技基础条件平台中心举办的第五届全国"共享杯"大学生竞赛中荣获唯一特等奖。而这只是中国气象数据网上线以来,大力支持大学生自主科技创新的一个缩影。类似大学生这样的个人用户的增加,是气象数据真正向公众开放的重要标志之一。目前,中国气象数据网个人用户涉及29个主要行业,行业分布排名前5的分别是教育(36.3%)、地球科学(8.9%)、农业科学(3.7%)、环境与安全(3.4%)、气象(3.3%)。气象数据开放为个人用户创造了一个将气象专业数据与个人专业领域结合应用的平台,个人用户利用气象数据创造出更多的增值服务、个性服务,为经济社会发展创造了更大的活力和价值。

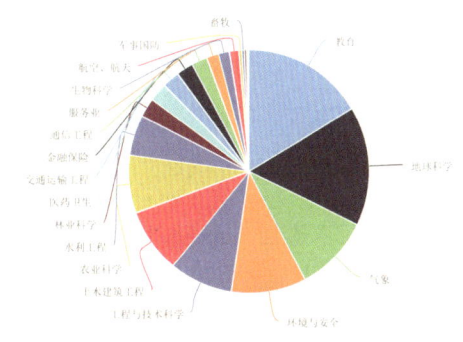

中国气象数据网个人用户的行业分布

2. **气象数据 + 企业用户 = 促进应用效益提升**。手机上的天气 APP 花样繁多，各有其特色服务，时常让用户感觉"挑花了眼"，而天气 APP 的数据大多源于中国气象局，事实上，企业是对气象数据最感兴趣的群体之一。中国气象数据网企业注册用户超过 900 个，其中京津冀地区 230 个，长三角地区 196 个，广东省 123 个，涉及的行业主要为专业技术服务（35%）、软件（25%）、公共管理（13%）等。企业用户将气象数据与不同领域资源相融合，在交通运输、新能源、农业、移动互联软件开发和服务、公共管理及基于大数据技术的智慧城市、智慧交通、智慧粮食等领域的开发建设中广泛应用。调查结果显示，气象数据开放为国内企业每年节省了近千万元开支，给企业带来的直接或间接效益超过 13.7 亿元，约占企业全部新增效益的 17%。

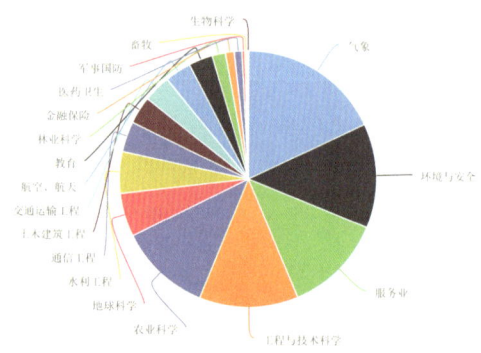

中国气象数据网企业用户的行业分布

3. **气象数据 + 科研用户 = 支撑国家科研攻关**。空气污染如何治理？粮食怎样高产丰收？风能、太阳能发电的潜力如何？大气运动涉及方方面面，因此，许多科研项目都对气象数据需求强烈。目前，中国气象数据网已为清华大学、北京大学、浙江大学、南京大学、上海交通大学以及中国科学院、中国社会科学院等 2400 余家高校、各类科研机构提供数据服务。中国气象数据网支持各类项目累积 4666 项，其中国家科技支撑计划、国家重点基础研究发展计划（973 计划）、国家高技术研究发展计划（863 计划）、自然科学基金等重点科研项目（课题）2368 项，用户应用气象数据发表论文 1700 余篇，有效支撑国家科技创新发展。

4. **气象数据 + 行业用户 = 共同创造美好生活**。一手协力科研，一手助力实战。气象数据的开放有效支撑了环境、国土、水利、农业、海洋、国防和经济等各个领域的协同发展。特别是针对水利、航空等行业用户的需求，气

气象数据支撑行业发展

象部门开放共享主要省会城市、江河流域、机场周边天气雷达数据,促进了各行业共同挖掘气象数据的应用价值和效益。

五、品牌推广,线上线下持续提升数据中心社会影响力

国家气象信息中心以宣传"中国气象局气象数据中心"为中心点,不断深化中国气象数据网的气象数据服务权威地位和影响力,积极组织和开展各类宣传活动。线下借展会平台进行气象数据服务宣讲和解读,线上借"两微一端"打造新媒体矩阵。通过线上线下气象数据服务宣传的有机结合,推动气象宣传与科普传播方式和手段的创新,打造全方位的气象服务平台,实现更好的便民互动,使气象服务信息在更大范围、更多层面地公开与传播。

中国气象数据网新媒体布局

1. **数据网吉祥物诞生，百鸟朝凤造福民生**。2018年3月23日，中国气象数据网吉祥物"小据"诞生了，这只蓝色的小凤凰作为神秘嘉宾精彩亮相中国气象局世界气象日主会场。小据形象源自中国气象数据网的LOGO，凤凰是中国古代传说中的百鸟之王，凤凰文化的精髓是"和美"，寓意着气象数据开放共享服务社会，造福民生，为生态文明、美丽中国建设贡献智慧力量。

中国气象数据网吉祥物"小据"与中国气象局局长刘雅鸣（右三）、副局长余勇（左二）及信息中心领导合影

2. **线下积极参展，提高行业知名度**。自2016年首次参加世界气象日活动以来，四年间中国气象数据网积极参加世界气象日开放活动、科技活动周、云栖大会、大数据产业博览会等各类主题宣传活动，利用多种渠道向社会宣传气象开放共享政策，推动气象数据创新应用。此外，中国气象数据网还积极举办各种进校园系列活动，在高校设立气象信息员，增强大学生对气象数据的认知度，加强中国气象数据网在高校的传播力及影响力；借助中国气象数据网承办科技部年度"共享杯"全国大学生科技资源共享服务创新大赛，

2019年参展气象科技活动周

为大学生提供优质权威的气象数据资源，提高大学生科技创新能力，培养发掘具有创新实践能力的优秀人才。四年多来，秉承着"权威、开放、共赢"的发展与服务理念，中国气象数据网已经成为中国气象局与全社会数据互动的窗口，以及政府统一开放数据的典范。

3. **线上打造新媒体矩阵，寻找"枯燥"数据与生活的结合点**。近年来，以满足用户需求为第一要务，中国气象数据网建立集成了网站、移动APP、微信、微博、API接口的中英文版综合数据服务门户。借助新媒体平台向社会用户发布气象数据服务、气象信息、数据开放共享动态等信息，普及中国气象局气象数据开放政策，推动气象数据科技创新发展。中国气象数据网微信、微博自2015年开通以来，传播力、互动力、服务力和认同度逐年提升，截至2019年，中国气象数据网新媒体矩阵粉丝数量已经突破40万，阅读量超过2亿人次。2018年荣获人民日报与微博联合颁发的"2018年度影响力气象微博"。2019年在人民网舆情数据中心发布的气象双微融合影响力排行榜

左：中国气象数据网荣获 2018 年度影响力气象微博
右：中国气象数据网获评 2019 年全国十大气象微博

中，中国气象数据网的年度排名从最初的千名左右跃升至第五名，荣获全国十大气象微博，融合影响力月榜最高排名第二，最具成长力月榜最高排名第一，社会影响力和关注度持续提升。

六、走向未来，树立政府开放公共数据资源典范

经过四年的发展，中国气象数据网始终在气象数据服务、创新和应用的道路上不断前行。面向未来，中国气象数据网将继续秉承"权威、开放、共赢"的发展与服务理念，全面开展行业、社会、互联网等各类数据资源的高效汇集和开放共享，持续提升气象数据敏捷服务能力，推动气象大数据与多领域数据融合应用和气象大数据产业健康发展，充分发挥气象大数据在政府治理体系中的作用，成为全社会广泛认可、具有较高满意度的气象部门政府大数据服务平台。

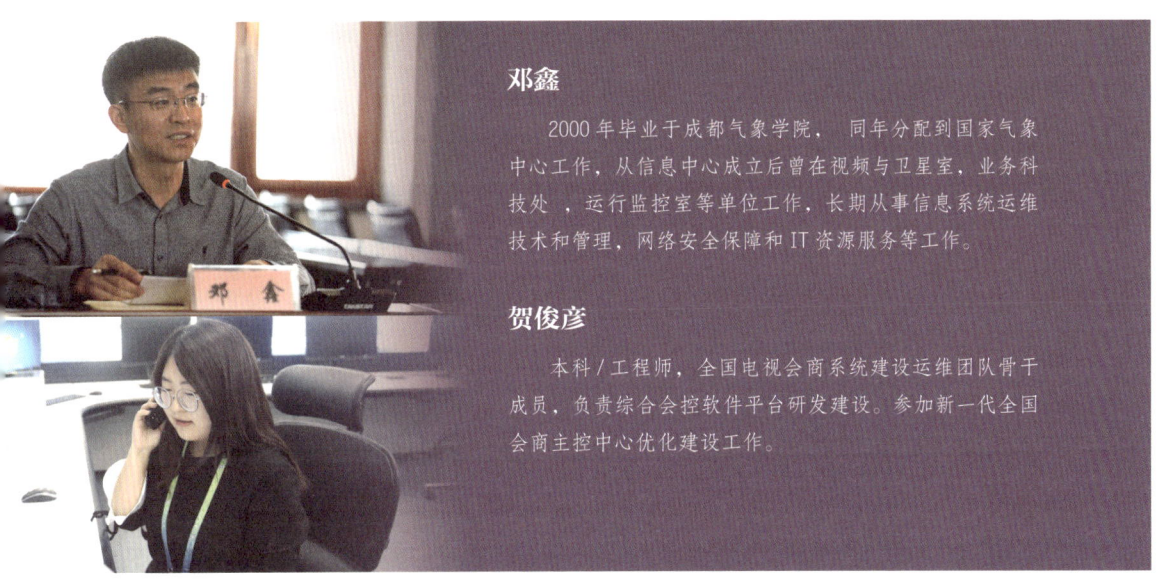

邓鑫

2000年毕业于成都气象学院，同年分配到国家气象中心工作，从信息中心成立后曾在视频与卫星室、业务科技处、运行监控室等单位工作，长期从事信息系统运维技术和管理、网络安全保障和IT资源服务等工作。

贺俊彦

本科/工程师，全国电视会商系统建设运维团队骨干成员，负责综合会控软件平台研发建设。参加新一代全国会商主控中心优化建设工作。

气象信息业务统一运维体系的建立与发展

背景

国家气象信息中心（以下简称信息中心）参考ITIL（Information Technology Infrastructure Library，信息技术基础架构库）理论知识，结合气象业务特点，自2014年开始着手于统一运维体系的建设，并总结出健全的制度和优秀的运维团队与先进技术三位一体的发展思路。经过一年的酝酿，于2015年6月起正式在运维工作中启用运维流程管理平台，出台并完善相关使用办法，有力支撑气象信息业务运维工作。

信息中心作为全国气象部门数据收集、加工、处理、分发的汇聚节点，管理着海量气象数据，同时也运行着庞大、复杂的业务基础平台和网络系统，中心内部依照业务条块分工，处室业务各自独立设计、独立建设、独立运维。随着气象业务体量的日益庞大，各业务间的关联交错更加复杂，各处室间业务衔接不够通畅，技术人员专业知识分散局限，IT人员对气象数据了解不够，运维人员对气象业务全流程了解不深,限制了业务向协同集约、人员向一专多能、运维向专业高效的发展。

从 2014 年起,国家气象信息中心采用"走出去、请进来"的方法,走访国家电网、海关总署、中国航天、中央电视台等多家单位,调研了解他们在 IT 运维方面的成功经验,并着手构建全新的气象信息业务统一运维体系。

一、走出去,认清自身差距

气象业务系统的运维是国家气象信息中心的工作重点之一,也是信息中心核心价值的重点体现。为了提升业务统一运维工作的水平,从 2014 年开始,信息中心在这方面进行了一系列学习、思考、改进和优化。

2014 年 5 月起,信息中心赵立成主任亲自带领管理和业务人员,到海关总署信息中心、交通部路网中心、公安部、国家电网、中央电视台等国内相关部委、企事业单位及上海市气象局等地进行了运维专题调研。

调研发现信息中心在业务运维方面与国内先进水平存在较大差距。具体来说,信息中心的运维处于被动运维阶段,而海关总署、国家电网等单位已

赵立成主任(前排右三)带队到海关总署信息中心调研海关运维工作

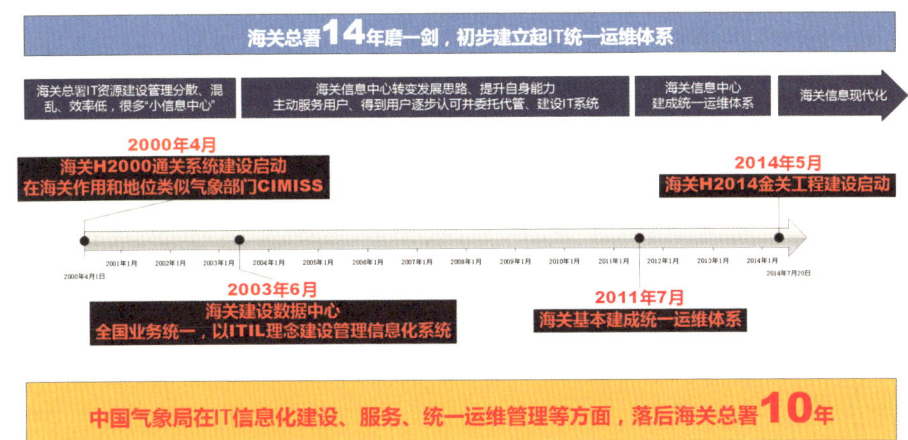

海关总署 IT 运维体系发展历程

发展到主动运维阶段，在运维体系规划、标准规范制订、运维组织构建、运维服务水平、运维人员素质、运维平台建设等方面估计存在 10 年的差距。

经过一系列的调研和学习，信息中心选择了与我们业务特点最为相似的海关总署信息中心作为学习目标。海关总署信息中心作为全国海关系统的信息枢纽，其在海关领域的地位与我们在气象行业类似。但海关总署信息中心的信息化发展起步很早，在 2000 年就启动了海关 H2000 系统建设，围绕其构建统一的 IT 运维体系。H2000 的作用与定位与气象部门的 CIMISS（新一代天气雷达信息共享平台）类似，我们 CIMISS 建设和业务应用较之晚了 10 年时间。

总结海关总署运维体系建设的成功经验，具体如下。

将 IT 运维体系建设作为一把手工程：从科技司到信息中心一把手多年长抓不懈；

强化 IT 运维组织保障，自 2005 年起根据统一运维要求进行组织结构调整，从业务条块化到信息系统链条化；

采用"请进来、走出去"的方式，多举措培养自身 IT 运维管理团队，培养了多位获得 ITIL 认证的管理人员；

对运维管理制度建设高度重视，信息中心有专门的制度改进小组负责制度优化和编制，起草下发 50 余个 IT 运维方面的规范和标准，以规范为先导指导运维工作；

运维部门有很高话语权，有严格的业务上线流程和标准，不符合要求的 IT 运维部门可一票否决上线；

持续稳定的经费投入，重视在 IT 运维管理方面的项目投入；

注重运维方面的能力认证，参照 ITIL 管理方法开展 IT 系统运维体系建设。

二、认清楚，明确发展方向

从 2014 年下半年开始，国家气象信息中心与海关总署信息中心开展了深度合作，邀请海关运维咨询师到信息中心驻场开展运维咨询服务，对信息中心的统一运维工作现状进行评估并给出改进建议。同时，信息中心还邀请专业的 ITIL 培训教师，在信息中心内部开展了为期一周的 ITIL V3 Foundation 理论培训，信息中心业务科技处和运行监控室全员参加了培训，并在课堂上与培训老师积极开展互动，获益匪浅，并明确了以 ITIL 作参考构建气象部门的 IT 运维体系。同时，信息中心也在运维咨询师的指导下，对信息中心的运维工作现状进行了评估和梳理。

ITIL 即信息技术基础架构库，由英国中央计算机与电信管理部门（CCTA）在 20 世纪 80 年代末制订，主要适用于 IT 服务管理，形成一系列基于流程的方法，为 IT 服务管理实践提供了一个客观、严谨、可量化的标准和规范。ITIL 目的在于如何获得高质量、低成本的信息服务，使所交付的服务能够更好地符合组织机构的需求以及用户的利益。受惠于国际上许多大型 IT 企业和政府部门的不断采用和丰富，ITIL 飞速成长，最终发展成为国际公认的流程管理最佳实践。

从 1989 年正式发布第一版 ITIL 以来，经历了 V1、V2 和 V3 三个主要的版本，第一个版本是原始版，主要基于职能型实践；第二版主要是基于流程型的实践，在 V2 框架中，服务管理模块处于核心位置，该模块包含了 10 个核心流程以及一项服务管理职能。ITIL V3 是 2007 年发布的，其架构核心是引入了服务生命周期，改变以往各模块之间相互割裂、独立实施的状况。通过 PDCA 模型，可以不断地循环改进，从而保持 ITIL 的生命活力。通过服务战略、服务设计、服务转换、服务运营、持续服务改进等先后顺序来实施，IT 服务管理的实施过程被有机整合为一个良性循环的整体。

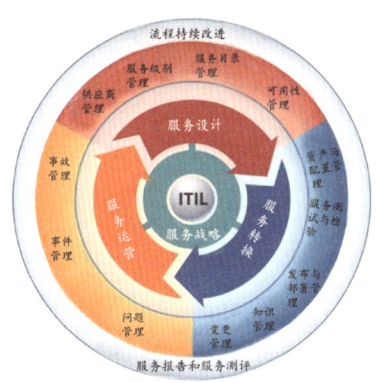

ITIL V3 服务生命周期示意图

ITIL V3 服务生命周期中服务战略是生命周期运转的轴心，服务设计、服务转换和服务运营是实施阶段，服务持续改进则在于对服务的定位和基于战略目标对有关的服务进行优化改进。

对照 ITIL 服务流程，2014 年前后中心运维现状如下表所示。

国家气象信息中心运维现状

IT 运维服务过程	国家气象信息运维现状
事件管理	·有故障处理流程，但未规范化； ·无电子工单，以纸质表格为主要形式； ·任务流转及反馈需人工驱动，故障处理情况很难追溯。
问题管理	·业务系统问题的优化解决无制度规范，存在责任主体不明的情况； ·无知识库，依靠个人经验积累为主。
变更管理	·采用纸质配置变更单，不易追溯； ·缺少变更规范，存在业务维护人员后台私自修改配置的情况。
配置管理	·无集中的资产信息及配置库； ·资产情况不能实时更新，只能靠人工核查； ·配置情况分散在维护人员手中，导致系统维护与专人的"绑定"现象较为严重。
发布管理	·无业务上线的规章制度； ·业务系统建设前期与运维单位不沟通，项目验收后直接转运维，导致运维部门难接手。

"救火员"式运维方式已无法满足迅速膨胀的运维需求，急需进行优化改进。

三、强筋骨，推运维扁平化

在 ITIL 理论的学习中，有一个所谓的新木桶理论，即"一只木桶能够装多少水，不仅取决于每一块木板的长度，还取决于木板间的结合是否紧密"。其所指的就是一个部门整体运维服务水平的提升不仅有赖于各个业务领域（如数据服务、网络服务、基础资源服务等）的技术能力的提升，同时还有赖于各业务领域之间的紧密程度和协同工作的能力。过去"铁路警察各管一段"的条块化运维服务已经无法适应现今气象部门业务运维的要求，技术人员急需横向扩展运维工作知识面，从气象业务全流程的角度更好地提供运维服务。

为此信息中心从 2014 年底率先在 CIMISS 业务运维中推行扁平化运维，打破技术人员原有的工作职责划分，使技术人员从原先负责孤立系统的运维转向承担 CIMISS 全业务流程运维。随后，信息中心在更大范围的业务领域中进行了运维扁平化的尝试。2015 年 4 月中下旬，信息中心运控室全体人员参加了信息中心组织的岗位双向选择工作，有 24 位技术人员选择运行维护岗，联合由其他业务台室调入的几位技术人员共同接替原有一线值班员，在做好原有业务系统维护的基础上增加了一线 7×24 小时运行值班任务。后续，信息中心又继续补充一线运维队伍，让更多原先参与各业务系统二线运维的人员到一线参加值班工作，扩展技术人员业务覆盖面，加深技术人员对气象数据全流程的了解。

四、炼内功，塑流程化运维

信息中心参考 ITIL 理论知识，结合气象业务特点，自 2014 年开始着手于统一运维体系的建设，探索气象信息业务统一运维发展之道，总结出健全的制度和优秀的运维团队与先进技术三位一体的发展思路。

流程制定，规范先行。从自身业务需要出发，参考 ITIL 最佳实践，根据气象信息业务运维总体目标，制定规范化的与流程配套的管理制度。先后出台并完善了事件流程管理、变更流程管理等相关使用办法并出台配套《运维管理平台使用管理规定》，有力地支撑起气象信息业务运维工作，保障 IT 服务管理流程可以在生产环境中有效实施。

工具引入，落地流程。经过一年的酝酿，运维流程管理平台于 2015 年 6 月起正式在运维工作中启用，依托此平台，可相继完成事件流程管理、变更流程管理、问题流程管理、知识库的落地建设。

搭建配置管理数据库（CMDB），丰富体系。随着气象信息业务系统的基础架构日趋复杂，引入 CMDB 管理各业务系统配置及配置关系成为必然趋势。2017 年，信息中心首次引入 CMDB 库，并实现关键业务系统的基础信息录入管理，逐步实现对关键业务系统 IT 资源管理。并且为下一步实现对基础设施资源、应用系统等资源的配置信息生命周期管理，形成面向数据中心的配置管理库打下坚实基础，为机房管理提供统一、可信的配置数据应用支撑。

推广实施，持续改进。在流程落地后多次在信息中心内部对流程执行人员进行操作培训，使受训人员充分掌握流程的运行过程，明确了解在新的流程中如何进行操作，并积极配合流程实施推进工作。此外，运维流程管理平台由专人负责定期检查运行维护岗人员填写的值班日志、事件工单和知识库等信息，并根据填写情况酌情进行奖惩处理。运维流程管理平台的应用使得业务系统运维管理效率显著提高，截至 2019 年 5 月，运维管理平台已连续运行 4 年，累计通过运维流程管理平台发布 48 个月运维值班安排，发布业务通知 322 项，填写电子化交班记录 2927 次，记录并处理 3847 项事件管理工单，发起并完成 1155 项变更管理工单，发布运维知识 229 条。2015 年至今累计一线故障解决率 54.4%，2019 年一线故障解决率已接近 70%。"工欲善其事，必先利其器"，ITIL 理念的引入和落地，使信息中心过去沿用多年的纸质交班记录和业务通知逐步停止使用；使个人运维经验得以在整个运维团队内部共享；使故障处理全流程、业务变更全流程有记录、可追溯；使信息中心制订的各类运维相关流程规范得以固化和切实推行。信息中心逐步建立起统一运维体系，推动了运维质量和水平的提升。

五、展未来，继续脚踏实地

在 IT 系统生命周期中，系统建设周期只占相对小的一部分，而系统运行维护阶段占了整个时间的主要部分，可以说信息系统是"三分建设、七分运维"，足见气象信息业务运维的重要性。新一轮科技革命和产业变革不断兴起，大大推进信息技术创新应用的快速深化，信息化加速向互联网化、移动化、智慧化方向演进。以气象信息化推进气象现代化，这是加快从气象大国向气象强国迈进的战略选择，也是推进气象改革发展的战略举措。统一组织建设和统一运维管理给传统模式的运维工作带来了巨大的挑战。

持续深化流程，建立健全标准。信息中心通过近两年对统一运维体系建设的探索，对 IT 服务管理有了更深刻的认识和初步的应用。遵循 ITIL 标准进行设计符合国内气象信息服务管理模式的运维管理体系，可以破解运行维护混乱的难题，实现运维服务流程化、运维操作标准化、处理结果知识化、工作效率可量化的目标。与此同时，信息中心会持续完善运维服务管理体系相关标准的建立

深析运维数据，降低系统故障率。运维平台积累的数据对指导业务系统迭代升级有积极指导意义。从目前运维平台事件管理已积累的数据可分析现有业务系统故障出现频次，从而掌握各故障复现率和出现时间段。分析运维数据也将是中心运维工作的重要方向之一。运维流程管理平台提供的数据，引导运维人员定位频发故障的原因、为系统优化提供依据，有效降低系统故障率，提升系统可靠性。

积累运维数据，推进智能化运维。信息中心借助基于大规模云监控的气象业务综合监控系统，将监控平台与运维流程管理平台相结合，实现监控与运维管理的联动。运维监视覆盖气象数据生成、传输、存储、服务和应用各个环节，汇聚各系统的自身状态信息和故障事件信息，自动报警提示；通过数据链质量管理，集成全信息流数据产品质量和运行情况监控与管理。综合监控系统与 CMDB 和运维平台的联动，利用 IT 资源信息与积累的运维数据

实现运维自动化、智能化将是信息中心建立统一运维体系智能化工作的难点。可靠的运维数据可以为监控系统提供处理故障的方案，实现常见故障的智能处理，减轻运维人员工作压力。

小结

基于ITIL的气象信息业务统一运维体系有着很好的技术扩展前景。信息中心运维管理工作接下来的目标是：统一运维体系的监视，打破分散割裂的局面，支持集中便捷的操作处理。建立运维管理体系规范、技术团队和规章制度，加强运维工作自动化、智能化，提高IT服务管理工作科学决策和宏观管理能力，促进了运维知识共享。构建全流程、一体化的国省两级业务运维管理模式，更好的满足信息基础资源与数据资源大集中下气象业务系统集约高效运行的需要。

邓鑫　刘然　陈永涛　贺俊彦

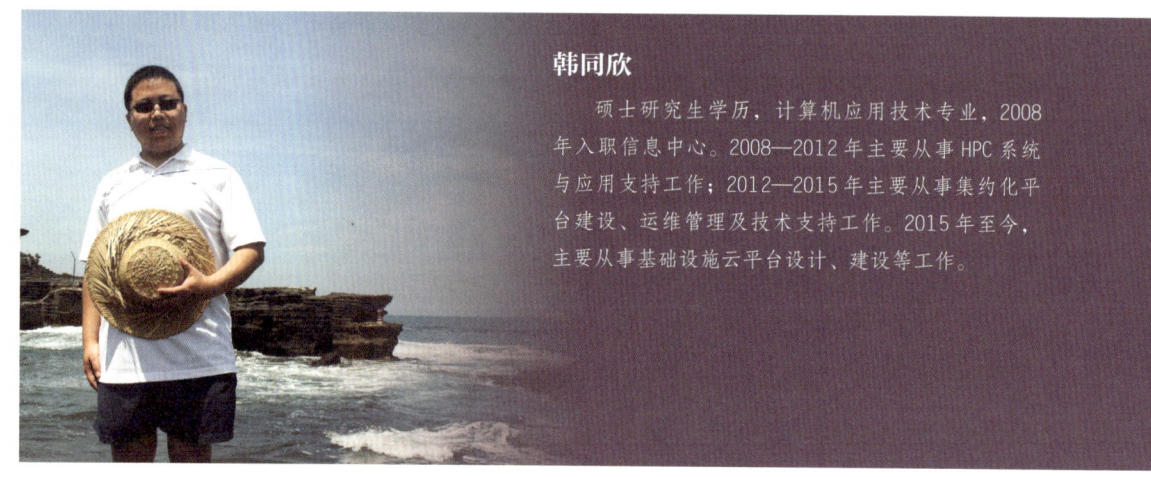

韩同欣

硕士研究生学历，计算机应用技术专业，2008年入职信息中心。2008—2012年主要从事HPC系统与应用支持工作；2012—2015年主要从事集约化平台建设、运维管理及技术支持工作。2015年至今，主要从事基础设施云平台设计、建设等工作。

基础设施云平台建设历程回顾

经过多年发展，气象信息网络业务能力不断提高，支撑国家级和省级气象业务、科研及服务系统的基础设施数量众多。经调研，在实际运行中存在信息系统运行维护成本高、基础设施重复建设等问题。不同业务单位的应用系统采用单独的IT设备，服务器和存储资源无法共享和统一管理，资源总体利用率不高，部分机器具有较长的服务年限，设备老化需要更换。因此，需要在满足国家级和省级气象部门对数据处理资源和存储资源需求的前提下，整合集约各单位的服务器和存储资源，提高资源的使用效益和运维水准，降低运维成本。同时应用信息化新技术进一步提高气象信息网络的支撑能力。

国家气象信息中心（以下简称信息中心）自2012年开始建设集约化基础设施服务平台，并根据业务需要不断扩充计算、存储资源，及时响应上层应用系统的资源需求，提供快速部署、弹性伸缩、统一调度、稳定可靠的资源支撑服务。

《气象信息化行动方案（2015–2016年）》（气发〔2015〕60号）明确给出了解决以上问题的的指导思路及方法："以集约化为手段，以标准化为纽带，通过'三统一平'（统一构建数据环境，统一规划基础设施资源池，统一融入数据加工流水线，打通流程环节，实现业务、服务和管理信息组织的扁平化），初步完成数据、基础设施和业务应用等三类核心资源整合。"按照要求，将开展基础设施资源池建设，启动业务集约整合，迁入资源池。信息中心之前的探索实践，为基础设施资源的集约建设积累了宝贵经验。

信息中心在《气象信息化行动方案（2015—2016年）》的指导下，遵循《气象信息化基础设施资源池建设指南》（气预函〔2016〕35号）的技术规范，并结合国家级气象业务部门基础设施资源现状，以及自2012年开始建设集约化基础设施服务平台而积累的经验，编制了《国家级基础设施资源池建设方案》。按照方案建设目标要求，采用云计算、大数据等先进技术，搭建面向轻负载气象应用的虚拟化池、面向海量气象数据存储共享的数据存储池、面向气象数据分布式加工处理和存储的分布式物理池。

通过多年滚动建设，国家级基础设施资源池已经初具规模，主要建设过程如下：

为探索IT基础设施（计算、存储、网络）集约建设、高效管理服务的新路子，自2012年底开始，国家气象信息中心统筹经费，试点开展基于虚拟化、分布式等技术的基础设施平台集约建设工作，2013年4月正式投入使用。

气象业务科研用户从了解接受，到主动要求迁移部署自己的各类应用，应用效果良好，因此2013年底扩充部分计算、存储资源，由试验虚拟平台演变成集约化服务平台，提供虚拟主机、应用迁移部署技术支持等服务。

2014年各工程项目开始逐渐把基础设施支撑平台交由集约化服务平台统一考虑支撑，"气象业务内网项目""监测空白区完善国家雷电监测网布局项目""预警工程门户共享项目"、再分析系统……纷纷为集约化服务平台扩充资源。国家气象中心、国家气候中心部分硬件设备主动纳入集约化平台统一管理使用。

2015年初集约化平台建成了3节点的分布式文件存储系统，实现用户数据空间与虚拟环境系统存储空间分离，可为再分析评估业务、模式后处理系统提供大容量的共享文件存储空间。为CIPAS2.0系统试验平台、同城业务系统建立资源逻辑专区，保障应用系统的开发建设、稳定运行。扩充互联网区计算存储资源，满足气候中心等用户部分模式数据服务类网站资源需求。考虑 OA 办公系统的可靠容灾，建立了集约化平台备份恢复系统，可实现主机级别和数据库级别细粒度的数据备份。

2016 年初建成信息化技术预研平台，开展分布式数据管理技术、异构资源池统一管理服务等信息化技术及产品的研究、测试，为信息化工程提供技术储备。

2016 年，在《气象信息化行动方案（2015–2016 年）》"统管共用，建设集约共享的基础设施资源池"等思路指引下，遵循《气象信息化基础设施资源池建设指南》技术规范要求，面向气象应用不同的资源需求特点，扩充资源及资源类型，将基础设施资源从逻辑上划分为虚拟化池、数据存储池和分布式物理池，分批次建设。通过山洪工程（2015 年、2016 年项目）开展了资源池一期、二期建设，使得国家级基础设施资源池初具规模。初步满足了天气、气候、探测三个中心的应用迁移整合需求。

2017—2018 年，统筹气候变化工程、海洋一期工程等工程项目经费，开展了支撑气象大数据云平台的数据交换及质控、产品加工与挖掘分析、存储与服务、业务监控等资源的建设，构建了气象大数据云平台 V1.0 的运行环境。

经过不断滚动投资建设，国家级基础设施资源池的虚拟化池、数据存储池已经初具规模，分布式物理池已试点应用。目前，虚拟化池总共建设有 47 台物理服务器，在业务网、互联网 2 个网络区域提供虚拟主机、技术支持等资源服务，为中国气象局大院内 10 家业务单位提供集约高效的资源服务，已分配 651 台虚拟主机，承载了 268 个气象业务科研系统运行，集约化效益比达到 1:14；数据存储池具有 2.5PB 的分布式共享存储空间，并已全部提供给气象、气候、探测等中心使用；分布式物理池归档已达到 459 台，已经充分支撑气象大数据云平台 V1.0 版本的开发、部署。

基础设施资源池的建设和应用，使资源提供使用周期大幅缩减，资源利用率提高，节省了大量机房场地空间以及电力消耗，集约化效益显著。

孙婧

正研级高工，一直从事和气象高性能计算相关的工作，参加了中国气象局近20年神威、IBM、曙光等系列高性能计算机系统的建设管理维护，保障了不同时期数值预报业务研发的高性能计算环境。

新一代国产超算系统"派－曙光"建设纪实

2015年起，国家气象信息中心（简称信息中心）联合国家气象中心、国家气候中心、中国气象科学研究院等单位，牵头负责气候变化应对决策支撑系统工程第二批高性能计算机系统的建设工作。在信息中心领导指导下，高性能计算室牵头，联合保障室，组建了项目技术组，积极推进气候变化应对决策支撑系统工程第二批高性能计算机系统系统设计与采购建设，保障工程建设质量与实施进度，确保第二批高性能计算机系统的适用性与应用效益。

一、充分调研，广泛交流

为了更好地完成第二批国产高性能系统引进工作，项目技术组在系统采购前期，做了大量的技术调研与需求分析准备工作，对数值预报应用需求和高性能相关技术开展充分的调研，完成了《高性能计算机需求分析报告》《高性能计算机技术及应用调研报告》。

2015年5月，高性能计算室项目技术组同志邀请了国内5家主要高性能计算机厂商进行技术交流。了解了国内高性能计算系统的发展情况、最新技术、系统运维保障和相关案例等。

2016年3月29—31日，高性能计算室项目技术组同志赴国家超算广州中心和国家超算深圳中心调研，详细了解了广州和深圳两个超算中心高性能计算机系统现状用户使用方式和承担应用相关案例，并就系统管理监视、场地环境、模式调优、并行计算等多方面进行更深入细致的讨论。

系统最早设计规模计算能力不低于 800 TFLOPS，可用存储能力不低于 2048 TB。经过充分的数据分析表明原有系统设计规模已远无法满足实际需求，调整系统计算能力为不低于 8000 TFLOPS，系统存储能力可用容量不低于 12600 TB，以满足未来三至五年中国气象局数值模式业务运行及研发需求。

二、反复修改，完善方案

国家气象信息中心高性能计算室项目技术组在经过前期多次的内部讨论、充分依据《高性能计算机需求分析报告》及《高性能计算机系统调研报告》相关内容的基础上，初步形成《国产高性能计算机系统建设方案》。

2016年，气象信息中心两次组织召开了"气候变化应对决策支撑系统工程"国产高性能计算机系统建设方案专家咨询会。会上，高性能计算室汇报了系统建设方案，包括高性能计算机系统发展现状与趋势、国产异构众核高性能计算机系统及气象模式移植进展、系统设计、资源共享等内容。参会专家对国产高性能计算机系统建设方案异构计算技术相关内容进行了讨论并形成共识，此次国产机建设应在保障业务稳定发展的前提下，兼顾前沿技术的探索，进行相关技术储备。系统建设以通用 CPU 为主，配置部分异构加速部件建设调试试验环境，在确保顺利实现业务整体发展目标的同时，积极开展异构计算技术在业务模式中的应用研究。

高性能计算室技术组根据专家咨询意见，密集加班工作，多次牺牲了周末与休息时间，经过反复修改，不断完善《国产高性能计算机系统建设方案》。方案设计过程中，汲取以往的经验，更加重视并着重考察了系统对气象应用的支撑和支持能力。多次讨论最终确定了 3 大类 11 个应用测试题目，在 2016 年提前组织潜在供应商进行预测试，在对厂商应用能力摸底的同时，进一步完善气象应用测试环节。在招标材料准备中，对厂商的应用移植优化和研发支持、应用支持人员配备、技术支持和服务等方面都提出了相应的要求，并首次提出联合研发的概念，未来将与厂商成立联合开放实验室，加强中国气象局在应用模式方面的软实力。

2016 年 9 月，《国产高性能计算机系统建设方案》通过了专家组论证，项目技术组按照评审意见对方案进行修改完善后报局审批。

2017 年 1 月，中国气象局正式批复了《气候变化应对决策支撑系统工程国产高性能计算机系统（巨型计算机）建设方案》（中气函〔2017〕15 号），标志着国产机建设从设计转入到采购阶段。

三、克服困难，完成采购

2017 年 1 月，信息中心发布了国产高性能计算机系统采购项目征求供应商意见公告。国产高性能计算机系统的采购进入招标阶段。项目技术组根据反馈意见，修改完善了采购文件。

由于种种原因，招标过程一波三折，在信息中心领导带领下，克服了种种困难。在连续两次废标的情况下，信息中心将采购方式调整为竞争性磋商。2017 年 8 月 15 日，最终通过竞争性磋商的方式，确定采购曙光信息产业股份有限公司高性能计算机系统。"派－曙光"系统具有架构先进、计算能力强、存储容量大、绿色节能的特点，系统规模为 8189.5 TFLOPS，为原有设计的 10 倍。系统取名为"派"，无穷尽的小数位意味着数值预报的精确计算与求解，也蕴意着气象工作的可敬和气"派"。

2017 年 9 月 6 日，随着国家气象信息中心和曙光信息产业（北京）有限公司的双方代表在合同上郑重签字盖章，标志着气候变化应对决策系统工程项目国产高性能计算机系统的采购工作顺利完成。合同的顺利签订意味着系统采购工作的完成，同时也标志着系统建设阶段的开启。

四、加班加点，提供使用

2017 年 11 月 13 日，"气候变化应对决策支撑系统"国产高性能计算机系统第一批设备全部运抵中国气象局。第一批设备包括两套子系统全部机柜共 88 个。截至下午 3 点已完成 34 个机柜的安装。随着设备将陆续进场，国产高性能计算机安装工作拉开帷幕。

在机柜完成安装和场地环境就绪的条件下，12 月 16 日，"派 – 曙光"高性能计算机系统计算节点、存储设备、交换机、网络线缆的主要设备开始陆续到货并开始紧锣密鼓的安装工作。为确保在 2018 年初能提供用户试用，高性能计算室开展动员，全室人员全力参与系统建设安装工作。高性能计算室的技术人员放弃了休息日以及元旦假日，加班加点，全程参与系统的各项安装工作。"派"系统的安装从一开始就遵循更高标准和更严格的要求，所有线缆的铺设、布局都必须先出一样本，确认合格后才大范围开展。2018 年 1 月 12 日，"派"高性能计算机系统子系统 1 开始提供部分用户试用，首批试用用户（包括数值预报中心和信息中心）共计 140 多账号正式开户并登录和使用系统。试运行期间，数值预报中心、国家气候中心和信息中心已在系统上完成多个主要的数值模式的移植和初步测试，模式运行时间大幅缩短，运行效率获得明显提升。

2018 年 3 月 20 日下午，中国气象局新一代高性能计算机——"派 – 曙光"系统业务化应用启动会在国家气象信息中心天镜厅顺利召开，标志着"派"系统的运行使用进入新阶段。

"派 – 曙光"高性能计算机系统投入运行使用后，陆续完成了 GRAPES 全球数值预报系统（GRAPES-GFS）、GRAPES 全球集合预报系统（GRAPES-GEPS）、东部区域 GRAPES–3km 等多个数值预报业务系统的升级和业务化运行工作，开发重大气象服务保障新产品，通过多种渠道服务用户。同时，开展了高分辨率海洋模式，高分辨率耦合模式以及海洋生物地球化学模式、陆面模式中不同植被辐射模式的对比的研究工作，开展全球大气再分析产品研制工作并实现了全国高分辨率风能太阳能多源数值预报集成业务。

2019年1月29日，预报与网络司组织"派－曙光"高性能计算机系统业务验收工作。专家组一致同意通过业务验收。

在引进"派－曙光"以后，中国气象局高性能计算机系统总体规模当年跃居气象领域世界第二位，仅次于英国气象局。峰值运算速度达到每秒8189.5万亿次，约为此前中国气象局使用的进口高性能计算机系统的8倍；内存总容量达到690,432 GB；在线存储物理容量为23088 TB；全系统可用度超过99%；操作系统为Linux，配套基础软件，并行语言及集成开发环境。系统中还配备了小规模试验子系统，支持GPU、众核环境下气象模式的研发与试验，为将来天气气候模式在异构平台的移植提供试验环境。

高性能计算机系统建设工作胜利完成，后续将继续做好系统的管理和技术支持工作，加强模式算法并行优化方面的支撑，从资源角度把计算机管好用好，全力保障应用的高效运行，充分发挥系统的效益，继续为气象工作的有序发展提供绿色、稳定的业务运行平台。

历经多年为用户提供气象模式应用技术支持的工作，我们发现仅提供一些基础性高性能计算机系统使用、环境应用、作业运行、程序编译及初步优化等技术支持工作，在可持续发展上存在着问题。一方面，基础性的气象模式应用技术支持工作未能提供足够信息或知识及深度有效的合作方式，帮助用户充分利用高性能计算机强大的并行计算能力发展气象模式应用，进而也无法充分发挥高性能计算机的计算能力；另一方面，在科学技术快速发展的同时，我们也未能积极跟进先进技术并探索自身的价值。为此，我们开始了向着数值模式关键技术之一——并行计算技术应用方向深度发展。

五、转型发展，攻坚克难

近年来，我们利用传统的多处理器并行、多核并行技术开展对主流气象模式应用进行优化，对一些串行应用进行并行化改造，利用并行读写技提升部分气象模式读写速度。例如天气预报模式WRF（The Weather Research and Forecasting Model）的处理器分配拓扑、异步读写配置；分布式水文模型（CREST）的并行化；并行PnetCDF（Parallel–netCDF）读写技术应用于BCC_AGCM（Beijing Climate Center–Atmospheric Global Circulation Model）模式等。

此外，我们还尝试利用新兴架构加速技术对数值模式进行移植优化探索。例如2016年在国家超级计算中心无锡分中心的"太湖之光"高性能计算机上，针对国产GRAPES（Global/Region Assimilation Prediction System）全球中尺度天气模式开展了多个计算密集模块进行了众核加速技术研究及探索，各模块加速3～15倍不等。2018—2019年在"派–曙光"高性能计算机提供应用后，我们针对GRAPES全球模式及BCC–AGCM大气环流模式在GPU（Graphic Processing Unit 图形处理器）平台及KNL（Knights Landing 一种Intel众核处理器）平台上进行了移植和优化工作，多个核心模块均显示出一定的加速效果。

何恒宏

1982月10日出生,高级工程师,国家气象信息中心运行监控室网络与信息安全副首席。2008年7月毕业于华中科技大学。一直从事网络及信息安全方面相关技术工作。2019年适逢气象部门网络安全观念重要转型期,撰文以纪之。

从"信息安全"到"网络安全"

说起"网络安全"这个词,有个很有意思的变化。

在2014年之前,"网络安全"其实叫"信息安全"。

"信息安全",也就是 Information Security,顾名思义,指的是信息的保密性、真实性、完整性、未授权拷贝和所寄生系统的安全性。

"网络安全",却不是普通意义上的 Network Security,而是网络空间安全 Cyberspace Security 的简称。随着《中华人民共和国网络安全法》(简称《网络安全法》)的正式发布,网络空间已经成为与陆海空天并列的第五大主权疆域。

名称的变化体现了国家对网络安全的重视程度和战略考量,同时也在气象部门内部带来了深刻又耐人寻味的转变。

首先是网络安全观念上的转变。

第一个观念转变是"安全"不再只是网络部门的事情。"信息安全"时代,虽然名义上信息安全是信息的安全和信息系统的安全,可在气象部门大多数人观念上却认为安全就是网络层面的事情,就是网络部门的工作。所以每次安全保障任务看到的全是网络技术人员的身影,安全建设内容也局限于网络层面。也就导致了安全工作重网络而轻其他。应用软件在设计开发中只关注业务功能,有的其至连基本的认证功能都没有,更别提诸如角色、授权、审计。操作系统、应用软件漏洞遍布,却少有人重视。结果就是各种安全设备在网络上布了一套又一套围成铜墙铁壁,而我们的应用软件却中门大开,"笑迎八方黑客"。而如今,"信息安全"变成了"网络安全",可业务应用部门对安全的重视程度和参与意愿却与日俱增,以往口头的重视变成内心真正的重视,以往的被动应付变成了主动参与,安全不再停留在"网络"层面。

第二个观念转变是"安全"不再只是技术问题。以往的网络安全建设更多关注在技术层面。而一次次的安全事件不断给出了教训,单纯的技术纠正不了人员的不良习惯和行为,提高不了人员的安全意识,保证不了技术措施的切实落地。随着《网络安全法》的实施,气象部门一系列安全制度规范不断完善,各单位网络安全培训学习蔚然成风,网络安全宣传周人头攒动,网络安全制度和文化建设成为一项重要内容。

第三个观念转变是"要我做"渐渐变为"我要做"。以往的安全建设更多是出于对国家政策标准要求的合规遵从,以基本符合等保标准为目标。随着国内国际网络安全形势的变化以及气象行业的不断开放,"安全"成为气象业务的内在需求,特别是对高价值"数据"的保护需求迫在眉睫。安全建设的目的性更加明确,建设目标和标准也更贴近安全需求。

观念的转变带来网络安全工作方向的转变,气象部门网络安全规划和建设更加务实。

一是从各自为战向整体防护转变。很长一段时间里气象部门网络安全顶层设计处于缺失状态,各级气象部门各自按照对网络安全的理解和部门的重视程度进行建设,少有对全国气象部门整体网络安全建设的思考。一方面形成了各直属单位、各级部门网络安全能力的不均衡发展,例如有的省执行内外网严格物理隔离的策略,而有的地方内外网间连基本的防火墙都没有。另一方面,也出现了大量网络安全信息孤岛,无法实现整体网络安全态势分析,无法统一部署安全技术手段和策略，即使发现安全问题，也因为信息割裂而难以快速研判和追溯。2019年4月25日，《气象网络安全基础架构设计方案（2019年）》正式发布，从整体上设计了各级气象网络安全区域结构、安全策略、安全部署及安全管理中心，为气象部门网络安全整体建设提供了初步依据。

二是从被动防御向动态运营转变。传统安全防御体系主要依靠堆砌设备和预置的规则实现防御，是一种静态、事后、被动的防御。病毒和攻击不断更新，防御措施被动跟在安全威胁的后面跑，随着恶意用户的手段越来越高明，人们不得不把防火墙越砌越高，把入侵检测搞得越来越复杂，恶意代码库也是越做越大。维护与管理日益复杂，投入不断增加，但安全方面的问题却难以得到完全解决。为改变被动挨打的局面，我们引入了智能态势感知，将单点、静态特征分析升级为全局、智能数据分析，实现关口前移和提前预警。通过安全运营平台逐步建立预警通报机制，实现跨单位、跨地域的协同联动。通过整合网络设备、安全设备、终端等自动化管控手段，实现预案电子化、自动化。

三是通用安全技术向气象化转变。业界网络安全技术作为标准化安全产品，只能从专业安全角度进行监测分析和处置。而每个业务应用都有其独特的业务特征和安全需求。同样是感染病毒木马，普通个人电脑和核心业务服务器的安全事件级别显然是不同的，处置紧迫程度和处置策略也是大不相同。相同的气象数据，共享传输给不同的用户，其业务安全规则也是不同的。我们正在将通用的安全技术与气象业务规则紧密融合，实现监测分析和告警的气象化，处置策略的本地化，使得网络安全技术真正服务于气象业务。

气象现代化即将迈入新的时代，网络安全在气象部门也获得了越来越多的重视和期许。在这挑战和机遇并存的时期，网络安全工作已经逐步步入转型升级的正轨，未来必将为气象现代化的新征程提供强有力的保障。

孟晋宝

1988年7月，毕业于长沙铁道学院电子工程系计算机软件专业。同年，分配到国家卫星气象中心，期间在北京气象卫星地面站、乌鲁木齐气象卫星地面站和国家卫星气象中心办公室工作；2009年6月至2017年5月在电子政务处（中国气象局办公室电子政务中心）工作。目前，在国家气象信息中心办公室工作。

统筹规划，逐步实施
气象政务管理信息化迈出坚实一步

气象部门经过十几年的政务管理信息化建设，取得了一定成绩，政务管理信息化成为气象信息化的组成部分。但是，政务管理信息化建设与决策、管理迫切需求的矛盾依然存在。

气象部门政务管理信息化建设经历了：从各单位自行设计、建设、运行和维护管理到中国气象局审批、部分统一建设；从部分纵向到底专业化建设到部分基本管理系统集约建设；从单机运行系统开发到局域网络系统再到互联网络系统建设；从利用word编辑公文到公文审批、流转和无纸化传输。部门门户网站从国家级单位和省级（部分地市级气象局）各自建设功能单一的信息发布到国家级集中部署和服务社会的行政审批在线服务系统建设。涉密信息网络从无到有，如今已经与中共中央办公厅（以下简称中办）、国务院办公厅（以下简称国办）网络互联互通。这一切都是中国气象局党组领导，气象信息人努力的结果。

回顾过去是为了更好地抓住机遇，面向未来，加速推进政务管理信息化建设，满足气象现代化发展的需要，适应国家政务信息化发展的趋势。

一、电子政务处的历史沿革

自2001年起，中国气象局办公室信息处承担电子政务职能，即机关信息管理中心。2005年12月，成立中国气象局电子政务中心，挂靠行政管理局（现资产管理事务中心）。2010年3月，更名为电子政务处，作为中国气象局机关服务机构，挂靠机关服务中心，对外还称电子政务中心。2013年8月16日，由机关服务中心划转到国家气象信息中心（以下简称信息中心），实行中国气象局办公室与信息中心双重管理，以中国气象局办公室为主的管理方式，日常业务工作、人员及公用经费等由中国气象局办公室管理，人员晋升及工资福利由信息中心负责。

2014年，为了加强气象部门电子政务顶层设计和集约统筹，加强国家级电子政务规划和业务运行一体化管理，进一步明确国家气象信息中心承担电子政务系统建设及运维保障职责，并指导全国气象部门电子政务建设管理工作，省（自治区、直辖市）气象信息中心承担本省（区、市）电子政务系统建设及运维保障职责。同年8月18日，将电子政务处全部划转到国家气象信息中心，再次明确国家气象信息中心与中国气象局相关单位关于电子政务的管理职责分工：中国气象局办公室负责组织协调电子政务业务应用发展工作，承担中国气象局机关计算机、打印机以及其他办公设备等固定资产登记和公文密钥管理工作。预报与网络司将电子政务作为基本业务，纳入国家气象业务发展体系，指导电子政务网络与系统建设工作。国家气象信息中心负责国家级电子政务实体化运行和技术保障，并指导全国气象部门电子政务建设与管理工作。

从此，电子政务处成为国家气象信息中心的一个业务处室，其工作完全脱离了中国气象局办公室管理。主要职责包括：

拟订气象部门电子政务建设发展指导性意见，制定气象电子政务管理有关制度。

负责中国气象局综合管理信息系统规划建设管理工作。组织开展对国家级、省级、地（市）级、县级气象部门的需求调研、项目研发建设、推广应用培训及运维升级等工作。承担综合管理信息系统硬软件系统运行维护，包括计算机及网络机房和UPS、空调等设备的运维。包括局机关办公网、互联网计算机及其附属设备更新采购等管理工作。

负责中国气象局机关互联网系统建设、运行、维护和管理工作，承担机关楼互联网楼层交换机和计算机终端、笔记本及其他办公设备运行维护与保障工作。

承担中国气象局机关办公网Notes邮件和办公用电子邮件服务器系统管理及运行维护工作。

承担中国气象局电子政务内网建设及运维工作。

承办领导交办的其他工作。

2014年，国家气象信息中心印发《关于调整部分业务台室主要职责的通知》（气信发〔2014〕18号）。明确电子政务处职责：拟订气象部门电子政务建设规划，指导全国气象部门电子政务建设工作；承担中国气象局机关电子政务系统建设、维护和管理工作；归口管理气象部门政务信息化工作。

二、政务管理信息化建设迈出坚实的一步

气象部门政务管理信息化建设主要包括满足部门内部的管理信息化系统建设、气象部门对外的履行行政审批的在线的服务信息系统、门户网站、满足保密内部涉密应用与中办和国办及其他部位互联的涉密网络信息系统建设。

1.中国气象局综合管理信息系统建设

中国气象局综合管理信息系统建设经历了试验摸索、统筹规划、建设应用、优化升级等阶段。

2005年，中国气象局以安徽省气象局政务办公系统为基础，向全国省级气象部门推广。2008年，经过对省级办公系统使用情况进行摸底调查，有15个省级气象局在使用该办公系统。但随着应用需求的增加和信息技术的发展，

到2009年，使用该系统的省级气象局不到10个。从2008年开始，中国气象局在机关内部启动了管理信息共享平台建设。

2009年，在中国气象局机关政务管理信息共享平台基础上，面向全国气象部门，着手谋划中国气象局综合管理信息系统。中国气象局综合管理信息系统（Comprehensive Management Information System of CMA，简称CMIS系统）旨在覆盖中国气象局（内设机构、直属单位）—省（自治区、直辖市）—地（州、盟）—县（台、站），采用先进的计算机和网络技术，开发综合管理系统，完善行政办公系统，建设政务信息平台，建立综合信息数据库，有效集约软件硬件资源和管理信息资源。实现综合管理规范化、行政办公自动化、政务资源共享化、网络资源集约化，提升管理效能，降低行政成本，提高决策水平，为现代气象业务体系建设提供有力支撑。同年下半年，按照中国气象局办公室领导要求，启动了编制《中国气象局综合管理信息系统建设规划》工作。结合已有的中国气象局办公系统，深入了解需求，先后到安徽省气象局、内蒙古自治区气象局进行调研，结合实际工作，提出了后五年中国气象局综合管理信息系统建设的发展思路、技术要求、主要任务和重点项目等。在2010年先后两次上报，经局长办公会议讨论，最终印发了《关于推进气象部门综合管理信息系统建设指导意见》（气办发〔2011〕31号）。该指导意见的印发成为气象部门政务管理信息化建设标志性的文件。

中国气象局政务管理信息共享平台成功投入使用，并将基本功能向国家级直属单位推广。截至2009年底，完成了9个国家级直属单位的推广。2010年，完成其余直属单位的推广任务。

2010年，按照"综合集成，突出重点，实时更新，方便快捷，力争达到'一站式'使用"的要求。综合集成业务和政务办等各类信息，突出管理和服务，保证信息的实时动态更新等需求。在原有政务管理信息共享平台基础上，增加政务和业务管理信息栏目近60个，集成已有系统近10个，与直属单位实现互联互通，并向全国气象部门职工开放。

2010年12月27日，时任中国气象局副局长许小峰在《关于综合管理信息系统建设情况的报告》上批示：综合管理信息系统建设和运行今年以来又取得新的进展，对加强科学管理起到了推动作用。对这项工作还要进一步加快推进，对运行效果要不断分析检查，对存在的问题要提出改进措施。

随着综合管理信息共享平台投入使用，数据存量越来越大，于是启动了综合管理信息数据库的建设。综合管理信息数据库建设主要由运行平台、数据系统、交换系统三部分组成，以及安全保障和标准规范两个支撑体系。

综合管理信息共享平台在中国气象局内设机构和直属单位稳定运行后，从2010年起，逐步向省级气象局推广。同年，完成了河北省、广东省、黑龙江省、北京市、天津市、内蒙古自治区气象局（三省两市一区）推广试点工作，基本打通了国家级、省级—地级—县级"纵向到底"的政务办公系统。在试点的基础上，制定了省级气象局全面推广方案，计划分三批推广。

随后的两年中，一边向省局推广，一边加固系统基础功能，一边研发新的应用系统。2011年推广了19个省，2012年推广了6个省。建设了综合管理信息数据库、CA认证等基础性系统支撑功能。截至2013年年底，覆盖国家、省（自治区、直辖市）、地、县气象局的综合管理信息系统全面投入应用。

除综合管理信息系统建设外，2011年，根据《国务院办公厅关于进一步做好政府机关使用正版软件工作的通知》（国办发〔2010〕47号）的要求，完成中国气象局机关和直属单位办公计算机操作系统软件、办公软件和杀毒软件使用正版化。

经过近四年的综合管理信息系统建设，在全国气象部门的办公室基本解决了办公管理系统以往"各自建设、功能简单、数据分散、不能互连互通、信息不能共享、资源利用率低以及低水平重复建设"的现象。基本形成了全国气象部门"顶层设计、集约建设、功能综合、统一系统（软件、硬件、安全）平台、互联互通、信息共享"的综合管理信息化可持续发展新格局，为实现气象部门管理信息化奠定了坚实的基础。逐步探索系统集中远程维护、定期升级、及时备份的运行维护机制。

在此期间，中国气象局各内设机构为了满足本单位管理需求，提高日常管理数据获取效率等，建设了很多管理信息系统。比如：人事基本信息采集系统、计划财务管理系统、资产管理系统等等。几乎是系统处处有，处处有系统，在本单位的管理方面发挥了一定的作用。

随后几年，中国气象局每年批复300万～500万元，投入到已有系统应用完善和新应用系统开发。对已经上线的应用系统根据实际需要不断优化和完善，提升系统平台适应信息技术的发展适应能力。新建应用系统，首先是汇集各单位的需求，按照"管理急需、效益显著、应用广泛"的原则，筛选各方面的需求，确定每年集中投资开发的子系统，经过几年迭代式开发、完善，综合管理信息系统功能不断丰富并发挥重要作用，并得到气象部门广大职工的高度认可，使各单位领导对综合管理信息系统建设也有了全新的认识。另外，建立了国家级（直属单位）、省级系统应用超级管理员、（省级）直属单位和地市级系统管理员"三级管理模式"，每年召开一两次技术研讨会，对中国气象局直属单位和各省级气象局系统管理人员进行一次集中培训，主要任务：一是大家交流在实际工作中遇到什么问题，又是如何解决的；二是培训新建应用子系统操作使用推广；三是了解各单位在管理工作中的新需求，加强相互之间的交流。省级系统管理员对地市级系统管理员组织培训，确保系统运行稳定、应用便捷。

好景不长，2015—2017年间，综合管理信息系统建设投资为零，使其步入困境，系统在线设备严重老化，运行6年以上设备超过90%，部分关键设备已经运行10年，保证系统运行实属一件难事，毕竟"巧妇难为无米之炊"。期间，重庆市气象局自筹资金，在已有综合管理信息系统基础上，逐年开发新的应用子系统，并打通了政务管理、业务服务管理、人事管理等数据交换渠道，使综合管理信息系统建设及应用迈上新的台阶。

2015年，中国气象局印发了《气象信息化行动方案（2015—2016年）》，为落实此方案，中国气象局办公室组织编制了《气象政务信息化专项实施方案》，经过多次汇报讨论，最终也没有印发。按照中国气象局办公室要求，编制完成了《气象部门政务管理信息化总体方案》，后来按照中国气象局主管机构领导的要求，又将政务管理信息化总体方案改为《气象管理信息系统总体设计方案》，邀请了信息化管理工作组、技术工作组的部分成员进行了咨询，并通过专家论证。

2017年，着手新一代气象政务管理平台原型建设以及编制管理数据规范，推进气象管理数据共享工作，编制《气象政务管理数据共享与交换标准》，完成其标准立项工作。结合数据元编制的前期成果，按照《政务信息资源目录编制指南》要求，对政务信息资源按照基础类、主题类、部门类进行梳理，细分为政务办公、应急减灾、预报网络、气象数据等14个子类，共梳理了1237项共享信息（其中向社会众开放共计1039项，有条件共享198项），并于同年上传到全国政务信息共享网站。

2017—2018年，按照"一平台、一中心、多应用"的建设思路，开启了全新管理信息系统2.0版本的建设。先后完成了政务管理基础平台的原型系统搭建、平台统一门户的设计以及统一内容发布子系统建设等。编制印发了《气象管理信息系统总体设计方案》《国家级气象管理决策支撑系统》等项目的实施方案并通过专家评审。

2.气象部门网上行政许可审批服务系统建设

2015年起，按照"外网受理，内网审批，外网反馈"的原则，着手气象部门履行社会服务职能的行政许可审批平台建设。先后完成依托部门门户网系统对企业行政审批项目受理，自动转入内部综合管理信息系统进行审批，建立了国家级行政审批大厅，基于国家电子政务外网已开展与广东、湖北、浙江等17个地方"一网通办"政务服务平台的行政审批结果数据服务。

截至2018年底，中国气象局8项气象行政许可网上审批全部上线使用，该平台实现中国气象局本级行政审批事项的申请、预受理、受理、审批、反馈、公示、决定和查询等功能。配合中国气象局政策与法规司完成国务院审改办测评组对中国气象局行政许可标准化工作进行实地测评核查。

3. 中国气象局电子政务内网建设

从 2014 年起，按照中办和国办有关文件要求，着手建设中国气象局电子政务内网。同年 12 月份完成建设方案申报和批复，2015—2016 年进入建设阶段，建设主要内容包括：屏蔽机房（位于中国气象局北区 2 号楼 3 层，40 平方米）、综合布线（光线入机关办公室）、网络设备（指定产品）、分级保护体系（分保有详细规定）、安全保密产品（指定产品）、网络防病毒产品（指定产品）、应用系统（集约研发）。

中国气象局电子政务内网作为气象部门第一个涉密信息网络系统，项目建设顺利，成绩位于所有部委前列。作为国家部委试点单位，首家完成与国办中央网络平台互联对接测试，以及作为内网两个管理平台级联第一批试点参与国办对接测试。完成分级保护方案评审，提交入网测评申请。

三、几点感悟

进过十几年的努力，气象部门政务管理信息化迈出坚实的一步，初见成效。面向未来，决策和管理的需求迫切，任重道远。随着信息技术的快速发展，采用较先进的信息技术，正在规划构建新一代满足气象部门内部的综合管理信息系统，深化行政审批服务系统应用，加固完善涉密信息系统。回顾过去，感触颇深，几点感悟分享。

第一，需要全面了解国家政务信息化建设的政策、规划、技术标准和管理规范，特别是在政务管理数据方面必须遵循国家已有的技术标准和规范，国家没有但又是管理信息化建设中急需的可以集中统一制定，有利于将来向国家标准方向规范。

第二，气象政务管理信息化、业务信息化、服务信息化共同组成气象信息化，管理信息化与业务信息化、服务信息化必须要同规划、同建设、同发展，在基础资源池、数据平台建设和数据治理时要兼顾政务管理数据，管理信息系统业务运行要融入业务信息系统运维平台,包括机构职责、运行机制等。

第三,管理信息化目的是提高决策管理的效率和能力,为决策和管理提供研判的数据(科学)依据,降低决策管理成本,减少传统的、重复的人为工作,提升数据的汇集、综合分析能力。管理信息化必须要面向全国气象部门,按照自上而下和自下往上相结合的方式,分清轻重缓急,决策者和管理者应用并举,发挥应用的效益才是其根本。

第四,加强管理信息系统生命周期及应用系统(软件部分)资产管理工作,要按照信息化建设的规律和规范、软件工程的技术规范严格把控信息系统建设的每个环节,并严格要去落实。

第五,加强中国气象局各内设机构、直属单位,省级气象局,甚至是地市级气象局的统筹协调,强化指导和引领职责,加强技术论证和把关,加大集约建设的组织及落实力度,尽最大可能避免低水平重复建设,消除"数据孤岛""系统烟囱"的现象,强化应用系统集中研发和统一技术平台标准相结合,鼓励省级气象局采取众筹方式结合本单位的需要研发及推广。

四、结束语

气象政务管理信息化建设是一项系统工程,必须坚持新发展理念,全力推进政务管理信息化建设。创新是管理信息化建设和发展的动力,协调是管理信息化可持续发展的必然要求,绿色是管理信息化满足应用稳定和友好的环境,开放是管理信息化全面发展的必经之路,共享是管理信息化体现核心价值之所在。政务管理信息化管理体系建设还需要在实践中不断摸索,在摸索中建立,在建立后健全;管理信息系统还需要逐步建设,分清轻重缓急,在建设中优化,在优化中发展。

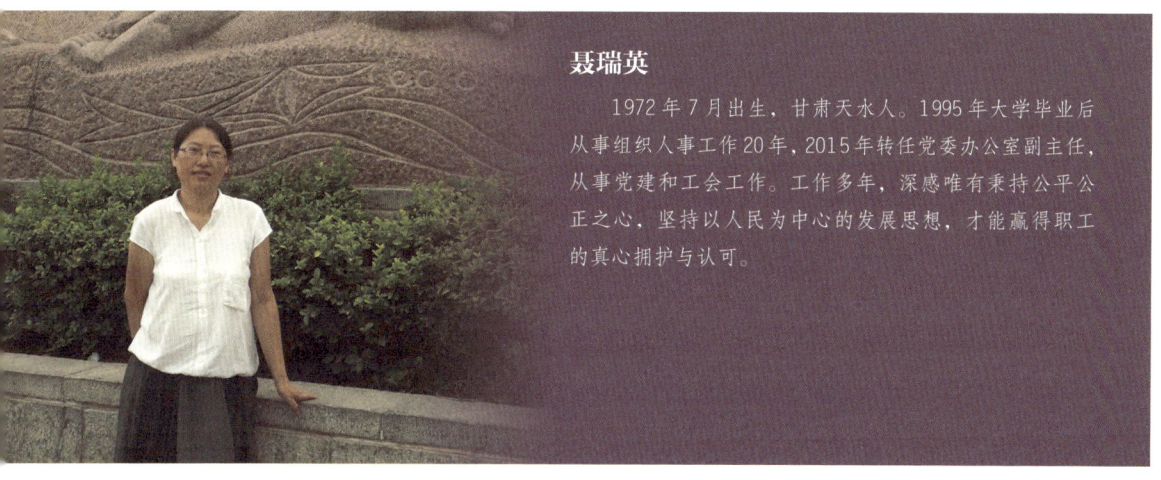

聂瑞英

1972年7月出生，甘肃天水人。1995年大学毕业后从事组织人事工作20年，2015年转任党委办公室副主任，从事党建和工会工作。工作多年，深感唯有秉持公平公正之心，坚持以人民为中心的发展思想，才能赢得职工的真心拥护与认可。

守初心、担使命，携手向未来

光阴荏苒十五年，初心不改步维艰。而今迈步从头越，万水千山只等闲。回顾国家气象信息中心党委15年来的历程，点点滴滴无不浸透着气象信息人的艰苦努力，体现着气象信息人坚韧不拔的奋斗精神，充满了气象信息人的自豪。

一、从无到有，三届党委敢于担当，做好党建领头人

中国气象局为加强气象信息现代化体系筹规划与建设，于2004年8月30日正式批准成立中国气象局气象信息中心。施培量同志任气象信息中心主任，王春虎同志任气象信息中心副主任。经中国气象局机关党委批准，同年9月成立临时党委，施培量同志任党委书记，王春虎同志任党委副书记，并建立了2个党总支和17个党支部，各项组织生活正常进行。2004年11月17日，召开了信息中心第一次工会会员代表大会，选举产生了第一届工会委员会，信息中心工会正式成立。2004年11月9日，召开了信息中心第一次团员大会，选举产生了信息中心第一届团委。党组织和其他群众组织的建立，为信息中心的组建和运行发挥了良好的保驾护航作用。信息中心党委根据局

党组的统一部署，坚持机构改革与业务工作两手抓，两促进，不仅按期顺利完成了气象信息中心的筹建任务，而且确保了基本业务系统的平稳运行和重点建设项目的顺利实施。2005年3月，根据中央机构编制委员会办公室《关于中国气象局气象信息中心更名的批复》（中央编办复字〔2005〕34号），中国气象局气象信息中心正式更名为"国家气象信息中心"（以下简称信息中心）。

2011年3月10日，经中国气象局党组批准，信息中心党委完成换届。赵立成同志担任信息中心主任、党委书记，赵德强同志担任党委副书记、纪委书记，赵平、田浩、杨根录等3位同志为党委常委。第二届党委按照党中央和中国气象局党组要求，把开展"党的群众路线教育实践活动""三严三实"专题教育活动，作为加强党的思想政治建设和作风建设的重要举措，在努力深化"四风"整治，巩固和拓展活动成效上下功夫，推动党员领导干部把"三严三实"作为修身做人、用权律己的基本遵循、干事创业的行为准则，争做"三严三实"的好干部。

2018年10月，经中国气象局党组批准，信息中心第二届党委完成使命，第三届党委成立。赵立成同志担任党委书记，费文革同志担任党委副书记、纪委书记，曾沁、罗兵、杨根录3位同志为党委常委。本届党委以习近平新时代中国特色社会主义思想为指导，深入学习贯彻十九大精神，持续深化"两学一做"学习教育工作，着力于基层党支部制度化、规范化建设，将全面从严治党推向纵深发展。

目前，信息中心有基层党支部17个（在职职工11个，退休职工5个），退休职工党总支1个。有党员299人，其中在职158人，退休141人。

二、以政治建设为统领，全面加强党的领导

自信息中心组建以来，信息中心党委在党中央、中国气象局党组的坚强领导下，以马克思列宁主义、毛泽东思想、邓小平理论、"三个代表"重要思想、科学发展观和习近平新时代中国特色社会主义思想为指引，深入学习贯彻党

中央精神，加强党对各方面工作的全面领导，对标世界先进水平，紧紧围绕信息中心的发展目标，不断健全和完善体制机制，以改革创新精神抓好领导班子建设、基层党组织建设、党员队伍建设、人才队伍建设、反腐倡廉建设，在科技创新、项目建设、业务保障等方面很好地发挥了党组织的战斗堡垒作用、党员领导干部的示范表率作用和广大党员的先锋模范作用，为信息中心现代化建设提供了坚强的思想保障、政治保障、组织保障、文化支撑以及和谐稳定的环境。

1. 加强政治建设，坚决贯彻执行党的路线方针政策。信息中心党委始终把党的政治建设放在首位，把讲政治贯穿于党建和业务工作始终。及时传达和贯彻落实党中央和中国气象局党组决策部署，坚决维护习近平总书记党中央核心、全党的核心地位，坚决维护党中央权威和集中统一领导，在政治上、思想上、行动上始终同党中央保持一致；牢固树立"四个意识"，遵守党章、党内政治生活若干准则，按要求开好党员领导干部民主生活会；坚持每年不少于 4 次 12 天的党委中心组学习，党委书记主持党委会专题研究党建工作。加强党的全面领导，先后制定了信息中心党委工作规则、落实党风廉政建设主体责任实施办法、党建和党风廉政建设工作组织体系实施办法和"三重一大"议事规则等一系列规章制度，成立了党风廉政建设领导小组，与各单位负责人签订年度党风廉政建设责任书和廉政责任书，督促履行"一岗双责"。通过工作实践，不断深化、完善和落实中心党委在领导班子建设、党支部建设、干部选拔任用等各方面工作的职责。扎实协调推进各项工作，加快建设气象云、高性能计算机和大数据平台，着力攻关大气再分析技术等关键技术，为落实中国气象局党组提出的气象防灾减灾救灾、生态文明建设、气象军民融合发展等战略和行动计划，做到基础先行，保障有力。

2. 加强思想建设，注重党员理想信念教育。习近平总书记指出：理想信念就是共产党人精神上的"钙"，没有理想信念，理想信念不坚定，精神上就会缺"钙"，就会得"软骨病"。信息中心党委始终把理想信念教育作为党员思想建设的首要任务，将党中央的路线方针政策和会议精神、党章党规党纪作为党委中心组学习、"三会一课"、党员培训等重要内容。从加强党委自身建设、强化责任意识、推动全面从严治党主体责任在中心党委的落实入手，强化和完善党委中心组学习制度。并根据需要不定期召开中心组学习扩大会，采取中心领导领学，党委委员及各部门一把手谈体会、研讨交流等方式，紧密结合单位党建和业务工作实际情况和特点，坚持问题导向，不断提升政治站位，层层压实主体责任，扎实推进党风廉政建设工作。

对普通党员的教育，采取信息中心党委书记和党委班子成员讲党课，请老专家、革命烈士后代做报告等多种形式，结合"保持共产党员先进性教育活动""党的群众路线教育实践活动""三严三实""两学一做"等学习教育相关工作，先后举办多期党员轮训班，2期党的十九大精神专题培训，习近平新时代中国特色社会主义思想集中学习研讨班等，成为中国气象局大院内第一家完成全体党员轮训计划的单位。依托现代信息手段，开拓思想教育新思路。针对基层党组织、党务工作者和普通党员党的理论、基本知识、党务工作知识和技能欠缺的问题，中心党委利用办公网和互联网，搭建"互联网+党建"的宣传模式，专门建立了"党务干部微信群""支部微信群"等，宣传党的理论、方针、政策、党章党纪党规以及党务基本知识，并对有关政策进行及时解答，扩大和延伸党的思想宣传教育工作的覆盖面。通过几年来对党章、党规、党纪、党史以及国际国内形势等全方位的学习，全体党员进一步增强了"四个意识"，坚定了"四个自信"，能够坚决做到"两个维护"。

3. 加强组织建设，坚持党管干部，严格标准不放松。 中心党委在干部选拔任用工作中，始终坚持突出政治标准，提拔重用牢固树立"四个意识"、坚定"四个自信"，做到"四个服从"，忠诚干净、敢于担当、能力强的干部。坚持个别酝酿、集体讨论、民主决策的原则。严格执行《党政领导干部选拔任用工作条例》，遵守《党委（党组）讨论决定干部任免事项守则》，按照"凡提四必"原则和干部任前廉政情况征询反馈工作办法，考察干部廉洁自律情况。严格执行《领导干部报告个人有关事项规定》，严把选人关，杜绝带病提拔。在单位内部形成坚持以事业为导向，崇尚实干精神与工作能力，任人唯贤、五湖四海、不分远近亲疏、不戴有色眼睛、不搞平衡照顾的良好氛围。

信息中心不断完善干部选拔任用相关工作制度，制定印发了《国家气象信息中心处级领导干部选拔任用工作流程》《国家气象信息中心关于规范业务台室科级领导干部选拔任用工作流程的通知》等一系列规定，增加了党委主导和参与处级领导干部选拔任用各环节，充分体现党管干部的原则，进一步发挥党委的政治核心作用。

为强化信息中心基层党建工作，建立了信息中心领导班子联系支部制度。通过适时调整班子成员组织关系所在支部，促使基层支部不断改进和提高党务工作能力，推动支部在科技创新、数据服务、业务运行和工程建设中充分发挥战斗堡垒作用。近年来，1个党支部获得中央国家机关先进基层党支部称号，1个党支部获得中央国家机关基层服务型党支部展示品牌，2个党支部获得局直属机关先进基层党支部称号，1个党支部党建工作经验在《旗帜》杂志社与广东省深圳市直机关工委主办的第二届党建创新成果展示交流活动中被评为"百优案例"。

4. 加强作风建设，构建风清气正政治生态。2009年，习近平同志在中央党校秋季开学典礼上对党员领导干部提出要求，强调党员、干部要切实解决好保持高尚的道德情操和健康的生活情趣问题。他说，道德问题是做人的首要的基本问题。古人说"百行以德为首"，讲的就是这个道理。大量情况表明，道德情操与生活情趣是紧密联系在一起的。许多腐败分子走上犯罪道路，大多是从操守不严、品行不端、道德败坏开始的。2012年，习近平总书记更是告诫全党，工作作风上的问题绝对不是小事，如果不坚决纠正不良风气，任其发展下去，就会像一座无形的墙把我们党和人民群众隔开，我们党就会失去根基、失去血脉、失去力量。

党的十八大以来，作风建设成为我们党治国理政的抓手。信息中心党委以踏石留印、抓铁有痕的劲头狠抓常抓作风建设，努力实现作风建设的制度化、规范化、常态化，以制度建设作为工作重点，逐步形成用制度规范从政行为、按制度办事、靠制度管人的机制。一方面加强党员教育，组织广大党员干部深入学习党章，学习党中央关于纠正"四风"、贯彻落实中央八项规定精神的重要指示，提高思想认识，扎实开展党的群众路线教育实践活动，增强党员干部改进工作作风、密切联系群众的思想自觉和行动自觉。另一方面通过整章建制，明确纪律与规矩，坚持标本兼治，扎紧织密制度笼子。根据中央和中国气象局有关精神，先后制订了《中共国家气象信息中心委员会工作规则》《国家气象信息中心贯彻落实中央及中国气象局党组关于改进工作作风、密切联系群众八项规定的工作措施》《国家气象信息中心党委落实党风廉政主体责任的实施办法》《国家气象信息中心党的基层组织党务公开办法》《中共国家气象信息中心委员会关于贯彻落实中央八项规定精神的实施办法》《国家气象信息中心党费收缴、管理和使用实施办法》《国家气象信息中心党支部工作考核办法（试行）》《中共国家气象信息中心纪委落实党风廉政建设监督责任的实施办法》《国家气象信息中心廉政风险防控手册》等多项制度，并根据中央贯彻落实中央八项规定精神，持之以恒纠"四风"的有关要求，全面梳理了信息中心相关管理制度，先后新制定或修订了行政管理、公务接待、因公出国（境）、业务和科研管理、职工福利等方面的制度50多项，废止制度12项，使制度覆盖各个领域、各个环节，有效指导干部群众规范日常工作行为。另外，通过参与干部人事、项目建设、行政管理、财务支出、合同签订、资产管理、政府采购和招标投标等重要事项的监督，加强日常监督检查。在监督过程中，对发现的问题，及时提出整改意见，规范从政行为。多管齐下，紧紧抓住监督执纪问责、廉洁教育、制度建设三个重点，构建了较为完善的廉政风险防控体系，落实全面从严治党要求，通过廉洁和警示教育，夯实广大党员干部职工廉洁从业的思想基础，增强了干部职工自身的免疫力，筑牢了廉洁从业的思想免疫防线；通过制度建设，逐步把党风廉政建设和廉洁自律的各项规定融入到干部职工工作生活的日常管理中，构建一套严密、有效的制度体系，筑牢行为约束防线；通过监督执纪问责，切实做到"早发现、早提醒、早预防"，筑牢预警预控防线。

5.加强纪律建设，始终把纪律挺在管党治党最前沿。习近平总书记说，加强纪律建设是全面从严治党的治本之策。党要管党、从严治党,靠什么管,凭什么治?就是要靠严明纪律。我们党是用革命理想和铁的纪律组织起来的马克思主义政党,组织严密、纪律严明是党的优良传统和政治优势,也是我们的力量所在。党的十九大报告中指出:加强纪律教育,强化纪律执行,让党员、干部知敬畏、存戒惧、守底线,习惯在受监督和约束的环境中工作生活。信息中心党委历届领导班子都把加强各级党组织纪律建设作为第一要务,带头遵守政治纪律和政治规矩,严格执行党内政治生活若干准则,以普通党员身份参加支部活动。坚持民主集中制,"三重一大"事项集体决策制度。信息中心领导班子自觉接受监督,认真核查反映领导干部的问题线索,按照规定在民主生活会上进行说明。

严格管理干部队伍,坚持严管和厚爱结合、激励和约束并重。加强对新任党员领导干部任职前廉政谈话和培训,根据实际情况,用好提醒、函询、诫勉等组织措施,做到抓早抓小、防微杜渐,增强他们敬畏纪法、知耻知止的意识。让党员干部既感受到纪律法律的严肃,又体会到组织的关心。

以气象部门党风廉政宣传教育月活动为重点,运用知识竞赛、主题征文、廉政党课、警示案例展、警示教育宣传片、党风廉政宣传专刊等多种形式,结合审计中发现的苗头性问题,容易出现问题的关键环节,以案为鉴、以案促改,做到对症下药、分类施教,增强党员干部遵纪守法意识、违纪违法成本意识、廉洁自律意识,筑牢拒腐防变的思想防线。

6. 加强"一老一小"党建工作,持续推进群团建设。 党员退休后,党员政治身份并没有改变。如何使党员退休后继续起到先锋模范作用,是信息中心党委一直以来工作的重点之一。信息中心由于行业特性,青年职工人数占到一多半,团结和教育好广大青年职工就成为当务之急。几年来,经过摸索实践,将退休党组织活动与团委活动相结合,开展了"与青年同行,为气象增辉""铭记历史,圆梦中华"等一系列主题活动,通过户外团建、老党员谈体会等活动,增强互动和了解,从而使老党员艰苦奋斗、甘于奉献的精神,影响青年一代党员团员奋发进取,为气象现代化建设做出贡献。

信息中心团委在党委的领导和指导下，强化青年思想引领，切实加强团干部队伍建设，提高工作能力，锤炼优良作风。坚持"以党建带团建，以团建促党建"的工作要求，改革创新团组织活动形式，发挥团组织的凝聚力和号召力，主动探索新形势下共青团组织服务中心工作和青年成长成才的有效途径，获得了中国气象局直属机关团委的高度肯定。2012年以来连续获得5次中国气象局直属机关共青团工作奖，中心团支部多次获得中国气象局直属机关优秀团支部称号，多人先后获得中国气象局优秀青年、中国气象局直属机关优秀团干部、中国气象局直属机关优秀团员等荣誉称号，多个业务部门获得中国气象局青年文明号称号。

信息中心工会在中心党委和中国气象局直属机关工会的领导下，围绕工会中心任务，遵照《工会法》《中国工会章程》，加强组织建设、队伍建设，以《国家气象信息中心工会工作制度》《国家气象信息中心工会经费管理办法》《关于为到龄退休职工举办欢送会的通知》等制度和办法为依据，服务职工，服务大局，广泛开展各种活动，活跃职工文化生活，建设和谐职工之家，为信息中心改革发展和推进单位精神文明建设发挥了桥梁纽带的作用。

三、走过风雨十五载，使命担当向未来

国家气象信息中心三届党委从无到有，在党中央、中国气象局党组的坚强领导下，以习近平新时代中国特色社会主义思想为指导，不断增强"四个意识"、坚定"四个自信"，坚决做到"两个维护"，落实全面从严治党要求，带领全体干部职工戮力同心，在从气象大国走向气象强国的艰难历程中"不忘初心、牢记使命"，取得长足发展。展望未来，目前正处于深化改革的关键时期，未来的任务光荣而艰巨，还有许多难题亟待解决。我们将继续紧密团结在以习近平同志为核心的党中央周围，不断解放思想，锐意创新，振奋精神，团结奋斗，加强党的全面领导，落实全面从严治党要求，为推进气象现代化建设、决胜全面建成小康社会、夺取新时代中国特色社会主义伟大胜利、实现中华民族伟大复兴的中国梦做出新的更大贡献！

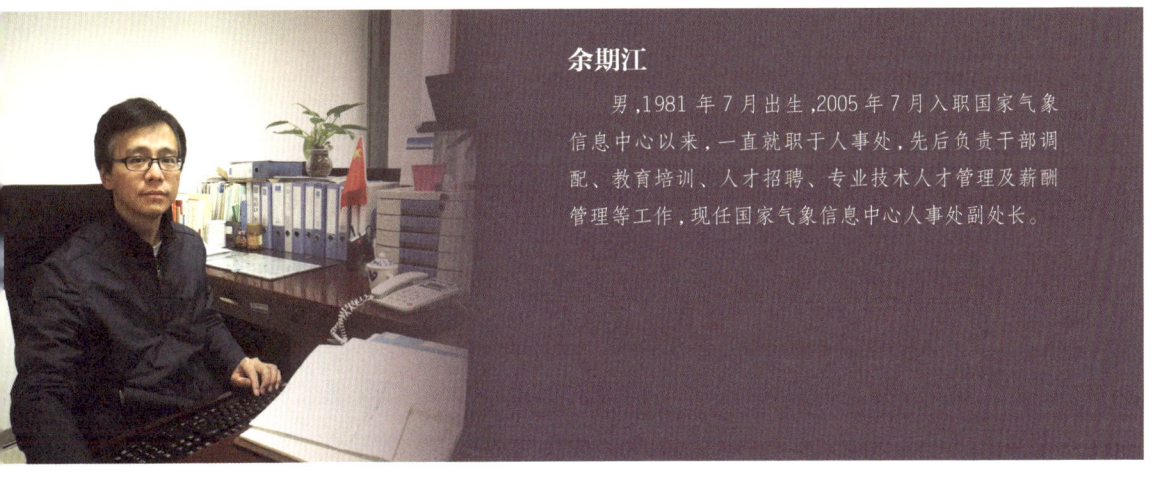

余期江

男，1981年7月出生，2005年7月入职国家气象信息中心以来，一直就职于人事处，先后负责干部调配、教育培训、人才招聘、专业技术人才管理及薪酬管理等工作，现任国家气象信息中心人事处副处长。

砥砺前行 岁月如歌
——信息中心成立十五周年以来人事人才工作回眸

砥砺前行，岁月如歌。今天，我们站在新中国成立七十周年的历史节点上，回顾国家气象信息中心（以下简称信息中心）成立十五周年人事人才工作的点点滴滴，感到无比的光荣和自豪。

这十五年，是信息中心砥砺前行、发展转型的十五年，也是信息中心人事人才工作创新发展、干部和人才队伍建设不断取得成就的十五年，宛如歌声萦绕耳畔。

一、与时俱进 人事制度体系逐步完善

成立至今，着眼于长远发展，信息中心先后出台40余项人事人才管理办法和规章制度，覆盖干部管理、职称评审、人才引进、岗位设置、人才培养与激励、在职教育、考勤管理和档案管理等人事人才大部分方面，有效解决了人事人才规章制度从无到有的问题，为信息中心人事人才工作的开展提供了制度保障，逐步构建了符合信息中心实际的人事制度体系和工作机制。

二、规范从严　干部队伍建设不断加强

十五年来，信息中心始终坚持党管干部原则，树立正确选人用人导向，规范干部选拔任用，从严从实做好干部管理工作，着力把好干部选出来、用出来，努力建设一支忠诚干净担当的高素质干部队伍，为事业快速发展提供坚实保证。

规范选拔任用，干部队伍建设取得成效。严格执行《干部选拔任用工作条件》和新时期好干部标准，认真贯彻执行党的干部路线、方针、政策，制定出台《国家气象信息中心处级领导干部选拔任用工作流程》，健全完善干部选拔任用制度。严把选人政治关、品行关、能力关、作风关和廉洁关，切实提高干部选拔任用工作的透明度。十五年来，信息中心先后有近60人次被提任为处级领导干部。处级领导干部队伍的年龄、学历和职称结构得到逐步优化，平均年龄较成立之初年轻2岁，具备高级职称的人数比例增加了近20%；具有硕士以上学位的人数比例较成立初提高了60%。

重平常抓日常，严格干部监督管理工作。坚持党委与处级单位主要负责人集体廉政谈话、签订廉政责任书制度，坚持述职述廉。监督处级干部权力运行，重点防控工程项目建设、科研经费等违规使用风险。认真做好领导干部个人有关事项报告、因私出入境证件管理、干部人事档案专项审核等工作，推动从严监督管理干部常态化长效化。逐步健全干部考核机制，组织开展年度考核、试用期满考核，不断强化考核结果运用，通过轮岗交流、推进干部能上能下等方式，切实增强干部的忧患意识、责任意识和发展意识。近10年，开展处级岗位交流40余人次。

三、引育并重　人才队伍素质逐步提高

十五年来，信息中心始终坚持党管人才的原则，把人才作为事业发展的第一资源，认真贯彻落实中国气象局党组提出的人才强局发展战略和工作思路，围绕气象信息技术现代化发展的业务需求，着重于高端人才、青年人才的引进和培养，多措并举实现了信息中心人才队伍动态更新和结构优化，总体年龄结构趋于合理，高级专业技术人数不断增加，科技领军人才逐步涌现，队伍技术创新活力不断增强，人才竞争力显著提高。

人才梯队建设稳步推进。成立人才工作领导小组，2016年印发《国家气象信息中心人才队伍建设行动计划（2016–2020）》，统筹推进人才工作，制定多种行动计划和工作任务，全面加强对领军人才、骨干人才、青年科技人才和管理人才队伍的建设和培养。加强创新团队建设工作，制定实施《国家气象信息中心创新团队建设与管理办法（试行）》；加强创新团队考核和激励，制定实施《国家气象信息中心创新团队成员创新津贴分配办法（试行）》。按照人才成长规律和科技创新活动规律，加强对各类人才计划的系统整合和有机衔接，建立"国省合作培养模式"，构建了独具特色的人才合作培养方式。

人才队伍结构不断优化。学历层次显著提升，这主要得益于信息中心自成立以来一直以人才引进和在职教育为两增长点，在积极引进优秀人才的同时，大力支持和鼓励在职职工参加在职教育，引导职工树立终身学习和刻苦求知意识。十五年来招聘的毕业生中目前在岗人数为138人，占现有职工的56.1%；近40人通过在职教育获得硕士以上学位。具有硕士以上学位的职工占比由成立之初的6.4%增至目前的69.5%，提高了63%，其中，博士学位人数从成立之初的1人增加至目前的46人，硕士学位人数从成立之初的15人增加至目前的125人。高学历人才的涌入为信息中心武装起雄厚的知识资源，推动气象信息事业的迅速发展。职称结构已有较大改善，职称方面取得较大成绩。成立之初，信息中心高级职称占比仅为29.5%，目前占比为54.9%，在人数上也有较大幅度增长，2004年信息中心具有高级职称人数为74人，目前为135人。年龄结构实现优化，中青年骨干力量增长明显。成立之初职工平均年龄为41.9岁，目前为40.7岁，整体年轻了1.2岁；45岁以下职工比重2004年为59.6%，目前为66.7%，提高7个百分点。

高端人才队伍不断壮大。十五年来，获享受国务院政府津贴4人，入选中国气象局领军人才2人，入选中国气象局青年英才计划3人。组建中国气象局攻关团队1个；组建信息中心创新团队2个，60人入选团队成员；引进海外专家1人作为首席科学家主持气象科技创新工程。正高级职称人数达28人，为成立之初的3倍。5人获得专业技术二级岗位任职资格。

青年培养力度持续增强。不断推出培养和激励青年职工奋发向上的措施和办法，通过资金支持、奖励等各类活动，推动优秀青年科技人才脱颖而出，营造积极向上的人才成长氛围。2010年起设立专项青年科技基金，重点扶持鼓励35岁以下青年技术人员开展创新性技术研究，或是支持业务工作的小型技术研发项目，目前已先后资助了70余个研发项目，部分成果已在业务工作中得到应用。2012年制订实施《国家气象信息中心优秀青年科技人才评选及奖励办法（试行）》，先后有48名青年技术骨干获得奖励。2013年印发《关于鼓励专业技术人员发表科技论文的暂行规定》，鼓励信息中心职工在国内外正式出版的核心期刊上发表科技论文，激发职工技术创新和科学研究热情，目前已有78人次获得奖励。这些激励已成为信息中心青年科技人才积极投入业务和科研工作的一种动力，同时也为信息中心遴选出一批优秀青年科技人才，引导和帮助他们快速成长。

技术水平瞄准国际化视野。邀请国内外相关工作领域的专家来信息中心进行学术交流、讲座或短期工作。这些活动，使大家能够了解到本领域国内国际最新进展，开阔眼界，引入了不同技术思路和方法，也了解到气象信息技术发展历程和未来需求，为信息中心的业务发展提供技术方法上的方向性参考。利用各种渠道和资源，积极选派职工赴国外开展学术交流、访问进修等。十五年来，信息中心职工参与国际培训、访学交流等达数百人次。

四、深化改革　人才创新活力不断释放

十五年来，信息中心通过规范岗位聘用、落实职称制度改革、实施绩效工资、优化技术岗位、加大科技创新激励等一系列举措，为各类人才脱颖而出营造良好的发展环境，调动人才的积极性、主动性和创造性，充分释放人才的发展活力。

稳步推进岗位聘用管理。从2008年初次开展上岗工作以来，按照中国气象局的有关政策要求，稳步推进由身份管理向岗位管理的转变，在严格限额管理、严格竞聘程序上下功夫，坚持公平、公开、公正原则，并根据信息中心业务发展需要，及时调整机构与岗位设置，积极开展各级各类岗位晋升和招聘工作，逐渐形成了能者上、庸者下的良性竞争氛围。

推进落实职称制度改革。根据中国气象局职称改革总体部署，信息中心积极开展职称自主评审工作。印发实施职称评审办法，修改职称评审条件，建立职称评审专家库，完善了专家遴选机制和工作程序，健全和规范了评审程序，促进了队伍活力的提升。

优化内部技术岗位设置。2018年印发《国家气象信息中心岗位优化设置办法（试行）》，科学设置研发、运维、服务3大领域的首席、副首席、关键岗、中级岗、初级岗和见习岗等6个层级的技术岗位，构建面向未来技术发展趋势的能力框架。制定并落实《国家气象信息中心岗位优化设置2018年工作实施方案》。组织内部公开竞聘，坚决破除"四唯"，一批40岁以下青年科技骨干脱颖而出，首席、副首席岗位青年占比65%，关键岗占比68%，初步取得预期成效。

健立健全激励考核机制。实施与专业技术岗位相配套的激励机制，为广大技术人员开辟一条成长通道、提供施展才能的舞台。制定实施《国家气象信息中心绩效工资实施方案（试行）》，进一步完善激励机制，建立与岗位职责、工作业绩和实际贡献相联系的绩效工资分配制度，发挥绩效工资分配的激励导向作用，加强奖励性绩效分配自主权，增强处级领导责任，提高绩效分配合理性与激励作用。制定实施《国家气象信息中心首席和副首席考核办法（试行）》，强化岗位职责，健全考核机制，形成优胜劣汰、能上能下、动态管理的用人机制，切实发挥好首席和副首席的引领作用。

加大科技创新激励力度。落实国家与中国气象局相关科技创新、人才激励政策，营造积极向上、勇于创新的氛围，促进科技人才快速成长。贯彻落实中国气象局《关于增强气象人才科技创新活力的若干意见》精神，细化配套措施，印发《国家气象信息中心数据应用创新服务管理办法（试行）》，完善气象科技成果转化收益分配制度，促进科技成果转化应用，激发数据创新应用活力；印发《国家气象信息中心科技服务和科技成果转化收支管理办法（试行）》，进一步落实局文件精神，加强中心科技服务和科技成果转化收支管理。

国家气象信息中心作为中国气象局气象数据中心和国家气象科学数据中心,面向社会和公众提供普惠的气象大数据服务,推进气象大数据跨领域融合应用,为国家科技创新、经济社会发展提供气象数据共享服务。

国家气象信息中心成立伊始,便将气象数据带到国际展会上,尤其在中心转型发展中,陆续参加了多个影响力广泛的国际、国内相关展会,让权威、开放的气象数据加工定制服务遇上了千变万化的市场需求,两者在展会上发生剧烈化学反应,让具有无限可能的气象数据找到了通往现实的道路。

撰稿:刘钊　审稿:张志强　关栎桐
资料提供:关栎桐　吴雪媛　杨笛　姜筱玮(按姓氏笔画排序)

对外宣传:让有心的人与有用的数据相逢

> 玉虽有美质,在于石间,不值良工琢磨,与瓦砾无别。
> ——《贞观政要》

气象数据,来源遍布全球,内容包罗万象。国家气象信息中心(简称信息中心)收集、整理了海量的优质气象数据。这些数据一方面保障了气象业务的正常运转,另一方面,它如同一块山中的璞玉,仍有许多亟待挖掘的潜在价值,等待有识之士的开发。"酒香也怕巷子深",为了最大化气象数据价值,广揽能工巧匠来雕琢这块璞玉,宣传必不可少。

信息中心一贯重视对外宣传工作,早早便将气象数据带到国际展会上。自2015年以来,在信息中心转型发展中,对外宣传更加得到重视,信息中心陆续参加了多个影响力广泛的国内外相关展会,气象数据的曝光度明显增强。

一、数据共享试点工作打响知名度

——高点起步:初出茅庐天下闻

2004年6月30日,一场国际盛会在北京召开:以"服务业——世界经济发展的新动力"为主题的首届"中国国际服务业大会和展览会"。这场展会展示了中国服务业发展成就和巨大市场前景，推动中国服务业全方位、多层次、宽领域的对外开放，促进中国服务业的发展。展会规模近18000平方米，参展单位400余家。信息中心也参与到这场盛会中，向全世界展示了新组建的国家气象信息中心的基本情况和中国兴农网（为三农服务的网站）。

第一步迈出，便已志存高远。参加这次展会，是信息中心外宣工作的一个起点。此后，信息中心配合中央电视台筹备拍摄了2005年全国科技周专题片《超级计算》，并参与全国气象科技大会成果展。2006年，随着气象科学数据共享试点工程取得进展，国家气象信息中心成为新闻关注的焦点。

拆除数据壁垒一向为我国科研工作者所关注，当年的传统观念是数据资源由单位或个人所有，大家都希望获得共享的利益，但又舍不得把手中的数据和资料提供出去，科研机构因相互封锁而造成了事实上的科学"壁垒"，情况一度严重到我国科学家需要青藏高原数据还要向日本相关机构申请的地步。

2001年，时任科技部部长徐冠华选择了数据共享工作基础较好的气象部门为试点，经过数年准备，到了2006年，这项工作已经初见成效，吸引来众多媒体集中报道，一时传为美谈。

2006年4月1日，《中国气象报》打响了集中报道的第一枪，一篇《数据壁垒是这样被拆除的》讲述了数据共享工作的来龙去脉。4月26日，新华社的《我国初步建成全国气象科学数据共享服务网络》报道了此事，影响力得以扩大。紧接着，《科技日报》以《气象科学数据2010年全面共享》作了报道。

到2006年年末，中国气象局发布《中国均一化历史气温数据集》，已经认识到气象数据新闻潜力的各家主流媒体迅速跟进报道。新华网报道《中国气象局发布〈中国均一化历史气温数据集〉》，《科学时报》报道《我国完成首个均一化气温数据集》，《科技日报》报道《我国均一化气温数据集建成》，中央电视台也在新闻频道和综合频道播出《真实反映我国近五十年气候变化均一化历史气温数据集问世》。

在这一年，信息中心虽然刚刚成立不到三年，但配合数据共享工作的进展，迅速掀起了一个外宣工作的小高潮。共享便捷、富有价值的气象数据，初次借着数据共享工作的机会，走向更为广阔的天地，便闻名天下。

二、数据共享目录带来转型机遇

——转型发展：借数据开放东风，扬外宣工作高潮

2006年之后的十年间，国家气象信息中心的外宣工作在有条不紊中蓄积着力量。在中央电视台拍摄的专题片《引领科技创新的旗帜》中，有信息中心的身影；在世界气象日开放活动中，有信息中心的身影；在北极阁气象博物馆"现代气象展示厅"中，也有信息中心的身影。

这十年的历练，也是一种能量的积蓄。2015年，蓄积的力量找到了最为适宜的发力点——这一年，中国气象局正式对外公布《基本气象资料和产品共享目录（2015年）》。这份目录的发布，标志着气象数据共享走入了全新的阶段。中国气象局加大气象数据开放力度，依托中国气象数据网作为公共气象数据开放共享平台，面向全社会提供公益、平等、普惠的气象大数据服务，致力推动气象部门与社会各领域合作共赢、众创发展。因此，信息中心也需要承担起更大的向社会开放气象数据的使命，承载着更多的向社会宣传气象数据、科普气象数据共享政策的使命。

在这样的背景下，更丰富、更多元、影响力更广泛的外宣工作呼之欲出。2016年第十三届中国—东盟博览会，国家气象信息中心携北京全球信息系统、CMACast卫星广播系统和中国气象数据网亮相气象装备和服务展。此次展览是中国气象装备和服务领域的现代化成果首次亮相中国—东盟博览会。本次展会通过北京全球信息系统和中国气象数据网的展示，东盟各界及国内各地用户了解到国家气象信息中心是中国唯一取得WMO认可并授权参与全球气象资料收集和分发业务的权威机构，具备提供国际、国内气象数据服务的实力。展会期间，柬埔寨及国内专业代表就通过国家气象信息中心获取气象数据和产品相关服务达成了初步的合作意向。

2017年世界气象日，信息中心通过宣传栏以及新媒体传播方式开展了一系列的科普宣传活动，内容包括微信集赞赢好礼、邀请好友注册赢好礼，活动在微信朋友圈、微博和QQ之间相互转发，对宣传世界气象日主题，吸引公众了解气象数据，学会使用气象数据起到了良好的效果。2017年世界气象日活动当天，国家气象信息中心展台经过精心布置，针对不同社会人群设置多个活动，引导公众了解中国气象局数据的功能定位以及气象数据下载途径。少年儿童通过"涂涂乐"活动加强对中国气象数据网的服务理念和网站LOGO的认知；科研用户和专业用户通过问卷调查提出对数据网未来发展的意见建议。同时设立专家咨询区，组织"气象数据前世今生"专题讲座，及时解答公众对气象数据的问题，借此机会进一步收集用户需求，为气象数据进一步开放共享以及网站功能升级提供参考依据。

2017年气象科技活动周，国家气象信息中心围绕"科技强国 气象万千"的主题，以"气象数据的生命周期"为主线对现代气象信息业务发展进程中有代表性的成就进行重点展示，包括现代气象信息业务、气象通信发展历程、北京全球信息系统中心、中国气象局卫星广播系统（CMACast）、气象高性能计算机能力建设、全国综合气象信息共享平台（CIMISS）、中国气象数据网、气象业务内网、气象资料质量控制及多源数据融合与再分析。

2017年云栖大会，信息中心第一次参加顶级峰会采用了丰富多样的展示形式，在传统的展板及宣传片展示基础上，首次引入虚拟现实（VR）、"小球大世界"、触摸屏等专业设备来突出展示气象现代化成果，吸引了多家媒体记者前来采访报道，数万余人前来参观。信息中心也借此推广了自己的气象数据产品，彰显了中国气象局气象数据中心的权威地位。

2018年世界气象日，信息中心利用丰富多彩的活动吸引了社会各界和广大公众的目光。此次信息中心首次借助新媒体，搭建主分会场连线通道，并全程进行网络直播，利用互联网智能高速的特点，使得此次气象开放日的活动不再仅局限于现场，即使远在千里之外，也可轻松参与信息中心的线上活动并观看现场活动直播，使智慧气象得到了充分的体现，视频互动连线活动也得到了中国气象局领导的高度肯定。此外，中国气象数据网重磅推出的吉祥物凤凰"小据"此次也作为神秘嘉宾惊喜亮相主会场，寓意着气象数据开放共享服务社会，造福民生，为生态文明、美丽中国建设贡献我们的智慧气象。

2018年气象科技活动周，国家气象信息中心倾力打造的几大现代气象信息业务"明星"携手亮相气象科技成果展：流动的气象数据、气象通信、气象综合业务实时监控系统"天镜"，国产气象超算系统"派－曙光"，中国气象数据网及多源数据融合与再分析体系四大"明星"，向公众展示了气象数据流动的全过程。此次重磅推出的三维球元数据展示也深受公众欢迎。该网站是信息中心作为中国气象局气象数据中心在世界天气监视网及全球气候服务框架、地球观测系统中的全面呈现，同时也是信息中心进一步加强气象大数据资源汇聚、高交互性前端、数据服务专业化等方面能力的重要举措之一。

三、原来，气象数据还可以这样用

——拓宽思路：由扩大知名度，到直面专业用户

通过丰富多彩的外宣活动，气象数据的知名度进一步扩大，但国家气象信息中心外宣的主要对象仍有所局限。在2018年举办的中国国际大数据产业博览会（简称数博会）上，这个限制被打破了，在这里，信息中心第一次真正意义上地面向行业专业用户进行外宣。

数博会作为全球首个大数据主题博览会，现已成为全球大数据发展的风向标和业界最具国际性、权威性的平台，来自全球的数据精英、大数据大企业汇聚一堂。为了准备此次展会，信息中心在原有的参展技术上也进行了升级，首次面向社会行业用户展出三维球元数据触屏展示，从流动的气象数据、智慧气象创新应用、中国气象数据网等方面，围绕"气象数据能做什么""我们有什么气象数据"以及"我们的气象服务能力"三个方面突出展示气象信息现代化应用成果。

由于此次大会多是行业专业用户前来参观，也因此在气象数据定制化服务等方面吸引了不少关注，多家媒体记者均前来采访报道。中国气象网、中

国气象数据网、贵视网、搜狐网等媒体发布了多篇原创性报道，多篇报道被新华网、中新网、凤凰网资讯频道、今日头条、快资讯、新疆兴农网等网站转载。一定程度上，促进了气象数据应用、气象大数据建设成果等内容的传播推广。大数据产业博览会前期，新华网转载数博会组委会报道《大数据让农业更有"智慧"》，为整个活动的开始预热。2018年5月26—27日，中国气象数据网官方微博发布《习近平发贺信的数博会 再不了解你就落伍了》《2018年中国国际大数据产业博览会开幕》等6条消息，中国气象数据网微信公众号发布《习近平发贺信的数博会 再不了解你就落伍了》《数博会 | 国家气象信息中心带你揭秘农业背后的大数据密码》，被凤凰网、今日头条等网站转载。5月31日，中国气象网报道《气象数据亮相2018年中国国际大数据产业博览会》，被中新网、快资讯、新疆兴农网等网站转载。

这次大会展示出国家气象信息中心作为中国最权威的气象数据中心在数据加工与服务领域的能力和水平，而与专业用户的直接接触，更让数据共享工作受益匪浅。专业用户带着各异的需求而来，大大拓宽了信息中心相关工作人员的视野，更为今后的工作开拓了思路——"原来，气象数据还可以这样用"。

此后，2018年中国—东盟博览会（简称东博会），信息中心向中外来宾介绍了自己作为中国气象局气象数据中心承担的气象数据全流程管理的主要内容，并对CMACast、基于CMACloud的气象数据服务系统、中国气象数据网等进行了详细的介绍。多个东盟国家气象水文部门的代表先后参观了信息中心的展台，并就气象信息化相关内容进行交流。东博会是中国与东盟国家加强区域气象技术和产业合作的重要机遇，通过此次展示，使东盟各国及国内各界用户了解到国家气象信息中心作为中国气象局气象数据中心，目前已充分具备了提供国内外气象数据服务的强大实力。

2018年"共享杯"全国大学生科技资源共享服务创新大赛，经历长达6个月的筹备，2个月紧锣密鼓的外宣，跑遍十几所城市，覆盖几十所高校，上万名学生。该系列活动使得气象数据真正地"走进校园"，面对面地与学生交流气象数据的获取使用,解读气象数据开放共享政策。通过此系列活动,一方面每年都有数十位学生利用信息中心的气象数据做相关研究并获得了奖项,另一方面成功扩大了中国气象数据网在大学生群体中的影响力,同时建立了与高校的联络机制。

2019 年世界气象日,气象数据科普展示区提供了丰富多彩的线下趣味科普活动,引导公众关注"太阳、地球和天气"。利用推出的"寻找最美天空"气象摄影大赛,推广全民参与中国气象数据网社会化观测。吉祥物"小据"精彩亮相世界气象日开放活动启动仪式,吸引了众多参观者拍照互动;"趣味涂涂乐"活动深受小朋友们的喜爱,在他们的画笔下,太阳和地球的样子也变得更加的生动有趣。中国气象数据网也积极借势开展线上互动活动,组织"走进校园"——南京信息工程大学分会场直播互动,在主分会场同时开展气象开放日活动并进行网上同步直播,广受好评。信息中心抖音官方号于 2019 年世界气象日正式启动运营,合力微信、微博开启"两微一抖"新媒体运营布局。通过抖音短视频、微博话题榜、微信小游戏和线上直播等新颖的互动方式,增加了公众对气象数据服务的关注度和积极性,为后续新媒体宣传活动提供了良好的基础。

2019 年气象科技活动周,国家气象信息中心科技创新成果亮相南京主会场的新中国气象科技成就展,其中"天镜系统"获得十大最受观众喜爱科技成果展项。经过 70 年砥砺发展,信息中心取得了一系列科技创新成果,建成天地一体化气象通信系统,数据和业务全流程的实时监控系统"天镜",为气象模式提供关键支撑的"派-曙光"高性能计算系统,为社会和公众提供公益、平等、普惠的气象大数据服务的中国气象数据网等。本次展示在传统的展板、宣传片等基础上,还引入了历史天气过程三维重现等触摸式用户交互体验设备,为参观者带来丰富深入的科普体验。信息中心融合多源气象数据研发多层次的高分辨率立体化网格数据(CRA-40),同时为了让用户更好地使用高分辨率数据,实现了 2018 年登陆中国的全部 10 个台风三维可视化仿真重现,真实再现了既具有微观场景的精致细节又具有全局范围视角的台风生消过程,这种三维重现对预警预报和防灾减灾具有重要的指导意义。

2019年第二届数字中国建设峰会,国家气象信息中心携中国气象数据网、小据盒子等主要建设成果亮相成果展览会,同时受邀开展了"共创数据价值,推动气象数据共享应用"主题成果发布会,吸引了广大企业和公众关注。在展会举办期间,通过信息中心官方新媒体矩阵进行新闻推送和宣传,展示信息中心积极在大型数据展会中走出去的姿态。活动期间主要采用微信公众号文章发布、微信评论、微博话题榜等新颖的互动方式,线上线下同步开展科技创新成果科普宣传。

四、由"几块展板"到宣传矩阵
——走向成熟:外宣手段一再进化

参加各种活动,如展会、世界气象日开放活动,是外宣工作的题中应有之义。在活动中与有需求的用户直接接触,或吸引媒体报道,也是拓宽思路、扩大影响力的不二法门。时代在变化,在这个信息高速流动的时代,仅仅做到这些是不够的。如今,人人都要学会自我宣传。国家气象信息中心的外宣工作,也走上了多元化的道路,一系列新媒体平台陆续上线:

2015年6月,中国气象数据网官方微博上线。

2015年9月,中国气象数据网官方微信上线。

2017年7月,中国气象数据网今日头条号和百度百家号上线。

2018年7月,中国气象数据网官方知乎上线。

2019年3月,中国气象数据网官方抖音上线。

短短数年间,信息中心的宣传矩阵,已然初步成型。微博微信运营吸引了30万+目标受众和用户,月阅读量1000万+,在人民日报和微博联合发布的《2018年度人民日报·政务指数微博影响力报告》中,中国气象数据网荣获2018年度影响力气象微博。

从宣传矩阵构建之初，国家气象信息中心便根据不同媒体的特点，分别设置各有侧重的宣传任务。例如新浪微博，关注人数多、发声迅速，传播广，因此重点在于负责官方发声、话题引导、信息收集等。而微信公众号用户黏度更高，适合发布较长文章，因此重点为用户承接、日常黏性内容发布、活动导流等。

这样的分工，使得媒体运营的效率得到提高。信息中心得以用有限的精力，完成更有效的宣传。

中国气象数据网官方微信以图文并茂的形式每天向用户群发3条消息，内容为天气信息、气象科普等内容。主要栏目包括《小据看天气》《气象人物志》《小据科普》《历史今日》《小据"话"图》等。除了科普干货和气象相关的文章，中国气象数据网还格外注重气象人文，时刻不忘宣传气象精神。

相比微信，中国气象数据网官方微博格调更为轻松，主要栏目包括《小据say 猫宁》《小据说晚安》《小据天气预报》《小据天气播报》《小据科普》《小据有生活》，整体更为贴近生活。

线上经营，还需线下收获。经过数年运营，国家气象信息中心媒体矩阵实现了线上线下互动运行，以求得 1+1>2 的效果。在重要展会和活动期间，利用新媒体同步进行活动宣传，已经成为一种成熟的模式。。

在2018年世界气象日开放活动之前，信息中心在线上通过微博话题榜、微信小游戏、微信征文、线上直播、小据表情包、儿童涂涂乐比赛等新颖的互动方式，提前半个月进行气象日宣传预热活动。到了2019年世界气象日，活动当天中国气象数据网抖音号正式开启运营，合力微信、微博开启"两微一抖"新媒体矩阵运营布局。通过抖音短视频、微博话题榜、微信小游戏、线上直播活动等新颖的互动方式，增加了公众对气象数据服务的关注度和积极性，不论是从粉丝增长量还是文章阅读量上来看都取得了突破性进展，借助"3·23"世界气象日活动，极大地宣传了中国气象数据网。2019年3月23日活动当天，中国气象数据网官方抖音号正式上线，当日新增粉丝

2.4万，播放量高达75.8万，获得点赞2.9万。微信小游戏"小据识天气"吸引了500余人参加互动。微博话题"那些年让我们最难忘的天气"阅读量达3053.3万，话题讨论1.2万，吸引中国气象局、天文在线、江西气象微博等众多知名大V进行转发互动。开放日当天在微博、微信实时发布现场活动照片，使公众更加了解气象日开放活动，打造中国气象数据网在社会化媒体平台上提供面向公众、惠及民生的气象数据服务领导地位。

在2019年气象科技活动周期间，信息中心线上微博直播活动反响热烈，共吸引超过114万人次参与。工作人员直播带领大家"逛科技周"，除了现场的科技成果介绍，还有丰富多彩有趣的互动。

从活动、展会，到报纸、网络，再到微信、微博、抖音，国家气象信息中心如今的外宣工作，与不断取得进展的业务工作相得益彰，一同走在高速前进的大道上。随着大数据应用的进一步推广，气象数据的"用武之地"也将更加广泛。信息中心外宣工作必将砥砺奋进，让有心的人与有用的数据，总能相逢。

王玲

原国家气象信息中心工会副主席。从事工会工作多年,热爱工作,热爱生活。每年组织开展多项健康向上、丰富多彩的文体活动,使广大职工在繁忙的工作中缓解压力,放松心情。

我们是相亲相爱的一家人

2004年11月,国家气象信息中心(以下简称信息中心)工会成立。在国家气象信息中心党委领导下,信息中心工会发挥其独特优势,扎实有效地开展工作,最大限度发挥职工主体作用,激发工会活力。

弘扬典型

休言女子非英物,夜夜龙泉壁上鸣。资料服务室数据分析与服务科荣获中华全国总工会"全国五一巾帼标兵岗"荣誉称号。

资料服务室数据分析与服务科全体

慰问职工

每逢新春佳节,国家气象信息中心领导看望慰问坚守工作岗位一线的职工,向他们致以新春的祝福!

有困难找工会,信息中心工会既是党联系职工群众的有效途径,也是工会发挥其职能作用的生动体现,当职工遇到困难时,工会组织会及时送去温暖。

国家气象信息中心领导慰问天镜厅春节值班职工

国家气象信息中心领导慰问电话总机春节值班职工

夕阳无限好 晚霞别样红

为退休职工举办欢送会,是人文关怀的体现。祝愿他们在开启新的人生篇章时,能享受生活、老有所乐,谱写人生最美夕阳红!

程克诚同志光荣退休欢送会

做业务能力强人 做健康生活达人

信息中心工会积极组织各项文体活动。职工,是文体活动的主角,他们的参与是各项活动顺利开展的基础。普及性文体活动的开展,不仅为职工提供一个相互交流、切磋的机会,还提供了一个锻炼身体、展示自我的舞台,使职工们享受工作闲暇之余的乐趣。

中国气象局新春联欢会

春游

中国气象局广播体操比赛

登山比赛

趣味运动会

职工乒乓球比赛

职工羽毛球比赛

释放女性魅力

气质美如兰,才华馥比仙。妇女是人类文明的开创者、社会进步的推动者,在各行各业书写着不平凡的成就。信息中心工会针对"三八"妇女节组织了插花讲座、多肉植物栽培、草莓采摘等丰富多彩的活动,留下美好的纪念,体现了女职工自尊、自强、自爱、自立的精神,展示了新时代新女性健康向上、充满活力的精神风貌。

妇女节多肉栽培讲座

朝阳公园健步

参观草莓种植基地

工会工作是连接党和人民群众的纽带,要赢得职工的信赖和支持,就必须维护好职工的切身利益,及时把党的关怀和温暖送到职工身边。做好传统节日集体福利、春节困难职工慰问等工作,不断提升"送温暖"活动的普惠性,让职工群众有更多的获得感和幸福感。

在国家气象信息中心这个大家庭里,因为有你,我们的生活充满阳光;因为有你,我们的生活多姿多彩。我们是相亲相爱的一家人!

附录　国家气象信息中心成立 15 周年大事记

（2004—2019 年）

2004 年

3月30日，中国气象局副局长许小峰宣布了中国气象局党组决定，筹备组建国家气象信息中心（以下简称信息中心），将中国气象局原总体规划研究设计室的部分业务划转到信息中心。施培量任筹备组组长、王春虎任副组长。4月，信息中心开始独立运行。

7月12日，中编办批复中国气象局《关于中国气象局机构编制调整的批复》（中央编办复字〔2004〕105号），同意中国气象局总体规划研究设计室改建并更名为中国气象局气象信息中心。

中心领导班子成员：施培量、王春虎。

主要职责：（1）负责中国气象局国家级高性能计算机系统、骨干计算机网络系统、存储检索系统、CMA-Internet系统和气象通信网络系统的运行、管理、维护、建设和服务。（2）负责全国和全球地球环境数据的收集、处理、存档、管理、共享服务；负责建立和维护国家级公用气象信息数据库；负责气象数据的质量检验、评估；负责气象信息管理有关技术标准、规范建议的拟订。（3）负责国家级地球环境数据、高性能计算机、通信网络等基础气象信息资源面向全系统和全社会共享的实施。（4）负责与国家相关部委或部门（含军队）开展气象、水文、地球环境等数据的交换，以及相关业务系统的建设、运行和维护。（5）承担WMO亚洲区域气象通信中心的任务。（6）承担北京高性能计算机应用中心的任务。（7）承担中国气象局气象档案馆以及世界数据中心气象学科中国中心〔WDC-D（M）〕的任务。（8）承担全国气象行业业务系统的总体设计和气象现代化建设重大系统工程（项目）的咨询、论证、设计与评估。（9）指导区域级、省级气象基本业务系统总体设计方案的制订。（10）承担对省级气象信息系统的业务技术指导。

下设职能机构4个、业务部门4个、科技服务实体2个。分别为：办公室、业务科技处、人事教育处、党委办公室（监察审计室）、通信台、高性能计算机室、网络与存储系统室、气象资料室（中国气象局气象档案馆）、总体设计室、信息技术支持中心。

附录　国家气象信息中心成立15周年大事记
（2004—2019年）

各处级单位负责人：

- 办公室主任：韩喜臣
- 业务科技处处长：李集明
- 人事教育处处长：程晖
- 党委办公室（监察审计室）主任：周连福
- 通信台台长：孙修贵
- 高性能计算机室主任：田浩
- 网络与存储系统室主任：荣维枝
- 气象资料室主任：熊安元
- 信息技术支持中心主任：李昌明
- 总体设计室主任：齐小夏

人员编制： 定编310名，2004年正式职工251人。其中，管理岗位23人，业务岗位147人，科技服务76人，待岗人员5人（人才交流站）。学历层次：博士1人、硕士15人、大学学历119人、大专学历60人、中专和高中及以下56人。职称结构：正研级高级工程师9人，高级工程师65人，工程师100人，助工和技术员56人。

2005 年

2005年是信息中心完全独立运行和各项工作全面推进的第一年。

1月17日，全国宽带通信网络项目建设启动实施，历时近一年，于12月23日完成了31个省（自治区、直辖市）到北京宽带通信网络系统的开通。

3月17日，中央机构编制委员会同意中国气象局气象信息中心更名为国家气象信息中心（中央编办复字〔2005〕34号）。

5月16日，完成新旧国际气象通信系统业务切换，第三代国际气象通信系统投入业务运行。

6月1日，2004年引进的IBM Cluster 1600完成建设调试，开始投入运行。该系统在2005年6月的全球高性能计算机系统TOP500排名中位列第18。

6月23日，李集明、周林任信息中心副主任。

7月18日，完成"国家—省级天气预报电视会商及会议系统"工程建设任务。构建了以信息中心为主控，中央气象台、国家卫星气象中心、华风影视中心及31个省级气象局可同时参与的交互式天气预报会商系统。

11月3日，WMO秘书长米歇尔·雅罗参观信息中心。

2005年11月3日，WMO秘书长米歇尔·雅罗（左二）参观信息中心

11月22日，信息中心第一次党员大会召开，选举产生了信息中心第一届党委、纪委。

12月8日，经中国气象局直属机关党委批准，中共国家气象信息中心第一届党委、纪委正式成立。

中共国家气象信息中心第一届委员会（按姓氏笔画为序）由王春虎、田浩、孙修贵、李集明、李昌明、周连福、施培量、荣维枝、程晖、韩喜臣、熊安元11位委员组成。

施培量、王春虎、李集明、韩喜臣、周连福任党委常委,施培量任党委书记,王春虎任党委副书记。

中共国家气象信息中心第一届纪委(按姓氏笔画为序)由马宽军、王春虎、陈德泉、周连福、赵连钜5位委员组成。王春虎任纪委书记,周连福任纪委副书记。

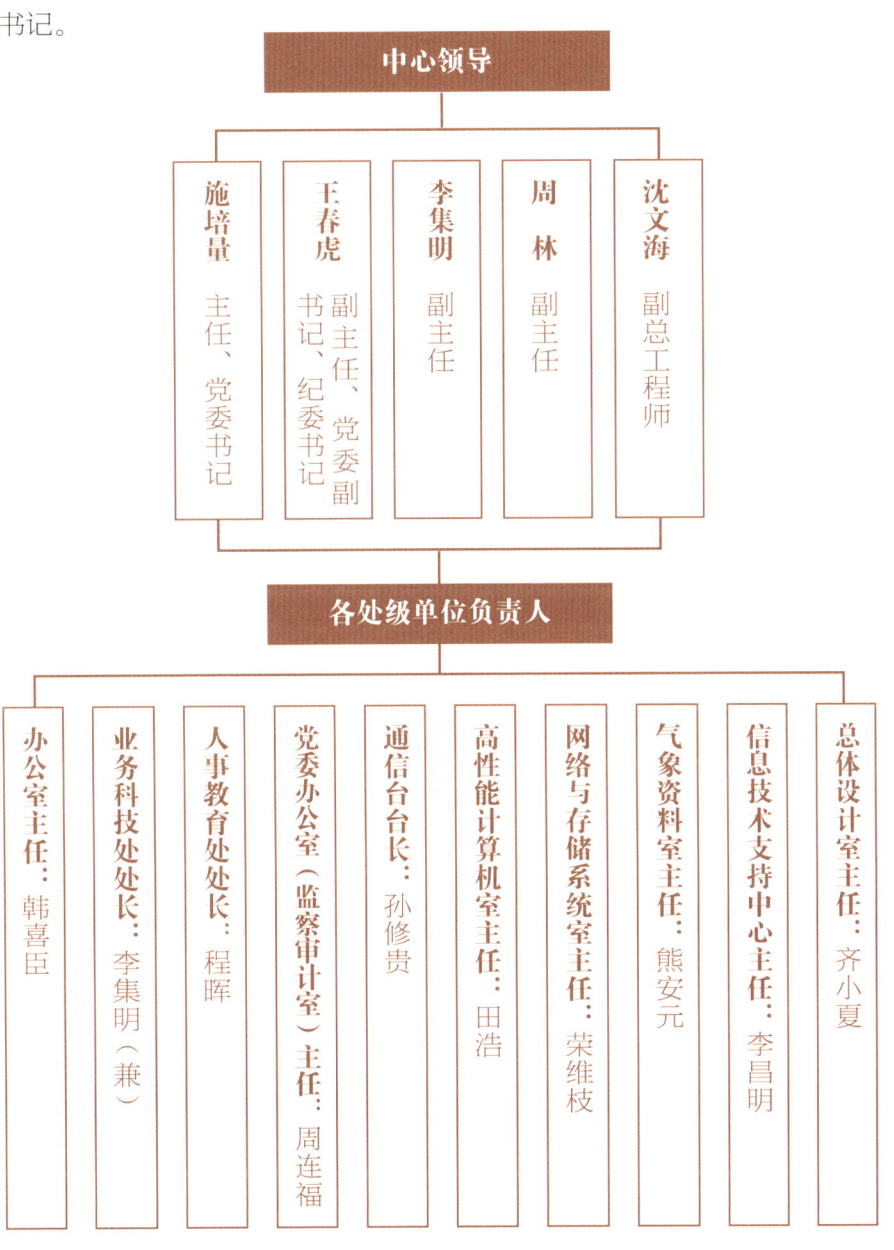

2006 年

3月7日,"气象科学数据共享试点阶段工作检查汇报会"在信息中心召开。会议由科技部组织,由多个部委专家组成的检查组,对"气象科学数据共享试点"立项以来取得的成果以及近阶段的工作进展情况进行了全面系统的检查。

12月1日,国家级气象资料存储检索系统 MDSS(Meteorological Data Storage System)综合数据库应用开发主体完成,投入业务试运行。

12月14日,"近50年均一化气温数据集推介发布会"在信息中心召开,正式宣布我国首个经过均一化检验订正、具有完全自主知识产权的气温数据集的制成。

12月15日,中国气象局批复《国家气象信息中心机构编制调整方案》(气发〔2006〕360号),信息中心内设机构及职责有较大调整,办公室加挂"计划财务处"牌子,人事教育处加挂"离退休干部办公室"牌子。

调整部分内设机构职责并更名:(1)高性能计算机室更名为计算机室,将属于网络与存储系统室的存储系统运行管理职责调整到高性能计算机室。(2)网络与存储系统室更名为网络室,加强该室对网络应用支持的职责(包括 Internet、Email、Notes 办公自动化系统等);增加全国宽带网管理和省级网络设备的维护职责;增加 CMA 网站、国家级农网等网站的运行与维护职责。(3)总体设计室更名为总体设计与评估室。(4)增设技术开发室和视频与卫星室。

调整后有4个管理机构:办公室(计划财务处)、业务科技处、人事教育处(离退休干部办公室)、党委办公室(监察审计室);8个业务部门:通信台、计算机室、网络室、气象资料室(中国气象局气象档案馆)、视频与卫星室、技术开发室、总体设计与评估室和信息技术支持中心。

12月22日,为了加强气象信息技术在气象领域的交流与合作,推动我国气象信息技术水平的提高,促进信息技术研究型业务工作持续发展,信息中心与中国气象科学研究院签署了合作共办《气象科技》协议。

附录　国家气象信息中心成立15周年大事记
（2004—2019年）

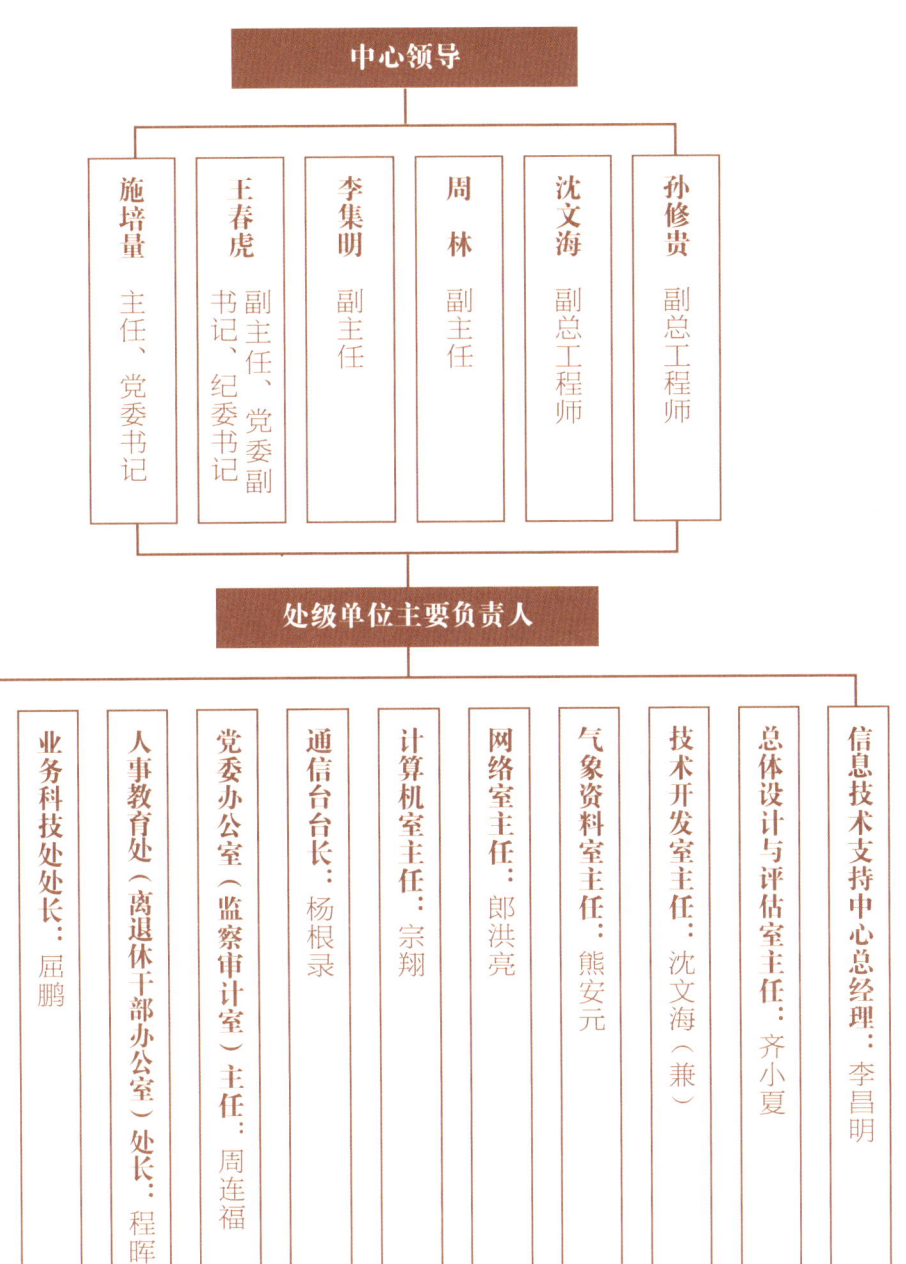

中心领导
- 施培量　主任、党委书记
- 王春虎　副主任、党委副书记、纪委书记
- 李集明　副主任
- 周　林　副主任
- 沈文海　副总工程师
- 孙修贵　副总工程师

处级单位主要负责人
- 办公室（计划财务处）主任：韩喜臣
- 业务科技处处长：屈鹏
- 人事教育处（离退休干部办公室）处长：程晖
- 党委办公室（监察审计室）主任：周连福
- 通信台台长：杨根录
- 计算机室主任：宗翔
- 网络室主任：郎洪亮
- 气象资料室主任：熊安元
- 技术开发室主任：沈文海（兼）
- 总体设计与评估室主任：齐小夏
- 信息技术支持中心总经理：李昌明

415

2007 年

1月18日,"气象信息共享(同城用户)座谈会"在信息中心召开,中国气象局副局长王守荣出席并讲话,主任施培量作题为《WMO 信息系统》的报告。

2月4日,网络室召开成立大会,中心领导施培量、周林出席会议。3月7日,技术开发室召开成立大会,中心领导施培量、李集明出席会议。12月7日,视频与卫星室召开成立大会,中心领导施培量、李集明、周林、赵德强出席会议。

4月23日,全国首届气象信息中心主任联席会议在京召开。

2007年4月23日,首届全国气象信息中心主任联席会议参会代表合影

7月26日,王春虎退休。11月26日,赵德强任信息中心专职党委副书记、纪委书记。11月,孙修贵退休。

附录 国家气象信息中心成立15周年大事记
（2004—2019年）

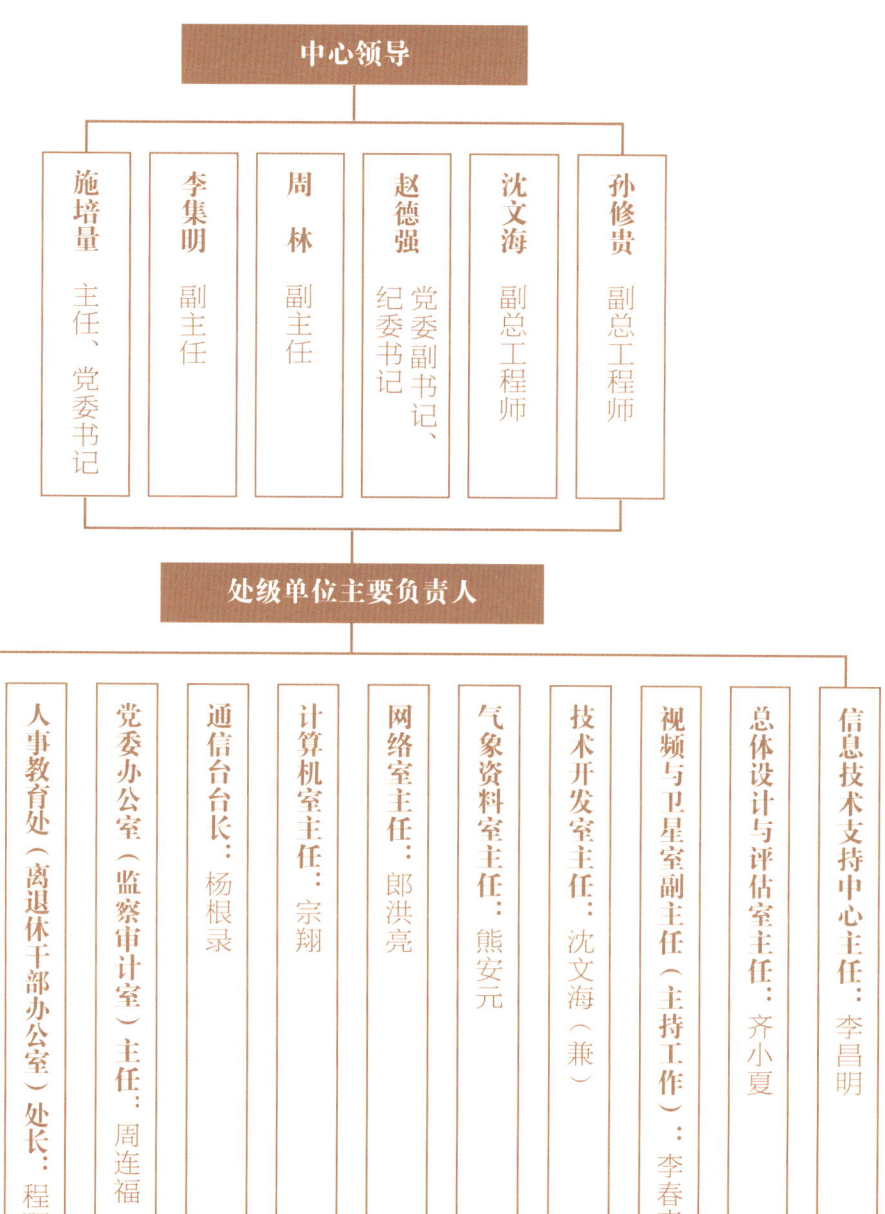

```
                          中心领导
    ┌──────┬──────┬──────┬──────┬──────┐
  施培量  李集明  周林  赵德强  沈文海  孙修贵
  主任、  副主任  副主任 党委副  副总    副总
  党委              书记、  工程师  工程师
  书记              纪委
                    书记

                  处级单位主要负责人
 ┌────┬────┬────┬────┬────┬────┬────┬────┬────┬────┬────┐
办公室 业务  人事  党委  通信  计算  网络  气象  技术  视频  总体  信息
（计划 科技  教育  办公  台台  机室  室主  资料  开发  与卫  设计  技术
财务处）处长：处（离 室（监 长：  主任： 任：  室主  室主  星室  与评  支持
主任： 屈鹏  退休干 察审   杨根录 宗翔  郎洪亮 任：  任：  副主  估室  中心
韩喜臣       部办公 计室）              熊安元 沈文海 任（   主任： 主任：
             室）处 主任：                    （兼）主持   齐小夏 李昌明
             长：   周连福                        工作）：
             程晖                                 李春来
```

2008 年

1月1日,肖文名挂职任信息中心主任助理。1月18日,中国气象局局长郑国光到信息中心视察指导工作并颁发工程甲级咨询资质证书。

2008年1月18日,中国气象局局长郑国光(左)向施培量(右)颁发工程甲级咨询资质证书

4月7日,全国气象基本信息标准化技术委员会(SAC/TC 346)经国家标准化管理委员会批准正式成立,依托单位信息中心,主要负责气象数据管理、档案管理、气象计算机网络等领域的标准化工作。施培量任第一届委员会主任委员,委员由来自中国气象局、国家卫星气象中心、中国气象科学研究院、中国气象局气象探测中心、北京区域气象中心、武汉区域气象中心、广州区域气象中心、新疆区域气象中心、成都区域气象中心、总参气象局、水利部、国家基础地理信息中心、空军装备研究所以及国家气象信息中心等单位的36位专家代表组成。

2008年4月7日,全国气象标准化技术委员会成立大会召开

附录　国家气象信息中心成立 15 周年大事记
（2004—2019 年）

4月21日，国家科技基础条件平台工作重点项目"气象科学数据共享中心"中期检查评估会在信息中心召开，中国科学院孙鸿烈院士、中国地质科学院李廷栋院士出席会议，来自科技部、中国科学院环境科学与技术局、中国科学院计算机网络信息中心、信息中心和中国气象局科技发展司的有关专家与会。

7月28日，总体设计与评估室划归发展研究中心。10月15日，信息中心组建"新一代天气雷达信息共享平台项目办公室"，项目办作为中心的临时机构，在中心领导下负责该项目的实施。

10月15日，信息中心成立"新一代天气雷达信息共享平台"项目办公室，熊安元任主任，赵芳、马强、李庆祥（兼）任副主任。"全国综合气象信息共享平台"（CIMISS）是信息中心成立以后承建的第一个大型业务系统项目，国家发改委于10月批复建设，总投资3.5亿元，立项名称为"新一代天气雷达信息共享平台"。

11月27日，在2008年全国重大气象服务总结表彰大会上，信息中心获得多项殊荣，视频与卫星室荣获2008年抗击低温雨雪冰冻灾害气象服务先进集体和2008年抗震救灾气象服务先进集体两项集体奖，通信台荣获2008年北京奥运会、残奥会气象服务先进集体奖。陈永涛、沈鸿斌、秦岩松、孙海燕、张斌武、王甫棣、李德泉等分别获得中国气象局表彰的2008年北京奥运会、残奥会气象服务先进个人、抗震救灾气象服务先进个人、抗击低温雨雪冰冻灾害气象服务先进个人奖。

12月30日，熊安元入选2008年度国务院政府特殊津贴。

中心领导

- 施培量　主任、党委书记
- 李集明　副主任
- 周林　副主任
- 赵德强　党委副书记、纪委书记
- 肖文名　主任助理
- 沈文海　副总工程师

处级单位主要负责人

- 办公室（计划财务处）主任：韩喜臣
- 业务科技处处长：屈鹏
- 人事教育处（离退休干部办公室）处长：程晖
- 党委办公室（监察审计室）主任：赵西峰
- 通信台台长：杨根录
- 计算机室主任：宗翔
- 网络室主任：郎洪亮
- 气象资料室副主任（主持工作）：周自江
- 视频与卫星室副主任（主持工作）：李春来
- 技术开发室主任：沈文海（兼）
- 公网部经理：马宽军
- 雷达项目办公室主任：熊安元

2009 年

1月19日，赵平任信息中心副主任。

2月13日，李集明不再担任中心副主任职务。

3月31日，《中国气象局过渡期内高性能计算机系统建设可行性研究报告》获得批复。当年完成过渡期神威4000A高性能计算机系统招标采购及安装调试，提供使用，在国庆60周年气象服务保障和我国积极参与国际气候变化研究和合作中发挥了重要作用。

5月25日，田浩任信息中心副主任，周林不再担任中心副主任职务。

7月14日，经中国气象局批准，技术开发室更名为数据应用服务室；信息技术支持中心更名为系统工程室。更名后信息中心的业务机构调整为7个，具体为：通信台、计算机室、网络室、气象资料室（中国气象局档案馆）、视频与卫星室、数据应用服务室和系统工程室。10月13日，根据中国气象局批复，成立信息中心退休干部办公室，同时将人事教育处更名为人事处。

10月13日，中国气象局党组书记、局长郑国光，人事司司长胡鹏出席信息中心干部大会，宣布中心主要负责人的调整，赵立成同志任信息中心副主任，主持工作；免去施培量的信息中心主任职务。

2009年10月13日，国家气象信息中心干部大会召开

10月21日，赵德强任信息中心副主任。

中心领导

- 赵立成　副主任（主持工作）
- 赵德强　党委副书记、纪委书记、副主任
- 赵平　副主任
- 田浩　副主任
- 沈文海　副总工程师

处级单位主要负责人

- 办公室主任：韩喜臣
- 业务科技处处长：屈鹏
- 人事处处长：程晖
- 党委办公室（监察审计室）主任：赵西峰
- 退休干部办公室主任：赵国勇（副处级）
- 通信台台长：杨根录
- 计算机室副主任（主持工作）：孙婧
- 网络室副主任（主持工作）：郭利
- 气象资料室副主任（主持工作）：周自江
- 视频与卫星室副主任（主持工作）：李春来
- 数据应用服务室主任：沈文海（兼）
- 系统工程室主任：熊安元
- 公网部经理：马宽军

2010 年

1月6日,信息中心发文《关于组建"新一代天气雷达信息共享平台"项目总体设计组和设立主任设计师的通知》,试点新的项目管理机制。

2月10日,赵立成任信息中心党委书记、主任。

2月10日,信息中心和中国移动北京公司举行共建科技创新示范基地授牌仪式。

3月25日,由信息中心牵头研制的"全国自动站多要素小时实时资料质量控制方案"通过专家论证,标志着我国实时和历史资料一体化业务流程逐步建立。

7月27日,"新一代国内气象通信系统应用软件项目"顺利通过中国气象局预报与网络司组织的业务验收。

8月,通过面向气象部门公开招聘的方式,从直属单位引进师春香、唐国利和朱艳峰等3位专业技术首席岗位人员。

8月27日,北京全球信息系统中心(GISC)顺利通过WMO组织的全部评估和测试,成为首个通过现场评估的GISC申请中心。

11月3—5日,地球观测组织(GEO)第七次全体会议和部长级峰会在北京国家会议中心举行展览会。信息中心承办GEONETCast展区展览。

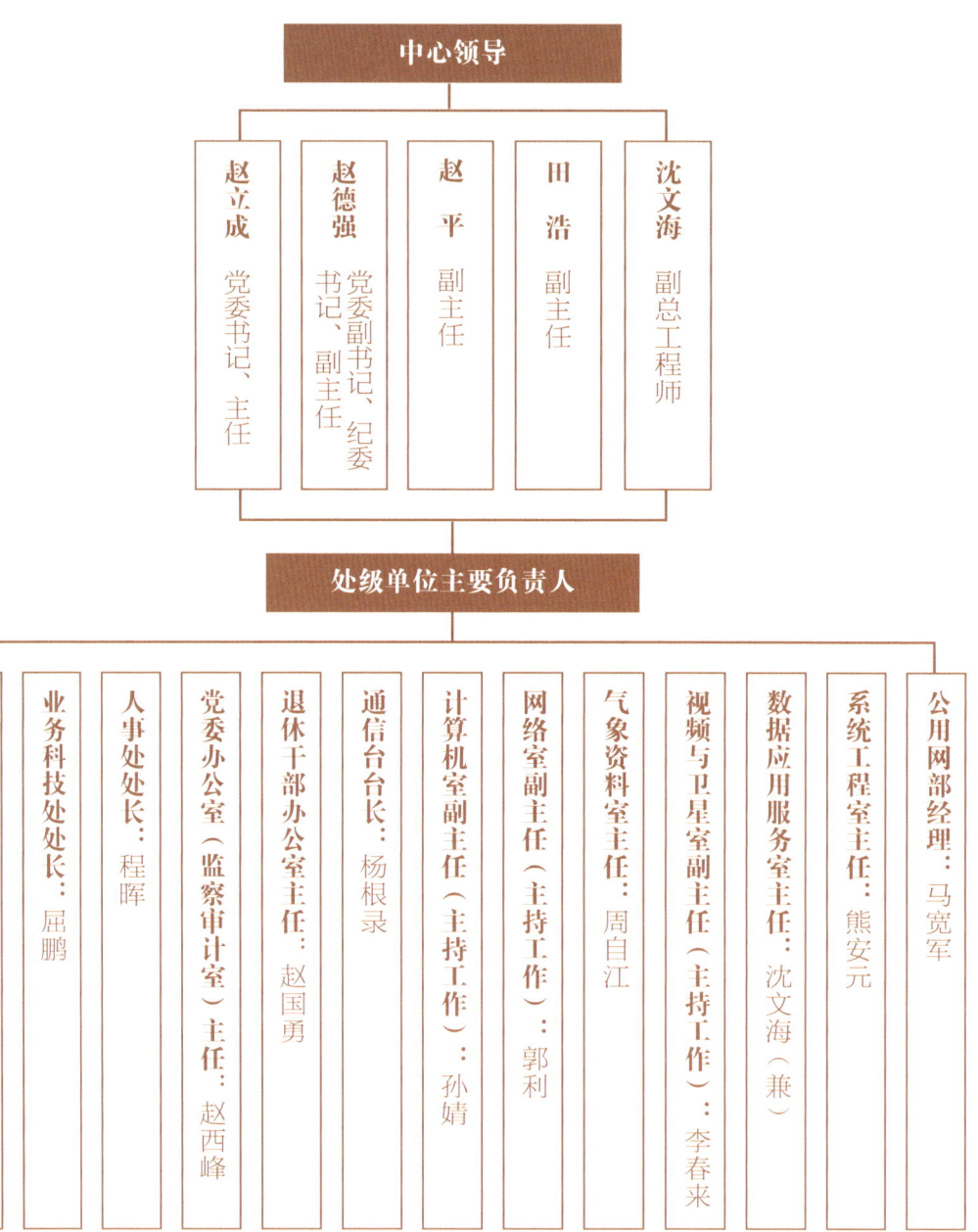

2011 年

1月27日，由信息中心牵头的基础气象资料建设专项工作暨现代气象资料业务试点工作在京正式启动，标志着我国常规基础气象资料的质量管理工作进一步加强。中国气象局副局长矫梅燕出席会议并讲话。

4月2日，中国气象局局长郑国光、副局长矫梅燕到信息中心听取气象信息网络系统"十二五"规划贯彻情况汇报，郑国光强调，要进一步解放思想，更新观念、准确定位、发挥优势，推动现代气象业务的发展。

4月11日，中国气象局和世界气象组织联合组织区域 WIS 培训研讨会顺利举行，会议由信息中心承办。来自孟加拉国等16个亚洲发展中国家气象部门的专家代表以及 WMO 秘书处官员、WMO 基本系统委员会主席以及英国、德国的 WIS 专家共38位外宾参加了此次研讨和培训。

4月13日，信息中心召开机构调整改革动员大会，启动并部署中心内设机构调整改革工作。

2011年4月13日，信息中心召开机构调整改革动员大会

职责调整：负责全国气象信息网络系统规划拟定及总体设计；全国气象应急通信系统建设、运行，应急通信协调与技术保障；全国气象计算网格系统建设和运行；气象数据产品加工处理算法研究及数据产品加工业务，制作各类基础资料集和数据产品等职责，划出了承担全国气象行业业务系统的总体设计和气象现代化建设重大系统工程（项目）的咨询、论证、设计与评估；承担中国气象局门户网站和中国兴农网的建设、运行维护和技术支持的职责。

机构调整：信息中心下设处级管理机构5个、业务部门7个。管理机构为办公室（计划财务处）、业务科技处、人事处、党委办公室（监察审计室）、退休干部办公室，业务机构为运行监控室、通信台、高性能计算室、资料服务室（中国气象局气象档案馆）、气象数据研究室、系统工程室、业务与园区电讯保障室。

6月3日，"气候变化应对决策支撑系统工程"项目可行性研究报告获得国家发改委批复。

10月24日，高性能计算机进口产品采购获财政部批复，启动HPC系统应用测试，完成招标前期技术准备工作。

12月30日，信息中心与南京信息工程大学举行了合作协议签署仪式，信息中心主任赵立成和南京信息工程大学常务副书记李刚共同签署了合作协议，旨在业务服务、高性能计算与云存储、网络信息安全、数据融合处理及数据挖掘、气象数据管理及应用等领域取得建设性成果，共同促进气象事业发展和学校建设。

附录　国家气象信息中心成立15周年大事记
（2004—2019年）

```
                        ┌──────────────┐
                        │   中心领导    │
                        └──────┬───────┘
        ┌───────────┬──────────┼──────────┬───────────┐
        │           │          │          │           │
    赵立成      赵德强        赵 平      田 浩       沈文海
   党委书记、  党委副书记、   副主任     副主任      副总工程师
    主任      纪委书记、
              副主任
        └───────────┴──────────┬──────────┴───────────┘
                        ┌──────┴────────────┐
                        │ 处级单位主要负责人 │
                        └──────┬────────────┘
```

- 办公室（计划财务处）主任：屈鹏
- 业务科技处处长：酆薇
- 人事处处长：程晖
- 党委办公室（监察审计室）主任：赵西峰
- 退休干部办公室主任：赵国勇
- 运行监控室主任：杨根录
- 通信台台长：李湘
- 高性能计算室主任：孙婧
- 资料服务室主任：周自江
- 气象数据研究室主任：熊安元
- 系统工程室主任：林润生
- 业务与园区电讯保障室主任：马宽军

2012 年

7月24日,肖文名挂职任息中心主任助理。9月24日,赵平不再担任中心副主任职务。11月30日,赵平不再担任中心党委常委、委员职务。

4月1日,根据中国气象局《关于国家气象信息中心管理机构设置有关问题的批复》(中气函〔2012〕141号),计划财务处从公室分离,成为独立的处级管理机构。管理机构由5个增加为6个,分别为办公室、业务科技处、计划财务处、人事处、党委办公室(监察审计室)、退休干部办公室。业务机构不变。

3月15—16日,在中国气象局预报与网络司组织下,信息中心联合全国31个省级气象信息中心,按资料类型分批次完成新一代国内气象通信系统业务切换工作,转入业务运行。这次气象通信业务调整是继9210工程之后,国内气象通信业务的重大调整和技术升级。

3月31日,北京时20时顺利实施国家级、省级地面观测资料业务调整切换工作,建立了地面自动观测新Z资料传输、入库及检索流程,开展实时历史资料一体化试验,实时追加基础气象资料产品,初步形成了一体化业务。

4月19日,信息中心与成都信息工程学院在成都共同签署合作协议。中心主任赵立成与成都信息工程学院校长周定文、党委副书记敬枫蓉、副校长余万伦参加签字仪式。签字仪式上,周定文代表校方向信息中心赵立成、沈文海、周自江、李湘4位专家颁发了兼职研究生导师和兼职教授证书。

6月1日,中国气象卫星数据广播系统(CMACast)正式业务运行。作为世界气象组织三大卫星广播网之一,CMACast与美国GEONETCast、欧洲气象卫星组织EUMETCast一起,共同组成全球对地观测数据广播系统,为中国气象局执行世界气象组织北京全球信息系统中心和亚洲区域通信枢纽的数据分发任务,为亚太地区气象信息广播服务提供信息传输手段。

10月18日,为便于参与世界气象组织数据交换,加强与国际气象工作接轨,提高我国气象部门的国际影响力,经中央编办批复同意,成立中国气象局气象数据中心,与信息中心实行"一个机构、两块牌子"。

11月2日,国家发改委核定"气候变化应对决策支撑系统工程"项目初步设计概算。12月31日,签订进口高性能计算机系统采购合同。

12月17日，经中国气象局批准，由信息中心牵头的国家级创新团队"气象资料产品研发"正式组建，团队带头人熊安元。主要任务是围绕现代气象业务科研需求，在气象资料质量控制、均一性检测、多源降水数据融合等领域，研发一系列高质量的数据产品。

12月，信息中心启动首届优秀青年科技人才评选，何文春获"青年科技楷模"荣誉称号，肖华东、曹丽娟获"青年科技精英"荣誉称号，王甫棣、王晶和薛蕾获"青年科技明星"荣誉称号。

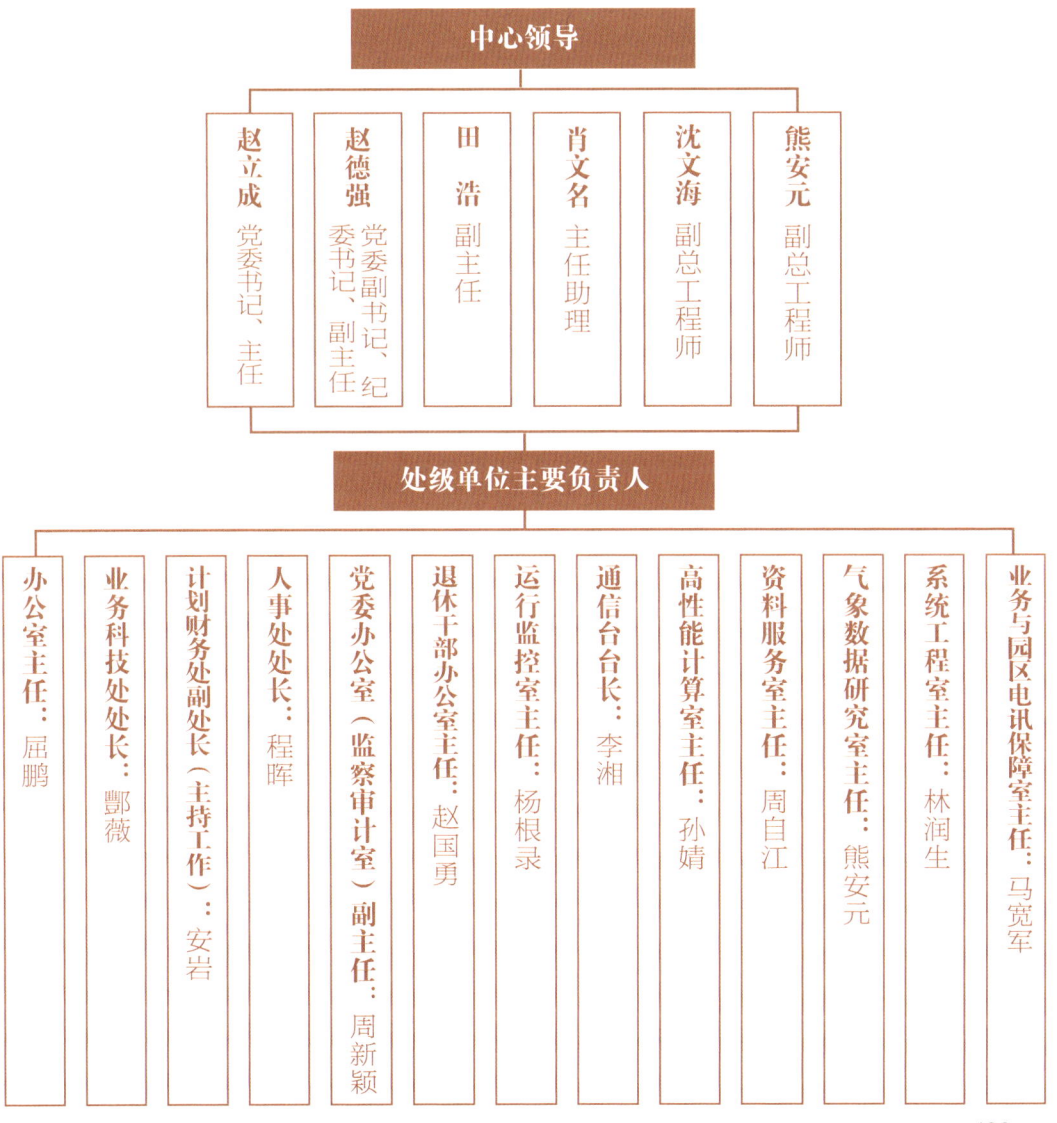

2013 年

4月25日，气候变化应对决策支撑系统工程按期完成供电、冷冻水等配套基础设施建设，顺利完成国家级高性能计算机子系统1安装调试，7月1日提供试用。

5月31日，国家级气象业务内网上线运行。集成国家气象中心、国家气候中心、信息中心共77种数据产品，整合天气预报评分检验、气候预测评分检验系统于一体，开发产品目录子系统和灾害性天气专题服务，面向国、省、地、县四级业务用户提供统一服务。

7月10日，信息中心研制的"中国气象局陆面数据同化系统（CLDAS）"通过业务化运行专家论证。通过CMACast、气象业务内网以及中国气象数据网等渠道，逐小时实时分发地面气象要素与土壤温湿度产品，产品分辨率达到6公里。CLDAS是当时我国唯一实时业务运行的陆面同化系统。

8月13日，信息中心牵头的"基础气象资料建设"专项通过中国气象局预报与网络司组织验收，中国气象局副局长许小峰、矫梅燕出席会议并讲话。项目系统解决了1951年以来我国地面、高空和辐射基础气象资料中存在的数字化数据质量问题，形成了一套高质量基础数据集，整编完成了地面、高空、辐射台站元数据，为基础气象数据业务应用、气候变化分析等奠定了基础。

8月16日，根据《中国气象局关于中国气象局机关服务中心电子政务处机构和人员划转到国家气象信息中心的通知》（中气函〔2013〕273号），原中国气象局机关服务中心电子政务处机构和人员划转到信息中心，调整后，信息中心增设1个处级机构，业务单位由7个增为8个，分别为：运行监控室、通信台、高性能计算室、资料服务室（中国气象局气象档案馆）、气象数据研究室、电子政务处、系统工程室、业务与园区电讯保障室。

10月15日，《国家气象信息中心气象现代化实施方案（2013–2020年）》正式上报中国气象局。

10月30日，肖文名任信息中心副主任。

12月24日，信息中心承办的"中国基础气象资料产品发布会"在北京召开。中国气象局副局长许小峰参加发布会并讲话，信息中心主任赵立成代表发布会承办方向用户单位发布数据集产品。

12月30日，师春香入选中国气象局第二批科技领军人才。

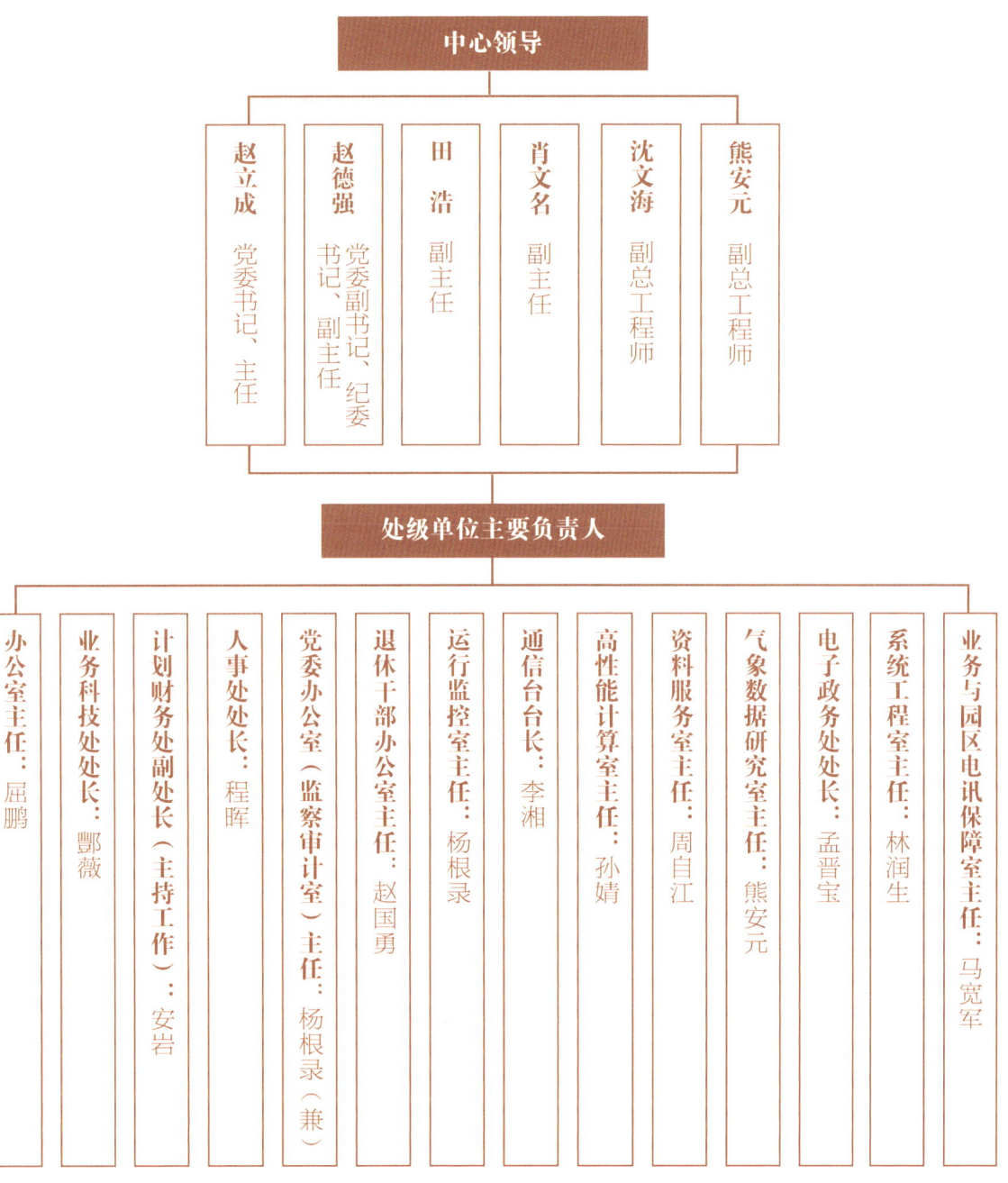

2014 年

1月11日,国家突发公共事件预警信息发布系统投入业务试运行。

5月20日,实现地面实时和历史资料一体化业务运行,实时监视和评估全国资料传输时效、完整性与质量。

5月26日,人事司批复美国国家大气研究中心刘志权博士为中国气象局特聘专家,聘用岗位为信息中心全球大气再分析岗,标志着信息中心首次海外引智计划成功。

5月29日,曹丽娟入选首批气象部门青年英才培养计划。

6月20日,赵德强退休。

6月30日,完成气候变化应对决策支撑系统工程项目国家级研发子系统的安装调试,提供用户使用。

9月,根据《中国气象局办公室关于印发电子政务建设运维管理职能调整实施方案的通知》(气办函〔2014〕201号),中国气象局办公室和信息中心举行交接仪式,完成电子政务系统建设及运维保障职责移交工作。

9月4日,费文革任信息中心党委副书记、纪委书记。

10月30日,中国气象局正式印发《国家气象科技创新工程(2014—2020年)实施方案》,信息中心作为牵头单位,负责"气象资料质量控制及多源数据融合与再分析"重大核心攻关任务,要求全球大气再分析产品的质量要接近国际第三代大气再分析水平。信息中心首次作为牵头单位承担中国气象局重大核心攻关任务。

附录　国家气象信息中心成立15周年大事记
（2004—2019年）

```
                        ┌─────────────┐
                        │  中心领导    │
                        └──────┬──────┘
        ┌───────────┬──────────┼──────────┬───────────┐
        │           │          │          │           │
    赵立成        肖文名     费文革      沈文海      熊安元
   党委书记、    副主任    党委副书记、  副总工程师  副总工程师
     主任                  纪委书记
        │           │          │          │           │
        └───────────┴──────────┼──────────┴───────────┘
                        ┌──────┴───────────┐
                        │ 处级单位主要负责人 │
                        └──────────────────┘
```

- 办公室主任：屈鹏
- 业务科技处处长：鄢薇
- 计划财务处副处长（主持工作）：孙英锐
- 人事处处长：杨根录
- 党委办公室（监察审计室）主任：周新颖
- 退休干部办公室主任：赵国勇
- 运行监控室主任：邓鑫
- 通信台台长：李湘
- 高性能计算室主任：孙婧
- 资料服务室主任：张强
- 气象数据研究室主任：周自江
- 电子政务处处长：孟晋宝
- 系统工程室主任：赵芳
- 业务与园区电讯保障室主任：马宽军

433

2015 年

1月27日，国家标准化管理委员会复函同意全国气象基本信息标准化技术委员会换届，第二届全国气象基本信息标准化技术委员会成立。赵立成任第二届委员会主任委员，委员由来自管理部门、国家级业务中心、全国八大区域气象中心、行业相关部门、高等院校、科研院所等单位的专业技术领域的31个单位41位专家代表组成。

2015年1月27日，第二届全国气象基本信息标准化技术委员会代表合影

7月7日，中国气象局人事司批复了"气象资料质量控制及多源数据融合与再分析"攻关团队组建方案，刘志权博士任首席科学家。

9月2日，中国气象局创新工程领导小组批复了攻关任务实施方案，标志着攻关任务全面启动。随后，信息中心成立攻关任务领导小组、科学和技术指导委员会、海外专家智库，制定团队运行管理办法及配套机制，联合中国气象科学研究院等业务科研单位，围绕气象资料质量控制评估与产品研发、气象卫星资料处理、多源数据融合、全球大气再分析、东亚大气再分析等五个主攻方向，组织共用技术集中攻关。

9月29日，中国气象数据网作为中国气象局对社会开放基本气象数据和产品的共享门户正式上线对外服务，中国气象局成为首个向全社会开放气象数据的国务院政府部门。

10月12日，罗兵任信息中心总工程师（四级职员）。

12月，气象园区楼宇光纤优化改造完成，实现园区楼宇光纤全覆盖，推进"三网融合"。

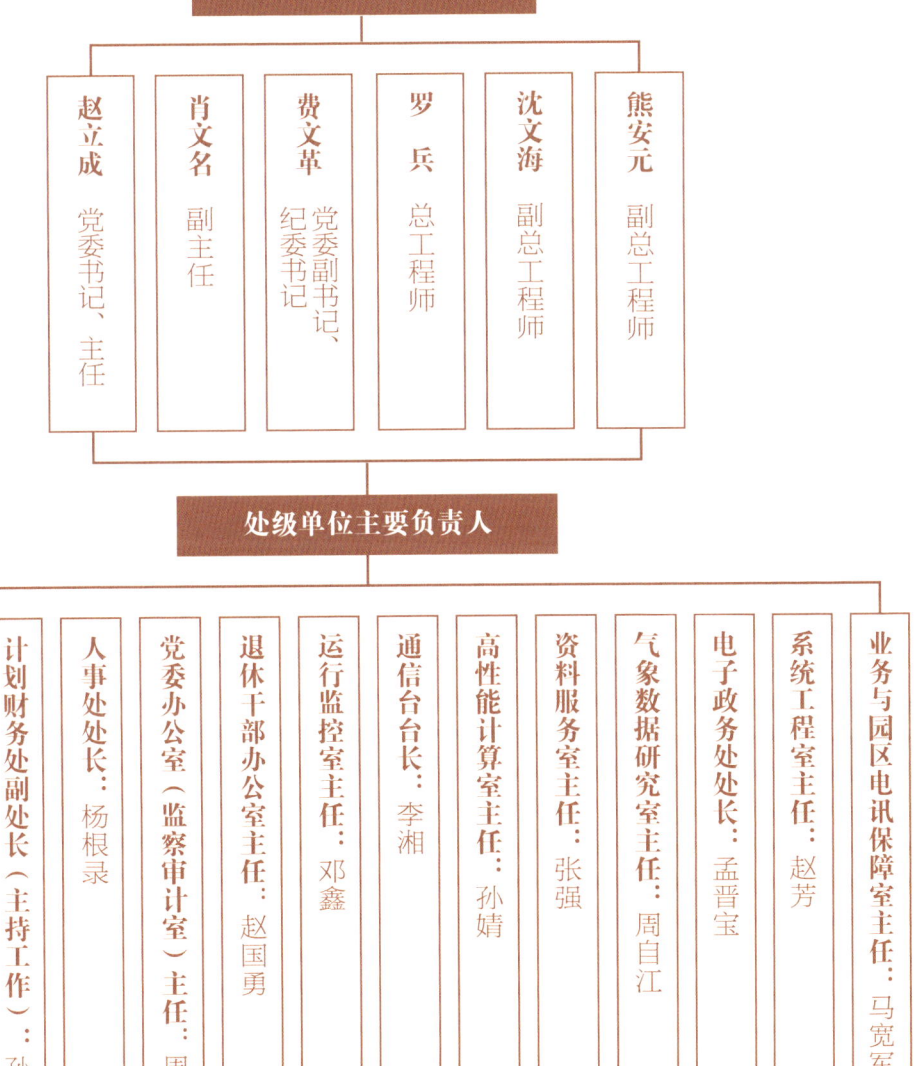

2016 年

3月16日，国内气象通信系统（CTS 1.0）通过中国气象局预报与网络司组织的业务验收。

4月15日，完成了国省两级CTS 1.0的业务化工作。北京时20时起，国省两级系统正式进入业务化运行。CTS1.0系统顺利接棒新一代国内气象通信系统，成为国内气象通信传输的重要通道。作为CIMISS的重要组成部分，率先实现业务化运行。

4月26日，在中国气象局预报与网络司组织的第三方专家组评估中，信息中心研发的逐小时5公里分辨率的"自动站－雷达－卫星"三源降水和基于多尺度时空分析的气温、湿度、风等融合分析产品全面胜出，被指定为中央气象台精细化气象格点预报，以及气象灾害风险预警和数值预报产品检验评估的基准产品。从此，信息中心多源数据融合分析工作驶入快车道，逐步构建起"陆海空"多维产品体系。

9月30日，中国气象局陆面数据同化系统（CLDAS）升级至CLDAS-V2.0，同年11月29日，HRCLDAS也实现了业务试运行，产品分辨率提升至1公里。

10月12日，中国气象局—成都信息工程大学气象软件工程联合研究中心正式挂牌。中国气象局科技与气候变化司副司长于玉斌、信息中心主任赵立成、联合研究中心主要成员等参加了揭牌仪式。信息中心副主任肖文名主持揭牌仪式。

11月，中国气象局专题协调会正式确定气象综合业务实时监控系统建设目标，由信息中心牵头开展实施。

12月10日，《气候变化应对决策支撑系统工程国产高性能计算机系统（巨型计算机）建设方案》上报中国气象局。

12月20日，全国综合气象信息共享系统（CIMISS）进入业务化阶段，以CIMISS为核心的国省统一数据系统正式建立，CIMISS业务化是气象信息化的里程碑。

附录 国家气象信息中心成立15周年大事记
（2004—2019年）

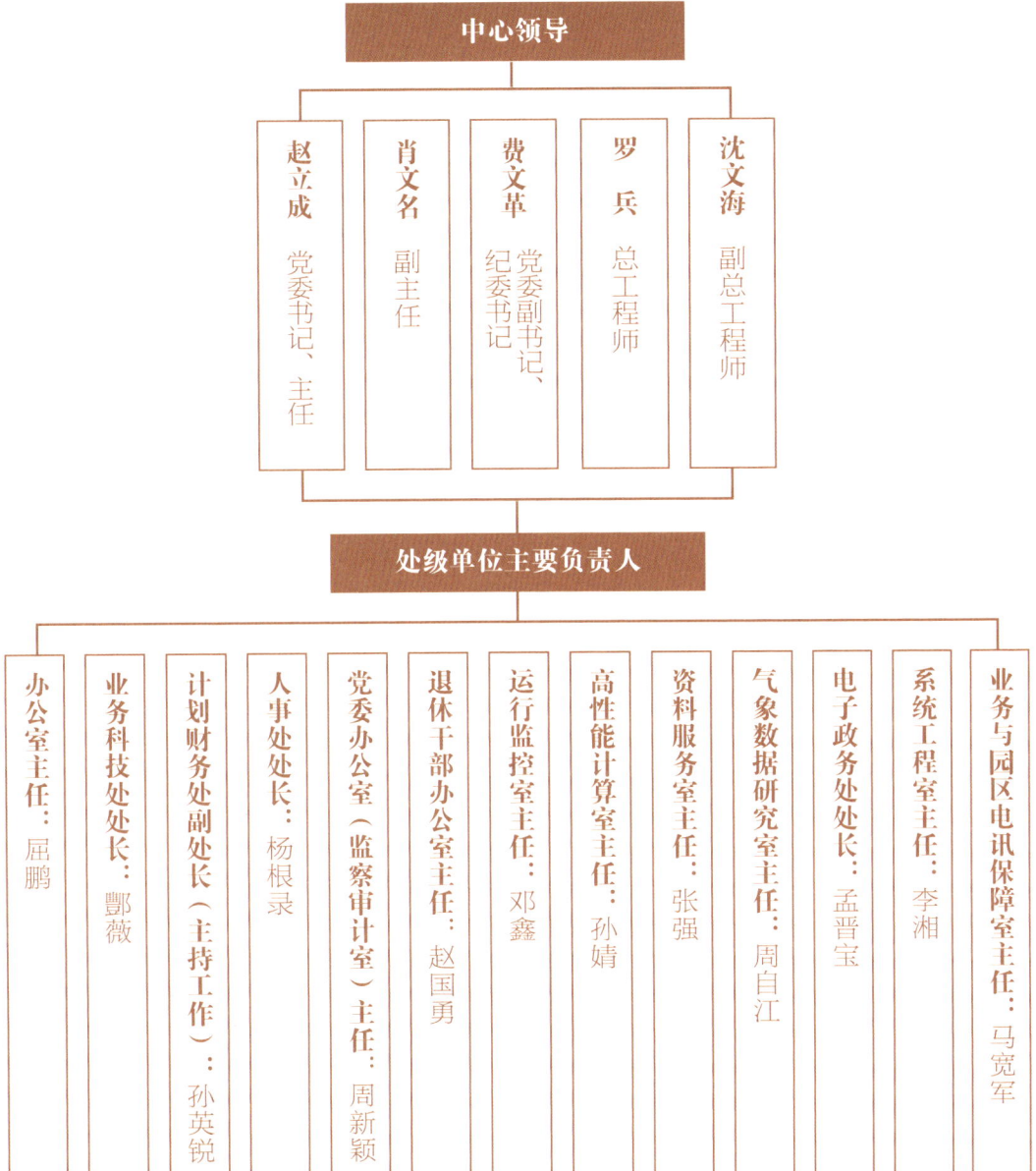

2017 年

4月20日，曾沁任信息中心副主任；肖文名不再担任信息中心副主任职务。

6月1日，落实《气象探测资料汇交管理办法》，基于中国气象数据网建立气象大数据汇交平台，制定数据认证和产权保护办法，多渠道开展数据资源汇聚。

9月6日，签订气候变化应对支撑系统工程项目第二批国产高性能计算机系统采购合同，系统计算规模达到8189.5万亿次每秒浮点运算，是原设计的10倍，存储物理容量23088TB，是原设计的9倍。

11月15日，初步建成气象云国家级中心，完成2500m^2高标准、低能耗的数据中心机房建设，提供高集约比虚拟化资源池服务，47台物理服务器虚拟出684台虚机，承载276套业务系统。业务发展进入"云+端"新时代。

11月30日，新一代气象综合业务监控中心"天镜厅"首次亮相，正式承担中国气象局参观接待任务，接待环保部李干杰部长一行参观访问，给来宾留下了深刻印象，获得了中国气象局领导的高度肯定，信息中心首次从幕后走到前台，全方位展示气象信息化成果。

12月12日，信息中心牵头的国家气象科技创新工程重大核心攻关任务"气象资料质量控制及多源数据融合与再分析"接受中国气象局第三方专家组中期评估，整体成绩达到"优秀"水平，在四大攻关任务中排名第二。

附录 国家气象信息中心成立15周年大事记
（2004—2019年）

中心领导

- 赵立成　党委书记、主任
- 费文革　党委副书记、纪委书记
- 曾　沁　副主任
- 罗　兵　总工程师
- 沈文海　副总工程师

处级单位主要负责人

- 办公室主任：孟晋宝
- 业务科技处处长：鄢薇
- 计划财务处处长：孙英锐
- 人事处处长：杨根录
- 党委办公室（监察审计室）主任：周新颖
- 退休干部办公室主任：赵国勇
- 运行监控室主任：马宽军（兼）
- 高性能计算室主任：孙婧
- 资料服务室主任：张强
- 气象数据研究室主任：周自江
- 电子政务处处长：赵芳
- 系统工程室主任：李湘
- 业务与园区电讯保障室主任：马宽军

439

2018 年

2018年1月8日，信息中心中心领导、处级干部、正研以及首席在天镜厅留影

1月10日，中国气象局副局长宇如聪主持召开专题会议，研究确定由信息中心牵头集约发展多维实况数据业务。6月22日，首批6个要素（降水、气温、湿度等18个变量）5公里分辨率实况数据产品通过中国气象局预报与网络司组织的业务准入评审，成功应用于全国智能网格预报。

3月20日，中国气象局新一代高性能计算机"派－曙光"系统业务化应用启动会在天镜厅召开，标志着"派"系统的运行使用进入新阶段。

4月2日，罗兵任信息中心副主任，不再担任中心总工程师职务。李湘任信息中心总工程师。

5月9日，由信息中心牵头研制的"中国全球大气再分析中间产品（简称CRA-Interim，2007—2016年）"通过中国气象局预报与网络司组织的业务准入论证。多方综合评估表明CRA-I精度达到国际第三代同类水平。6月30日，全球大气再分析系统实现准实时运行，实现了大气再分析产品的动态追加能力。

6月4日，信息中心印发《国家气象信息中心岗位优化设置2018年工作实施方案》。6月24日，组织完成内部技术岗位优化设置后的竞聘工作，设置研发、运维、服务3大领域6个层级技术岗位，一批40岁以下青年科技骨干脱颖而出，首席、副首席岗位青年占比65%，关键岗占比68%。师春香、何文春、谭小华、熊安元4人获聘信息中心首席岗。

9月6日，根据中国气象局预报与网络司印发《气象大数据云平台设计方案》，启动建设气象业务"云+端"新技术体制的核心基础软平台。

10月26日，雷电防护装置设计审核和竣工验收行政许可服务事项在中国气象局行政审批平台网站上线，标志着8项气象行政许可事项全部实现网上办理。

11月13—14日，国家级国内气象通信系统（CTS2.0）完成业务切换工作。

12月4日，由信息中心牵头编写的《中国气象大数据（2018）》面向社会发布。

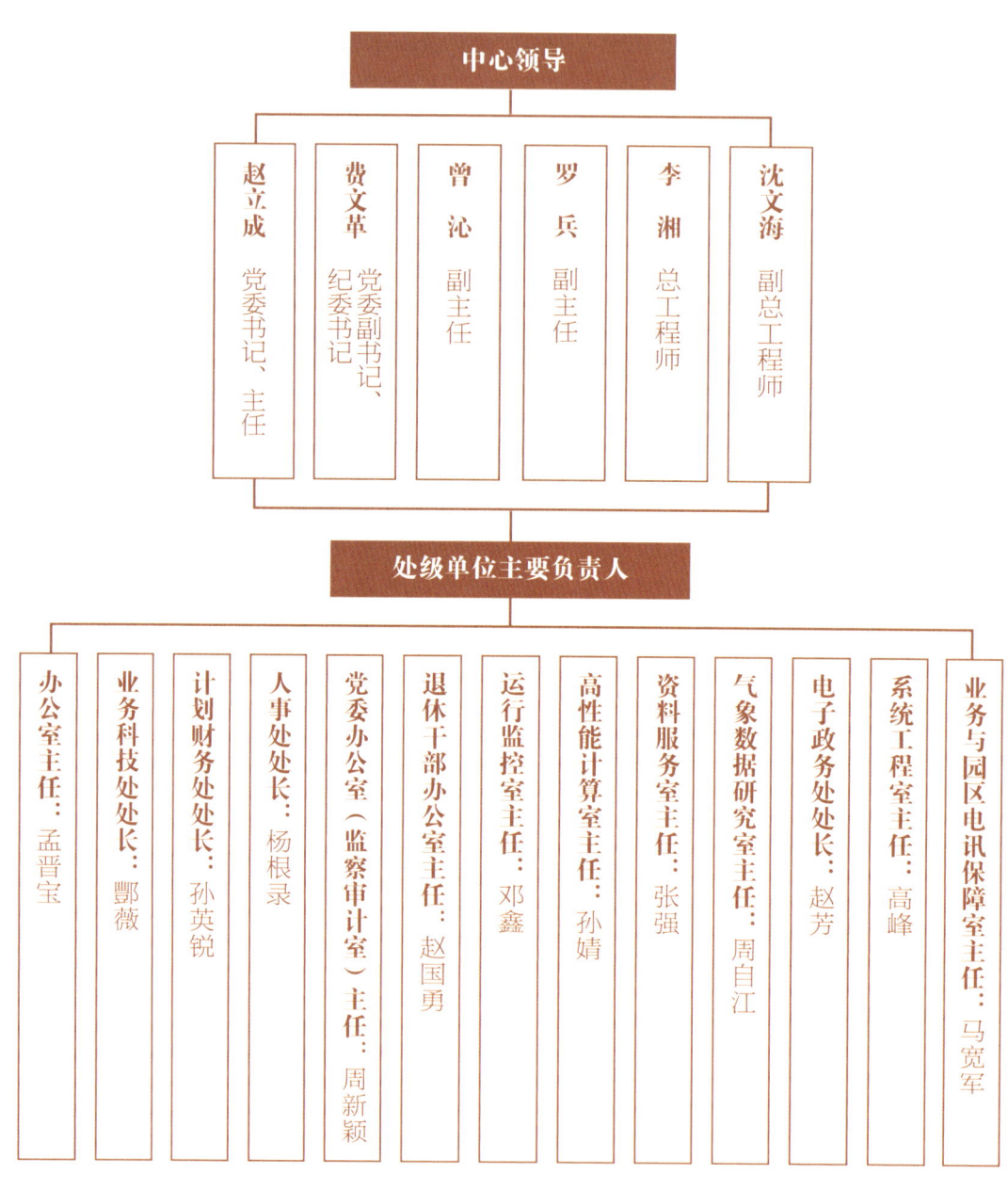

2019 年

1月15日,国内气象通信系统2.0(CTS2.0)完成省级业务切换,20时(北京时)起,国省两级CTS2.0实现业务化运行,CTS1.0完成历史使命。

6月5日,科技部和财政部联合发布《国家科技资源共享服务平台优化调整名单》,由信息中心牵头建设的国家气象科学数据中心成为首批优化调整认定的国家科学数据中心之一。

6月10—28日,首次作为防守方参加公安部网络安全演习,全国统一部署与防御,实时监控网络被攻击情况,第一时间预警及处置,确保参演目标系统未被攻破。

7月,建成国家级气象综合业务监控系统"天镜"并业务运行,制定标准,接入综合观测、预报预测、公共服务等核心业务系统运行信息。

7月,信息中心牵头,国省联合建设并发布了"数算一体"的气象大数据云平台"天擎"1.0,国家级投入测试运行,提供业务试用。

7月15日,经过全国气象部门为期两个多月的双轨试运行后,新版气象管理信息系统"气政通"1.0版本全国正式上线。

8月2日,中国气象局国家电子政务内网建设项目完成验收,作为气象部门建设的第一个内部限定信息网络平台实现业务化运行。

9月19日,中共中央政治局委员、国务院副总理胡春华考察中国气象局,参观气象综合业务监控中心,慰问信息中心一线工作人员。

12月12日,由信息中心牵头,历时五年研制的"中国第一代全球大气再分析产品(CRA-40)"(1979年以来、逐6小时、水平分辨率34公里、垂直64层)通过中国气象局预报与网络司组织的准业务应用论证。CRA-40打破了欧美日在再分析领域的垄断,质量精度与欧洲中心ERA-Interim、美国CFSR、日本JRA-55等再分析产品总体相当,代表着信息中心"数据、算法、算力"的现代化新水平。

12月24日,气象信息化系统工程可行性研究报告由国家发改委完成审批,总投资预算22.8亿元,是自9210工程后,气象部门获批的又一项全国信息系统综合能力提升工程。

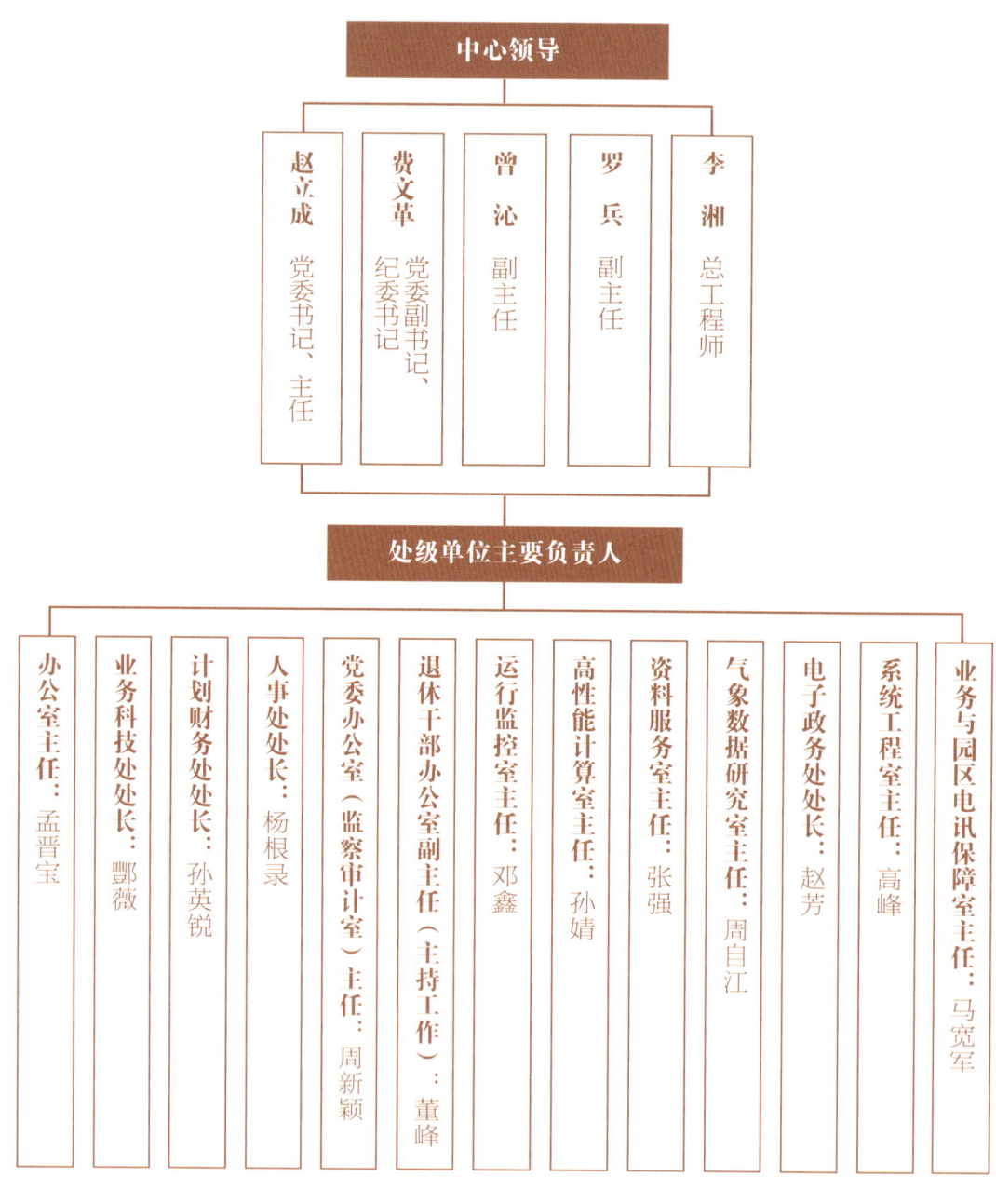